天然气管道离心压缩机组运检维技术丛书

天然气管道离心压缩机组运维管理实践

国家管网集团西部管道公司 编

石油工业出版社

内 容 提 要

《天然气管道离心压缩机组运检维技术丛书》分为机械、电气、控制三个分册。本书为电气分册《天然气管道离心压缩机组运维管理实践》，内容包含压缩机组运维情况概述、压缩机故障统计分析、燃气轮机本体典型故障及处理、压缩机本体及辅助系统典型故障及处理、控制系统典型故障及处理、电气系统典型故障及处理、健康体检、标准化检修、高质量运维管理措施等。

本书可供天然气管道输送领域管理和技术人员，以及石油院校相关专业师生参考阅读。

图书在版编目(CIP)数据

天然气管道离心压缩机组运维管理实践／国家管网集团西部管道公司编．— 北京：石油工业出版社，2024.3

（天然气管道离心压缩机组运检维技术丛书）

ISBN 978-7-5183-6506-7

Ⅰ.①天… Ⅱ.①国… Ⅲ.①天然气管道-离心式压缩机-压缩机组-运行-管理②天然气管道-离心式压缩机-压缩机组-维修-管理 Ⅳ.①TE973

中国国家版本馆 CIP 数据核字（2024）第 009188 号

出版发行：石油工业出版社
（北京安定门外安华里 2 区 1 号　100011）
网　　址：www.petropub.com
编辑部：(010)64523757　图书营销中心：(010)64523633
经　　销：全国新华书店
印　　刷：北京九州迅驰传媒文化有限公司

2024 年 3 月第 1 版　2024 年 5 月第 3 次印刷
787×1092 毫米　开本：1/16　印张：20.25
字数：520 千字

定价：60.00 元
（如出现印装质量问题，我社图书营销中心负责调换）
版权所有，翻印必究

《天然气管道离心压缩机组运检维技术丛书》
编委会

主　　任：赵赏鑫　冯庆善
副 主 任：张　平　肖　连　崔锦红　蒋金生
　　　　　朱喜平
委　　员：庞贵良　付明福　魏　磊　陈继斌
　　　　　金建国　黄一勇　宋　飞

《天然气管道离心压缩机组运维管理实践》
编写组

主　　编：张　平
副 主 编：蒋金生　庞贵良　付明福　陈继斌
编　　者：王新生　李星星　蒋　森　关　睿
　　　　　王　辉　王清亮　袁　博　罗易洲
　　　　　谷思宇　郭小磊　刘小龙　葛建刚
　　　　　张　伟　马彦宝　王立伟　杨　坤
　　　　　周文翔　王子聪　薛家瑞　王世颖
　　　　　马玉新　杜景涛　张海宁　左理天
　　　　　孙　辉　郭晓峰　刘晓凯

总　序

党的十八大以来，以习近平同志为核心的党中央在深刻洞悉发展新阶段的基本特征、科学把握中国特色社会主义的本质要求和发展方向、不断深化对经济社会发展规律认识的基础上，提出创新、协调、绿色、开放、共享的新发展理念，指明了我国实现更高质量、更有效率、更加公平、更可持续发展的科学路径。经济高质量增长必然依赖清洁能源的供给，尤其是在"双碳"发展战略下，天然气作为现代主体清洁能源之一，在城镇生活、工业燃料、燃气发电、交通运输等领域的应用将持续加快推进，综合考虑我国资源禀赋、碳中和等因素，我国的天然气消费量在2035年前后将超过$6000×10^8 m^3$，占一次能源消费比重的15%。在习近平总书记的心中，"能源的饭碗"分量很重，提出了"四个革命一个合作"能源安全新战略，党中央、国务院高度重视油气体制改革，2019年12月9日，国家管网公司正式挂牌成立，短短三年多时间实现了高质量组建、运营和发展，加快形成"全国一张网"，开发全产业链市场，油气基础设施投资和建设迎来新一轮高峰，天然气管道行业也迎来了蓬勃发展的黄金期。

西部管道公司所运营的管道地处国内油气保供的上游、资源引进的"咽喉"，外连中亚、贯通东西、辐射全国，天然气配送至国内的二分之一区域，约占全国消费总量的20%，是我国陆上能源战略大通道。西部管道公司10000km天然气管道上，散布着154套大功率离心压缩机组，源源不断为管道天然气提供不竭动力，保障天然气输送到千家万户。压缩机组就是天然气管道的"心脏"，包括燃气轮机、大功率变频驱动系统和离心式压缩机等重要组成部分，其安全性、可靠性和高效性就是"国之大者"，重要性不言而喻。

时值西部管道公司成立20周年之际，压缩机组无故障运行时间向着13000h迈进，我很高兴看到，西部管道公司干部员工在总结多年压缩机组运检维经验的基础上，形成了这套《天然气管道离心压缩机组运检维技术丛书》，这套丛书内容涵盖了压缩机组管理、控制、机械等三大领域，公司员工能够不断深入分析运维中出现的各类问题，将理论与实践紧密结合，总结提炼压缩机组运检维技术的各个环节，本书案例翔实、阐述清晰、分析透彻，是行业机械工程师、动力工程师必备的手册，也是管道企业管理人员的使用参考书，同时也为在校本科生、研究生的专业学习提供指导。

新征程时不我待，新使命催人奋进。通过这套丛书的精心编撰，更多的西部管道基层员工默默的奉献其聪明才智，其一如既往的无私的奉献精神更加难能可贵。我相信，这套丛书的出版对于推动管道离心压缩机组技术发展，以及我国天然气管网安全平稳高效运行发挥重要的促进作用。

中国工程院院士 张来斌

前 言

国家管网集团西部管道公司置身"丝绸之路经济带"核心区域，地处西部油气能源战略大通道，运营管理着158台套压缩机组，保障压缩机组的平稳安全高效运行是西部管道公司的不懈追求。西部管道公司技术人员在压缩机组运维管理方面始终坚持学习、消化、吸收和创新，在自主运维、国产化维修，以及替代、优化升级改造等方面积累了一定的经验。为了做好传承创新，编写组特编写《天然气管道离心压缩机组运维管理实践》，供大家学习和参考。

《天然气管道离心压缩机组运维管理实践》共分为9章，全书以西部管道公司多年的压缩机运维管理实践经验为主，介绍了天然气管道离心压缩机组运维管理经验做法及相关典型案例。第1章介绍了西部管道公司压缩机高质量运维情况；第2章介绍了近年来压缩机组总体故障情况、故障失效模式及原因；第3章重点讲述燃气轮机本体典型故障及处置建议；第4章重点讲述压缩机本体及辅助系统典型故障及处置建议、PID控制理论知识；第5章结合现场控制系统典型故障案例，讲述其具体治理方案及优化升级方法；第6章结合外电线路管理提升及优化改进措施，介绍了电气系统典型故障及处置建议；第7章重点讲述创新实施压缩机健康体检的典型做法；第8章以GE机组标准化检修为例，介绍西部管道公司机组标准化检修具体内容；第9章重点讲述西部管道公司压缩机组高质量运维管理具体措施。本书既可以作为长输天然气管道行业压缩机运维管理人员手边的宝典，也可作为在校学生走向实践工作的指导书。

本书编写期间得到了国家管网集团公司和西部管道公司各级领导和广大技术人员的大力支持和帮助，参考了业内专家、学者等的著作、成果和建议，在此对他们一并表示衷心感谢！

本书涉及内容较多，融合了大量的现场运维管理实践经验，鉴于水平有限，难免存在不足之处，敬请广大读者提出宝贵意见，以便不断改进完善。

编者

2023 年 10 月

目　录

第1章　压缩机组运维情况概述 (001)
1.1　西部管道公司压缩机组运维现状 (002)
1.2　压缩机组结构和参数选型 (003)
  1.2.1　燃气轮机 (003)
  1.2.2　变频电动机 (005)
  1.2.3　离心压缩机 (009)
1.3　压缩机组配置情况 (012)
  1.3.1　总体情况 (012)
  1.3.2　机型分布 (012)
  1.3.3　近年来机组运行情况及相关指标 (013)
1.4　压缩机组管理及运维模式 (014)
  1.4.1　机组运检维管理模式 (014)
  1.4.2　机组运检维主要内容 (015)
  1.4.3　机组检修方式 (015)
1.5　压缩机组高标准高质量运维规划 (016)
  1.5.1　部署专项提升措施 (017)
  1.5.2　创新实施"健康体检" (017)
  1.5.3　系统开展零部件定标 (017)
  1.5.4　全面推广标准化检修 (018)
  1.5.5　总结提炼管理成果 (018)

第2章　压缩机故障统计分析 (021)
2.1　统计范围 (022)
2.2　总体故障情况 (022)
  2.2.1　各管线非正常停机情况 (022)
  2.2.2　各管线分专业非正常停机情况 (023)

I

    2.2.3 各驱动型压缩机停机情况 …………………………………………… (023)
    2.2.4 各年度非正常停机情况 ……………………………………………… (026)
  2.3 分系统非正常停机统计分析 ………………………………………………… (027)
    2.3.1 燃气轮机 ……………………………………………………………… (027)
    2.3.2 压缩机本体及其辅助系统 …………………………………………… (030)
    2.3.3 控制系统 ……………………………………………………………… (033)
    2.3.4 电气系统 ……………………………………………………………… (037)
  2.4 故障失效模式及原因 ………………………………………………………… (041)
    2.4.1 燃气轮机故障 ………………………………………………………… (041)
    2.4.2 压缩机本体及辅助系统故障 ………………………………………… (046)
    2.4.3 控制系统故障 ………………………………………………………… (051)
    2.4.4 电气系统故障 ………………………………………………………… (056)

第3章 燃气轮机本体典型故障及处理 ……………………………………… (061)

  3.1 GS16型燃料气计量阀卡涩故障处理 ……………………………………… (062)
    3.1.1 问题分析 ……………………………………………………………… (062)
    3.1.2 处理建议 ……………………………………………………………… (062)
  3.2 RB211燃驱机组燃料气喷嘴旋流器压偏故障处理 ………………………… (067)
    3.2.1 问题分析 ……………………………………………………………… (067)
    3.2.2 处理建议 ……………………………………………………………… (067)
  3.3 GE机组离合器封严气管线及滑油温度跳变故障处理 …………………… (069)
    3.3.1 问题分析 ……………………………………………………………… (069)
    3.3.2 处理建议 ……………………………………………………………… (071)
  3.4 GE、西门子及国产燃驱机组排气温度场偏差故障处理 ………………… (073)
    3.4.1 问题分析 ……………………………………………………………… (073)
    3.4.2 处理建议 ……………………………………………………………… (074)
  3.5 GE燃驱机组动力透平一级冷却喷嘴环形螺母脱落故障处理 …………… (078)
    3.5.1 问题分析 ……………………………………………………………… (080)
    3.5.2 处理建议 ……………………………………………………………… (080)
  3.6 动力涡轮烟气泄漏故障处理 ………………………………………………… (083)

3.6.1 问题分析 …………………………………………………………… (083)

3.6.2 处理建议 …………………………………………………………… (085)

3.7 LM2500 燃机 4B 轴承旋转封严损坏故障处理 …………………………… (089)

3.7.1 问题分析 …………………………………………………………… (089)

3.7.2 处理建议 …………………………………………………………… (090)

3.8 VSV 系统故障处理 ………………………………………………………… (092)

3.8.1 问题分析 …………………………………………………………… (092)

3.8.2 处理建议 …………………………………………………………… (093)

第 4 章 压缩机本体及辅助系统典型故障及处理 ……………………………… (123)

4.1 干气密封概况及国产化维修应用 …………………………………………… (124)

4.1.1 干气密封故障失效统计分析 ……………………………………… (124)

4.1.2 干气密封国产化修复流程 ………………………………………… (125)

4.1.3 国产化干气密封使用情况 ………………………………………… (126)

4.1.4 干气密封管理提升措施 …………………………………………… (127)

4.2 压缩机进出口短节安装应力大故障处理 …………………………………… (129)

4.2.1 问题分析 …………………………………………………………… (129)

4.2.2 处理建议 …………………………………………………………… (129)

4.3 GE PCL600 系列压缩机进口导流板设计缺陷 …………………………… (133)

4.3.1 问题分析 …………………………………………………………… (133)

4.3.2 处理建议 …………………………………………………………… (136)

第 5 章 控制系统典型故障及处理 …………………………………………………… (137)

5.1 接地标准化整改 ……………………………………………………………… (138)

5.1.1 目的和意义 ………………………………………………………… (138)

5.1.2 仪表控制系统接地分类 …………………………………………… (138)

5.1.3 接地系统组成 ……………………………………………………… (139)

5.1.4 接地存在的问题 …………………………………………………… (140)

5.1.5 接地方法 …………………………………………………………… (141)

5.1.6 接地系统连接 ……………………………………………………… (149)

5.1.7 接地材料选择 ……………………………………………………… (149)

  5.1.8 接地电阻 ·· (151)

  5.1.9 接地参考图 ·· (152)

5.2 控制系统端子排查与治理 ·· (153)

  5.2.1 问题背景 ·· (153)

  5.2.2 接线箱、控制柜摸排统计 ·· (154)

  5.2.3 敲击测试和检查 ·· (155)

  5.2.4 日常检查内容 ··· (156)

  5.2.5 维护保养检查内容 ·· (158)

5.3 GE 燃驱机组 GP2 大于 GP1 故障处理 ································· (160)

  5.3.1 问题分析 ·· (160)

  5.3.2 处理建议 ·· (162)

5.4 本特利振动联锁程序优化 ·· (167)

  5.4.1 优化原则 ·· (167)

  5.4.2 Solar 机组优化(AB PLC Dynamix Monitoring System 动态监测系统) ··· (168)

  5.4.3 本特利机型优化(西门子、GE 等使用本特利 3500 振动系统) ··· (169)

5.5 西门子机组火气系统可靠性提升 ·· (172)

  5.5.1 问题分析 ·· (172)

  5.5.2 处理建议 ·· (173)

5.6 GE 燃驱机组工艺阀门位置反馈信号优化 ··························· (177)

  5.6.1 问题分析 ·· (177)

  5.6.2 处理建议 ·· (178)

5.7 西门子燃驱机组冗余配置模块程序优化 ····························· (181)

  5.7.1 问题分析 ·· (181)

  5.7.2 处理建议 ·· (182)

第 6 章 电气系统典型故障及处理 ·· (191)

6.1 抗晃电优化 ·· (192)

  6.1.1 电压波动对燃驱压缩机组的影响分析及解决措施 ········· (192)

  6.1.2 电压波动对电驱机组的影响分析及解决措施 ················ (195)

  6.1.3 下一步提升方向 ·· (198)

6.2 外电线路管理提升 ……………………………………………………… (198)
6.2.1 职责划分 …………………………………………………………… (198)
6.2.2 电力线路精准宣传走访 …………………………………………… (200)
6.2.3 防电力线路异常措施 ……………………………………………… (201)
6.3 TMEIC 变频器高压输入电缆单相接地检测功能优化 ……………… (203)
6.3.1 问题分析 …………………………………………………………… (203)
6.3.2 处理建议 …………………………………………………………… (203)
6.4 西二线、西三线增输工程荣信 RHMV2000 型变频器逻辑优化 …… (209)
6.4.1 问题分析 …………………………………………………………… (209)
6.4.2 处理建议 …………………………………………………………… (209)
6.5 TMEIC Drive-XL75 型变频器新增预过负荷保护优化 ……………… (218)
6.5.1 问题分析 …………………………………………………………… (218)
6.5.2 处理建议 …………………………………………………………… (219)
6.6 电源快速切换装置应用 ………………………………………………… (228)
6.6.1 问题分析 …………………………………………………………… (228)
6.6.2 处理建议 …………………………………………………………… (230)
6.7 低电压穿越功能应用 …………………………………………………… (236)
6.7.1 系统介绍 …………………………………………………………… (236)
6.7.2 优化实施 …………………………………………………………… (239)

第 7 章 健康体检 ……………………………………………………………… (241)
7.1 数据收集与分析 ………………………………………………………… (242)
7.1.1 基础数据收集 ……………………………………………………… (242)
7.1.2 联锁单因素检查 …………………………………………………… (242)
7.1.3 逻辑优化改造情况检查 …………………………………………… (243)
7.1.4 常规检查 …………………………………………………………… (244)
7.1.5 机组历史问题及遗留问题处理 …………………………………… (249)
7.2 健康体检保养操作内容 ………………………………………………… (250)
7.2.1 GG 检查 …………………………………………………………… (250)
7.2.2 PT 检查 …………………………………………………………… (250)

- 7.2.3 进气过滤及通风系统检查 ……………………………………………… (250)
- 7.2.4 合成油系统检查 …………………………………………………………… (251)
- 7.2.5 燃料气系统检查 …………………………………………………………… (251)
- 7.2.6 液压启动系统检查 ………………………………………………………… (251)
- 7.2.7 联轴器检查 ………………………………………………………………… (251)
- 7.2.8 压缩机检查 ………………………………………………………………… (252)
- 7.2.9 矿物油系统检查 …………………………………………………………… (252)
- 7.2.10 干气密封系统检查 ………………………………………………………… (253)
- 7.2.11 机组控制系统检查 ………………………………………………………… (253)
- 7.2.12 其他系统检查 ……………………………………………………………… (255)
- 7.2.13 机组控制系统维护 ………………………………………………………… (255)
- 7.2.14 机组电气系统维护 ………………………………………………………… (256)

7.3 健康体检主要保养项目检查操作步骤 ……………………………………… (258)
- 7.3.1 PGT25+外观检查 ………………………………………………………… (258)
- 7.3.2 孔探检查 …………………………………………………………………… (260)
- 7.3.3 磁性检测器检查 …………………………………………………………… (261)
- 7.3.4 燃料气橇检查 ……………………………………………………………… (262)
- 7.3.5 消防系统检查 ……………………………………………………………… (263)
- 7.3.6 燃料喷嘴检查 ……………………………………………………………… (263)
- 7.3.7 T48(T5.4)热电偶检查 …………………………………………………… (264)
- 7.3.8 点火系统功能检查 ………………………………………………………… (266)
- 7.3.9 高压补偿孔板选择 ………………………………………………………… (267)

7.4 工具、辅助材料及消耗件 ……………………………………………………… (270)
- 7.4.1 保养所需工具、材料及备件 ……………………………………………… (270)
- 7.4.2 工具及材料管理 …………………………………………………………… (273)

第8章 标准化检修 ……………………………………………………………………… (275)

8.1 检修流程标准化 ………………………………………………………………… (276)

8.2 检修现场标准化 ………………………………………………………………… (277)
- 8.2.1 目视形象标准化 …………………………………………………………… (277)

8.2.2　区域划分标准化 ………………………………………………………… (278)

　　8.2.3　检修平台标准化 ………………………………………………………… (279)

　　8.2.4　检修工具及备件摆放标准化 …………………………………………… (280)

8.3　检修安全标准化 …………………………………………………………………… (281)

　　8.3.1　作业前安全分析 ………………………………………………………… (281)

　　8.3.2　能量隔离 ………………………………………………………………… (281)

　　8.3.3　管路封堵 ………………………………………………………………… (286)

　　8.3.4　个人防护 ………………………………………………………………… (286)

8.4　检修工装标准化 …………………………………………………………………… (288)

　　8.4.1　专用工具 ………………………………………………………………… (288)

　　8.4.2　通用工具标准化 ………………………………………………………… (290)

　　8.4.3　备件准备 ………………………………………………………………… (292)

8.5　检修工序标准化 …………………………………………………………………… (295)

　　8.5.1　25K检修 ………………………………………………………………… (295)

　　8.5.2　50K检修 ………………………………………………………………… (296)

　　8.5.3　数据记录及工序确认 …………………………………………………… (296)

　　8.5.4　检修文件目录 …………………………………………………………… (296)

第9章　高质量运维管理措施 ……………………………………………………… (297)

9.1　管理架构 …………………………………………………………………………… (298)

　　9.1.1　统一部署 ………………………………………………………………… (298)

　　9.1.2　分片区实施 ……………………………………………………………… (298)

　　9.1.3　落实机组承包责任制 …………………………………………………… (299)

9.2　人才队伍建设 ……………………………………………………………………… (299)

　　9.2.1　导师带徒 ………………………………………………………………… (300)

　　9.2.2　需求调查 ………………………………………………………………… (300)

　　9.2.3　基础培训 ………………………………………………………………… (300)

　　9.2.4　实践锻炼 ………………………………………………………………… (300)

　　9.2.5　实训成效 ………………………………………………………………… (300)

9.3　激励绩效 …………………………………………………………………………… (301)

- 9.3.1 劳动竞赛 ……………………………………………………………（301）
- 9.3.2 绩效考核 ……………………………………………………………（301）
- 9.4 上下联动 ………………………………………………………………（303）
  - 9.4.1 建设高质量运维队伍 ………………………………………………（303）
  - 9.4.2 构建高质量运维体系 ………………………………………………（304）
  - 9.4.3 践行"零缺陷"理念 …………………………………………………（304）
- 9.5 装备国产化 ……………………………………………………………（305）
  - 9.5.1 国产化路径 …………………………………………………………（305）
  - 9.5.2 国产化成果 …………………………………………………………（305）
  - 9.5.3 国产化远景 …………………………………………………………（305）

参考文献 ……………………………………………………………………（306）

第 1 章
压缩机组运维情况概述

离心压缩机组是天然气管道输送的主要动力设备,是天然气管道的"心脏",其运行维护的安全性、可靠性、高效性具有重要意义。本章主要介绍了西部管道有限责任公司(以下简称西部管道公司)压缩机组运维现状、原理结构和参数选型、配置情况、运维管理模式、高标准规划等内容。

1.1 西部管道公司压缩机组运维现状

西部管道公司隶属于国家石油天然气管网集团有限公司,公司坚定不移做习近平总书记"四个革命、一个合作"能源安全新战略的践行者、推动者和引领者。公司置身"丝绸之路经济带"核心区域,完整准确贯彻新时代党的治疆方略,融入西部大开发和"一带一路"建设,率先建成、高效运营"西油东送、西气东输"的西部油气能源大通道,现已发展成为业务覆盖新、甘、青三省区的专业化地区管道企业。

西部管道公司所运营的管道地处国内油气保供的上游、资源引进的"咽喉",外连中亚、贯通东西、辐射全国。西部管道公司所辖油气管道干(支)线57条,总里程 1.59×10^4 km,管理资产规模超1200亿元,天然气、原油和成品油出疆干线输送能力分别为 $770\times10^8 m^3/a$、$2000\times10^4 t/a$、$1000\times10^4 t/a$。天然气配送至国内二分之一区域,入网量占全集团的三分之一,占全国消费总量的五分之一。公司拥有158台套管线压缩机组,总装机功率3860MW,现为我国石油天然气管道行业机队规模最大、装机功率最大的管道输送企业。158台压缩机组散布在新疆、甘肃、青海三省区 $280\times10^4 km^2$ 的国土上,分布在西一线、西二线和西三线等6条管线、35座站场,压气站站场总貌如图1.1.1所示。压缩机组是天然气管道的"心脏",其安全性和可靠性直接影响到管道天然气的平稳输送。如何确保压缩机组的高标准高质量运维,避免"掉链子""耽误事",是公司作为"通道型"企业面临的重大课题。

图1.1.1 压气站站场总貌

压缩机组是天然气输送管道的主要工艺设备,为天然气的输送提供动力,是输气管道的心脏,输气管道的运行可靠性和经济性很大程度上取决于压缩机组的可靠性和性能。在天然气输送管道特别是新建管道上,主要使用的是离心式压缩机(往复机因排量小,已不适用目前大流量输气管道,其多用于需要较高出口压力及高压比的储气库),用来驱动离心式压缩机的原动机主要是燃气轮机或大功率变频电动机。燃气轮机驱动压缩机配置如图1.1.2所示。

图1.1.2　燃气轮机驱动压缩机

西部管道公司压缩机组数量多、机型杂、年限久、利用率高，冬季保供高峰期的日输量达$2.7×10^8 m^3$，开机近百台。压缩机组的平稳运行事关国家油气能源体制改革和老百姓冷暖，公司坚持央企姓党的政治本色，践行"三个服务"宗旨，保障人民群众温暖度冬，坚持贯彻"扛红旗、塑品牌、勇创新、促团结"的工作方针，夯实压缩机组基础工作，加强人才梯队建设，压缩机组安全高效无故障运行10000h以上，发挥压缩机组标准化运维示范作用，锤炼"最讲政治、最有信仰"的西部管网新铁军，塑造受尊重、有尊严的良好企业形象，在推动国家管网集团高质量发展，打造世界一流企业、实现新疆社会稳定和长治久安总目标，以及保障国家能源安全等方面发挥着重要作用。

1.2　压缩机组结构和参数选型

天然气长输管道行业主要使用大型离心压缩机组，其中燃驱机组功率以30MW等级为主，电驱机组以18MW等级为主，根据不同管线配套附属系统、燃机型号、电动机型号，它们与离心压缩机不同搭配种类较多，运维管理难度相对较大，以下对燃气轮机、变频电动机和离心压缩机分别进行介绍。

1.2.1　燃气轮机

燃气轮机在输气管道上作为压缩机的动力装置，不受市政电网条件制约，在管线初期建设发挥重要作用，已经占据了输气管道动力装置的半壁江山。燃气轮机是以连续流动的气体为工质带动叶轮高速旋转，将燃料的能量转变为有用功的内燃式动力机械，是一种旋转叶轮式热力发动机。由于燃气轮机能直接把燃气的内能转化为以转动形式输出的机械功，因而与其他类型的热机相比，燃气轮机结构紧凑、功率质量比大，热力过程实现便于自动控制。此外，燃气轮机是旋转机械，便于状态监测，故障率相对较低。

目前公司应用了RR、GE、索拉和中船重工703所国产燃机4个进口品牌，分别是RR

公司的 RB211 型，GE 公司的 LM2500+ 型燃机，索拉公司的金牛星 60、金牛星 70、大力神 130，国产 CGT25 系列。RR 公司 RB211 燃气轮机如图 1.2.1 所示。GE 公司 LM2500+ 燃气轮机如图 1.2.2 所示，公司在用燃机数据见表 1.2.1。

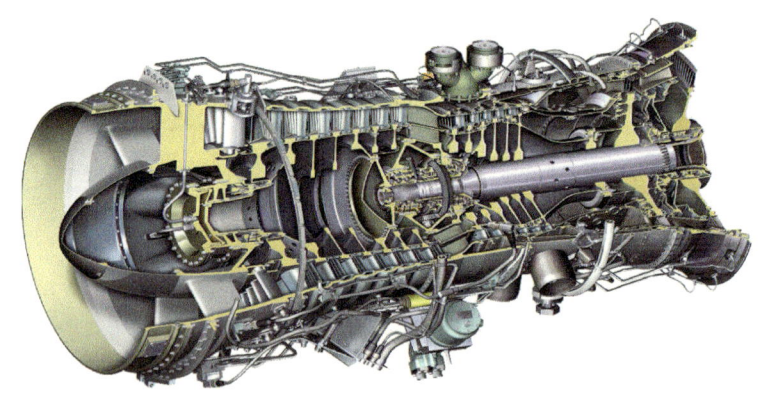

图 1.2.1　RR 公司 RB211 燃气轮机

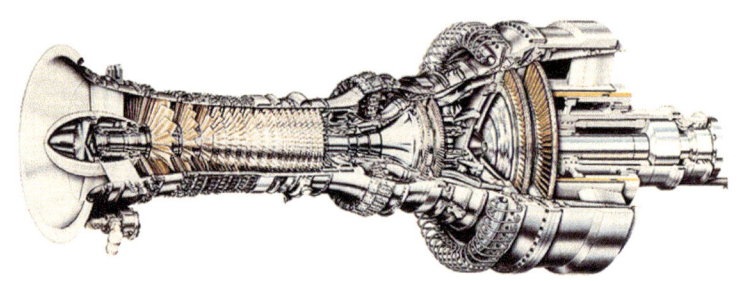

图 1.2.2　GE 公司 LM2500+ 燃气轮机

表 1.2.1　公司在用燃机数据

序号	项目	GE 燃机	RR 燃机	索拉燃机			703 所燃机
1	型号	LM2500+	RB211	金牛星 60	金牛星 70	大力神 130	CGT25
2	数量	56	29	1	3	9	3
3	功率/MW	31.72	29.63	5.46	7.69	15	27
4	效率/%	40.66	37.8	34.8	34.8	34.8	36.5
5	燃气发生器(GG)转速/(r/min)	9600	6643/9445	15000	15200	11200	9500

　　燃气轮机的技术源于航空发动机，由于我国航空工业发展水平长期以来落后于西方国家，且航空工业直接涉及一个国家的国防安全，因此，西方国家对向发展中国家输出燃气轮机的设计制造技术长期实行严密的封锁政策。目前应用于管道上的国产燃气轮机仅中船工业 703 所的 CGT25，其功率约 27MW，公司在烟墩站安装了 3 台（此外，西气东输公司安装 2 台、西南管道公司安装 2 台），近两年运行稳定。

　　燃气轮机结构主要分为燃气发生器和动力涡轮两部分。燃气发生器类似飞机的发动机，输出的是推力，对飞机发动机进行改造，增加动力涡轮，将推力变为轴功率输出，可驱动压缩机、发电机等从动设备，GE 和 RR 的燃气轮机都是航改型燃机。

图 1.2.3 是索拉大力神 130 型燃气轮机，红线左侧为燃气发生器，红线右侧为动力涡轮，中间外壳处螺栓连接，燃气发生器和动力涡轮的转速不一致。动力涡轮直接连接离心压缩机，它和压缩机转速一致。所以，燃气轮机一般是两根轴，其中燃气发生器一根、动力涡轮一根，索拉燃气轮机、GE 燃气轮机均如此，RR 机组结构较复杂，燃气轮机为三轴，燃气发生器两根、动力涡轮一根。

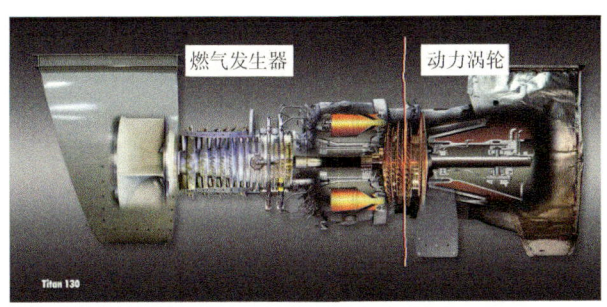

图 1.2.3　索拉大力神 130 型燃气轮机

燃气轮机一般装在一个类似集装箱的箱体里，辅之以进排气系统、润滑油系统、燃料气系统、控制系统、火气系统和启动系统才能正常工作。燃气轮机组成如图 1.2.4 所示。

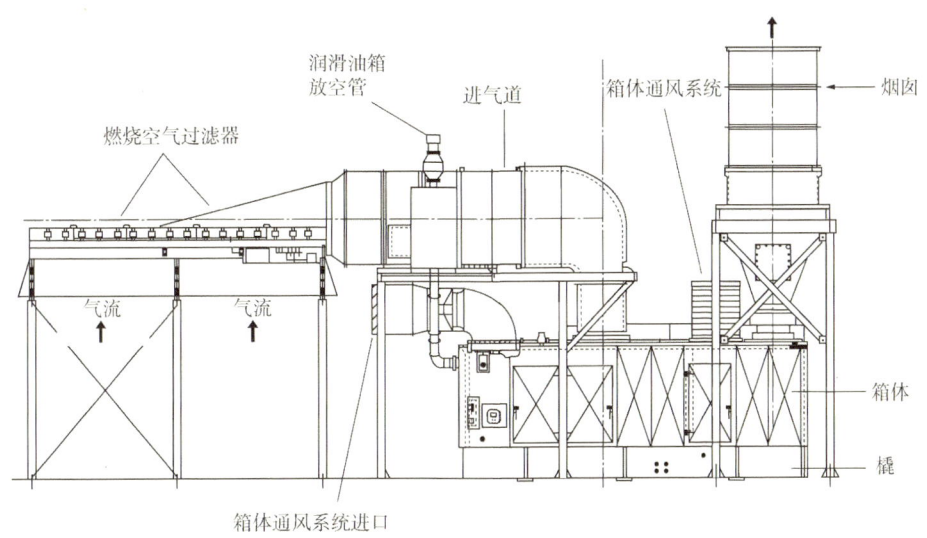

图 1.2.4　燃气轮机组成

1.2.2　变频电动机

电驱机组主要包括变压器、变频器、励磁机、电动机和压缩机。大功率变频电动机具有调节电动机转速的功能，适用于长输管道压缩机多工况的调节要求。变频电动机安装、维护简便，经济性好，在电力条件许可的情况下，其具有较好的应用前景。变频器作为电力电子技术和交流传动的重要组成部分，由于具有高效、节能和智能自动化的特点而得以飞速发展，并广泛应用于各行各业。典型电驱动压缩机配置如图 1.2.5 所示。

图 1.2.5 典型电驱动压缩机配置

国外主流大功率变频电动机的厂家主要有西门子、ABB、TMEIC 和科孚德等。国内生产大功率电动机的厂家主要有上海电机厂、哈尔滨电机厂和东方电气,能够生产大功率变频器的厂家主要有鞍山荣信、上海上广电、上海能科和深圳禾望。目前国产大功率变频器和电动机已成国内新建天然气管道驱动机主流。

西部管道公司主要采用了西门子和日本 TMEIC 两个进口品牌的变频器及电动机。同时,安装有荣信和上广电两个国产品牌变频器,以及上电和哈电两个国产品牌的电动机。西部管道公司在用变频器及电动机的数据见表 1.2.2。

表 1.2.2 西部管道公司在用变频器及电动机数据

序号	项目	荣信变频器	上广电变频器	上电电动机	哈电电动机	TMEIC 变频器加电动机	西门子变频器加电动机
1	型号	SuperHVC-S10-M10/25000	Innovert 10/10-25000S	TAGW20000-2	TBPY 20000-2(西三线)/TBPY 13000-2(轮吐线)	变频器:XL75;电动机:SHBLR-CHCNXY	变频器:SIMOVERT S;电动机:1DX1749-8ES01-Z
2	数量	11	6	8	9(西三线:6;轮吐线:3)	31	2
3	功率/MW	25000kV·A	25000kV·A	20	20(西三线)13(轮吐线)	变频器容量:20000kV·A;电动机功率:18	变频器容量:26400kV·A;电动机功率:22
4	效率/%	98.97	99.2	97.99	97.51	变频器效率:99.15;电动机效率:97	变频器效率:99;电动机效率:97.2
5	转速/(r/min)	—	—	—	4800	5200	4800

变频驱动系统主要由变频器和电动机组成,辅之以冷却水系统、供变电系统和控制系统。变频器组成示意图如图 1.2.6 所示。

变频器把工频交流电(或直流电)变换为电压和频率可变的交流电的电气设备。电驱机组结构简图如图 1.2.7 所示。变频器主要用于交流电动机的调速控制,变频器输入端输入的是三相工频交流电,输出端输出的是频率和电压可调的交流电,由此控制电动机工作,因此,变频器是电动机和电源之间的一个中间控制环节。

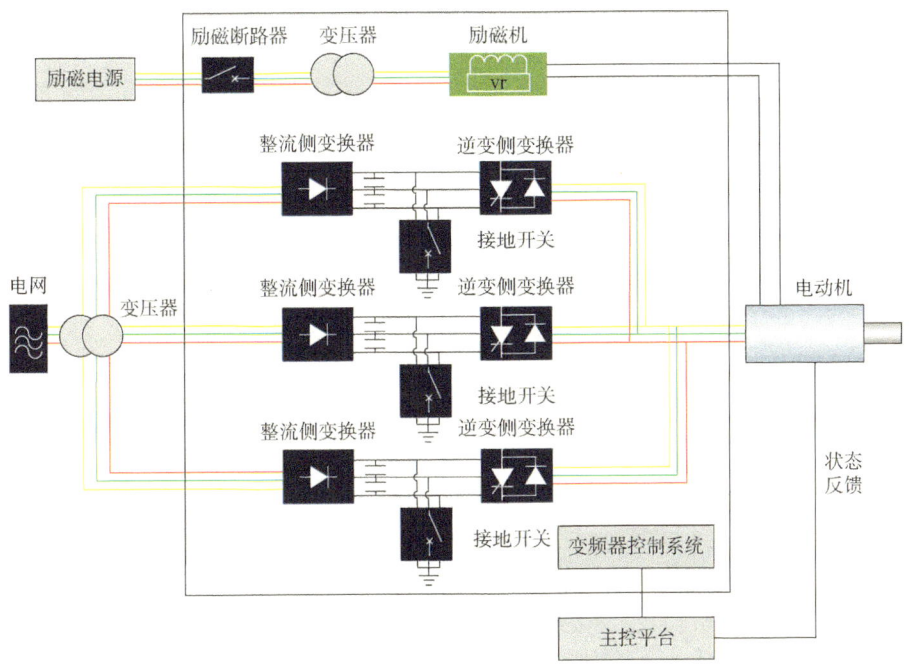

图 1.2.6 变频器组成示意图

图 1.2.7 电驱机组组成

采用变频调速后，风机、泵类负载的节能效果最明显，节电率可达到 20%~60%，这是因为风机水泵的耗用功率与转速的三次方成比例，当平均流量较小时，风机、水泵的转速较低，节能效果十分可观。此外，采用变频调速还有降低启动冲击电流、降低无功功耗等其他显著优点。

变频器由隔离变压器、高压开关柜、充电阻尼柜、功率柜、变频馈出柜、系统控制柜、水冷柜和励磁柜等组成。变频器和隔离变压器位置如图 1.2.8 所示，现场隔离变压器如图 1.2.9 所示，现场变频器实物如图 1.2.10 所示。

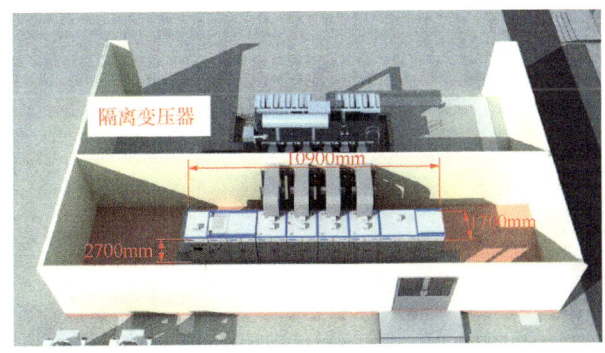

图 1.2.8 变频器和隔离变压器位置

图 1.2.9　现场隔离变压器

图 1.2.10　现场变频器实物

电动机主要由主机(定子+转子)、交流励磁机(定子+转子)、旋转整流器、轴承、空水冷却器和吹扫系统等组成，交流励磁机、旋转整流器与主机同轴配置，空水冷却器置于电动机顶部，电动机由三座式滑动轴承支撑，带整体式底架。日本 TMEIC 电动机实物如图 1.2.11 所示，日本 TMEIC 电动机示意图如图 1.2.12 所示，电动机外水冷装置如图 1.2.13 所示。

图 1.2.11　日本 TMEIC 电动机实物

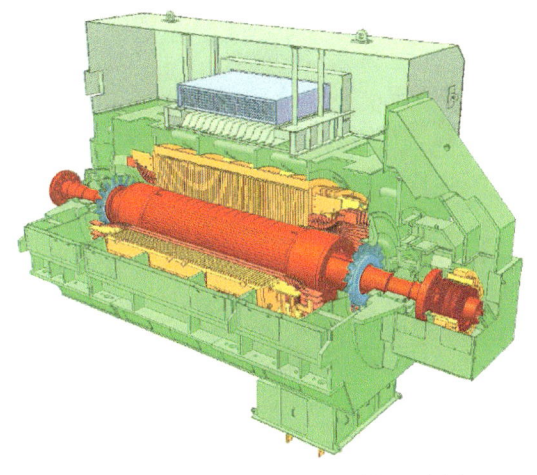
图 1.2.12 日本 TMEIC 电动机示意图

图 1.2.13 电动机外水冷装置

1.2.3 离心压缩机

离心式压缩机的基本工作原理是利用高速旋转的叶轮使叶轮出口的气流达到很高流速，然后在扩压室内将高速气体的动能转化为压力能，从而使压缩机出口的气体达到较高的压力。

离心式压缩机制造业一直是我国机械制造业中的骨干企业，国内生产离心式压缩机的厂家主要有沈阳鼓风机集团公司(以下简称沈鼓)、陕鼓动力股份有限公司和上海鼓风机厂有限公司。经过三十余年的不懈努力，国内厂家消化、吸收、引进技术，采取与各大院校、研究所联合开发的方式，大力推动技术进步，尤其在离心式压缩机关键的开发、设计、制造和检验技术上有了长足的进步。西部管道公司在用国产压缩机全部为沈鼓压缩机，共 23 台，由于其采用了 GE 的技术，同样为 PCL800 系列。西部管道公司在用离心压缩机数据见表 1.2.3。

表 1.2.3 西部管道公司在用离心压缩机数据

序号	项目	GE	RR	DR		MAN	沈鼓
1	型号	PCL 系列	RFBB-36	D16R3S	CDP416	RV050 系列	PCL800
2	数量	73	31	11	1	12	23
3	功率/MW	18(燃驱) 12(电驱)	22.39	11.7	3.5	11	20
4	效率/%	88	88	88	81	87	88
5	转速/(r/min)	5200	4800	4800	13333	涩北 10026 其余 8300	4800

压缩机主要分为往复式(活塞式)、离心式、轴流式和螺杆式(多用于空压机)。图 1.2.14 简要展示了三种压缩机的区别(纵轴是压比、横轴是流量)。往复机是小流量、高压比，轴流机是大流量、低压比，离心机居中。三种压缩机流量和压比的直观区别如图 1.2.14 所示。

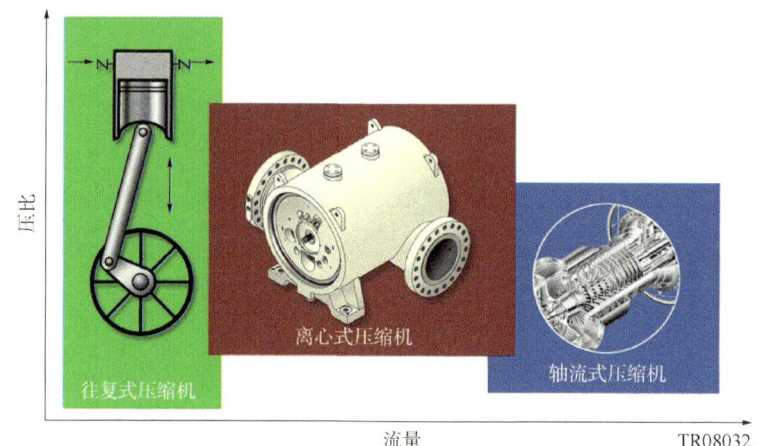

图 1.2.14　三种压缩机流量和压比的直观区别

可将压缩机结构粗略分为外壳、机芯和盖板三部分。离心压缩机的三大件如图 1.2.15 所示。

机芯内部主要由转子、轴承和干气密封等组成。离心压缩机组主要组成如图 1.2.16 所示。

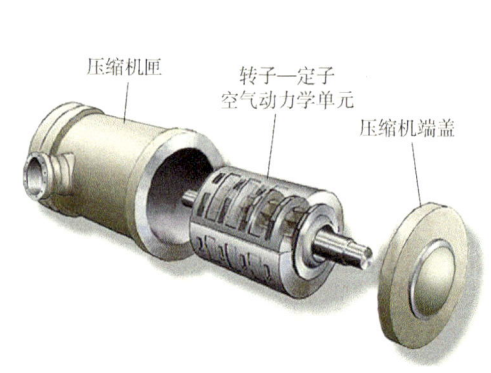

图 1.2.15　离心压缩机三大件

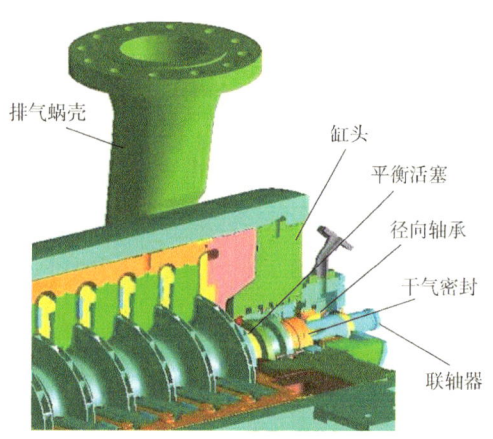

图 1.2.16　离心压缩机组主要组成

干气密封是离心压缩机的核心部件之一，它的主要作用是将工艺气限定在压缩机内，同时也阻止润滑油从轴承箱跑到工艺气中。离心压缩机共安装有两个干气密封，驱动端和非驱动端各一个。一般采用串联干气密封，当主密封（Primary seal）失效的时候，备用密封（或称二级密封，Secondary seal）仍然在一定时间内起作用。密封气经一次放空后，还有一些密封气体将进入二级密封，并且经二次放空（Secondary Seal Vent）。缓冲密封（或称隔离气密封，Buffer Seal）位于二级密封的外侧，防止润滑油进入干气密封（Dry Gas Seal）。干气密封在离心压缩机中的安装位置如图 1.2.17 所示。干气密封结构及内部密封气流示意图如图 1.2.18 所示。

以往干气密封主要依靠进口，主要依托 3 个国外厂家（福斯、约翰克兰和博格曼）。目前，干气密封现已实现国产化。干气密封实物如图 1.2.19 所示。

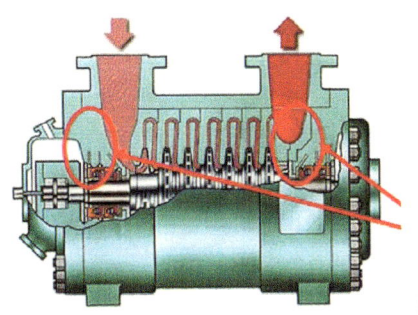
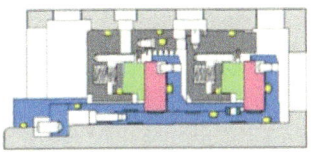

图 1.2.17　干气密封在离心压缩机中的安装位置

一台典型的透平压缩机包含两个介于轴承之间的集装式干气密封

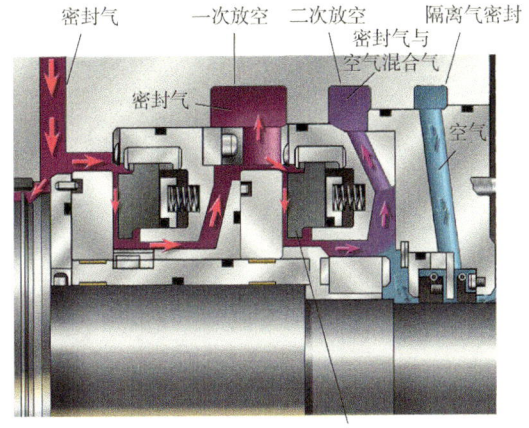

图 1.2.18　干气密封结构及内部密封气流示意图

图 1.2.19　干气密封实物

离心压缩机的辅助系统主要是工艺气空气冷却器、防喘阀、干气密封气处理系统（过滤、加热、增压、调压）。天然气空气冷却器如图 1.2.20 所示，干气密封气处理系统如图 1.2.21 所示。

图 1.2.20　天然气空气冷却器

压缩机工艺流程示意图如图1.2.22所示。离心式压缩机在运行过程中，可能会出现这样一种现象，即当负荷低于某一定值时，气体的正常输送遭到破坏，气体的排出量时多时少，忽进忽出，发生强烈振荡，并发出如同哮喘病人"喘气"的噪声。此时可看到气体出口压力表、流量表的指示大幅波动。随之，机身也会剧烈振动，并带动出口管道、厂房振动，压缩机会发出周期性间断的吼响声。如不及时采取措施，将使压缩机遭到严重破坏，例如压缩机部件、密封环、轴承、叶轮、管线等设备和部件的损坏，这种现象就是离心式压缩机的喘振。为避免喘振现象的发生，压缩机设置有防喘阀，通过控制系统监控，将压缩机出口气再循环引入进口。

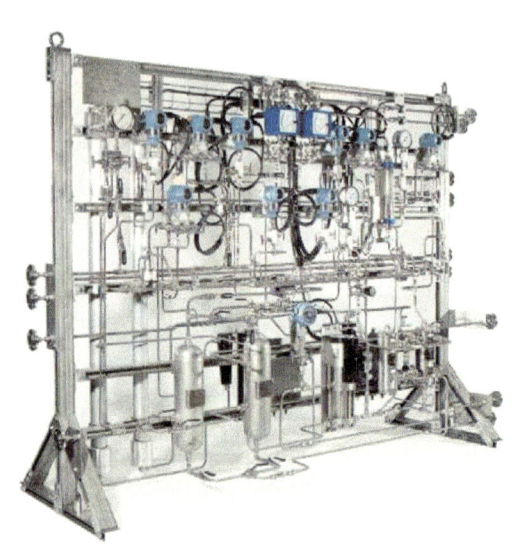

图1.2.21　干气密封气处理系统

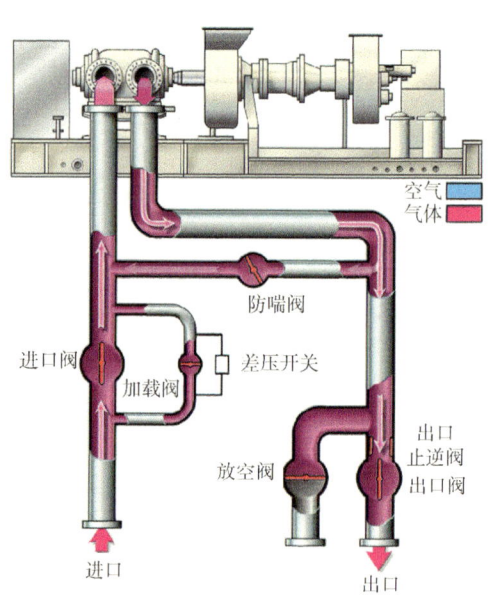

图1.2.22　压缩机工艺流程示意图

1.3　压缩机组配置情况

1.3.1　总体情况

国家管网集团目前所辖111座管道压气站、3座储气库，在用压缩机组总计413套，其中包括燃驱离心压缩机组147台、电驱离心压缩机组227台、往复式压缩机组39台，总装机功率769.43×10⁴kW。西部管道公司目前所辖机组共计158台，其中包括燃驱离心压缩机组101台、电驱离心压缩机组53台、燃驱往复式压缩机组4台，总装机功率386.07×10⁴kW。

1.3.2　机型分布

西部管道公司目前所辖压缩机组158台分布在西一线、西二线、西三线、轮吐线、涩宁兰、鄯乌线天然气管线。西三线西段的14座压气站拥有50台机组、西二线西段的14座压气站拥有46台机组、西一线的13座压气站拥有35台机组、涩宁兰的5座压气站拥有13台机组、轮吐线的4座站场拥有10台机组、鄯乌线的鄯乌首站拥有4台机组。其中,大型燃驱离心机组101台、电驱机组53台,涉及厂家分别为GE、RR、索拉、德莱赛兰、沈鼓、中船重工703所,共计6个总成厂家(RR和德莱赛兰现均被西门子收购),根据不同管线配套附属系统、燃机型号、电动机型号,它们分别与离心压缩机不同搭配,机组类型高达22种类别。各品牌机组数量配置如图1.3.1所示。

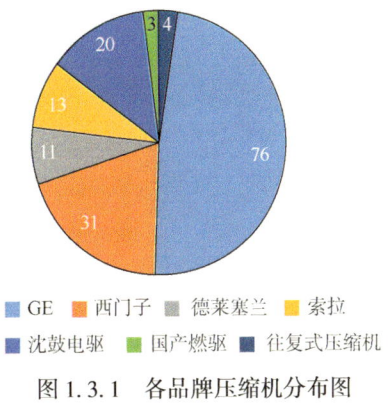

图1.3.1 各品牌压缩机分布图

1.3.3 近年来机组运行情况及相关指标

西部管道公司地处天然气管网上游,目前平均日输气量在$2.2×10^8 m^3$,机组常年运行65台以上,冬季保供高峰期日输量曾达$2.7×10^8 m^3$,机组开机90台。截至目前,机组总累计运行时间超$550×10^4 h$,近三年每年平稳开机运行台时$55×10^4 h$,每月开机台时$(4.3 \sim 4.6)×10^4 h$。国家管网集团每年稳定开机台时$102×10^4 h$,每月开机台时$(8.6 \sim 10)×10^4 h$,西部管道公司开机占比约50%。

国际通用的压缩机组运维指标主要为平均无故障运行时间(MTBF)、可用率(AF)和可靠性(RF)。国际上使用同机型管道压缩机组的平均无故障运行时间为4300h,目前西部管道公司机组无故障运行时间处于国际领先水平。国际上进口压缩机组的实际可靠性为99.29%,实际可用率为98.73%。2020年,公司管辖151台套压缩机组的可靠性为99.98%,可用率为96.85%,目前机组可靠性指标处于国际领先水平,机组可用率受西一线、西二线、西三线、涩宁兰集中进入检修周期的影响,机组可用率低于国际水平。近六年来,西部管道公司压缩机组系统提升工作显著,无燃机本体损伤事件,无压缩机组停机瞒报事件,截至2022年底,公司无故障运行时间为13839h。近六年西部管道公司压缩机组运行情况见表1.3.1。国家管网属企业压缩机组2022年运行时间及MTBF统计情况如图1.3.2所示。

表1.3.1 近六年西部管道公司压缩机组运行情况

序号	项目	年度平均无故障运行时间/h					
		2017年	2018年	2019年	2020年	2021年	2022年
1	公司总体	3805	4671	6576	8657	10752	13839
2	酒泉分公司	4882	9748	16675	12986	17756	14134
3	新疆分公司	2260	7521	4993	5375	12946	12551
4	塔里木分公司	2545	2874	7893	18119	12845	11105
5	乌鲁木齐分公司	2052	2711	6600	4320	10831	10875
6	独山子分公司	2523	5636	5766	6286	9225	15046
7	兰州分公司	3015	6947	3724	6374	8258	13878
8	甘肃分公司	1954	3629	6190	10726	7028	18371

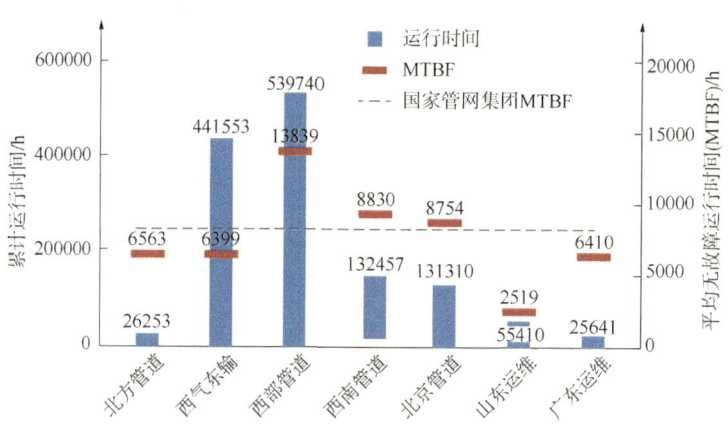

图 1.3.2 国家管网属企业压缩机组 2022 年运行时间及 MTBF 统计情况

自压缩机组高标准高质量运行工作开展以来,各品牌压缩机组无故障运行时间突破了历史新高,机组非计划停机和共性故障缺陷问题得到了有效控制。近六年西部管道公司各机型压缩机组运行情况见表 1.3.2。

表 1.3.2 近六年西部管道公司各机型压缩机组运行情况

压缩机组类型	年度平均无故障运行时间/h					
	2017 年	2018 年	2019 年	2020 年	2021 年	2022 年
GE 燃驱	3623	5307	5931	12385	13266	12227
西门子燃驱	3012	3459	5809	16621	11051	11952
索拉机组	3015	6947	3724	6374	8258	13878
国产电驱	1497	4741	6570	6024	10228	14965
进口电驱	2108	7858	15334	13078	18907	19614
国产燃驱	1521	10697	5275	3367	12252	10193

1.4 压缩机组管理及运维模式

1.4.1 机组运检维管理模式

西部管道公司在管理模式上采取"1+1+7+N"的模式("1"指生产运行部负责业务管理;"1"指生产技术服务中心负责压缩机组中大修、疑难故障处理;"7"指 7 家分公司负责日常运维、定期维护保养和履行属地责任;"N"指 N 家设备厂家或相关服务商)。在人员方面,公司生产运行部现有主管领导 1 人、压缩机科 3 人和生产技术服务中心 46 人;各分公司生产科一般有压缩机主管 1 人。

西部管道公司在管理体系上主要以《压缩机运行管理程序》为主,辅之以两类规程(运行操作规程、维护检修规程)和近 200 个作业指导书。自 2018 年以来,西部管道公司在压缩机组提升工作过程中，逐步形成了不同机型的健康体检方案，虽未上升到规程的地位，但也作为维护检修规程的重要补充指导基层开展日常检查、保养工作。西部管道公司在用压缩机组检维修规程见表1.4.1。

表1.4.1 西部管道公司在用压缩机组检维修规程

序号	名　称
1	PGT25+SAC 燃气轮机维护检修规程
2	RB211 型燃驱压缩机组维护检修规程
3	国产 CGT25-D 燃驱机组维护检修规程
4	高压电动机离线状态监测规程
5	PCL800 型压缩机维护检修规程
6	RFBB36 型压缩机维护检修规程
7	德莱赛兰 D16P3S 型离心式压缩机维护检修规程
8	索拉压缩机组维护检修规程
9	Innovert 1010-25000S+TAGWTBPY 20000-2 变频调速系统维护检修规程
10	RHVC 10-25000+TAGWTBPY 20000-2 变频调速系统维护检修规程
11	TMEIC DRIVE-XL75 型变频器维护检修规程
12	西门子 SIMOVERT S 型变频器维护检修规程
13	压缩机组控制系统维护检修规程
14	机组辅助电气系统维护检修规程

1.4.2 机组运检维主要内容

根据管理规程，压缩机组维护检修分为每运行4000h、8000h维护保养，25000h的中修和50000h的大修（索拉机组无中修，每运行30000h大修一次）。4000h和8000h维护保养主要是更换滤芯、内窥镜检查和开展功能性测试等工作；25000h中修时燃气发生器返厂修理，检修燃料气调节阀、离合器和各类电动机等辅助系统，离心压缩机更换干气密封，变频器更换电容等易损件、进行功率单元检测，电动机进行离线状态监测；50000h大修时燃气发生器返厂修理、更换高温端叶片，动力涡轮返厂大修，离心压缩机解体检修、更换干气密封，变频器、电动机检修内容同25000h内容，额外增加功率单元更换、电动机轴承检修。

每年对机组进行健康体检。由于健康体检范围大于4000h，对于年内需要开展4000h或8000h保养的机组，结合健康体检一起进行，对于每年无法运行到4000h的机组，仅开展健康体检。

1.4.3 机组检修方式

目前各类机组日常保养、4000h/8000h维保、现场小修主要由现场自主开展。GE、RR燃气发生器25000h中修和50000h大修送廊坊压检中心维修。GE、RR动力涡轮返回国外工厂维修，廊坊压检中心已启动GE动力涡轮自主维修工作。索拉机组30000h大修返回国外工厂维修。变频器、电动机和压缩机的中大修由公司自主开展。

近三年来，公司累计主导完成40余项压缩机、泵阀、电动机变频器等关键核心设备的大修作业，开展关键设备中修作业60余项，实现了检修后设备"一次启动成功、零缺陷、零隐患"目标。公司压缩机组自主检维修能力走在兄弟单位前列，应邀为西气东输、西南管道提供疑难故障处置、检维修服务。在自主检维修过程中，公司逐步形成压缩机组中大修检修作业标准，总结提炼出GE、西门子、索拉燃驱机组、电驱机组检修标准化手册，覆盖公司全系机型。标准化检修现场如图1.4.1所示。

图1.4.1　标准化检修现场

1.5　压缩机组高标准高质量运维规划

2017年11月14日，为系统整体提升员工运检维能力、增强压缩机组可靠性、确保管网平稳运行，西部管道公司启动压缩机组系统提升"三年"工作计划（3年机组无故障运行时间提升至8000h），全面部署了压缩机组系统提升工作任务，后又制定了"343"十年压缩机组高标准高质量运行十年奋斗目标。

"343"压缩机组高标准高质量运行十年奋斗路径分为3个阶段：前3年（2018年至2020年）的重点是以问题为导向，分析停机故障产生的根源，采取程序优化、零部件更换，或者升级、预防性维检修等措施，降低重复性故障发生的概率，本质还是停留在治标阶段，维护策略是"CM+TBM"；中间4年（2021年至2024年）重在夯实基础，这一阶段的主要任务是完善相关制度及机制，固化好的实践经验，进一步将压缩机组系统的认知、运维、检修和国产化向纵深推进，完善机组数字化信息收集，实现机组本体数字孪生，基本达到治根阶段，维护策略是"CM+TBM+CBM"；后3年（2025年至2027年）重在创新驱动，要在前7年的基础上，深入应用国产化成果，推动PHM技术落地，在维修费用下降的同时，机组预知预测预防水平上新台阶，无故障运行时间大幅提升，维护策略是以"TBM+CBM+PHM"为主的RCM。以上三项重点工作是阶段上的侧重不同，在逻辑上是同时存在。

作为天然气管网的"动力舱"，压缩机组的平稳运行关乎上游资源及时外运、下游用户稳定供应和输量计划的按期完成，一旦发生故障，可谓"牵一发而动全身"，越是靠近上游的天然气管网，对机组运行的稳定性要求就越严苛。一直以来，西部管道公司深刻认识平稳运行之于践行企业宗旨、实现战略目标、守护百姓冷暖、推动高质量发展的重要意义，以奋进者姿态主动自我加压、担责上肩,系统规划了压缩机高标准高质量运维工作提升路径,全体干部员工迈开步子、扑下身子、撸起袖子,凝心聚力,誓以十年之功"磨"利压缩机组高标准、高质量运行之"剑"。总结近6年来压缩机组工作情况,主要经验及成果如下。

1.5.1 部署专项提升措施

西部管道公司把故障当资源,以问题为导向,突破一点、解决一片、消灭一类。在疑难故障处置方面,系统分析历年故障情况,识别出接地、接线、干气密封、外电等方面出现的典型高发故障,制定专项提升措施,予以根治。制定了《压缩机组现场故障缺陷排查解决工作方案》,每年入冬前和保供结束后,由生产运行部带队,分两次集中开展现场疑难故障缺陷的排查和处理工作。近5年,机组运维技术人员共开展了11次现场疑难问题的集中处理,解决了机组疑难故障共计515项,通过总结会的形式在公司范围内分享,并以技术信息通报的方式及时固化经验,累计发布技术信息通报132期。在优化改进方面,结合厂家技术通报、典型故障案例、燃机大修进厂检查报告、兄弟单位先进做法,制定GE燃驱、RR燃驱、索拉燃驱、进口电驱、国产电驱机组5类机型的"一类一策"提升方案,5年来推广了航插加固等40项优化改进措施,系统解决设计不合理、本体缺陷等问题。开展了诸如HIMA模块、火气探头、主控系统独立供电和冗余电源改造,降低因电源干扰和供电中断造成机组停机的发生概率;开展航插加固改造;GE机组熄火保护由火焰检测探头改算法检测等。在隐患治理方面,实施RR机组动力涡轮烟气泄漏治理,RR动力涡轮锁片更换,压缩机和动力涡轮轴瓦温度探头频繁失效整治,GE燃机防冰阀、燃机本体引气管、排烟道和箱体连接面漏气处理,消除重大本体缺陷。

1.5.2 创新实施"健康体检"

健康体检以小修工作为基础,针对各压缩机组运维现状,结合机组故障报警信息、事件日志记录、历史趋势、技术通报、经验分享、同类机型故障缺陷分析处理报告、公司专项故障隐患排查通知等,编制"一机一案",系统开展体检工作,提升常规保养的深度和广度。近5年来不断丰富和完善"健康体检"内容,形成各机型"健康体检"标准手册,通过"健康体检",先后发现并完成了回路虚接等1000多项运维问题的整改;孔探检查中提前发现西二线精河压气站1#机组燃机6级叶片掉块等6起本体缺陷问题,成功避免了燃机损伤返厂大修事故;细化了燃机振动、水洗孔探、轴承封严等8项本体核心设备运维质量提升措施,并将其补充至规程中。

1.5.3 系统开展零部件定标

对本体、控制系统、电气系统、辅助系统进行机组零部件基础信息数据收集,总共完成全部机型39大类、13000余项零部件收集整理,结合公司内外部零部件故障信息、厂家通报、技术规格,制定了部件级维保周期、初步定标使用寿命,精准指导压缩机组预防性维检修工作,杜绝无序更换零部件的行为。

近年来,逐步落实机组燃调阀8000h离线清洗,25000h(30000h)强制更换送修;落实GE燃机离合器8000h拆卸检查机械密封,25000h强制更换送修;GE燃机附件齿轮箱、离合器碳环封严 4000h 拆卸清洗检查，燃机返厂中修大修强制更换；国产燃机振动探头 3000h 做检测试验，两年进行更换；运行 10 年以上 1794-IRT8 热电偶模块更换为改型 XT 模块。

1.5.4 全面推广标准化检修

西部管道公司编制了《压缩机组检修作业标准化手册》，包含"检修流程标准化""检修工装（备件）标准化""检修现场标准化""检修安全标准化""检修工序标准化""检修工时标准化"等具体内容，是对管理文件的创新性执行。通过标准化检修，推动管理体系落地，检修机组质量安全进度受控，机组本体故障大幅下降，降低了维修费。公司已经编制并完善了全部机型的标准化检修手册，2022 年 6 月，其作为典型经验接受集团公司观摩拉练。

1.5.5 总结提炼管理成果

1.5.5.1 管理体制不断完善

在实践中，公司压缩机专业管理逐步形成了上下同欲、内外协同的"1+1+7+N"有效管理模式（"1"指以生产运行部负主责的机关部门业务管理及指导；"1"指生产技术服务中心负责压缩机组中大修、疑难故障处理；"7"指 7 家分公司负责日常运维、定期维护保养、履行属地责任；"N"指 N 家设备厂家或相关服务商共同参与）。公司形成了以《压缩机运行管理程序》为主，辅之以两类模块化规程（运行操作规程、维护检修规程）和 100 余个作业指导书的完整 3 级管理体系，界面清晰、内容完整、指导性强。

1.5.5.2 管理手段持续丰富

西部管道公司发布《压缩机组高质量运维工作方案》，制定 8 大类本体预防性运维措施，明确主题劳动竞赛和激励绩效方案。建立 7 个片区小组、14 个经理书记责任点、27 个作业区机组承包责任组，共同推进 158 台机组的运维提升工作。每周集中开展停机经验分享，每月评选前三名优胜作业区进行经验交流发言，每年系统总结压缩机组运维工作，表彰优秀单位、作业区和明星个人，让员工在大平台上展示自己的能力和价值。

1.5.5.3 厚植人才成长沃土

在压缩机组高质量运维过程中，基层作业区才是主战场、基层员工才是主力军，公司牵住支部建设"牛鼻子"，深入应用"学思践悟验"党建工作五步法，促进党建与业务深度融合，树立鲜明结果导向，以压缩机组高质量运维实绩检验支部建设成果，激发党支部战斗堡垒作用的发挥。在具体工作层面精准识别"阀控类""加热类""联动类"三种工作类别，开展"党员先锋岗、党员责任区"创建活动，组织"亮身份、作表率、比学习、比担当、比作风、比实绩"主题劳动竞赛，引导党员干部把对理想信念的坚定性体现在干好本职工作的过程中，发挥党员先锋模范带头作用。

围绕压缩机组高标准高质量运维目标，打造坚守边疆的铁军队伍。搭平台，为人才培训开门引路。常态化开展"导师带徒"，"徒弟"按照"三月一周期，三年一回炉"参与理论学习和现场以干代训，实现在预定时间内完成规定学习内容、掌握特定技术技能的目标。搭建压缩机组控制系统、转子振动测试、变频器模拟测试等 10 个实训平台，用于公司技术人员实操培训。重现场，为人才培育打牢基石。公司始终把基层站场作为人才培养的主阵地，注重给各级技术人员在安全生产第一线、现场检修主战场"压担子"，特别注重让年轻技人员在复杂环境、艰苦岗位、关键时刻"墩墩苗"。瞄高端，为人才提升指明方向。瞄准前沿高端技术领域，推进关键核心技术和短板技术攻关。重点在自主维修、国产化维修替代、系统简化优化等方面实现自主突破，解决公司"肚子疼""卡脖子"问题，同时深化人员对专业的认识，提升对业务的主导能力。建机制，为人才干事营造环境。针对机组技术难题、疑难故障、优化改进等攻关课题，实行"揭榜挂帅"，让优秀人才挑重担、顶大梁，帮助他们迅速成长为独当一面的技术技能专家。

1.5.5.4　奋力推进"卡脖子"技术攻关

在西三线烟墩站实现国产燃气轮机长周期运行，自2016年投产以来，3台机组累计运行77931h，先后解决了轴承封严环碎裂、压气机动叶断裂、榫根及轮盘榫齿断裂等设计和制造缺陷，为国家"两机"（航空发动机与燃气轮机）专项贡献力量。

在玉门站试点开展RR燃驱机组控制系统国产化改造，极大地推动了技术人员对核心控制技术的掌握。在连木沁、瓜州、张掖站实现了压缩机多机组跨机型负荷分配控制研究，技术人员掌握了负荷分配算法，自主推广到霍尔果斯等站。

实现了15MPa干气密封、五电平功率单元、燃料气调节阀、伺服阀控制器和超速保护控制器等核心备件国产化应用。承担集团公司"30MW轻型燃气发生器的国产化研制"科研项目，已完成出厂鉴定，下一步将在孔雀河压气站工业性试运。该发动机国产化率96%，效率39%，达到国际先进水平。

公司持续突破厂家技术封锁，不断锤炼自主检维修能力，具备自主开展压缩机组现场解体大修、GE及RR机组动力涡轮解体检修、GE机组压气机开缸检修能力，掌握了设备现场动平衡、实测机组喘振线、机组控制核心程序编译等核心技术。

通过自主开展现场检修、高质量运维、核心备件国产化制造和维修，大幅降低了服务费、维修费、备件采购费。经测算，每年可为公司节约上千万元。

第 2 章
压缩机故障统计分析

本章针对压缩机故障问题进行了统计和分析，具体包括统计范围、总体故障情况、分系统非正常停机统计分析、故障失效模式及原因等内容。

2.1 统计范围

压缩机故障统计分析范围限定为西部管道公司各条天然气管线发生的压缩机组非正常停机故障（不包括机组投产测试期间发生的故障），对未引起跳机、不影响机组运行的一般性缺陷未纳入本次统计分析。

2.2 总体故障情况

2.2.1 各管线非正常停机情况

各管线非正常停机次数统计见表 2.2.1 和图 2.2.1。

表 2.2.1　各管线非正常停机次数

序号	输气管线	控制系统故障停机	燃机机械故障停机	压缩机故障停机	电气系统故障停机	合计	占比/%
1	西一线	49	16	23	42	130	20.73
2	西二线	175	35	40	126	376	59.97
3	西三线	29	1	5	18	53	8.45
4	轮吐线	14	2	2	12	30	4.78
5	涩宁兰线	30	0	1	7	38	6.06
合计		297	54	71	205	627	

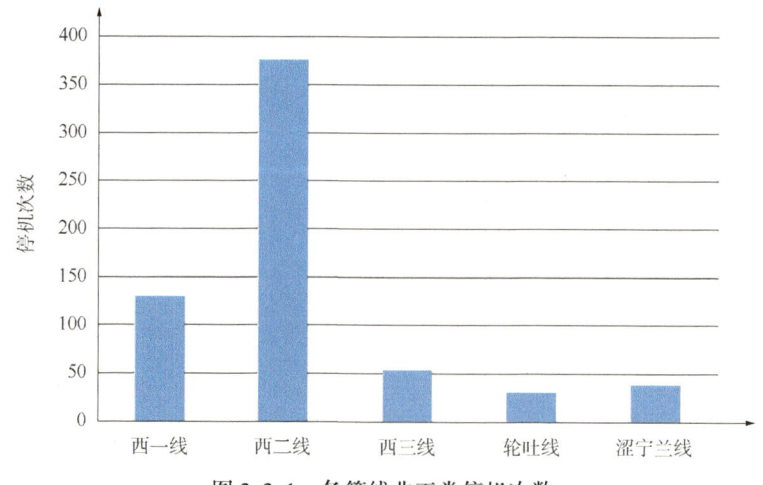

图 2.2.1　各管线非正常停机次数

从表2.2.1和图2.2.1可知，西一线机组发生非正常停机130次，占整个故障的20.73%；西二线机组发生非正常停机376次，占整个故障的59.97%；西一线、西二线两线合计发生非正常停机的次数占总故障次数的80.7%。造成此结果的原因，一是西一线、西二线机组数量占总运行机组的70.4%，故障数量占比较高；二是西一线机组运行时间较长，西二线机组处于投产后运行初期，故障相对多发；三是由于某些原因，涩宁兰线存在故障统计不全的情况。西三线及轮吐线运行机组台数较少、时间较短，故障统计数量占比较低。各管线非正常停机次数分布情况排序为：西二线>西一线>西三线>涩宁兰线>轮吐线。

2.2.2 各管线分专业非正常停机情况

将统计周期内压缩机组非正常停机原因总体分为四类：控制系统、燃机机械、压缩机和电气系统，各类原因引起的停机次数统计如图2.2.2所示。

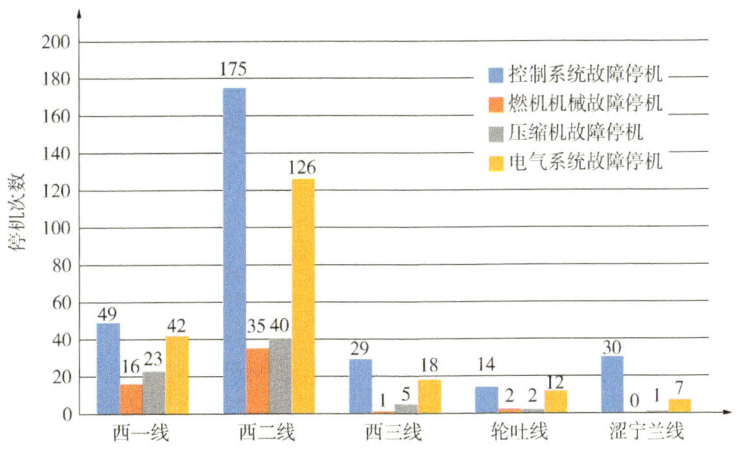

图2.2.2 各管线分专业非正常停机次数

从图2.2.2中各管线引起非正常停机原因的专业分布情况来看，各管线都基本符合以下排序：控制系统>电气系统>压缩机>燃机机械。总体来看，控制系统故障引起的非正常停机占比为47.37%，其次为电气系统，占比32.7%。

2.2.3 各驱动型压缩机停机情况

按各压缩机驱动类型分类的统计停机情况见表2.2.2和图2.2.3。

表2.2.2 各驱动类型压缩机非正常停机次数统计表

序号	机型	控制系统故障停机	燃机机械故障停机	压缩机故障停机	电气系统故障停机	合计
1	GE机组	175	44	42	77	338
2	RR机组	69	10	23	25	127
3	索拉机组	32	0	0	7	39
4	电驱机组	21	0	6	96	123
	合计	297	54	71	205	627

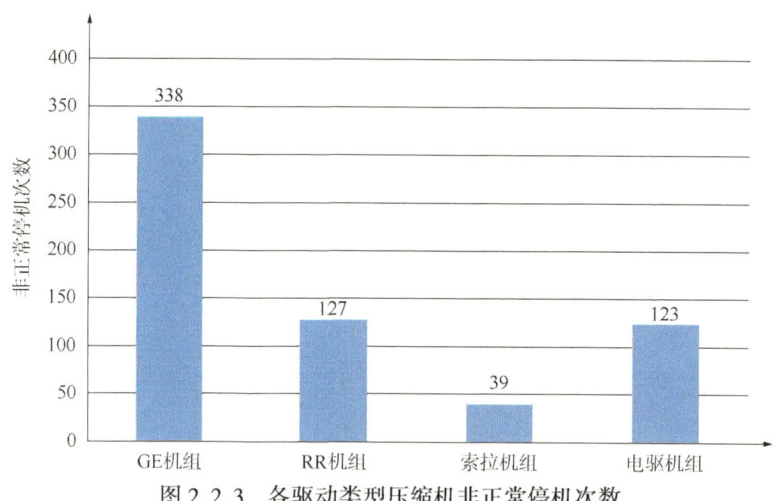

图 2.2.3　各驱动类型压缩机非正常停机次数

由表 2.2.2、图 2.2.3 可知，GE 燃驱机组发生非正常停机 338 次，占比 53.91%；西门子燃驱机组发生非正常停机 127 次，占比 20.26%；索拉燃驱机组发生非正常停机 39 次，占比 6.22%；电驱机组发生非正常停机 123 次，占比 19.62%，从总的非正常停机次数来看，GE 燃驱机组>RR 燃驱机组>电驱机组>索拉燃驱机组。

考虑公司有 GE 燃驱机组 56 台、RR 燃驱机组 29 台、索拉燃驱机组 13 台、电驱机组 50 台的因素，进行均值计算后可以得出，GE、RR、索拉、电驱单机非正常停机次数分别为 6.04 次、4.38 次、3.00 次、2.46 次。从单机非正常停机次数来看，GE 燃驱机组>RR 燃驱机组>索拉燃驱机组>电驱机组。如图 2.2.4 所示，电驱机组非正常停机次数较高的原因主要为受外电影响导致的停机次数多。

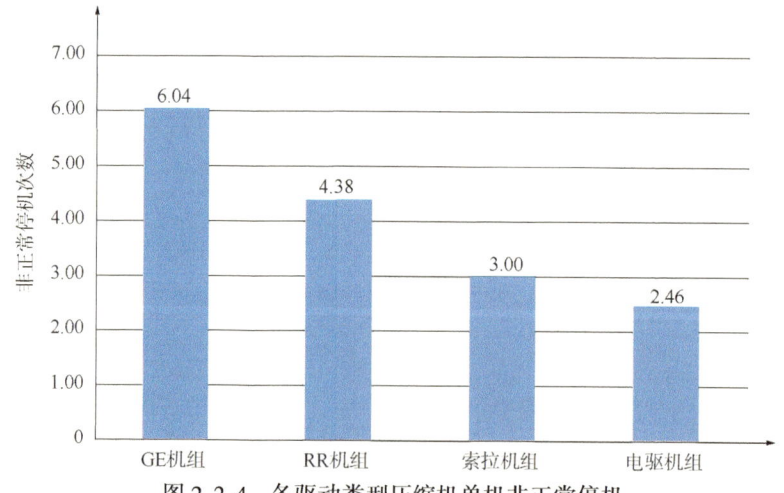

图 2.2.4　各驱动类型压缩机单机非正常停机

考虑引起非正常停机原因的专业系统分布情况，分系统分析非正常停机次数，如图 2.2.5 所示。从控制专业看，GE 燃驱机组>RR 燃驱机组>索拉燃驱机组>电驱机组；从电气专业看，电驱机组>GE 燃驱机组>RR 燃驱机组>索拉燃驱机组。单从非正常停机次数总量上来说，由控制系统引起的非正常停机次数最多，电气系统其次，压缩机较少，燃机最少。

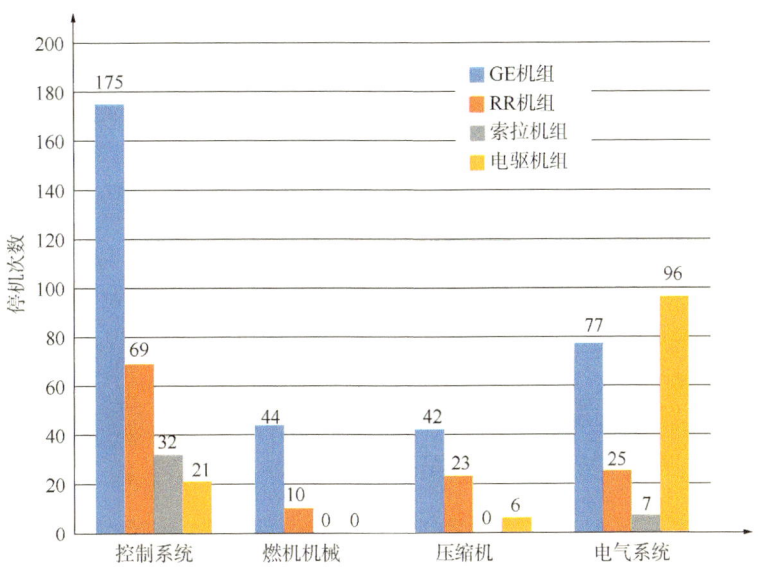

图 2.2.5　各驱动型压缩机分专业停机次数

考虑公司各型机组的实际配置数量，进行均值计算，计算结果见表 2.3.3 和图 2.2.6。

表 2.2.3　各驱动型压缩机单机非正常停机次数

机型	GE 机组	RR 机组	索拉机组	电驱机组
控制系统	3.13	2.38	2.46	0.42
燃机机械	0.79	0.34	0.00	0.00
压缩机	0.75	0.79	0.00	0.12
电气系统	1.38	0.86	0.54	1.92

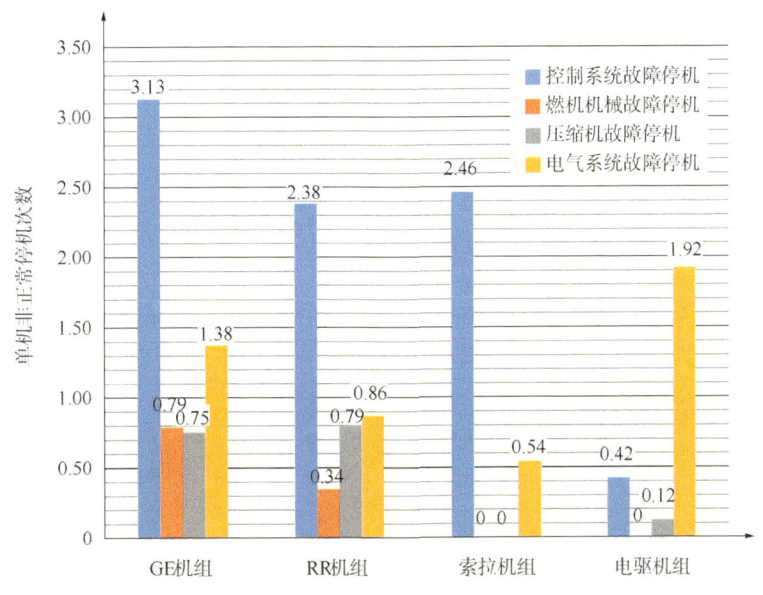

图 2.2.6　各驱动型压缩机分专业非正常停机次数

· 025 ·

从图 2.2.6 可知，由控制系统因素引起的单机非正常停机次数排序为：GE 燃驱机组>索拉燃驱机组>RR 燃驱机组>电驱机组；由燃气轮机因素引起的单机非正常停机次数为：GE 燃驱机组>RR 燃驱机组>索拉燃驱机组；由压缩机因素引起的单机非正常停机次数排序为：RR 燃驱机组>GE 燃驱机组>电驱机组>索拉燃驱机组；由电气系统因素引起的单机非正常停机次数排序为：电驱机组>GE 燃驱机组>RR 燃驱机组>索拉燃驱机组。

2.2.4 各年度非正常停机情况

统计周期内各年度非正常停机情况统计见表 2.2.4。

表 2.2.4 各年度非正常停机情况

序号	年度	控制系统故障停机	燃气轮机故障停机	压缩机故障停机	电气系统故障停机	合计
1	2012	60	3	10	8	81
2	2013	46	9	15	72	142
3	2014	34	1	11	29	75
4	2015	54	18	14	36	122
5	2016	40	21	9	17	87
6	2017	63	2	12	43	120
合计		297	54	71	205	627

各年度压缩机组停机次数折线图如图 2.2.7 所示。

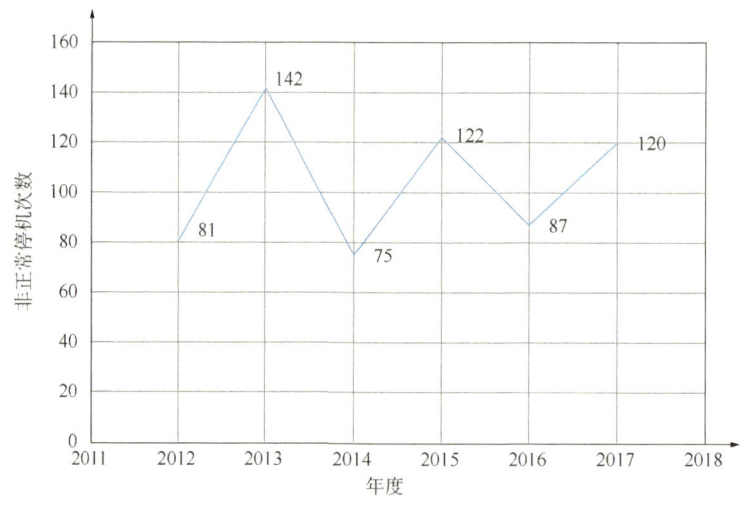

图 2.2.7 各年度压缩机组非正常停机情况

各年度压缩机组停机按专业分类如图 2.2.8 所示。

从表 2.2.4、图 2.2.7、图 2.2.8 可以看出，2013 年非正常停机次数最多，2014 年有所减少，2015 年出现反弹，2016 年有所降低，2017 年反弹明显，从趋势看，其非正常停机次数可能与 2015 年持平。其中，控制系统、电气系统原因引发停机占比高，分别达 47.37% 和 32.7%。

第 2 章 压缩机故障统计分析

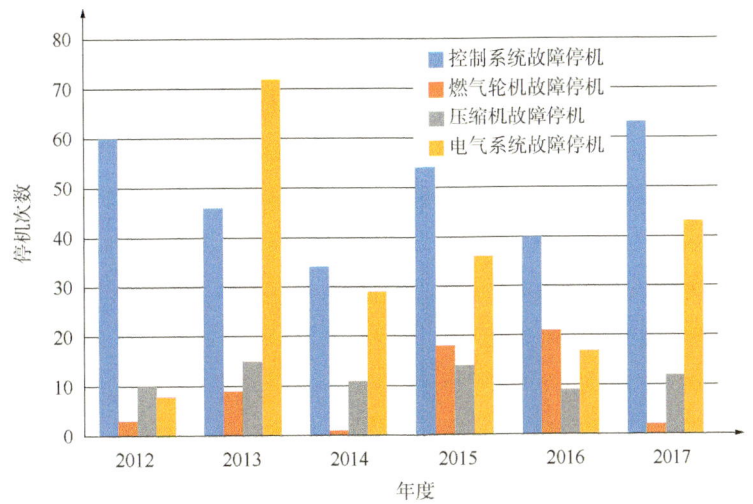

图 2.2.8 各年度压缩机组停机按专业分类图

2.3 分系统非正常停机统计分析

2.3.1 燃气轮机

2.3.1.1 燃气轮机非正常停机情况总述

从统计情况看，燃气轮机引起的非正常停机主要集中在西一线、西二线的 GE、西门子燃驱机组，累计 52 次，西三线、轮吐线、涩宁兰线管线的非正常停机较少。

燃气轮机本体原因引起的非正常停机次数总体不多，但一旦发生，往往是由较为严重的缺陷或故障引起，如西一线轮南压气站 3# 机组动力涡轮损伤、GE 机组燃气发生器压气机叶片损伤、西门子机组燃气发生器燃料喷嘴端盖脱落导致的高压涡轮损伤等，这些故障维修周期长、恢复生产难度大、维修费用高。

2.3.1.2 燃气轮机停机分布情况

1）各管线燃气轮机停机统计

不同管线非正常停机分年统计情况见表 2.3.1。

表 2.3.1 各管线分年度燃气发生器停机次数表

管线	2012 年	2013 年	2014 年	2015 年	2016 年	2017 年	合计
西一线	0	3	0	3	10	1	17
西二线	3	6	1	14	10	1	35
西三线	0	0	0	0	0	0	0
轮吐线	0	0	0	1	1	0	2
涩宁兰线	0	0	0	0	0	0	0
合计	3	9	1	18	21	2	54

各管线 2012—2017 年燃气轮机停机次数对比如图 2.3.1 所示。

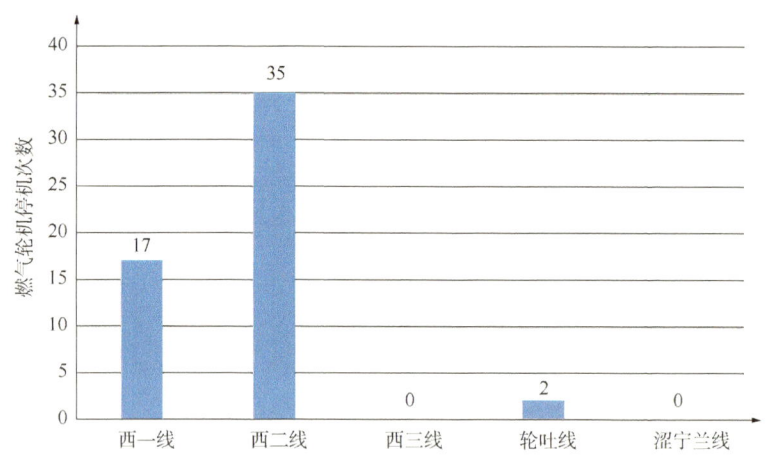

图 2.3.1 各管线燃气轮机停机次数对比

从表 2.3.1、图 2.3.1 可以看出，西二线非正常停机次数占比较高，共发生 35 次，占比 64.81%；西一线非正常停机次数次之，为 17 次，占比 31.48%；轮吐线非正常停机次数较少，为 2 次，占比 3.7%；西三线与涩宁兰管线的非正常停机次数最少，为 0。西二线非正常停机次数占比较高的原因主要是其机组数量较多，并且 2012 年西二线机组刚刚投产运行，机组处于故障多发期。轮吐线的非正常停机次数较少是因为投产时间短，且机组数量较少。西三线的非正常停机次数为 0，则是因为只有部分机组刚刚投产，统计时间内机组运行时间短。对于涩宁兰管线，因历史原因其统计信息不全。

按燃机类型统计，PGT25 型燃机共发生非正常停机 44 次，RB211+RT62 型燃机共发生非正常停机 10 次，其他机型未发生非正常停机。PGT25 型与 RB211+RT62 型燃机对比分析见表 2.3.2。

表 2.3.2 各年度不同机型燃气轮机停机情况

机型	2012 年	2013 年	2014 年	2015 年	2016 年	2017 年	合计
PGT25	4	4	1	22	12	1	44
RB211+RT62	0	3	0	3	3	1	10
合计	4	7	1	25	15	2	54

各机型燃气轮机单机停机对比如图 2.3.2 所示。

从表 2.3.2、图 2.3.2 可知，PGT25 型燃机非正常停机占据了绝大多数，单台非正常停机次数为 0.79，约为 RB211+RT62 型燃机单台燃机非正常停机次数 0.34 的 2.32 倍。说明 PGT25 型燃机的故障率远高于 RB211+RT62 型燃机。

2) 按非正常停机发生部位统计

(1) GE 燃机。

PGT25 型燃机各部位非正常停机统计情况见表 2.3.3、图 2.3.3。

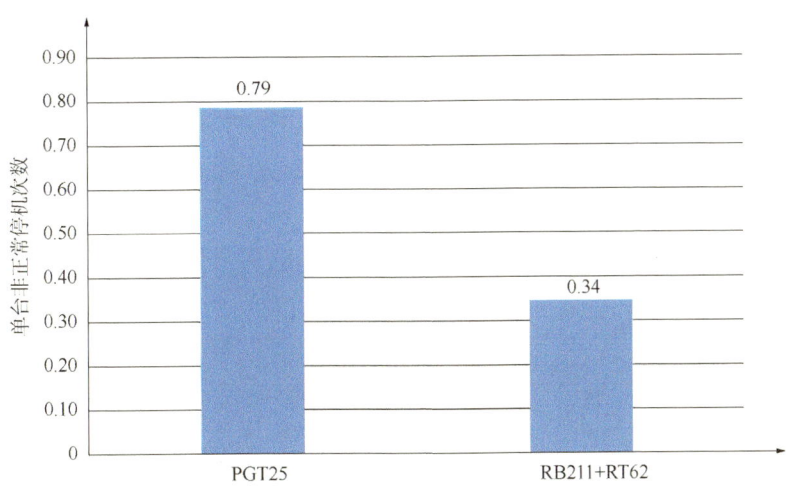

图 2.3.2　各机型燃气轮机单机停机对比

表 2.3.3　PGT25 型燃机各部位非正常停机统计情况

部位	2012 年	2013 年	2014 年	2015 年	2016 年	2017 年	合计
压气机	1	1	2	1	2	1	8
燃烧室	3	0	0	1	1	1	6
动力涡轮	0	1	0	0	1	0	2
液压辅助传动(VSV、液压油泵、离合器等)	0	2	1	7	3	0	13
合成油系统	0	0	0	4	0	0	4
进气通风系统	0	0	0	2	0	0	2
空气冷却管开裂	0	0	0	6	0	0	6
防冰管线破损	1	0	0	2	1	0	4
合计	5	4	3	23	8	2	45

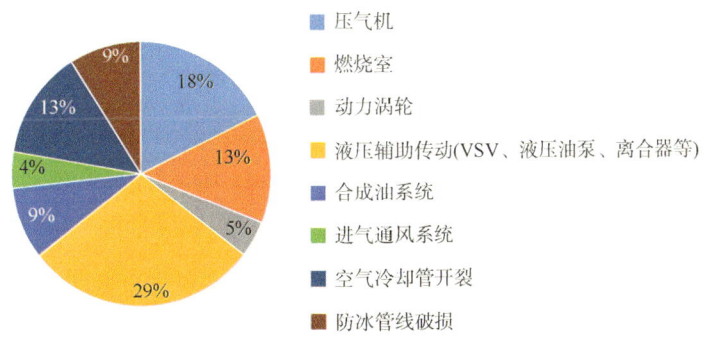

图 2.3.3　PGT25 型燃机按部位故障的分布情况

由表 2.3.3、图 2.3.3 可知，PGT25 型燃机故障多发部位集中在辅助系统，共发生 31 次，占比 72.09%；燃机本体共发生故障 12 次，占比 27.91%，故障主要分布在压气机叶片及燃烧室。

（2）RR 燃机。

RB211+RT62 型燃机各部位故障统计情况见表 2.3.4、图 2.3.4。

表 2.3.4　RB211+RT62 型燃机故障统计情况

部位	2012 年	2013 年	2014 年	2015 年	2016 年	2017 年	合计
燃料喷嘴端盖脱落	0	3	0	0	1	0	4
燃料喷嘴偏烧	0	0	0	1	0	0	1
动力涡轮	0	0	0	0	1	0	1
液压辅助传动	0	0	0	0	1	0	1
燃机进气系统	0	0	0	2	0	0	2
合计	0	3	0	3	3	0	9

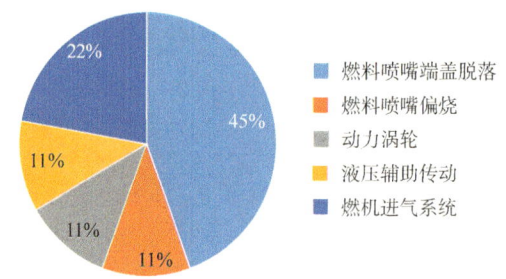

图 2.3.4　RB211+RT62 型燃机按部位故障分布情况

由表 2.3.4、图 2.3.4 可知，RB211+RT62 型燃机故障主要集中在燃料喷嘴处，包括燃料喷嘴端盖脱落和燃料喷嘴偏烧，合计发生 5 次，占比 55.56%。这主要是因为二线机组运行初期，燃料气喷嘴厂家存在制造质量缺陷，喷嘴端盖发生脱落击伤高压涡轮，损失惨重，西门子公司更换此批次喷嘴后，未再出现此类故障。但 2016 年 9 月，另一批次喷嘴再次出现此类故障，与西门子公司对接后查明原因。

从此项统计分析可以看出，PGT25 型燃机在第三方产品选择与集成方面比西门子公司较差，日常运行问题较多。

（3）索拉燃机。

索拉燃机在本报告统计时间段内，未发生由燃机本体故障引起的非正常停机。

2.3.2　压缩机本体及其辅助系统

2.3.2.1　压缩机本体及其辅助系统非正常停机情况总述

在本报告统计时间段内，离心压缩机组因压缩机本体及其附属系统故障导致的非正常停机总次数为 59 次。其中，干气密封系统故障 35 次、矿物油系统故障 12 次、进出气及防喘系统故障 3 次、压缩机本体故障 4 次、阀门反馈故障 4 次、探头类故障 1 次。

2.3.2.2 压缩机停机分布情况

1) 各管线压缩机停机统计

各管线按年度非正常停机统计情况见表2.3.5、图2.3.5。

表2.3.5 管线按年度非正常停机次数统计

管线	2012年	2013年	2014年	2015年	2016年	2017年	合计
西一线	0	4	2	8	7	2	23
西二线	10	11	9	5	1	5	41
西三线	0	0	0	1	0	4	5
轮吐线	0	0	0	0	1	1	2
合计	10	15	11	14	9	12	71

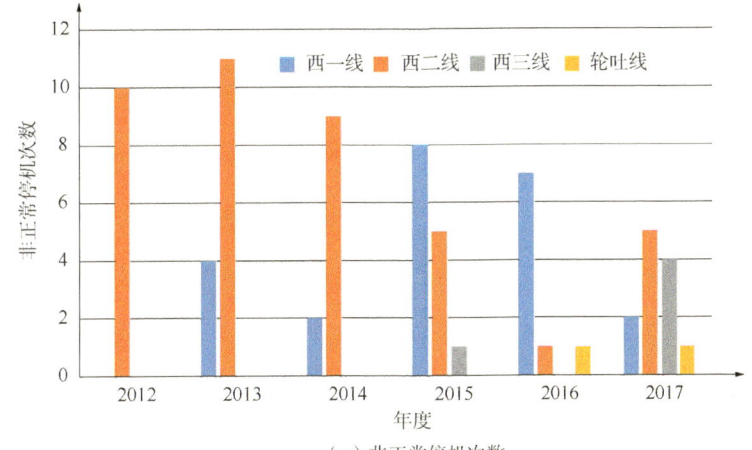

(a) 非正常停机次数

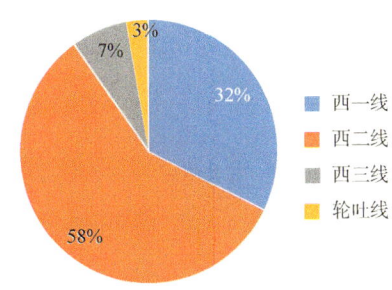

(b) 非正常停机次数占比

图2.3.5 管线按年度非正常停机次数及占比

如图2.3.5所示，西一线、西二线非正常停机次数占总次数的90%。随着西二线压缩机组逐步进入稳定期和管理水平的提升，从2013年始，非正常停机次数呈逐年下降趋势。

2) 按压缩机类型统计

按压缩机类型统计的非正常停机情况见表2.3.6，各机型压缩机非正常停机对比如图2.3.6所示。

表 2.3.6　按压缩机类型统计非正常停机情况表

机型	2012年	2013年	2014年	2015年	2016年	2017年	合计
PCL系列	8	11	8	8	3	5	43
RFBB36	2	4	3	6	6	4	25
沈鼓	0	0	0	0	0	3	3
MAN	0	0	0	0	0	0	0
D-R	0	0	0	0	0	0	0
合计	10	15	11	14	9	12	71

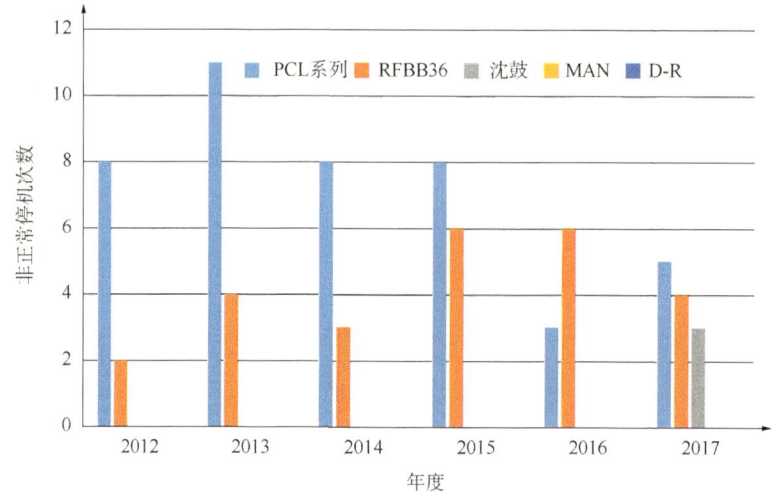

图 2.3.6　各机型压缩机非正常停机对比

如图 2.3.6、表 2.3.6 所示，PCL 系列压缩机的非正常停机次数显著高于 RFBB36 系列，且每年的非正常停机次数相对稳定；2016 年 RFBB36 系列的非正常停机次数明显高于 PCL 系列压缩机。

各型压缩机现有数量为 PCL46 台、RFBB36 29 台，按单机非正常失效平均值计算，PCL 机型为 0.94 次/台，RFBB36 机型为 0.86 次/台，PCL 机型的单机非正常失效平均值大于 RFBB36 机型。如果仅从 2016 年来看，则 RFBB36 机型的非正常失效次数远大于 PCL 系列。

3）按故障发生部位统计

压缩机本体及辅助系统按部位非正常统计情况见表 2.3.7 和图 2.3.7。

表 2.3.7　压缩机本体及辅助系统按故障部位分年统计表

部位	2012年	2013年	2014年	2015年	2016年	2017年	合计
压缩机本体	1	2	2	0	0	1	6
干气密封系统	6	7	7	11	4	6	41
矿物油系统	2	5	1	2	2	2	14

续表

部位	2012年	2013年	2014年	2015年	2016年	2017年	合计
进出气及防喘系统	0	0	0	1	2	0	3
阀门反馈	1	1	1	0	1	1	5
探头	0	0	0	0	0	2	2
合计	10	15	11	14	9	12	71

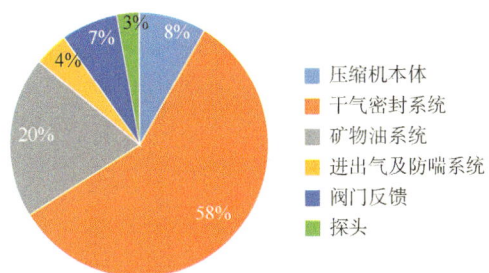

图 2.3.7　各部位非正常停机对比图

2.3.3　控制系统

目前公司所辖范围的压缩机组控制系统及其硬件配置情况见表 2.3.8。

表 2.3.8　公司所辖压缩机组控制系统统计表

机型	主控制系统	辅助控制系统	控制系统硬件
西一线 GE	Mark VIe 控制系统	FANUC ESD 系统、BENTLY 振动监测系统	GE Mark VIe、GE Fanuc 90 70 PLC、BN3500
西一线 RR	FT125 控制系统	BENTLY 振动监测系统	ControlLogix 5000、DET-Tronics EQP、BN3500
涩宁兰	Solar Turbotronic 控制系统	BENTLY 振动监测系统	ControlLogix 5000、DET-Tronics EQP、BN3500
西二线 GE	Mark VIe 控制系统	HIMA ESD 系统、MTL 8000 远程 IO、BENTLY 振动监测系统	GE Mark VIe、HIMA F35、BN3500
西二线 RR	FT125 控制系统	BENTLY 振动监测系统	ControlLogix 5000、DET-Tronics EQP、BN3500
西二线 GE 电驱	GE Fanuc 控制系统	BENTLY 振动监测系统	GE Fanuc RX3i PLC、BN3500
西三线 GE	Mark VIes 控制系统	HIMA ESD 系统、BENTLY 振动监测系统	GE Mark VIes、HIMA SILworX、BN3500
西三线 RR	FT125 控制系统	BENTLY 振动监测系统	ControlLogix 5000、DET-Tronics EQP、BN3500

续表

机型	主控制系统	辅助控制系统	控制系统硬件
西三线国产燃驱	国产燃机 ECS 控制系统	BENTLY 振动监测系统	ControlLogix 5000、BN3500
西三线 D-R	DRESSER-RAND UCP 控制系统	AADVANCE ESD 系统、BENTLY 振动监测系统	ControlLogix 5000、AADVANCE SAFETY PLC、BN3500
西三线沈鼓	ICS 控制系统	CCC 控制系统、BENTLY 振动监测系统	AADVANCE T9110 PLC、CCC S5VANG PLC、BN3500

除主控制系统硬件故障之外，还有些关键的仪表、执行机构及辅助控制系统故障也会导致非正常停机，关键设备主要有燃料气计量阀及其控制器、GE 燃机的 VSV 系统、西门子燃机的 VIGV 系统、消防系统、ESD 系统、本特利（Bently）3500 振动监测系统板卡，以及其他温度传感器、压力传感器、振动传感器、转速传感器、可燃气体探头、UV 紫外线火焰探头、电动阀门限位开关、电磁阀、调节阀执行机构等。

2.3.3.1 控制系统非正常停机情况总述

在本报告的统计期内，由机组控制系统故障而导致的非正常停机次数总共是 234 次，占压缩机组非正常停机总次数的 43.42%，控制系统故障发生次数较多，故障排查及处理维护工作频率较高。

根据统计，2012 年共发生非正常停机 60 次，2013 年发生故障停机 46 次，2014 年发生故障停机 34 次，2015 年发生故障停机 54 次，2016 年发生故障停机 40 次，2017 年发生故障停机 63 次。由控制系统故障造成停机的次数占总的非计划停机次数的比例较高。控制系统导致停机次数按年度分布图如图 2.3.8 所示。

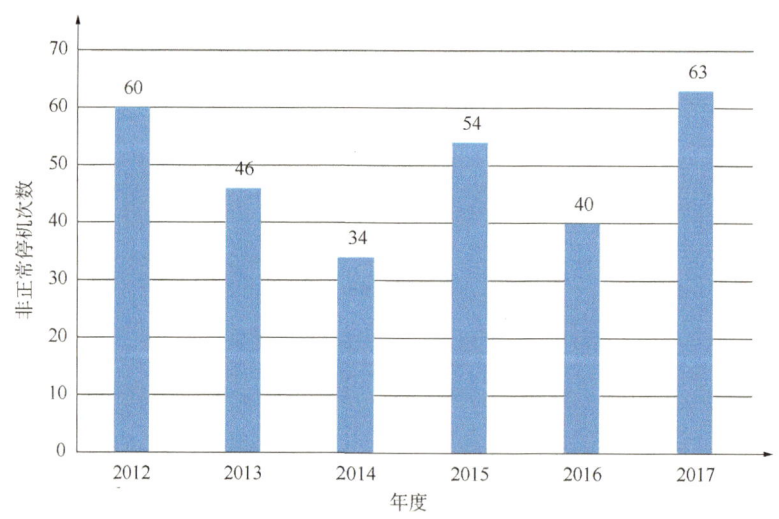

图 2.3.8　控制系统导致停机次数按年度分布图

按照机组型号统计非正常停机次数，其中 GE 燃驱机组 175 次，其次为西门子燃驱机组 64 次，索拉燃驱机组 35 次，电驱机组 23 次。GE 燃驱机组总台数 56 台，占公司已投用压缩机组总台数的 37.1%，台数占比大且运行时间长是 GE 燃驱机组非正常停机次数多的主要因素。

2.3.3.2 控制系统停机分布情况

1) 各管线控制系统停机统计

从公司所辖管线区域分布的情况来看,故障停机主要发生在西一线、西二线机组,非正常停机次数分别为50次和187次,涩宁兰索拉机组故障停机次数35次,轮吐线和西三线故障停机次数分别为6次和19次(表2.3.9、图2.3.9)。

表2.3.9 公司所辖机组控制系统故障停机统计表

管线	2012年	2013年	2014年	2015年	2016年	2017年	合计
西一线	2	6	8	21	7	6	50
西二线	50	35	22	26	22	32	187
轮吐线	0	0	0	0	2	4	6
涩宁兰	8	5	4	7	5	6	35
西三线	0	0	0	0	4	15	19
合计	60	46	34	54	40	63	297

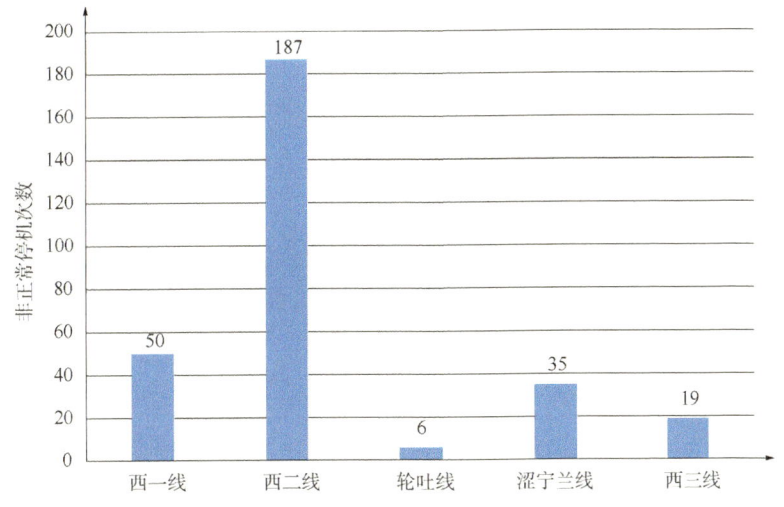

图2.3.9 控制系统故障停机按管线统计分布图

从表2.3.9和图2.3.9的统计数据看,西二线机组由控制系统故障导致的非正常停机次数较多,其主要原因是西二线机组数量最多,共计46台机组,而且西二线压缩机组2015年运行时间为109440h,占到公司所辖压缩机组总运行时间223751h的48.91%,西二线压缩机组2016年1—9月运行时间为121488h,占到公司所辖压缩机组总运行时间249490h的48.69%。另外从统计的数据来看,西二线非正常停机次数在2012年至2013年设备投用初期较多,2014年后机组故障率有所下降。西一线机组2015年故障率较高的主要原因为经多年运行的控制系统硬件设备老化,模块及变送器故障率上升,经过故障备件维修及更换后,2016年非正常停机次数下降。轮吐线及西三线均为2015年投产,且在用机组少,均只有4台,因此机组非正常停机次数少。

2) 各机型控制系统停机统计

从机组类型上看，GE燃驱机组控制系统引起的故障停机次数最多，总计175次，其次为西门子燃驱机组64次，索拉燃驱机组35次，电驱机组50次（表2.3.10、图2.3.10）。

表2.3.10　各机型控制系统停机次数

机型	2012年	2013年	2014年	2015年	2016年	2017年	单机平均故障次数	合计
GE燃驱机组	39	29	19	30	26	32	3.13	175
西门子燃驱机组	13	10	8	15	8	10	2.21	64
索拉燃驱机组	8	5	4	7	5	6	2.69	35
电驱机组	0	2	3	2	1	15	0.46	23
合计	60	46	34	54	40	63		297

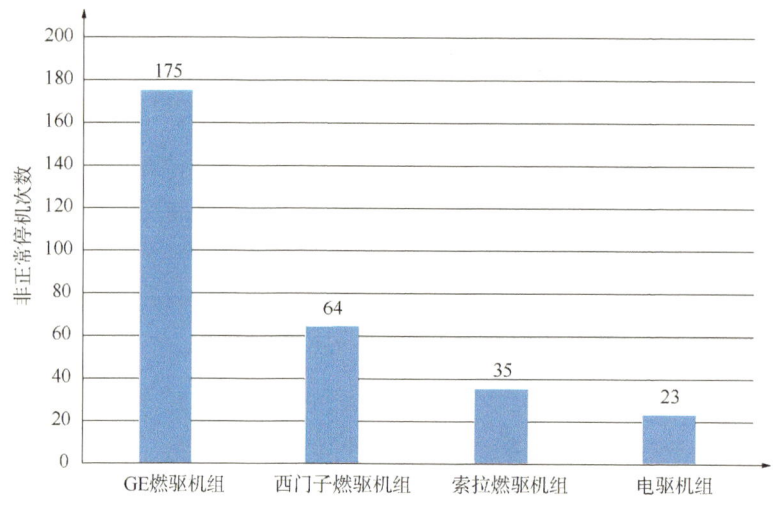

图2.3.10　控制系统非正常停机按机型统计分布图

GE燃驱机组控制系统故障引起的非正常停机次数明显高于其他机型，机组台数占比大且年平均运行时间长是其主要客观因素，另外相比于其他机型控制系统，GE燃驱机组控制系统保护逻辑更为复杂，辅助控制系统使用其他厂商的PLC模块，如MTL8000远程IO模块、HIMA安全系统模块，其通信稳定性和系统兼容性降低，造成故障率较高。西门子燃驱机组和索拉燃驱机组控制系统都采用AB ControlLogix 5000系列PLC作为主控制系统，由控制系统硬件或PLC通信故障引起非正常停机故障率相对较低。

3) 控制系统故障部位停机统计

公司所辖机组控制系统故障停机统计见表2.3.11、图2.3.11。

表2.3.11　公司所辖机组控制系统故障停机统计表

序号	机组系统	引起的故障停机次数
1	主控系统	98
2	CO_2消防系统	49

续表

序号	机组系统	引起的故障停机次数
3	燃料气系统	40
4	振动保护系统	22
5	滑油系统	20
6	ESD 系统	9
7	网络通信系统	8

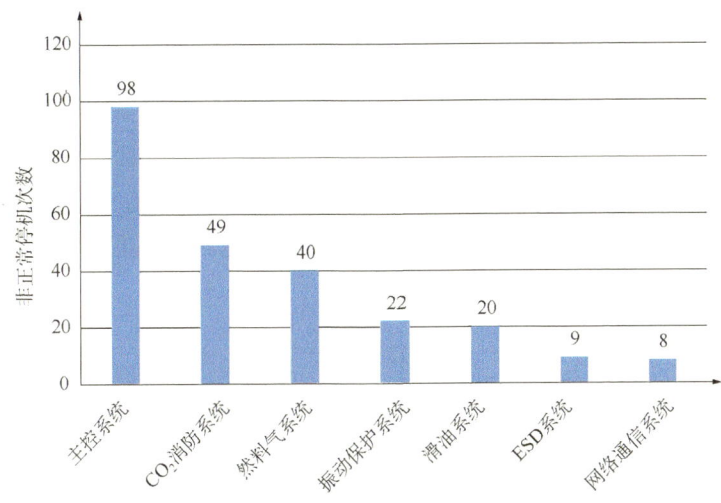

图 2.3.11 机组控制系统非正常停机分系统统计

按机组控制系统组成看，由主控制系统故障（包括控制系统控制器、模块硬件故障，燃机本体控制信号、执行机构故障等）引起的机组停机次数最多，达 98 次，其次为 CO_2 消防系统 49 次，燃料气系统 40 次，振动保护系统 22 次，滑油系统 20 次，机组 ESD 系统 9 次，网络通信系统 8 次。

主控制系统和燃料气系统作为机组核心控制部分，涉及机组启停顺序控制、燃料控制、状态控制和监测、加减载控制、防喘控制等，运行的稳定性直接关系到机组健康、平稳运行，一旦出现故障，将直接导致机组故障停机。振动保护系统和消防系统作为连锁保护、紧急停车的安全保护系统，实时判断机组 ESD 系统、轴系振动和火灾消防系统的监测参数是否触发故障保护条件，一旦触发报警，或者控制系统硬件、通信故障发生，将自动关闭燃机燃料气供应，将机组紧急停机。

2.3.4 电气系统

2.3.4.1 电气系统非正常停机情况总述

从周期内统计情况看，由机组配套的电气设备故障而导致的停机次数总共 205 次，其中燃驱机组 113 次，电驱机组 92 次，在公司各条运行管线上的各类型机组都有发生。

对于造成机组非正常停机的原因，燃驱机组主要集中在机组配套的箱体通风电动机、油雾分离器、滑油泵、DCP电源系统、MCC控制中心等关键辅助电气设备；电驱机组要集中在变频器驱动系统及辅助设备。机组上述电气设备失效或无法正常工作，多数又都是因为所在供电系统的电压波动引起机组联锁停机。

燃驱机组燃料气加热器和干气密封加热器控制系统故障发生较多，在本报告统计时段内，燃料气加热器共发生14次故障事件，干气密封加热器共发生8次温度控制元件故障。此类设备不会造成机组跳机，未统计进此次数据收集中，但影响机组正常启动，需做好备件储备工作。

2.3.4.2 电气系统停机分布情况

1）各管线电气系统停机统计

各管线非正常停机分年统计情况见表2.3.12。

表2.3.12 各条管线分年非正常停机次数

管线	2012年	2013年	2014年	2015年	2016年	2017年	合计
西一线	11	12	7	4	3	6	43
西二线	16	49	19	24	11	23	142
西三线	0	0	0	0	0	11	11
轮吐线	0	0	0	0	0	3	3
涩宁兰线	0	1	3	1	1	0	6
合计	27	62	29	29	15	43	205

各管线电气系统非正常停机次数对比如图2.3.12所示。

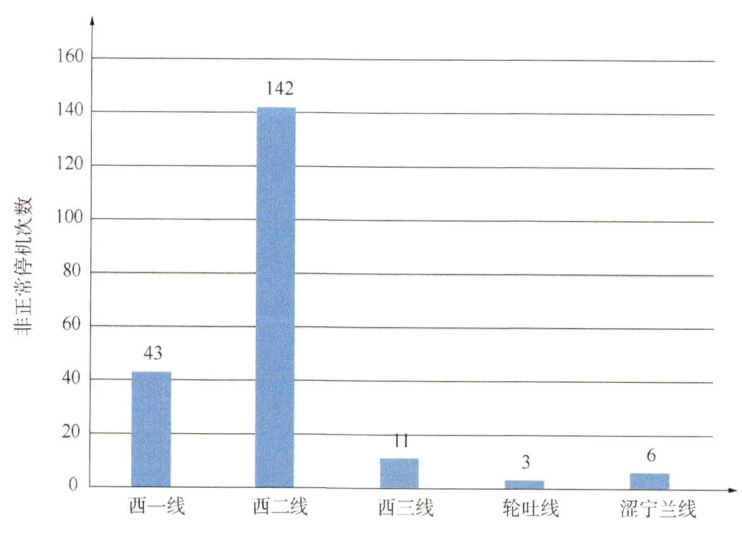

图2.3.12 各管线电气系统停机次数对比

从表2.3.12和图2.3.12可知，西二线发生非正常停机142次，占由电气原因引起非正常停机次数的69.27%；西一线机组发生非正常停机43次，占20.98%。造成如此结果的原因,一是西二线运行燃驱机组和电驱机占比较高;二是西一线机组运行时间较长,西二线机组处于投产后运行初期,故障相对多发;三是由于历史的原因,涩宁兰线存在故障统计不全的情况;四是随着机组运行周期累积,各管线因机组辅助电气设备引起的非计划停机次数在逐步下降,但此类问题依然存在。

2) 各机型电气系统停机统计

根据公司在用机组,按不同集成厂家及机组驱动类型分类统计,非正常停机次数情况见表2.3.13和图2.3.13。

表 2.3.13 不同机组类型非正常停机次数

机型	2012 年	2013 年	2014 年	2015 年	2016 年	2017 年	合计
GE 燃驱	5	26	12	17	7	18	85
RR 燃驱	3	5	5	3	1	5	22
Solar 燃驱	0	3	0	1	1	1	6
TMEIC 变频电驱	0	35	12	14	7	5	73
SIEMENS 变频电驱	0	3	0	1	1	0	5
沈鼓电驱	0	0	0	0	0	14	14
合计	8	72	29	36	17	43	205

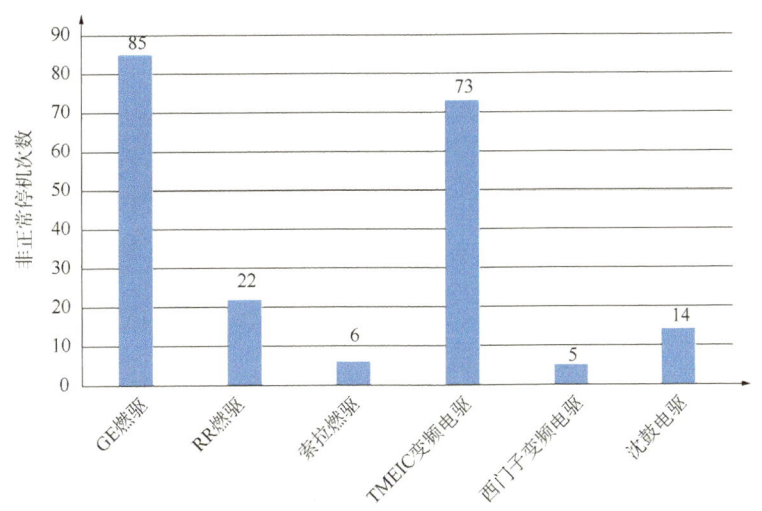

图 2.3.13 不同机组类型非正常停机次数对比

从表2.3.13和图2.3.13可知,GE燃驱机组发生非正常停机次数85次,占比41.46%;RR燃驱机组22次,占比10.73%;索拉燃驱机组6次,占比2.93%;TMEIC变频电驱机组73次,占比35.61%;西门子变频电驱机组5次,占比2.44%;沈鼓电驱机组14次,占比6.83%。从电气原因引起的非正常停机次数来看,GE燃驱机组>TMEIC变频电驱机组>RR燃驱机组>沈鼓电驱>索拉燃驱机组>西门子变频电驱机组。

根据公司西一线、西二线共有GE燃驱机组46台、RR燃驱机组21台、索拉燃驱机组

13台、TMEIC变频电驱机组28台、西门子变频电驱机组2台、沈鼓电驱机组20台，可得出统计期内不同类型机群单台故障次数，GE、RR、索拉燃驱、TMEIC、沈鼓机组非正常停机次数分别为1.52次/台、0.76次/台、0.46次/台、2.61次/台、0.7次/台。可见，从因电气设备失效引起的单机非正常停机次数来看，GE燃驱机组>RR燃驱机组>索拉燃驱机组，TMEIC变频电驱机组>沈鼓电驱机组。变频电驱机组非正常停机率较高的主要原因是TMEIC变频电驱机组在投产初期变频器内部参数设定不合理，抗外电波动干扰差，外电波动造成保护自动停机次数较多。特别是在2013年投产后初运行期，TMEIC变频器受外电影响停机次数达到35次。后期，厂家根据现场供电情况对相应变频器控制参数进行优化，西二线运行的TMEIC变频电驱机组非正常停机次数大幅降低，年均停机次数为11~14次。

3）电气系统失效部位停机统计

（1）燃驱机组。

非正常停机的电气设备失效部位统计情况见表2.3.14。

表2.3.14 燃驱机组不同部位电气设备失效造成非正常停机统计次数

部位	2012年	2013年	2014年	2015年	2016年	2017年	合计
箱体通风电动机自动停机	4	27	15	15	7	10	135
油雾分离器电动机自动停机	2	21	13	12	5	4	
配套DCP电源	0	0	0	3	1	3	7
MCC控制中心	2	3	1	1	1	1	9
机组辅助用电设备	2	4	2	2	1	6	17
合计	10	55	31	33	15	24	168

由表2.3.14可知，燃驱机组非正常停机事件主要集中在箱体通风电动机、油雾分离器电动机运行中断引起机组联锁保护停机，此类故障发生高达135次，占燃驱机组因电气设备部位失效引起的非计划停机统计样本的80.36%；机组配套DCP电源故障失效7次，占4.17%；MCC控制中心故障失效9次，占5.36%；机组辅助用电设备故障失效17次，占10.12%。燃驱机组非正常停机的电气设备失效部位占比如图2.3.14所示。可见，站场供电质量也是燃驱机组稳定运行的影响因素之一。

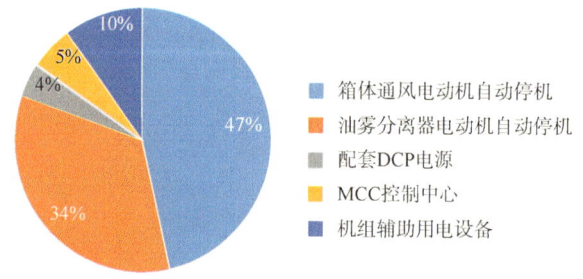

图2.3.14 燃驱机组辅助电气设备故障失效占比分布图

（2）电驱机组。

对于电驱机组，引起非正常停机的电气设备失效部位统计情况见表2.3.15。

表 2.3.15　电驱机组不同部位电气设备失效造成非正常停机统计次数

部位	2012 年	2013 年	2014 年	2015 年	2016 年	2017 年	合计
变频器电源故障	0	31	7	8	3	4	53
电气倒闸操作	0	4	3	2	0	0	9
变频器过载	0	1	0	2	1	2	6
变频器控制单元	0	0	0	2	1	8	11
机组励磁系统	0	0	0	0	2	4	6
系统辅助设备	0	2	1	1	0	1	5
合计	0	38	11	15	7	19	90

由表 2.3.15 可知，在两种类型的电驱机组 90 次非正常停机事件中，因变频器电源故障造成停机 53 次，占 58.89%；因电气倒闸操作影响造成停机 9 次，占 10%；因变频器过载造成停机 6 次，占 6.67%；因变频器控制单元造成停机 11 次，占 12.22%；因机组励磁系统造成停机 6 次，占 6.67%；因系统辅助设备造成停机 5 次，占 5.56%。电驱机组非正常停机的失效部位占比如图 2.3.15 所示。

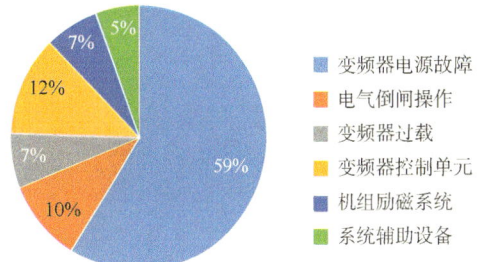

图 2.3.15　电驱机组辅助电气设备故障失效部位占比分布图

从统计数据来看，变频电驱机组中变频器电源故障占比较大，主要是外电网电压波动严重影响变频器稳定运行，变频器频繁跳机造成机组非正常停机；另外，工艺、电气倒闸操作和其冷却水路等外部条件都会对变频器驱动系统稳定运行有影响。变频电驱机组主设备本体部件故障率较低，高压同步电动机和变频器本体部件均出现过故障失效，机组运行稳定性主要还是受外部条件影响较大。外电供电电压波动造成变频器保护联锁停机是造成机组非正常停机的主要原因，随着西三线电驱机组的增多，公司必须考虑采取技术措施对此情况加以治理。

2.4　故障失效模式及原因

2.4.1　燃气轮机故障

2.4.1.1　故障失效模式及分类

典型燃气轮机故障失效模式统计情况见表 2.4.1。

表 2.4.1　燃气轮机故障失效模式统计表

序号	故障模式名称（大类）	故障模式名称（中类）	故障模式名称（小类）	故障发生次数	合计
1	压气机组件故障	压气机叶片损伤	5~16 级叶片断裂或叶尖磨损	2	7
			13~16 级叶片断裂	3	
		附件齿轮箱故障	齿轮损伤	2	

续表

序号	故障模式名称（大类）	故障模式名称（中类）	故障模式名称（小类）	故障发生次数	合计
2	动力涡轮组件故障	叶片故障	叶片损伤	1	3
		转子故障	反转	1	
		轴承故障	轴承回油不畅	1	
3	燃烧室组件故障	燃烧室故障	点火器护圈烧蚀	4	10
			内部烧蚀	1	
		燃料喷嘴故障	燃料喷嘴偏烧	1	
			燃料喷嘴端盖脱落	4	
4	液压启动系统故障	离合器故障	提前脱扣	1	14
			卡涩	2	
		启动马达故障	卡涩	2	
		液压泵故障	液压泵损坏	2	
		液压油管线故障	VR91-3 故障	7	
5	进气通风系统故障	通风管道开裂		2	10
		箱体温度高		2	
		冷却管线开裂	13 级管线开裂	2	
			16 级管线开裂	2	
			轴承排气管开裂	2	
6	合成油系统故障	合成油泵故障	漏油	4	4
7	防冰系统故障	管线崩脱		4	4

从表2.4.1可知，燃机非计划停机主要集中在辅助系统部分，非正常停机次数为32次，占比61.54%；对于燃机本体组件，包括压气机、燃烧室、高压涡轮和动力涡轮，故障相对较少，但每发生一次都会造成非常严重的经济损失。下面针对每种故障失效模式分别进行分析。

2.4.1.2 故障失效原因分析及改进措施

1）压气机叶片损伤故障

燃气发生器压气机结构紧凑、轻薄，各部件配合间隙小，转速高，运行中温度变化大，叶片在交变应力或交变应变的作用下，在某些区域逐渐产生了永久性结构变化，会导致在一定的循环次数以后产生裂纹或引起断裂，这是一种正常的损耗；机组在设计选材存在缺陷、叶片与壳体间隙设计过小、不严格执行启机操作规程等都是造成叶片损伤的原因。

（1）以霍尔果斯4#机为例，造成压气机5~16级叶片损坏的直接原因为：机组安装时，VSV信号缆固定不正确，机组运行中信号线松动，引起VSV位置反馈信号不稳定，机组出现VSV故障报警，机组未立即降至怠速（6800r/min）运行，仍在原工况（9100r/min）运行

3s，期间气流波动，叶片载荷波动，导致压气机叶片发生摩擦，引起机组动力涡轮振动高高报警停机。在后续的4k孔探检查中发现5~16级叶片损坏。

(2) 以玛纳斯1#机为例，造成16级叶片损坏的直接原因为机组设计、制造存在缺陷。GE油气公司服务公告SB_LM2500-IND-236_R2指出编号为641-051到066、641-101到281的燃气发生器，由于压气机第16级叶片材质为A286，存在叶尖产生裂纹、叶根断裂的可能，建议用户替换为Inconel718的新材质叶片。玛纳斯压气站1#机组燃气发生器(编号641-226)即在公告范围，现场检查发现2个叶片叶尖明显掉块、1个叶片叶根断裂。

PGT25型燃机压气机叶片故障次数不多，但危害严重，维修周期长、维修费用大。GE燃气发生器发生过4次压气机叶片断裂问题，上述事件造成的后果较严重，针对PGT25型燃机，公司两次损失达500万元以上。PGT25型燃机压气机叶片断裂，不论是减少叶片的直径、增加叶片周向间隙，还是修改叶片叶根的结构、改变材料，均不能解决GE在设计制造方面的根本问题。GE也不断发布技术通报，上述问题只有通过检修整改不断完善。4次压气机机叶片损坏均在孔探检查时发现，机组运行中未能通过振动监测系统发现异常或发现报警，应加强孔探检查的质量，同时加强振动方面的专家人才培养，用好本特利的分析功能，更好地解决机组异常振动过程中反应的问题。改进措施有以下几点：

(1) 改进VSV控制缺陷，增强VSV系统维护能力，保证VSV调节精度，防止喘振后气流波动造成叶片受交替载荷，引起疲劳断裂。

(2) 加强PGT25型燃机压气机叶片备件储备，采用最新升级叶片，公司在已取得的玛纳斯、鄯善自主独立更换叶片的基础上，继续总结优化现场作业细节，随时准备现场更换压气机叶片。

(3) PGT25型燃机上发生的5次叶片断裂，其中3次均为4000h、8000h等预防性维护中孔探检查时发现的，目前现场孔探仪器探头老化，孔探效果较差，建议促进孔探人员的能力提升，并及时升级孔探仪。

2) GE机组附件齿轮箱轴承损坏故障

GE机组附件齿轮箱损坏已经发生过两次，分别发生在红柳二站和酒泉站。由于附件齿轮箱轴承安装位置没有可以直接对轴承的温度和振动进行监控的参数，以往都是因为合成油回油系统的碎屑检测器报警才能发现存在故障，事件出现比较隐蔽。这类故障导致的后果非常严重，处理过程周期非常长，红柳站出现故障后，处理周期超过6个月，而且涉及机组的核心部件，前期GE对该部件的更换实施技术保护，现场处理时需专门请OEM厂家安排人员处理，费时、费力、费钱。公司后期加强技术攻关，解决了入口齿轮箱、附件齿轮箱回装问题，已经可以独立完成该项作业。改进措施有以下几点：

(1) 日常加强对合成油温、机组振动及碎屑报警器QE152的监控，及时发现异常问题，防止事态扩大。

(2) 可联系有能力的厂家探讨加装附件齿轮箱滑油温度及振动监测探头的可行性。

3) 动力涡轮叶片损伤故障

动力涡轮叶片损伤故障主要发生在RB211+RT62型燃机上。2016年5月16日，轮南压气站3#机组进行25000h保养作业时，原GG拆卸后，对GG排气端面和PT进气端面目视检查，发现端面存在不同程度的击伤、刮擦情况，对 GG 和 PT 内部进行详细孔探检查，发现 GG 内部无击伤、刮擦痕迹；PT 第一级静叶、第一级动叶出现多处击伤、裂纹、鼓包和缺失等情况，一级动叶顶部蜂窝密封出现变形破损；第二级静叶、第二级动叶发现轻微叶片损伤痕迹。经检查发现，动力涡轮进气扩压器前隔板约 8 点钟方向固定螺栓整体脱落。

根据西门子公司 Turbo127 技术通报的要求，此型燃机动力涡轮进气扩压器前隔板螺栓锁紧垫片进行了升级，需要将其更换为新型锁紧垫片。改进措施有以下几点：

(1) 紧急采购新型垫片备件，在 RB211+RT62 型燃机到达 25000h 检修时予以更换。

(2) 要求在 4000h 周期性检查时，孔探检查动力涡轮叶片是否存在损伤。

(3) 对公司涉及的燃机公司发布的技术通报进行分析处理，必须由专人负责，将技术通报这一块业务及技术服务消化吸收，及时告知公司的相关部门，并及时采取措施。

4) 动力涡轮反转故障

由于西二线的工艺及启机程序设计存在问题，当防喘管线与压缩机出口单向阀失效时，有可能导致压缩机反转，进而带动动力涡轮一起反转。在这种情况下，会导致干气密封、轴承和级间密封的损伤，如果损伤严重，甚至需要进行压缩机或动力涡轮大修才能修复损伤。改进措施有以下几点：

(1) 及时更换防喘管线单向阀。

(2) 将防喘管线单向阀设计为法兰阀，方便处理故障。同时及时将内漏单向阀进行更换，或者将水平单向阀管线布置为立式单向阀管线。

(3) 修改工艺区管线布置。

(4) 核算机组运行时，启机机组与正常运行机组的管线阻力，在下次站场工艺管线布置时，将防喘阀管线汇管与压缩机入口管线汇管设计为同一管线。

(5) 优化启机程序与逻辑。

(6) 对比西一线、西二线启机逻辑，研究压缩机启机程序，将开阀启机流程修改为启机成功后开阀流程，研究每一步骤的可行性以及停机过程逻辑，防止在此过程中引起压缩机反转。

5) 燃料喷嘴端盖脱落故障

RB211+RT62 型燃机共发生过 4 次燃料喷嘴端盖故障，均造成了燃机返厂检修，严重影响了机组备用。前 3 次故障均出现在机组质保期内，经西门子公司分析发现燃料喷嘴端盖与喷嘴主体的连接方式为钎料焊接，该批次喷嘴焊接质量不过关。改进措施有以下几点：

(1) 根据西门子公司提供的喷嘴序列号进行排查，替换此批次燃料喷嘴。

(2) 在周期性检修作业中，应严格按照规范要求对燃料喷嘴进行清洁、着色探伤检查，并及时更换燃料喷嘴。

6) 液压启动系统故障

此故障模式在所有故障模式中居于高位，PGT25 型燃机的此类故障占据绝大多数，有 13 次之多，而 RB211+RT62 型燃机仅出现一次，还是信号干扰的问题。

PGT25 型燃机的液压马达、离合器及液压泵、压力调节的附属元件均出现过故障。就液压系统而言，GE 与西门子均采用德国伊顿的液压泵，从制造质量上讲应该没有问题，这可能与 GE 机组合成油管路系统长、安装期间管路吹扫不干净有关，投产初期液压系统的故障率较多，随着运行时间不断增加，故障发生概率逐渐减小。

GE 液压泵发生两次严重故障，不论是在霍尔果斯投产期间，还是 2015 年的连木沁 2# 机组，均须更换新的液压泵。故障的发生可能与设备安装质量存在一定问题、日常维护不到位有关。但在机组运行初期，液压泵附件中 VR91-3 阀门多次出现故障，导致机组无法正常运行。在近一两年中，此问题出现较少。分析原因可能是投产初期滑油油箱及管线存在杂质，影响了此阀门的正常动作。改进措施有以下几点：

(1) 在 4000h 保养期间，检查液压泵系统的各个滤芯，必要时进行更换滤芯。

(2) 定期对合成油进行送检分析，一旦油品质量达不到标准要求，必须更换滑油。

(3) 将液压泵检修检查列入 25000h 保养作业中，并严格执行。

7) 管线接口开裂故障

机组在正常运行中，多次发生燃气轮机冷却管线接口蹦脱现象，直接表现形式为管线漏气、箱体温度升高、机组跳机。从以往的故障处理看，原因多是接口卡件安装不到位、安装质量不高；卡件或软接头长期使用老化。改进措施有以下几点：

(1) 在周期性检修时，将燃气轮机冷却管线检修检查列入检查项，按规范要求进行检查与更换，并做好记录。检查内容如下：

① 检查外观是否存在破损。

② 使用内窥镜检查软管内部是否存在腐蚀现象。

③ 利用仪表风做气密性测试，测试压力为 6bar。

④ 如软管存在以上问题，则需要对其进行更换。

⑤ 在回装管线前必须清洗管线。

(2) 燃机大修作业时，必须更换燃料气管线，或者在其第 6 次拆装后更换。

(3) 金属软管在每次被拆下后必须做如下检查：

① 检查外观是否存在破损。

② 使用内窥镜检查软管内部是否存在腐蚀现象。

③ 如软管存在以上问题，则需要对其进行更换。

④ 在回装管线前必须清洗管线。

(4) 在存储、运输和安装软管过程中，应避免其受到摩擦、挤压和过分的弯曲。

(5) 当软管被拆下后，禁止从一端吊起软管，如需吊起软管，应从中间位置起吊。

(6) 当只拆软管一端时，应将其全部拆下，禁止将软管挂在连接接口处。

(7) 当软管被拆下后，应做封口处理，避免有异物进入软管内。

8) 西门子机组合成油泵故障

因西门子机组合成油系统是独立的主副油泵供油，主副油泵互为备用，因为此故障导致机组停机的情况较少。但此系统在周期性检查时未列入检查项，没有定期对其进行维护，导致其内部异损件容易出现故障。改进措施有以下两点：

(1) 在周期性检修时，增加检查项，必要时更换各异损件。

(2) 同时在日常巡检时多观察是否存在漏油等现象，若有漏油现象，及时处理。

9) 防冰管线崩脱故障

此故障主要发生在 PGT25 型燃机上，主要是因为防冰管线设计不合理，在质保期内 GE 公司已经发送新备件进行更换，后续未出现此故障失效。

2.4.2 压缩机本体及辅助系统故障

2.4.2.1 故障失效模式及分类

典型压缩机本体及辅助系统故障类别及分布情况见表2.4.2。按部位非正常停机分布图如图2.4.1所示，各部位故障失效占比图如图2.4.2所示。

表 2.4.2 压缩机本体及辅助系统故障失效模式统计表

序号	故障模式名称（大类）	故障模式名称（中类）	故障模式名称（小类）	故障发生次数	合计
1	干气密封故障	密封腔带液		8	35
		密封补偿卡滞		7	
		动静环损坏		2	
		动环定位失效		3	
		其他		15	
2	探头类故障	探头本体损坏		1	1
3	阀门反馈故障	电缆虚接		3	4
		反馈偏差超标		1	
4	冷却风机及电动机故障	弹性柱销损坏		3	7
		轴承损坏		2	
		其他		2	
5	振动超标故障	喘振		3	6
		转子不平衡		3	
6	油雾分离器故障	排气不畅		3	3
7	其他			3	3
合计					59

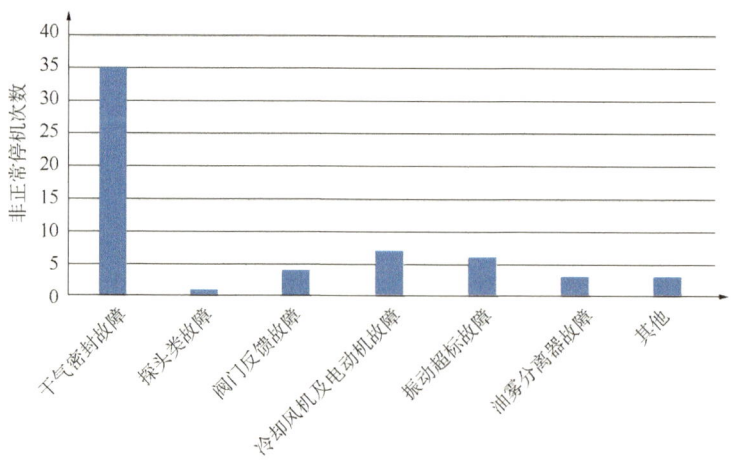

图 2.4.1 按部位非正常停机分布图

第 2 章 | 压缩机故障统计分析

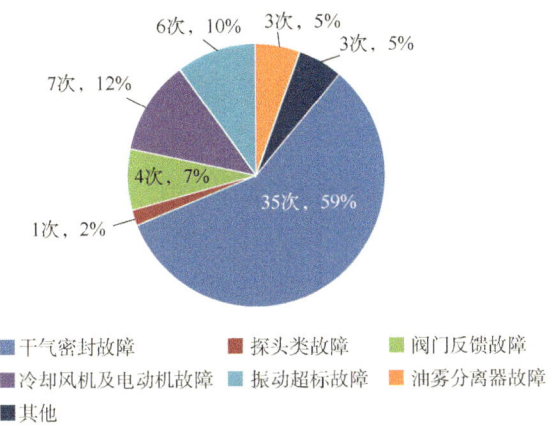

图 2.4.2 各部位故障失效占比图

压缩机组的主要故障模式是干气密封故障。公司压缩机组所用密封均为串联集装式密封，共计302套，各型号压缩机使用的干气密封有 Burgmann、Johncrane、Dresser-Rand、Flowserve 及国产配套密封，共计12种型号。各压缩机机型干气密封配套情况见表2.4.3。

表 2.4.3 压缩机配套干气密封情况

序号	密封名称	配套压缩机	压缩机数量	干气密封尺寸/mm	干气密封部件号	备注
1	Burgmann	西一线 GE	18	DN177.98	PDGS10/200-ZT1-R-A2/ PDGS10/200-ZT1-L-A2	可通用
		西二线 GE	37	DN177.98	PDGS10/200-ZT1-R-A4/ PDGS10/200-ZT1-L-A4	
		西二线 沈鼓	3	DN177.98	DGS10/200-ZT10-R/ PDGS10/200-ZT10-L	
2		西二线 RR	6	DN177.80	PDGS10/200-TA4-R/ PDGS10/200-TA5-L	可通用
		西三线 RR	6	DN177.80	PDGS10/200-TA4-R/ PDGS10/200-TA5-L	
3		西一线 RR	17	DN177.80	HSP-1010998(CW)/ HSP-1010999(CCW)	可通用
		轮吐线 RR	2	DN177.80	HSP-1010998(CW)/ HSP-1010999(CCW)	
4	Johncrane	西三线 沈鼓	14	DN177.98	GA-139923(CW)/ GA-139923(CCW)	
5		轮吐线 沈鼓	3	DN177.98	GA-148868 GA148869	
6		轮吐线 GE	3	DN 175.04	GA-105228/ GA-105227	

续表

序号	密封名称	配套压缩机	压缩机数量	干气密封尺寸/mm	干气密封部件号	备注
7	Flowserve	涩宁兰线 MAN 机组	12	DN142	GASPAC TYPE L	
8		西三线 GE	15	DN175	GASPAC L	
9	Dresser-Rand	涩宁兰线德莱赛兰机组	1		638-366-220/ 638-366-221	
10		西三线德莱赛兰机组	11			
11	华阳密封	西三线烟墩站1#机组	1	DN177.98	H288C	
12	一通密封	轮吐线吐鲁番、孔雀河	2	DN177.98	CYTYF135-01A-00 CYTYF135-01B-00	

公司自 2012 年承担离心压缩机组维护检修作业以来，更换了大量的干气密封，其中，导致压缩机非正常停机的干气密封失效事件达 35 次，干气密封的非正常失效严重影响压缩机组的长周期安全平稳运行。按照干气密封损坏原因，可将上述统计数据分为密封腔气质劣化、密封补偿卡滞、动静环损坏和动环定位失效等故障模式，各模式具体情况见表 2.4.4。干气密封失效部位图如图 2.4.3 所示。

表 2.4.4　干气密封失效模式汇总表

故障模式	合计	密封腔气质劣化	密封补偿卡滞	动静环损坏	动环定位失效	其他
次数	35	8	7	2	3	15

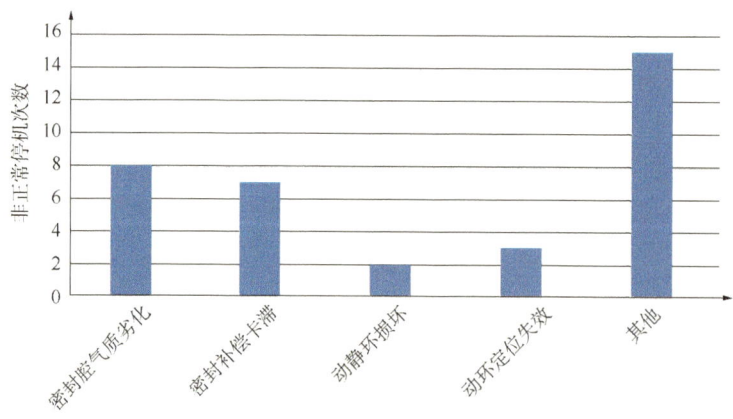

图 2.4.3　干气密封失效部位图

由表 2.4.4 和图 2.4.3 可以看出，密封腔气质劣化、密封补偿卡滞、动环定位失效是干气密封失效的主要原因，占总失效次数的 51.4%。

2.4.2.2　故障失效原因分析及改进措施

1) 干气密封故障

(1) 密封腔气质劣化。

密封气的气质与启机过程中密封失效有较大关系。早期西二线 GE、西门子机组密封气系统无粗过滤器、聚结器，除液效果差，密封气自压缩机出口管线或汇管取出后，通过现场的精过滤器直接供给干气密封，如果密封气源气质较差，对过滤器滤芯的影响很大，存在高露点密封气进入密封腔，析出液态烃或带水的风险。数据表明：西二线机组的失效概率要远大于西一线同样使用博格曼的机组。西一线机组配置 KO 过滤器，主要功能为除湿除液，降低湿气进入密封腔的风险，西一线约翰克兰密封几乎无启机过程发生泄漏的事件发生。在同样工艺气带水情况下，古浪二站和轮南站干气密封抵抗泄漏的能力是不同的。改进措施有以下几点：

① 改善密封气品质。

密切关注密封气过滤器压差和密封气的含水量，增加预过滤分离装置，防止密封气过滤器压差高，增加过滤器排污频次，杜绝密封气带液态烃或水。

② 提高密封气温度。

在冬季可将干气密封进气温度提高至60℃，甚至更高。

③ 优化密封气控制逻辑。

延长干燥、预热干气密封的供气时间，要保持至少 30min 以上，保证动环、密封轴套材料和橡胶密封圈充分预热，减小热膨胀量的差异。

④ 正确运行与维护密封气系统。

工艺气带液工况往往不能完全避免。一旦此工况发生，应做到响应及时，措施得当。保证安装密封部位腔体及对应进气管线干净、干燥、无杂质，特别是检维修过程中，应规范作业，严格封堵拆卸的密封气管线，回装前进行必要的吹扫检查；任何情况下，在机组缸体充压前，严格保证首先投用干气密封一级密封气。目前启机逻辑保证了干气密封的优先投用，但工艺启机前，必须对干气密封供气管路进行检查，确保各手动阀门状态正确。在对机组进行氮气置换时，必须先通过临时接管，在干气密封双联精过滤器之前导入密封氮气，而后再通过压缩机进出口相关接口向缸体内通入置换氮气的方式进行充压置换操作，以避免气流将缸体内杂质带到密封端面；确保干气密封系统前置密封气预处理单元正常工作，及时监控和排污，尽可能除去工艺气中重组分，这也是保证密封长周期运行的关键措施；严格监控干气密封过滤器压差，及时进行切换和更换滤芯，防止压差过高的同时，也应防止压差异常突降的情况，避免工作介质可能因为带液击穿滤芯本体，从而使密封气流短路、过滤功能失效的情况。原则上不允许干气密封双联精过滤器滤芯反复使用，做好滤芯备件的储备和及时上报工作，防止由此导致的过滤精度下降情况；监控干气密封加热器工作状况，保证密封气供气温度在控制范围内，尤其是冬季气质较差时，可以考虑适当提高密封气供气温度，从而提高进入一级密封端面时的温度，避免工艺气中重组分在密封浮动部位冷凝堆积；每日对厂房内机组仪表风最终过滤器(厂房内每台机组一路)底部排污，每年一次定期更换该过滤器滤芯，从而保证隔离气质量；保证隔离气的不间断供应，若确需切断，应确保在机组轴承回油温度低于40℃以下，且润滑油泵及应急油泵均断电停用后进行；在全站所有机组均停运时，应立即对机组进行卸压放空，不得通过干气密封增压橇连续保压，从而避免密封气供应中断或不足。

⑤ 加强运行管理。

a. 冬季运行时，应专门制定《压缩机冬季运行和维护方案》，对气质带液情况、密封气过滤系统、密封气加热及管线伴热投运、密封气通入时间等方面做出明确规范要求，并严格执行。

b. 在对备用机组的保护过程中，合理评估压缩机的盘速盘车和机组切换频次，尽量减少干气密封非工况运行机会。压缩机手动盘车对干气密封的寿命基本无影响，同时又能保护压缩机转子，可以尝试定期手动盘车。

c. 压缩机运行管理人员应及时掌握上游工艺运行的波动工况，大量带液工况应作为应急事件来处理，提高设备操作人员的敏感性和重视程度。

d. 加强设备设施的完整性管理。及时恢复失效设备，如过滤器滤芯更换、电加热系统故障处理、各控制阀门故障处理等。

e. 加强机组运行日常检查频次，检查密封气聚结器、过滤器差压、电加热器工作状态，关注工艺介质的水、烃露点，建立泄漏压力、流量及相关参数的变化趋势，防止机组超工艺参数运行。加强机组排污系统、密封排污系统的定期排污检查，防止液态物质进入密封腔。

⑥ 优化密封气控制程序。

通过对密封气控制程序进行解读，特别是机组启机阶段密封气投运的控制逻辑优化，尽量杜绝密封气在温度较低的情况下进入干气密封腔，并保持密封气温度始终处于较高水平，减少重烃凝出的概率。

（2）密封补偿卡滞。

密封补偿卡滞主要存在于约翰克兰密封。约翰克兰干气密封蓄能加载圈与密封平衡直径载体接触部位较脏，影响密封加载圈的微动效果，降低了动静环的端面密封及静环的轴向密封性。消除密封补偿卡滞也应从提高密封气品质方面来解决。

（3）动环定位失效。

对于动环的定位形式，博格曼密封动环传动与定位采用支撑弹簧，其设计考虑动环的自适应浮动调节能力，若密封工艺介质露点高，则传动的扭矩较大，弹簧易变形损坏。这在精河站1#、嘉峪关站3#、柳园站3#、古浪一站2#和古浪二站等机组表现得较明显；在约翰克兰密封上没有发现此类情况。改进措施：避免动环定位失效要从改进干气密封定位及扭矩传递可靠性方面入手。改进现有动环支撑拉簧结构形式，减少运行中向动环传递扭矩时的变形量，提高其可靠性，也可将其改进为容差带，提高定心可靠性；优化动环扭矩传动方式，将动环扭矩传递由支撑拉簧改进为拨叉传动；改进干气密封防止油气泄漏的设计。密封形式改为密封效果更好、仪表风消耗量更少的碳环密封，改进挡油环设计，阻断油气泄漏通道。

2) 油雾风机故障

矿物油油雾分离器风机的弹性柱销故障和卡滞失效故障是矿物油冷却风机的主要故障，应从材质选型和风机保养方面找故障原因。改进措施：应选用综合性能更好的橡胶材质，加强压缩辅助系统的维护保养管理,合理确定弹性柱销和轴承的更换周期;在条件具备时,对油雾风机进行换型改造,采用电动机直联的方式,取消弹性联轴器,降低故障的发生概率。

3）振动超标故障

振动超标故障发生 6 次,分别是玛纳斯 2#、3# 机组振动超标,主要原因是转子存在不平衡;库米什及四道班机组振动超标,主要是机组发生喘振所致;烟墩 3# 机组振动超标,主要是平衡管螺栓断裂导致;烟墩 1# 机组振动超标,主要原因是入口滤网破裂,异物进入压缩机。改进建议：

(1) 中心已通过现场动平衡方法消除玛纳斯 2#、3# 机组振动超标故障,积累了经验;

(2) 对于机组发生喘振的工况,要及时分析机组振动趋势及频谱数据,及早调整上下游运行工况,避免此类现象再次发生;

(3) 对于异物进入压缩机等个例,加强运行巡查,做到能够及时发现机组振动数据异常并进行分析,防止发生严重后果。

4）阀门反馈故障

阀门反馈故障发生 4 次,主要是由于阀门位置反馈信号偏差、接线松动或限位开关松动。改进建议：对于接线松动故障,及时进行紧固复位,恢复机组备用;对于阀门反馈信号偏差故障,对比偏差数据,进行调校。

5）油雾分离器故障

油雾分离器故障主要是排气、排油不畅所致。改进建议：定期进行排污作业,针对分离器液位压力异常升高,加大排污频次。

6）探头类故障

探头类故障主要原因是探头本体线缆损坏。在探头更换及安装时,正确安装,预留一定的线缆拉伸余量;其次,对线缆做好固定,避免振动、晃动。

2.4.3 控制系统故障

2.4.3.1 控制系统 CPU 故障

目前,公司压缩机组控制系统包括 GE 公司的 MarkVIe、Fanuc、HIMA 系列 PLC,以及 AB 公司的 ControlLogix5000 PLC 等。控制器故障主要包括 CPU 程序丢失、CPU 硬件故障无法正常启动和控制器背板故障等,这类故障在一线及二线 GE 机组比较突出,例如连木沁压气站、张掖压气站、嘉峪关压气站、精河压气站、孔雀河压气站、鄯善压气站、柳园压气站、红柳压气站均发生过由控制器故障导致机组非正常停机或不备用的情况。

1）Mark VIe 控制器故障分析及处理

对于控制器故障,首先排除外部设备的故障可能性,再处理 CPU 本体的故障。在此类故障处理过程中,有些故障不是 CPU 本体的故障,是由于外部 IONet 交换机、IO 模块或电源模块有故障,导致 CPU 工作不正常。此时,不能盲目对 CPU 进行下装或上载程序,更不能盲目更换新 CPU。根据以往的维修经验,IONET 通信网络对 Mark VIe 控制器影响很大,因此要先排除外围网络、供电设备的故障可能性,再处理控制器的故障。

例如,2016 年 7 月,柳园压气站多次出现 Mark VIe CPCI 控制器故障,故障处理完成后，发现 CPU 的电源模块对 CPU 的性能影响很大，但是电源本身故障不易察觉，如果发现故障 CPU 的电路板上有目视可见的电器元件鼓包或变色现象，应该考虑更换电源模块，避免新换上去的 CPU 在短时间内也被烧坏。

另外，在机组控制器故障处理过程中，要注意查看控制器的控制状态（control states）。Mark VIe 控制器有十三种状态，在处理故障时最常见的一般有三个状态，最初是 designated controller determination（主控制器选择状态），然后是 Inputs Enabled（IO 包使能状态），最后是 controlling（开始控制输出状态）。正常应该是最后一个状态 controlling。当控制器不在 controlling 时，ToolboxST 会报错，提醒控制器不在 controlling 的状态。可根据控制器的状态，来判断当前控制器处于哪一个状态，从而有针对性地处理；其次是查看控制器诊断面板，在控制器诊断面板里显示控制器的错误和警告，可以根据这些错误和警告的代码查阅资料，以对故障处理提供帮助。

2）Fanuc PLC 控制器故障分析及处理

公司在用的 GE Fanuc PLC 包括有 Fanuc 9070 和 FanucRX3i 两个系列 PLC。其中，Fanuc RX3i 系列用于 GE 电驱机组主控制系统和燃驱机组 MCS（负荷分配系统控制系统）；GE Fanuc 9070 系列用于西一线 GE 机组 ESD 系统。FanucRX3i 控制器由于投用时间较短，故障率较低。

Fanuc 9070 控制器投用时间长，各压气站已陆续出现故障，故障现象主要表现为控制器不在运行状态，主备机架无法互为冗余。在处理此类故障时，如果直接更换控制器，并且在更换控制器时方法不当，直接将硬件配置和控制逻辑一起下装，造成新控制器不能正常运行。正确的做法应为：将故障控制器先断电再上电，先下装硬件配置，再下装逻辑。如果进行操作后，故障控制器仍不能恢复正常运行，再考虑更换新控制器。更换新控制器时也应该先下装硬件配置，再下装逻辑。

当 Fanuc 控制器发生故障后，应首先将 ME 程序软件在线，查看 CPU 诊断信息，并查看窗口，在 PLC 和 IO 故障表里显示了 PLC 的 CPU 或模块记录的故障信息。这些信息常用于确定 PLC 的硬件或软件的哪部分出了问题。

3）HIMatrix F35 控制器故障分析及处理

在 HIMA 系统控制器故障处理过程中，首先应检查从现场到控制器网络通信链路是否正常，排除因通信问题导致控制器数据丢失。检查控制器供电电源，排除因电源质量问题导致控制器离线。然后再断开控制器全部输入输出端子，对控制器断电重启，如果问题未消除，则可以排除因现场输入输出回路接地或干扰导致控制器故障。其次可以对控制器进行 Reboot 操作，来对 CPU 执行初始化操作，软停控制器，下载控制器配置并确认成功，Coldstart 控制器，控制器启动完成后，使用在线测试功能 OLT 查看控制器逻辑，观察程序是否运行正常、HMI 主复位后参数显示是否恢复正常。如仍工作不正常，则需要更换控制器硬件。

4）ControlLogix5000 控制器故障分析及处理

Logix5000 系列控制器的故障按照严重程度分为主要故障和次要故障，如果控制器检测到一个主要故障发生，则程序终止运行，导致机架冗余失败，从而可能导致 CPU 离线。

玉门压气站及红柳压气站均发生过冗余 CPU 离线故障，导致机组无法正常备用。两个站的故障诊断报警都是任务看门狗故障和周期性任务重叠故障，即某个周期性任务在上一周期内没有执行完又开始了下一周期的执行，任务看门狗定时超时。看门狗超时是主要故障，主要故障影响程序的运行，如果故障不能清除，控制器将进入故障模式并关闭。

当发生任务看门狗时间到的故障时，意味着用户没有在指定的时间周期内完成任务，程序错误引起一个死循环，这时就应该采取增加任务看门狗时间、缩短执行时间、调整该任务的优先级时期级别更高等办法。当发生周期性任务重叠故障时，意味着周期性任务没有在再次循环执行以前按时完成，属于次要故障，不影响控制器的运行，控制器可以继续执行，可以采取简化程序、延长周期或提高相对优先权等措施来处理。

但是，从最近红柳一站 3# 机组主备机架控制器冗余失败的故障处理过程来看，Logix5000 系列控制器的看门狗超时故障也可能是由硬件故障引起的，有机架和背板的问题，也有冗余的卡件故障问题。因此，在处理此类故障时，除了做必要的程序优化外，也要排查背板通信、冗余模块等硬件问题。

针对此类故障有以下改进建议：提高机柜间的管理水平，定期维护空调，定期除灰，使 PLC 的外部环境符合其安装运行要求，控制室的室内温度在冬季宜保持在 18~20℃，夏季宜保持在 25~30℃，相对湿度宜保持在 40%~70%。同时在系统维护时，严格按照操作规程进行操作，严防因人为对主机系统造成损害。

2.4.3.2 EMV 故障

GE 机组与西门子机组的燃料气计量阀结构不同，但是控制原理相似。两类燃料气计量阀的故障现象比较相似，都是阀芯有卡涩现象。

在机组运行期间，如燃料气计量阀自检出现故障，会导致机组紧急停机。从近几年的故障统计来看，GE 机组燃调阀故障原因基本都是阀芯卡涩，阀芯在某一个开度范围内卡顿，不能正常开关。通过对故障阀门的解体，检查发现阀门内计量阀芯球体有磨损痕迹。球体表面严重划伤且有黑色杂质附着，球体上载挡环和球体接触面外侧间隙中有黄色类硫物质析出，轴端密封区域有黑色杂质黏附。出现此现象的原因是过滤后的燃料气存在微小杂质，在有微小杂质的情况下，球体反复动作导致球体表面产生磨损。

针对 GE 机组燃料气计量阀出现的故障，应做好以下几点：

（1）加强对西二线气质的关注，特别是水露点等关键指标。在气质有较大变化时，加强对燃料气过滤器滤芯的检查；

（2）在进行 4K 保养时，按保养方案对燃料气过滤器滤芯进行更换；

（3）GE 燃调阀具有自清洁功能，因此出现卡涩故障时，可尝试对燃料气计量阀按照手册进行清洁、清洗。

西门子机组燃料气计量阀的阀芯卡涩故障产生的原因是执行器的滚珠螺杆来回产生较严重的磨损。导致滚珠螺杆反复高频磨损的可能原因有：

（1）速度及压力信号干扰；

（2）高的控制器增益常数（N3 控制）；

（3）不规范的接线引起位置回路不稳定。

针对这些原因，可以采取以下措施：

（1）检查阀与控制器之间的屏蔽层的连接；

（2）由于压力信号的干扰会导致高频振动，因此需要对输入信号增加一个 2Hz 的滤波器；

（3）由于 N3 控制器的高增益系数，导致微小的速度改变都会引起高频振动，因此需要适当减小增益系数；

（4）选择合适的润滑脂对滚珠螺杆进行润滑。

2.4.3.3　I/O 模块故障

要减少 I/O 模块的故障，首先要按照其使用的要求进行使用，其次要减少外部各种干扰对模块的影响，分析主要的干扰因素，对主要干扰源进行隔离或处理。

从统计数据来看，GE 机组的 I/O 模块故障次数较多，尤其是布置在压缩机厂房的控制柜和接线箱内的 I/O 模块故障率明显要高于机柜间控制柜内的 I/O 模块故障率。例如二线 GE 机组压缩机橇体上的 JB1、JB2 接线箱内的 MTL8000 远程 I/O 模块损坏较频繁，出现此现象的原因是现场控制柜在压缩机厂房有防爆的要求，控制柜都是密闭防爆的。这样就导致电子元器件散发的热量传递不出去，造成柜内温度明显高于环境温度，再加上有些接线箱在投产施工时机架的保护接地没有做好甚至没有做保护接地，导致箱内的 I/O 模块故障率一直较高。

改进建议：目前有些场站采取将仪表风通入现场控制柜内的方法以改善柜内环境和温度。仪表风冷却要核算仪表风的使用量，不能影响用气设备仪表风的使用，不能额外增加空压机的负荷，同时要考虑机柜的防爆要求。尤其要注意接线箱的接地规范，许多模块损坏都是因为保护接地做得不好。

2.4.3.4　VIGV/VSV 故障

根据统计数据可以得出，燃气轮机压气机入口可调导叶故障主要发生在 GE 机组上，其中大部分是由 VSV 航空插头电缆故障引起的。航插电缆出现损坏或磨损，就会造成 VSV 系统信号中断，正常运行的机组进入怠速模式或直接跳机。VSV 航空插头故障的原因有：

（1）安装不正确。VSV 航空插头电缆没有用专用工具进行安装，安装扭矩过大，导致航空插头电缆在安装时就存在安全隐患；

（2）航插电缆没有良好固定。由于伺服阀靠近 GG 本体，因此在机组运行时振动比较剧烈，也会导致航插电缆由于振动产生磨损导致信号不稳或跳变。

针对 GE 机组 VSV 系统故障，可以采取以下措施：

（1）VSV 航空插头电缆在进行安装时，应该使用专用工具，扭矩适中，旋转到锁定位置后不得继续紧固，避免对电缆芯造成损伤；

（2）要对航插电缆进行支架固定，这样既可避免电缆受到自身重量的张紧力，也可避免随着 GG 振动而导致电缆损坏。实践证明，通过固定电缆和加装支架，VSV 故障率明显降低。

西门子机组 VIGV 也曾因故障导致跳机。例如轮南压气站曾由于 VIGV 的可变角度位置传感器 RVDT 的最小位置偏差大，造成机组可变导叶角度控制器错误停车。因此，要重视 VIGV 在最小开度时 RVDT 的偏差，当此偏差大时，应该及时按照相关手册进行 VIGV 的角度校验，将最小开度时的角度偏差控制在 0.4% 以内。

2.4.3.5　电磁阀故障

电磁阀故障引起的机组停机主要是燃料气系统及工艺阀门系统阀位状态丢失导致的。

产生次故障的原因为：电磁阀线圈断裂、接线松动、阀芯不洁净/不能完全关闭，以及信号回路接地导致电磁阀供电电压低/电磁阀不动作。此外，在机组正常运行时，由于电磁线圈长时间运行，其性能下降，可能会出现瞬间打开或关闭的现象。

改进建议：出现此类故障时，在排除信号回路故障、阀芯卡涩等因素的情况下，建议及时更换故障电磁阀。

2.4.3.6 信号线虚接、松动或干扰故障

根据近五年的统计数据来看，造成机组非计划停机的原因之中，信号线受到干扰或虚接占比较大的比例，几乎在每个压气站都发生过，因此原因导致的非计划停机。机组控制系统信号线故障主要发生在端子排虚接、信号线破损及地线不合理造成信号噪声（干扰）等方面。由于不可能提前预见信号线虚接或松动，因此应该在日常例行维护保养的时候对关键信号线接线端子进行重新紧固。信号线在长时间使用后会产生氧化现象，信号线与接线端子接触不良也会产生信号线虚接的问题，此时，就应该用细砂纸打磨信号线接线头，然后重新紧固。

而导致信号线受到干扰的原因比较复杂，包括来自空间的辐射干扰、来自系统外引线的干扰即传导干扰、来自电源的干扰、来自信号线的干扰、来自接地系统混乱时的干扰、来自 PLC 系统内部的干扰等因素。

改进建议：在处理此类故障时，首先应该检查信号线屏蔽层是否有破损、信号线缆是否有接地现象；对于信号线屏蔽层的接地要慎重，在低频电路中，应遵循单点接地的原则。信号回路故障的解决或改善主要在于施工阶段的检查和日常维护中的观察分析。

2.4.3.7 交换机通信故障

通过统计可以发现，近两年交换机故障越来越频繁，尤其是西一线机组控制系统的交换机故障率较高。从统计的结果来看，西门子机组控制系统交换机故障率较低，西一线 GE 机组控制系统交换机故障率较高。由于西一线机组投用时间很长，已超过十年，导致交换机性能下降，造成 I/O 网络信号丢包及 I/O 包离线闪断。酒泉压气站、柳园压气站和西一线孔雀河压气站机组控制系统交换机由于运行时间长，频繁发生数据丢包现象；部分西二线 GE 机组（如了墩压气站、嘉峪关压气站）控制系统交换机也开始出现故障。当机组在正常运行时，如果 IONET 交换机出现故障或工作不稳定，会造成机组多个关键参数信号丢失保护跳机。发生故障的 GE 机组交换机均为 N-Tron 工业以太网交换机。

改进建议：当发现通信数据有丢包及 I/O 包离线闪断现象时，应该引起足够的重视，及时排查故障，并进行更换交换机。

2.4.3.8 消防系统故障

从统计数据来看，消防系统故障停机主要集中在 EQP 控制器本身硬件，或者输入、输出通道故障上，西二线烟墩压气站、乌苏站和一线轮南压气站均出现过消防系统 EQP 故障导致机组停机的问题。

改进建议：加强现场控制室巡检，及时发现消防系统控制模块异常情况，定期按照维护手册对消防系统进行功能性检查和测试。

2.4.3.9 限位开关故障

由限位开关故障引起的停机多表现为在机组运行时阀位反馈信号丢失导致机组停机，

引起该类故障的主要原因为：安装铠装穿线金属管时存在较大应力或渐进开关锁紧螺母未锁紧，导致渐进开关固定位置发生偏移，铁片距离增大，不能有效指示阀的正确位置。

改进建议：加强现场巡检阀门执行机构及反馈机构，一旦发现监控画面阀门指示与现场实际存在不符的情况，应及时到现场进行排查处理。

2.4.3.10 探头、变送器故障

从统计数据来看，GE 燃驱机组入口空滤可燃气体探测器、排气道可燃气体探测器故障率较高，西门子燃驱机组的排气道可燃气体探测器的故障也较频繁发生。

这两类机组所用的进气道可燃气体探测器均为迪创公司的探头，由于可燃气体探头都位于室外环境，因此故障率较高。消防控制系统中为了避免因一个探头故障或信号跳变导致机组跳机，往往采取三取二的方式处理可燃气体探测器信号，即一个探头故障的同时另外一个探头高报、两个探头同时故障，或者两个探头同时高报才发出紧急停机命令。因此，当一个探头故障或零点漂移时，就应该引起重视并及时处理，避免由两个探头零位漂移误报警或者故障引起机组停机。

西门子燃驱机组排气道可燃气体探头曾在山丹压气站、烟墩压气站出现过故障。该可燃气体探头型号为 PIRDUCT。由于此型号探头要求安装长度较长，安装长度约 80cm，加之安装在排气道，长期受到高温气体吹扫，很容易在高速气流的作用下产生高频振动导致探头故障损坏。由于可燃气体探头型号是严格根据排气道的几何尺寸来选择的，因此在不改变流道的情况下，无法用其他型号的探头取代，为了降低此型号探头的故障率，应该在采购备件时，选择同型号的带有疏水过滤器的可燃气体探头，并且须每年标定一次，定期目视检查探头和疏水过滤器。如果目视检查发现有灰尘或脏东西积聚到探头内部，就必须将探头拆下后拿到清洁的环境进行清理，否则会降低探头的灵敏度。

GE 机组排气道可燃气体探头的探头型号为 DET-TRONIICS-505，工作原理是用电压催化气体传感器提供一个线性的 4~20mA 输出信号，对应到 0~100% 的气体浓度。此探头发生故障的原因与西门子机组可燃气体探头基本相同，也容易发生因信号零点漂移或信号跳变导致的故障。

改进建议：当出现探头零点漂移时，应该按照手册及时用标准气体进行标定。经过多次标定后，如仍有信号漂移或信号跳变现象，就应该考虑更换探头或变送器单元。

2.4.4 电气系统故障

2.4.4.1 故障失效模式及分类

典型压缩机电气系统主要故障情况见表 2.4.5。

表 2.4.5 电气系统主要故障失效模式统计表

序号	故障模式名称(大类)	故障模式名称(中类)	故障发生次数
1	电源电压波动		燃驱：68
			电驱：49
2	MCC 失电		8
3	DCP 电源系统故障		4

续表

序号	故障模式名称(大类)	故障模式名称(中类)	故障发生次数
4	其他(干气密封加热器温控元件损坏等)		15
5		励磁系统故障	2
6		变频器通信	3
7		电气倒闸操作	9
8		工艺操作	4

2.4.4.2 故障失效原因分析及改进措施

1) 燃驱机组部分

(1) 箱体风机、油雾分离器自动停机。

公司沿线各站场处于西部边陲地区,外部电网相对薄弱,且站场架空线路较长,造成站场供电质量不高,供电稳定性和可靠性较差。特别是在每年的春秋风季,易出现系统中的电压暂降和短时中断故障,俗称"晃电"。"晃电"表现到用电设备上就是供电电源波动,系统电压快速下降后短期又恢复正常,照明闪动。一般电压波动范围为0.8倍额定电压至额定中压,波动时间2~3s,且每次发生电压波动的表现形式都不相同,无规律性。这种短时的电压波动将造成各类型燃驱机组配套的箱体通风电动机、油雾分离电动机自动保护跳机。因机组配套上述设备用电均采用进口低压变频器控制,对供电质量要求较高,当系统电压低于85%额定电压(340V)以下时,无法满足变频器电源正常运行要求,变频器就会自动保护跳机,造成其机组对应控制参数超出联锁停机值,引起机组联锁保护停机。

改进措施:对易受外电波动影响的机组关键辅助电气设备进行技术治理。其一是通过加装0.4kV抗晃电保护装置进行技术改造治理。关键辅助电气设备的电气控制回路采用站场UPS电源供电,减小外电对其控制电压的影响,防止电压波动自动跳机。此技术方案具有一定局限,不能完全治理外电波动对机组运行的影响,解决效果具有不彻底性,但便于现场实施,投资费用低。目前技术中心已在西二线霍尔果斯站的4台GE机组实施改造,大大减小外部电网电压波动对机组运行的影响。其二是上述机组关键辅助用电设备采用动力UPS电源供电,完全隔离其外电网电压波动影响,提高此类设备供电可靠性。此方案可靠性高,治理彻底,但投资费用高。

(2) DCP电源系统故障。

机组配套的DCP电源系统故障主要是因为设备是随机进口设备,报警信息全部为英文,现场操作人员无法判断报警信息、及时处理。同时,此类设备的定期维护检修工作未引起重视,造成设备维护保养不及时,设备内部积灰严重,设备性能下降。在鄯善站和霍尔果斯站出现的此类问题主要是控制屏上显示模块(PD-CAM)损坏,更换新的PD-CAM模块需要手动设置模块背部拨码,否则无法正常工作;另外故障集中于整流屏内部的110V直流回路上整流模块输出FRL/SRBD两种直流保险熔断,系统自动切换到旁路运行,因此在操作切换电源时,系统无法进行双电源静态无扰动切换,造成机组仪表控制系统电源丢失联锁停机。

改进措施：加强此类设备关键备件的采购储备，此类设备备件国内无生产厂家和代理机构，设备生产厂家为意大利的 CEG 公司；加强此类设备的现场定期维护，建议将此设备纳入机组 4K、8K 的电气设备维护保养范围，确保随机组定期开展维护保养。

（3）MCC 控制中心故障。

MCC 控制中心属于机组配套集成的配电设备，由 0.4kV 的电机控制柜和配电柜等组成。故障发生的主要原因是低压配电柜内元件损坏失效，造成对应的用电设备无法正常工作。损坏失效元件主要是柜内保险、接触器的损坏和控制接线松动等。

改进措施：根据不同机组集成厂家，做好相关控制柜内元件备件储备工作；按照机组 4K、8K 保养周期，做好相关配电控制柜的检修保养和定期清扫工作。

（4）机组辅助用电设备故障。

燃驱机组辅助用电设备故障影响机组运行主要表现为辅助电动机烧毁或内部轴承损坏，这多是因为维护保养不及时或产品质量存在问题。另外，GE 燃驱机组在 2012 年投产后，多次出现现场干气密封加热器控制盘内温度控制模块 eB-6000 和 eBR6001 烧毁事件，主要原因是电源电压波动引起其控制电压超过元件额定最高电压 230V，造成温度控制模块 eB-6000 和 eBR6001 内部电子元件烧毁失效，从而造成干气密封加热器温度控制失效，进一步影响到机组干气密封系统正常工作。

改进措施：针对故障原因，中心电气专业在干气密封加热器控制箱的内部温度控制模块 eB-6000 和 eBR6001 电源进线端各加一个单向过电压浪涌保护器，消除过电压带来的影响，经过对霍尔果斯到了墩站场改造后 13 台设备运行验证，此技术改造效果良好，未再次出现烧毁现象。后期，技术中心将此技术方案在西二线甘肃段各分公司进行推广实施。

2）电驱机组部分

（1）变频器电源故障。

目前困扰电驱机组稳定运行的主要因素之一就是外电网供电质量无法满足变频器稳定运行要求。当电网电压波动时，电源电压的短时下降引起高压变频器电源故障保护动作或过电流保护动作联锁停机。当站内 10kV 系统电压下降到额定电压 85% 以下时，且下降时间超过 2s，必将导致变频器控制系统的主电源丢失保护动作联锁停机；另外当电压降到额定电压的 85%~95% 之间时，且下降时间超过 5min，也会将导致变频器过电流保护动作联锁停机。目前公司运行的各类型电驱机组由外电网波动引起的非正常停机占到 69%。

改进措施：一是在供电合同上明确上级供电部门的供电应达到供电质量要求，提高外电供电可靠性。二是进一步优化变频器控制参数，目前西二线 TMEIC XL75 型变频器已由厂家进行过相关参数优化，变频器躲避此类故障的性能有所提高，但参数还可以进一步优化，或者进行必要的设备适应性改造技术升级。三是采用 DVR 或 SVG 技术，进行变频器供电电源电能质量治理，提高站内电驱机组供电可靠性。随着西三线的电驱站投产，此类问题必将成为电驱机组稳定运行的主要影响因素，公司应加以重视，专项进行技术研究治理解决此类问题。

（2）电气倒闸操作。

此类故障主要是站场及外电网因运行方式调整进行的电气倒闸操作引起的，造成机组非计划停机的主要原因是运行机组所在系统电压波动,这与外电电压波动造成的变频器电源故障停机的原因一致。

改进措施:做好相互调度沟通,在上级部门电气操作前做好预防,提前进行切机,躲避外电干扰;优化供电运行方式,实现站内10kV母联双电源并列环网控制,提高机组供电的可靠性。

(3) 变频器过载。

西二线永昌站在北京调控中心中控值班人员远程将出站压力设定值8.6MPa修改为8.7MPa,造成机组转速上升(转速升到5313r/min),压缩机吸收功率增大,导致变频驱动系统输出功率达到19MW,超过系统变频器额定输出功率18MW,达到额定功率的105.6%,引起变频器20min的均方根(RMS)过载保护CP_RMS_20保护动作,在HMI报警信息显示"来自VSDS的停车命令",机组联锁停机。故障原因主要是TMEIC变频器驱动系统缺少功率上限设定保护控制功能,一些工况下的工艺操作可能引起变频器过载保护动作联锁停机,需要进一步完善此项控制功能。

改进措施:一是在生产中发生工艺条件改变时,当发生接近额定输气量的现象,且双机运行时,工艺操作人员在提负荷过程中,加强机组运行电流监控,出现过负荷报警时,及时进行负荷调整,保证机组正常运行。二是优化站场机组负荷分配控制,保证机组在任何工况下的压缩机转速不超过5264r/min(根据压缩机消耗功率、转矩、电动机输出功率和转矩表)。三是对机组负荷控制系统进行优化,增加变频器上限功率控制保护功能,此项工作技术服务中心已完成方案编制,正在审批实施中。

(4) 变频器控制单元故障。

2016年1月28日,玉门压气站在对3#备用电驱机组进行启机测试,发现变频器OP17面板显示报警,UCS系统无任何报警信号,机组无法正常启动。经排查,发现为C7-613的端子排松动造成K206继电器线圈失电;顶升油泵无法通过程序控制运行。

改进措施:一是优化启机操作流程,使机组运行更加方便可靠,增加顶升油泵启机前检查内容,目前技术中心已着手开展此项前工作;二是做好变频驱动系统所有辅助设备定期维护保养工作。

(5) 励磁系统故障。

2016年7月19日,西二线瓜州压气站2#站变油温超温保护动作,运行的2#、4#机组变频器保护联锁停机。造成此现象的主要原因是2#站变超温保护跳闸,0.4kV系统失电,造成励磁柜内主回路电子元件——可控硅击穿失效,无法正常实现同步电动机励磁调节,变频驱动系统报"SYNCLOS"(失步)故障联锁停机。

改进措施:一是做好每年变频器驱动系统的定期维护保养工作,对其关键电力电子元件性能进行性能试验监测;二是做好相应进口配件的储备工作,缩短故障处理周期;三是对励磁柜主电源进行技术改造,增加双电源投切装置,提高其电动机励磁电源的可靠性。

(6) 系统辅助设备故障。

现场同步高压电动机配套辅助空气吹扫系统出现"系统压力低"报警,空气吹扫过程中止,造成机组联锁停机或无法启机。造成此现象的主要原因是气源仪表风露点不合格,吹扫用的压缩空气含水，在冬季易造成过滤器冰堵，管线压力降低；另外系统配套的压力监测仪表未定期校验，检测值不准，造成系统压力低联锁保护停机。

改进措施：一是加强气源仪表风露点监测，严防仪表风带水，特别是在冬季。二是定期检查系统中主供气过滤器，对其进行排水和及时更换。三是电动机的空气吹扫系统中压力表、变送器每年定期进行校验，保证监测数据准确。

第 3 章
燃气轮机本体典型故障及处理

本章针对公司压缩机组燃气轮机典型故障，提出对应优化改造及隐患治理措施。

3.1 GS16型燃料气计量阀卡涩故障处理

公司现有GE公司LM2500+SAC型燃驱机组56台，霍尔果斯、孔雀河和连木沁等多个站场均曾出现燃调阀卡涩故障，导致机组故障停机。

3.1.1 问题分析

燃调阀的调整决定着机组燃料气的供应量，直接影响着机组的转速，在LM2500+燃气轮机机组中，设定转速就是通过对燃料气流量的调节来实现的。在燃气轮机运行过程中，燃料气计量阀作为燃气轮机的调节单元，实时调节着进入燃气轮机燃烧室的燃料气量，从而改变燃气轮机的转速及透平温度，调节燃机的输出功。

燃调阀卡涩故障会导致燃调阀阀芯无法动作，引起机组故障停机。燃调阀FCV-331发生故障后，阀位反馈一般为-25%左右。图3.1.1是燃调阀跳机后的HMI界面，可以看出其阀位显示为-24.91%。

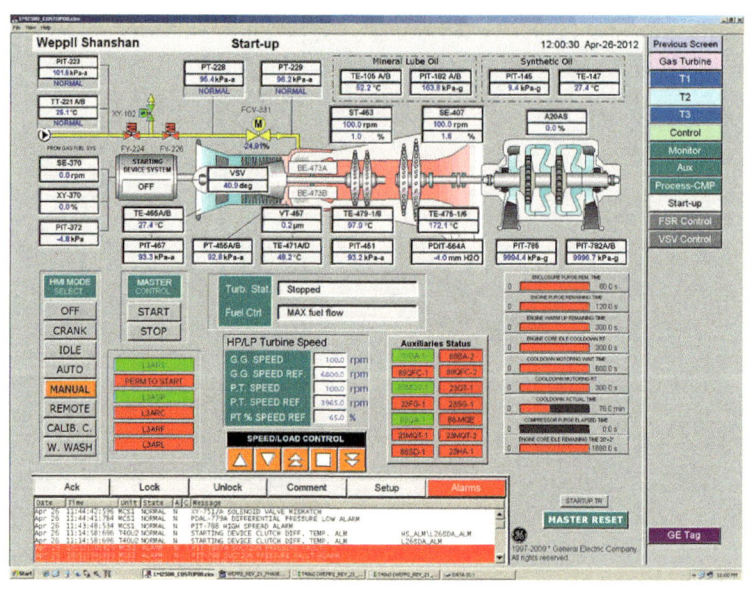

图3.1.1 燃调阀故障停机后的HMI界面

3.1.2 处理建议

3.1.2.1 故障处理基本步骤

（1）在HMI上对机组master reset进行复位，若复位后阀门故障依然存在，还需要进一步检查。

（2）检查阀门的供电电压是否正常。

（3）打开燃调阀的接线端盖，使用串口线缆将工程本电脑与阀门连接。

(4) 打开 VPC SERVICE TOOL 软件，查看报警信息，并在软件中对 alarm、shutdown 界面中点击"reset alarm and shutdown"按钮进行复位。

(5) 若复位后故障还没有消除，则断开 UCP1 柜燃调阀的供电开关。

(6) 打开燃料气计量阀执行机构的端盖，使用内六角扳手转动圆盘（图3.1.2），活动阀门3~5次，最后将阀门置于全开状态（注：需要用较大的力量才能转动，顺时针转动圆盘阀门为开，逆时针转动阀门为关）。

(7) 恢复燃调阀供电，阀门会自动关闭。在机组 HMI 上点击"master reset"按钮进行复位，即可恢复正常。如通过以上措施仍不能消除故障，则执行第2步、第3步。

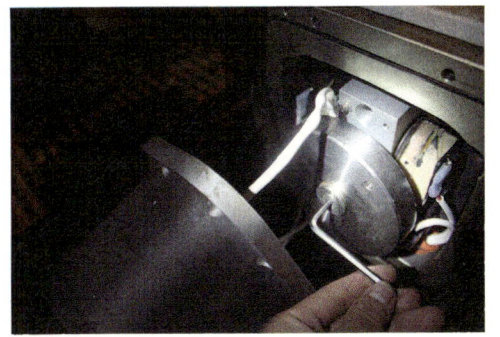

图3.1.2 使用内六角扳手转动阀芯

3.1.2.2 燃料气计量阀的清洗

(1) 燃料气阀门安装状态清洗方法。

① 将阀门通电，采用控制软件对阀门以每秒5%的速度进行动作。

② 通过该低速的动作，可以清理阀门内的杂质，在条件允许的情况下，该操作持续 2~3h。

③ 通过对阀门进行开关测试，确认阀门已经清理完毕。

④ 如果阀门在开关测试中依然发生卡涩，可重复以上步骤。

⑤ 如果无法完成对阀门的清理，需将阀门拆下，采用"非安装状态下清洗方法"对阀门进行清洗。

(2) 燃料气阀门非安装状态清洗方法。

① 拆下燃调阀，并按图3.1.3所示方式放置阀门，阀门的入口向上。

② 将阀门通电，采用控制软件对阀门以每秒5%的速度开启。

③ 在阀门开启的过程中，当阀门发生卡涩时，用异丙醇按图3.1.4所示方法配合棉签对阀门内部进行清理，清理完毕后对阀门进行数次的动作，确保异物清理完毕。

图3.1.3 阀门放置方式

图3.1.4 阀门内部清洗

④ 如图3.1.5所示，完成阀门清理后，用压缩空气(200~300kPa)对其进行干燥，注意避免杂质或油污进入阀门内部。

⑤ 干燥完毕后，将各个开口进行密封，防止异物进入内部。

图3.1.5 阀门清洗

3.1.2.3 更换燃调阀

若通过上述方法仍然无法使燃调阀恢复正常功能，则应当更换燃调阀，旧阀返回工厂进行检修、测试，使其恢复原始性能。

3.1.2.4 VPC SERVICE TOOL 软件使用介绍

VPC SERVICE TOOL 软件主要是用于燃料气计量阀故障的分析，可以用来查看计量阀发生故障的报警信息，并对报警进行复位。以下为使用该软件查看 GS16 型燃调阀报警信息的操作方法。

（1）进入软件后选择串口线的端口，图3.1.6所示的为选择COM4。

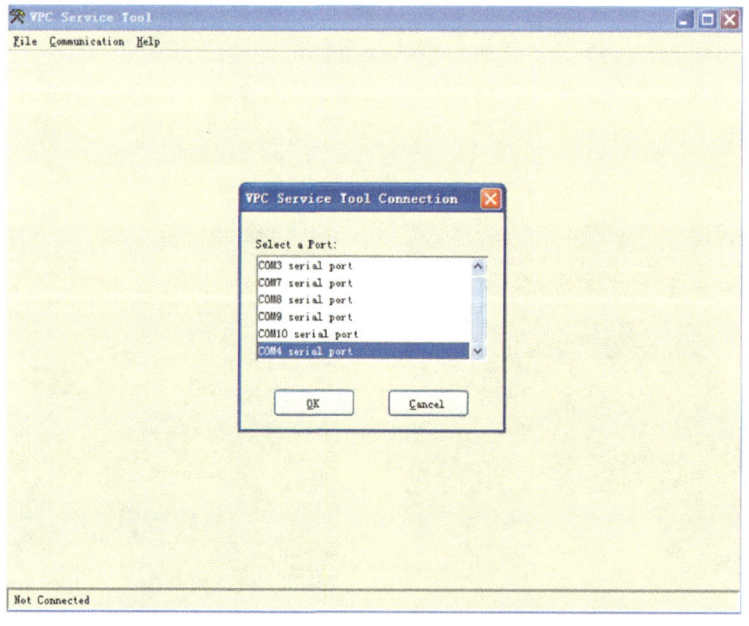

图3.1.6 VPC SERVICE TOOL 软件进入界面

(2) 进入软件主界面，主界面有 overview、alarms、shutdowns、internal shutdowns、identification(图3.1.7)。

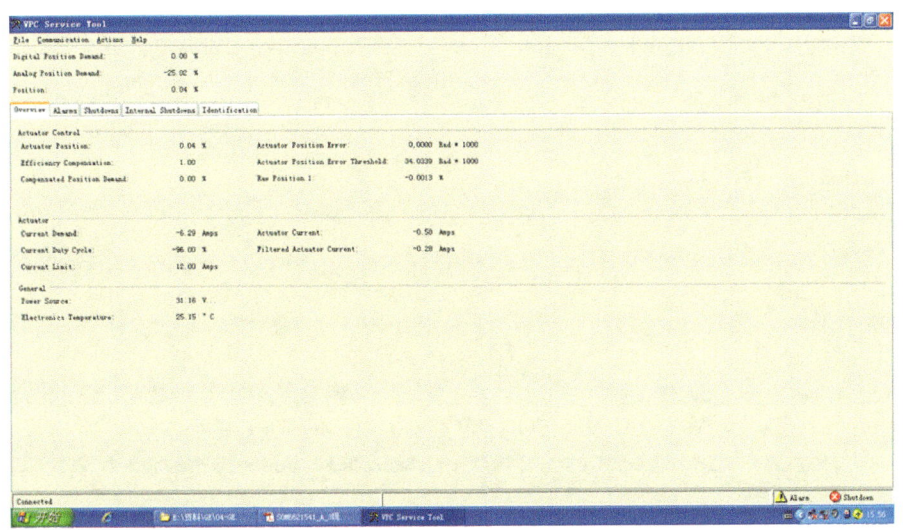

图 3.1.7　VPC SERVICE TOOL 软件主界面

(3) 查看 alarms 界面，其中有一个 digital communication fault，此故障报警在故障发生后出现的正常报警，无须担心(图3.1.8)。

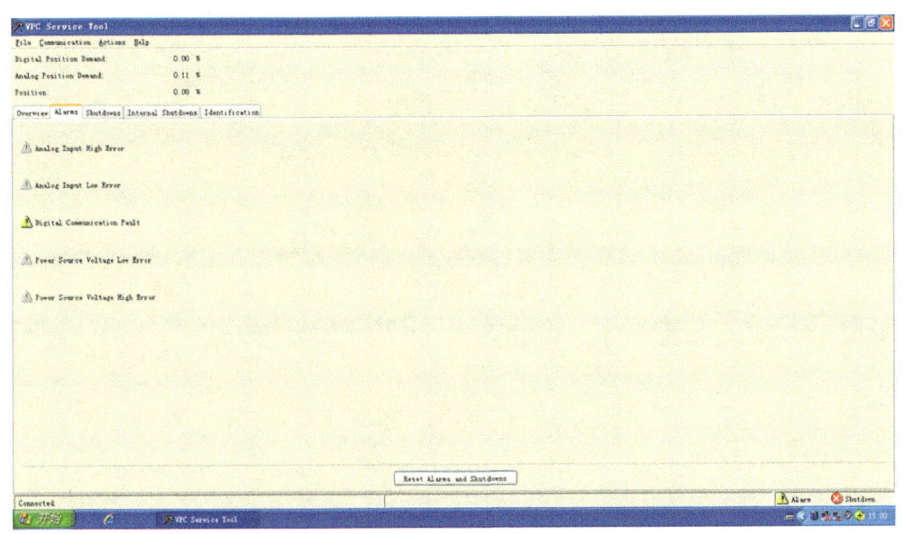

图 3.1.8　VPC SERVICE TOOL 软件 alarms 界面

(4) 如图 3.1.9 所示，查看 shutdowns 界面，可以看到 startup position sensor failure 报警，此故障为阀门位置探头故障报警，是机组发生停机后燃料气计量阀出现的故障报警。在页面下方有"Reset Alarms and Shutdowns"按钮，点此按钮进行报警复位。

(5) 如图 3.1.10 所示，查看 internal shutdowns 界面，无报警信息。如有报警信息，在页面下方有"Reset Alarms and Shutdowns"按钮，点此按钮进行报警复位。

(6) 如图 3.1.11 所示，查看 identification 界面。

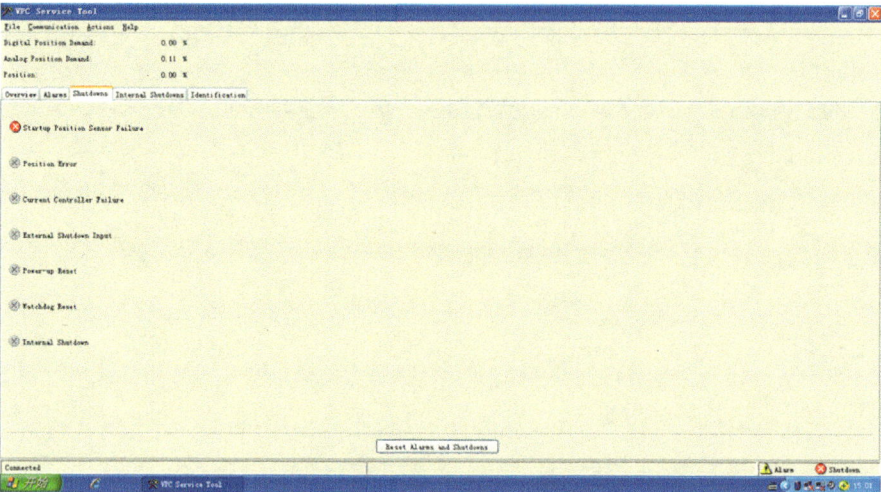

图 3.1.9　VPC SERVICE TOOL 软件 shutdowns 界面

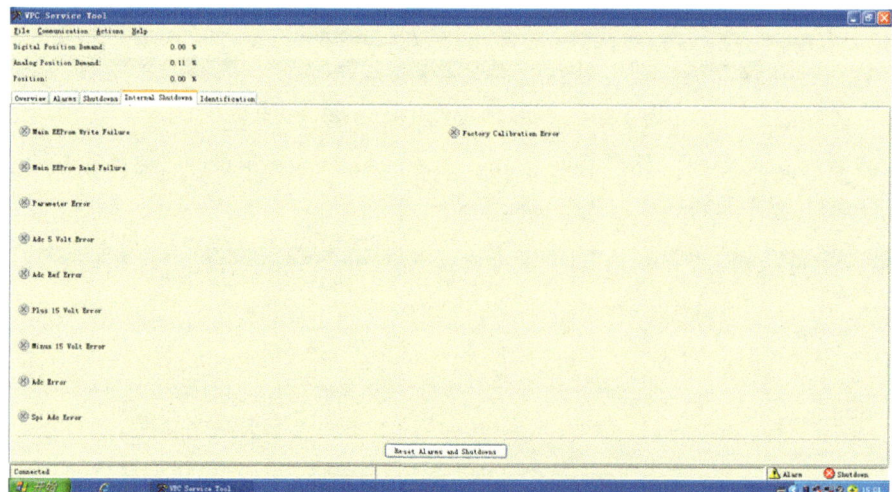

图 3.1.10　VPC SERVICE TOOL 软件 internal shutdowns 界面

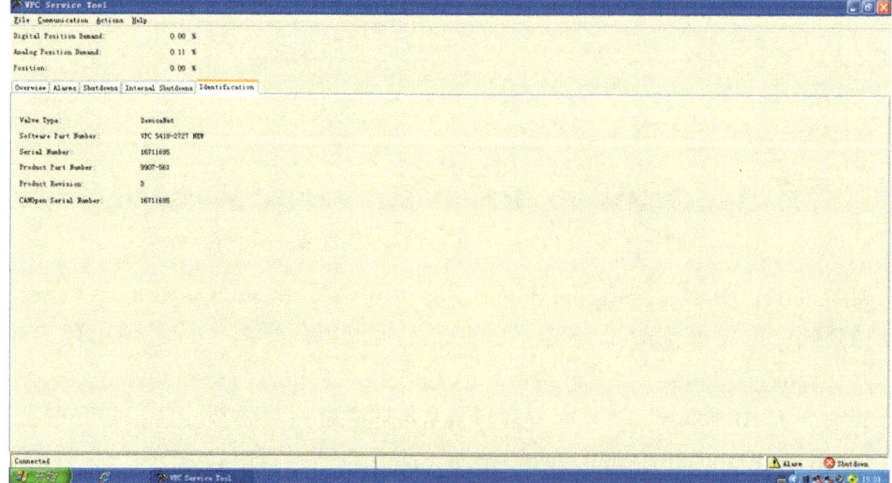

图 3.1.11　VPC SERVICE TOOL 软件 identification 界面

3.2 RB211燃驱机组燃料气喷嘴旋流器压偏故障处理

西部管道公司现有西门子公司RB211型燃驱机组29台，乌苏、烟墩、四道班和轮南等站场相继出现燃气发生器燃料气喷嘴旋流器压偏故障，威胁机组安全运行，可能导致燃机返厂检修。

3.2.1 问题分析

分析燃料气喷嘴旋流器被压偏的原因，主要是安装方法不得当（图3.2.1、图3.2.2）。

图3.2.1 燃料喷嘴安装不到位

图3.2.2 旋流器被压偏

分析旋流器结构，其本体呈内圆外方杯罩结构，内圆与燃料喷嘴配合，临近内圆孔一周的环形内分布着空气孔，杯座近似方形，四角有缺口。杯罩与杯座由三条筋连接。旋流器结构如图3.2.3所示。

旋流器通过杯座安装在燃烧室内壁喷嘴隔热屏蔽片与冷却气壁之间，纵向、横向有4~5mm活动量（分析认为，该滑动量是为了保证燃料喷嘴不受热胀冷缩影响），不可转动。燃烧室内壁与冷却气壁之间间隙稍大于旋流器座厚度，只可滑动，不可轴向移动。可能是安装燃料喷嘴时旋流器发生偏移，喷嘴未对正旋流器内孔，强行安装，喷嘴压迫旋流器外圈，导致旋流器变形。

图3.2.3 旋流器结构

3.2.2 处理建议

燃料喷嘴正确的安装方法：由于旋流器具有一定的滑动量，喷嘴插入机匣后，应沿压气机轴向向燃烧室移动，并晃动喷嘴，使燃料喷嘴头部进入旋流器内圆孔（喷嘴进入旋流器有明显感觉）。燃烧室结构如图3.2.4所示。

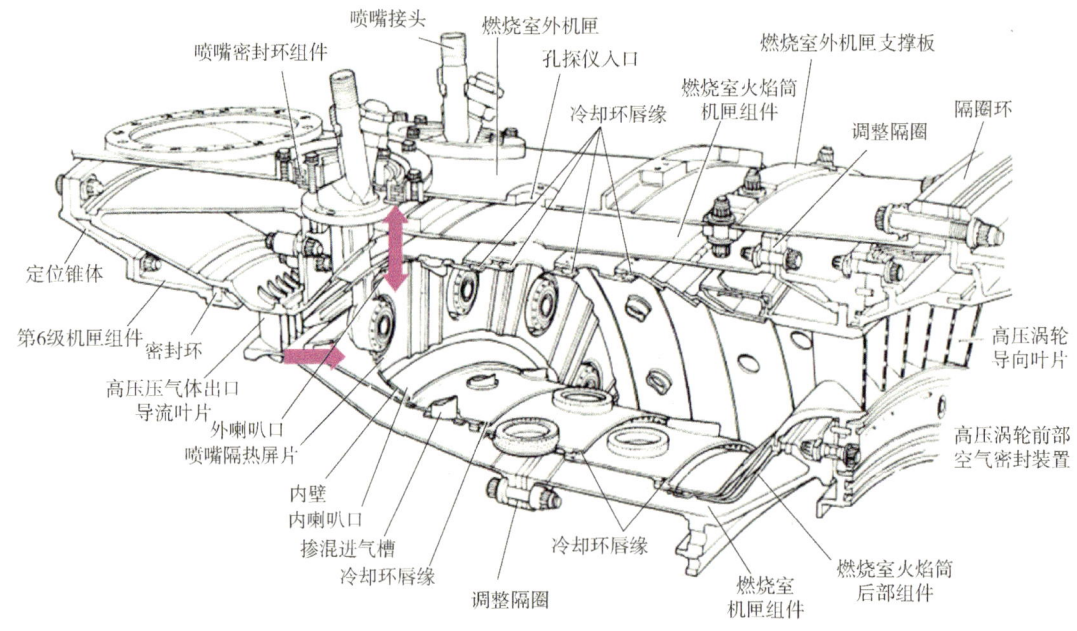

图 3.2.4 燃烧室结构图

同时，兼顾对正法兰三个螺栓孔。为确认喷嘴是否安装到位，需用孔探仪进行检查。也可以垂直向外提喷嘴，若能提出，说明未安装到位。若可少量提动，但不能提出，同时法兰螺栓孔对正，则可认为安装正确、到位。燃料喷嘴安装到位如图 3.2.5 所示。

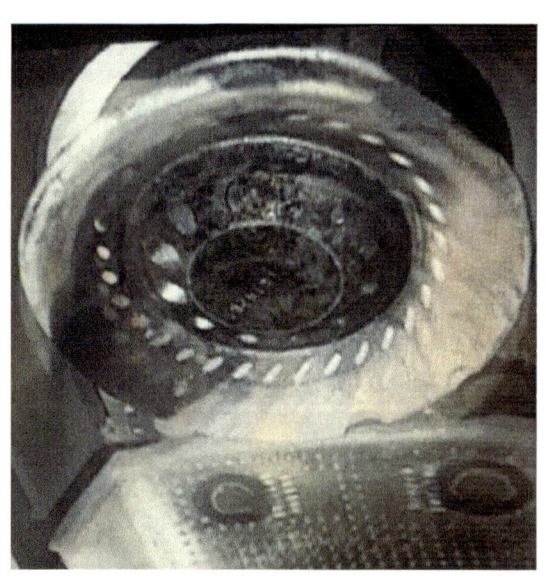

图 3.2.5 燃料喷嘴安装到位

另外，回装外侧压环时，切记对正压环与法兰定位销，螺栓涂二硫化钼，按力矩要求拧紧螺栓(最终紧固前，需再次用孔探仪确认燃料喷嘴头部已完全进入旋流器杯罩，此时方可紧固螺栓)。

3.3　GE 机组离合器封严气管线及滑油温度跳变故障处理

近年来，公司范围内孔雀河站、霍尔果斯站和精河站均发生 LM2500+燃机离合器密封气管线崩脱或断裂，引起离合器回油温度与供油温度差高高报停机事件。典型故障如图 3.3.1 所示。

图 3.3.1　离合器封严气引压管断裂

2020 年 5 月，西二线某站 GE 燃驱机组因液压马达离合器回油温度与合成油供油温度偏差高高报停机。此次停机是由合成油供油温度信号跳变造成的，实际供油、回油均正常。

3.3.1　问题分析

3.3.1.1　机械故障分析

离合器主要由轴承、驱动轴、凸轮轴、滚柱、滚柱骨架、滚柱压板、音轮、外壳、温度探头和速度探头等组成。当盘车或启动时，液压马达通过离合器使附件齿轮箱和 GG 运转起来。当 GG 点火后，一旦 GG 转动速度高于液压马达速率，离合器使液压马达与 GG 脱开，离合器的输入轴与马达降速至零，输出轴与附件齿轮箱连同 GG 共同运转。机组正常运转期间，由于离合器冷却密封气管线泄漏或断裂，造成轴承润滑冷却不足，导致离合器回油温度与供油温度差高高报停机事件，HMI 显示报警"STARTING DEVICE CLUTCH DIFF. TEMP. ALM"。

3.3.1.2　液压马达离合器回油 TC 温度探头配置情况

液压马达离合器回油温度由两支热电偶通过 MTL8000TC 模块进行监测，位号为 a26sda/a26sdb。两支热电偶分别为 TE370/A、TE370/B，探头现场布置如图 3.3.2 所示。这两支 TC 温度探头分别接到控制系统 MTL 远程 I/O 模块，再通过总线通信到 MKVIe 系统，用于逻辑计算。

3.3.1.3　合成油供油温度 RTD 探头配置情况

合成油供油温度配置 2 只独立热电阻 pt100，热电阻分别接到控制系统 MTL 远程 I/O 模块，再通过总线通信到 MKVIe 系统，用于逻辑计算。探头现场布置如图 3.3.3 所示。

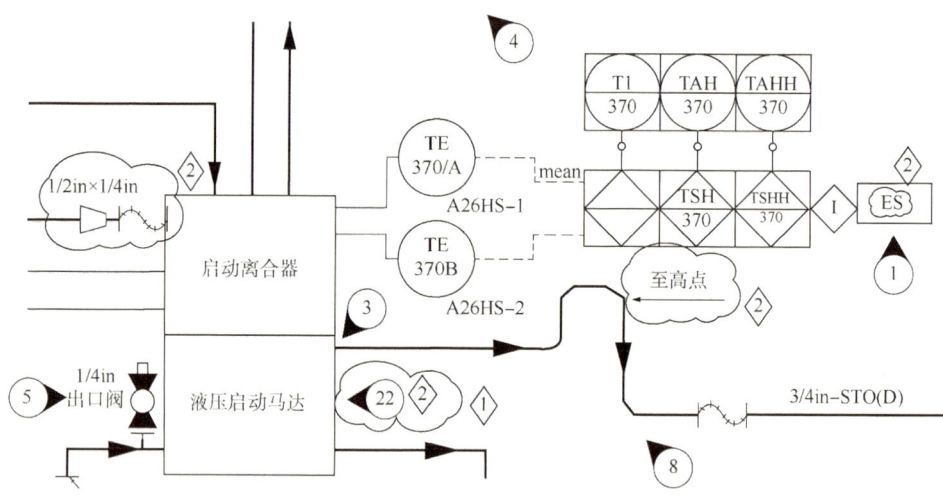

图 3.3.2 液压马达离合器回油 TC 布置图

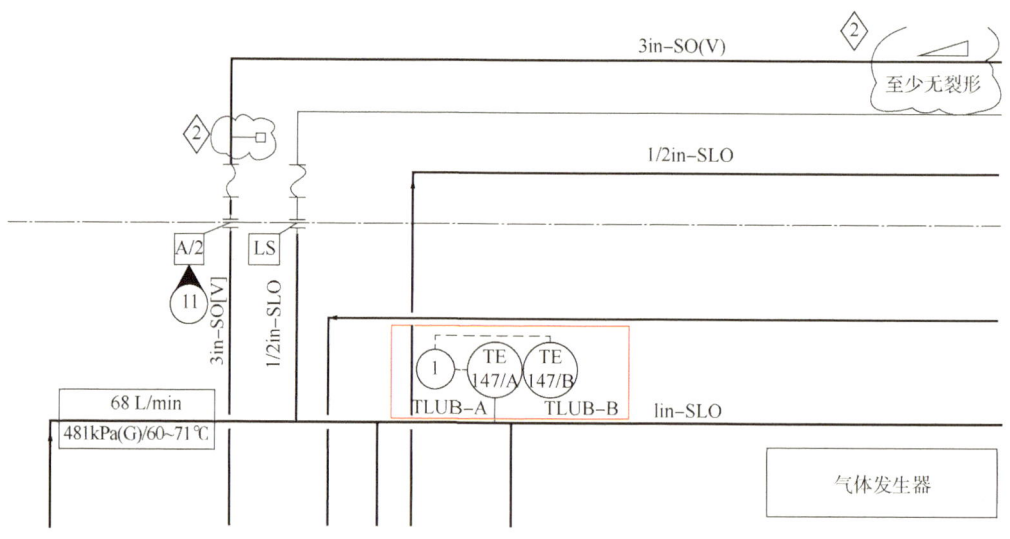

图 3.3.3 合成油供油温度 RTD 配置图

3.3.1.4 滑油温度逻辑分析

由 MTL 远程 I/O 模块通信来的合成油供油温度 tlub_a/tlub_b 进入 A2M_6 模块进行判断，当两者健康且偏差不大于 10℃时，输出两者平均值；当两者健康但偏差大于 10℃时，输出大值；当两者均不健康时，输出默认值-999.9。如果两者偏差大于 10℃时，取两者之间的小值去与液压马达离合器回油温度进行比较。由 MTL 远程 I/O 模块通信来的液压马达离合器回油温度 a26sda/a26sdb 进入 XIOCK00 模块，当两者偏差不大于 10℃时，输出两者平均值；当两者偏差大于 10℃时，输出大值，然后与合成油供油温度进行比较。当两个温度偏差大于 54℃且持续超过 1s 时，机组跳机。

3.3.2 处理建议

3.3.2.1 离合器检查内容

(1) 日常运行检查。

① 运行期间注意监测 QE-152 阻值、QE-153 阻值、离合器供油和回油温度趋势。

② 定期拆解清洁 QE-152、QE-153，以及离合器回油"Y"形过滤器。

③ 离合器供回油温度差连锁监控画面进行优化，对其实时监控。

(2) 专项检查。

① 机组处于停机状态并充分冷却后，拆解离合器冷却密封气引压管两端卡套，检查引压管断面切口是否平整、光滑，如有毛刺、切口变形，对其进行清理，必要时进行更换。

② 检查引压管插入深度是否满足 8.5~9mm 要求，断面及插入深度如图 3.3.4 所示，卡套漏气位置如图 3.3.5 所示。

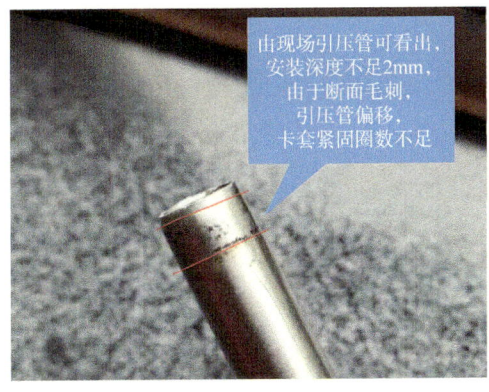

图 3.3.4　断面及插入深度

图 3.3.5　卡套漏气位置

③ 检查引压管搭接接触情况，如有，进行调整。

④ 在解除一端卡套后，观察另外一端是否存在应力，如有，重新调整引压管形状，达到卡套可以手动拧紧入扣为佳。

(3) 离合器温度高故障预防措施。

① 燃机在 25K[1]、50K 换发后，检查离合器相关供回油管线，如有插深不足、断面存在毛刺等现象，按照原管走向现场制作新引压管，进行更换，推荐不锈钢无缝管牌号：美标 AMS 5557(对应国内航空用 321 不锈钢) 或欧标 3R60(对应国内 316L 不锈钢)，引压管推荐厂家为斯维洛克、park 和 sandvik。

② 除两端连接卡套外，不允许引压管与燃机箱体内其他部件搭接。

③ 引压管安装时用手轻松拧紧卡套，不允许用大力钳、活动扳手强制紧固。

④ 加强离合器供回油相关参数监测，优化监测画面，时时掌握运行过程离合器健康状况。

⑤ 引压管及卡套安装执行 Q/SY 06354—2018《石油天然气管道工程引压管卡套管接头安装技术规范》。

---

[1] K 表示 1000h。

3.3.2.2 供、回油温度逻辑优化建议

按照不影响真实温度信号对机组的安全保护原则,减少因探头故障、信号干扰和跳变引起的误停机,建议将温度信号保护逻辑做如下几方面的优化修改:

(1) 合成油供油温度:当两个探头偏差大(超过10℃),取小值(TLUB_HS)去与液压马达离合器回油温度比较时,只报警不跳机(偏差大于45℃时报警),这段逻辑不做修改。此外,为两个探头偏差不超过10℃的平均值,或者两者偏差大取大值的最终变量 TLUBSEL 增加一个一阶滤波功能块,滤波时间取1s。合成油供油温度如图3.3.6所示。

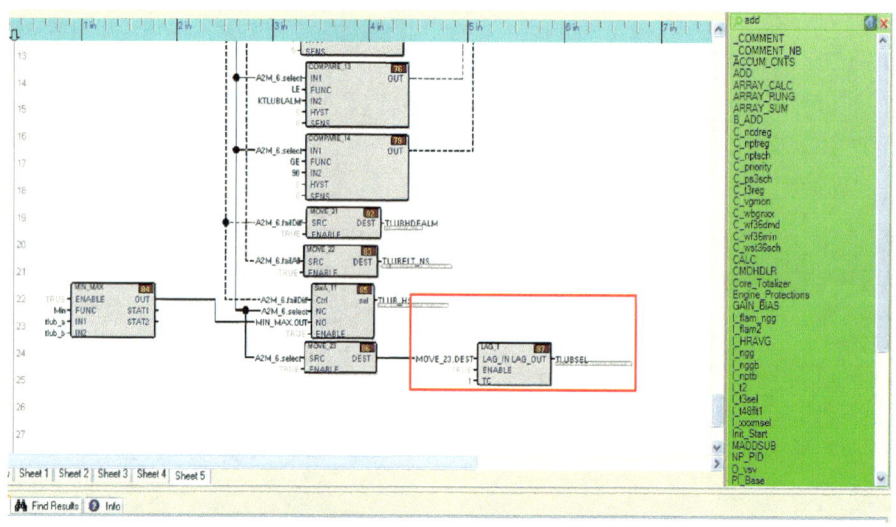

图 3.3.6 合成油供油温度

(2) 将 ATLUBSEL(即 TLUBSEL)与 K26SDT(54)的和值与液压马达离合器回油温度 A26SD 进行比较,当 A26SD 高于此和值时,如果持续1s,机组进行紧急停机。供油与回油温度比较逻辑如图3.3.7所示。

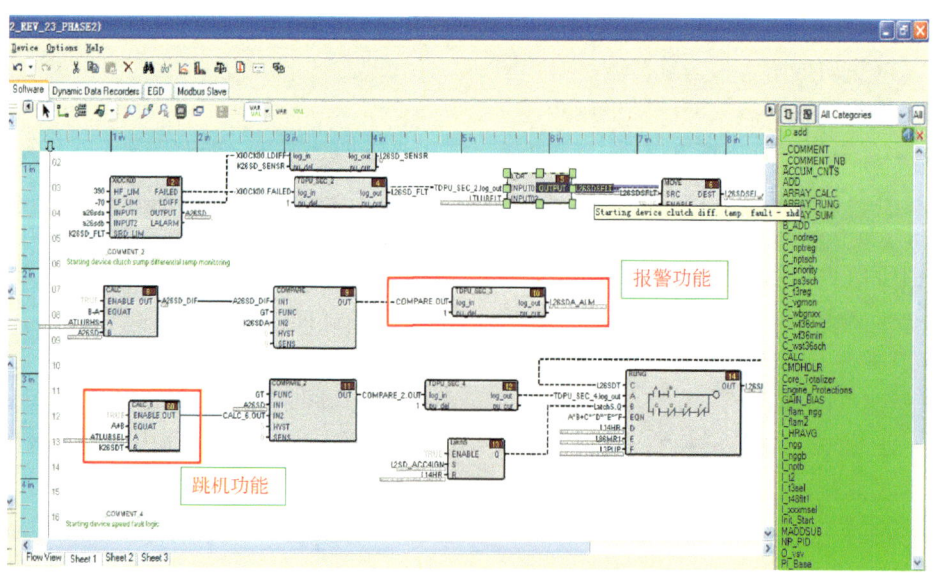

图 3.3.7 供油与回油温度比较逻辑

(3) 增加合成油供油温度高报警功能(原逻辑有报警信号,但是没有组态),供油温度高报警功能如图 3.3.8 所示。

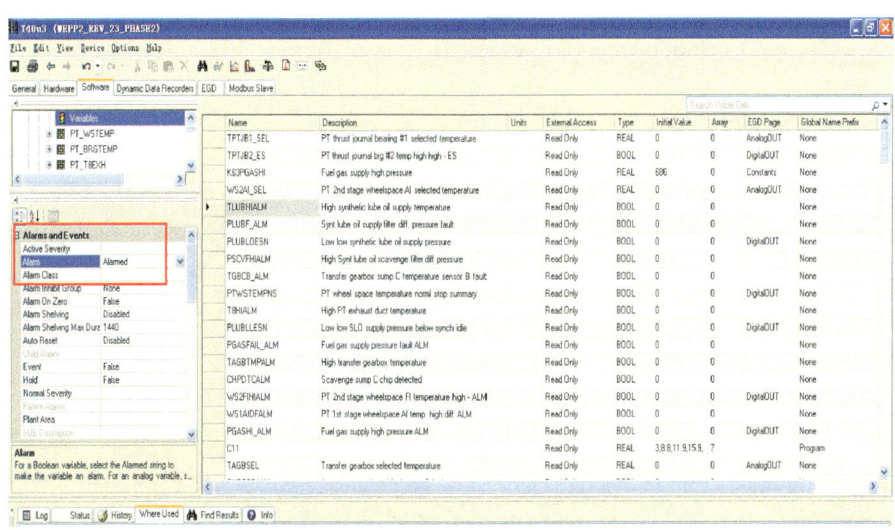

图 3.3.8 供油温度高报警功能

(4) 供油温度 tlub_a/tlub_b 与液压马达离合器回油 a26sda/a26sdb 的两个探头同时故障的跳机逻辑不做修改,由原逻辑执行。

3.4 GE、西门子及国产燃驱机组排气温度场偏差故障处理

GE、西门子及国产燃驱机组燃料喷嘴均是通过机械方式安装在燃机上,并且可以独立安装、除移,GE 燃机共有 30 个燃料喷嘴,西门子燃机共有 18 个燃料喷嘴,国产燃机共有 16 个燃料喷嘴,三种机型的燃料喷嘴都是以圆周形式均匀分布在燃机上,燃料气通过圆周分布的燃料喷嘴进入环形燃烧室与空气混合进行燃烧。随着机组运行时间的增长,若燃料喷嘴出现积炭堵塞或烧蚀缺陷,会造成燃烧室局部燃烧不均匀,导致燃机排气温度分布不均匀情况的出现,连锁机组跳机,也存在烧蚀燃烧室的风险,影响机组安全可靠运行。

3.4.1 问题分析

造成机组停机或效率降低的三种情况:个别温度探头采集的排气温度低于系统计算温度平均值(与转速相关);相邻两个排气温度探头监测的温度值相差设定值时;单个温度探头采集的温度超过设定值时,造成机组跳机。造成以上情况的主要原因有以下两个方面:

3.4.1.1 喷嘴堵塞

在燃气轮机运行过程中,燃料气在高温气相中发生聚合反应,形成稠环芳香烃的缩聚物,即焦油小液滴。这些焦油小液滴附着在喷嘴零部件的表面或流道中,形成了具有硬质胶性质的结焦积炭,造成各个燃料喷嘴的燃料气进气量不一致,导致环形燃烧室的温度分布不均,存在停机风险,还可能造成燃烧火焰偏移,烧蚀燃烧室,严重影响机组安全可靠运行。

3.4.1.2 高温烧蚀

大量积炭附着于金属表面,阻碍了空气对金属的冷却作用,对金属形成黏附性炙烤,引发烧蚀情况。当喷嘴出现烧蚀时,同样会造成各个燃料喷嘴的燃料气进气量不一致,导致环形燃烧室的温度分布不均,存在机组停机的风险。

3.4.2 处理建议

3.4.2.1 维护检查内容及更换周期

目前公司规定 GE 机组、西门子机组燃料喷嘴每 2000h 保养时进行抽检,抽检时圆周均匀轮换拆除 4 个喷嘴进行检查,25000h 保养时送外维修,对全部喷嘴进行检查、维护或更换,能够实现 25000h 维护周期内对所有喷嘴进行拆卸检查。国产燃机则只有在 2000h 保养时进行孔探检查,直至 25000h 送外维修检查、维护或更换。但现场运行过程中,三种机型可能存在喷嘴堵塞、旋流器偏移和烧蚀等各类缺陷,引起排气温度偏差。为保证机组运行的安全可靠性,建议 GE 机组和西门子机组结合燃机排气温度差异性变化,现场及时对燃料喷嘴进行孔探,对孔探发现问题的喷嘴及时拆卸、检查并处理,建议国产机组可参考进口燃机检修操作规程,在 2000h 保养时圆周均匀抽检 4 个燃料喷嘴,及时发现并处理喷嘴存在的安全隐患。

(1) GE 燃机燃料喷嘴示意图如图 3.4.1 所示,GE 燃机燃料喷嘴维护检查内容如下:

① 喷嘴表面是否存在有裂纹。如发现任何裂纹,不可继续使用,需要进行更换。

② 喷嘴节流孔(带蒸汽或双燃料)是否存在积炭和堵塞情况。如发现积炭和堵塞的情况,去除积炭和堵塞后,检查是否还有其他的损伤。

③ 表面是否存在剥落的情况。如发现有剥落的情况,不可继续使用,需要更换新件。

④ 防磨涂层(OD)磨损情况。检查磨损情况,如磨损到基体,不可继续使用。磨损的极限不超过 0.020in(0.51mm)。

⑤ 喷嘴头烧蚀的情况。对于部分烧蚀或者两个孔烧穿连接在一起的情况,需要维修进行更换。

⑥ 安装螺纹及配合锥面检查。螺纹出现损伤或者配合面出现损伤,应进行维修或更换。

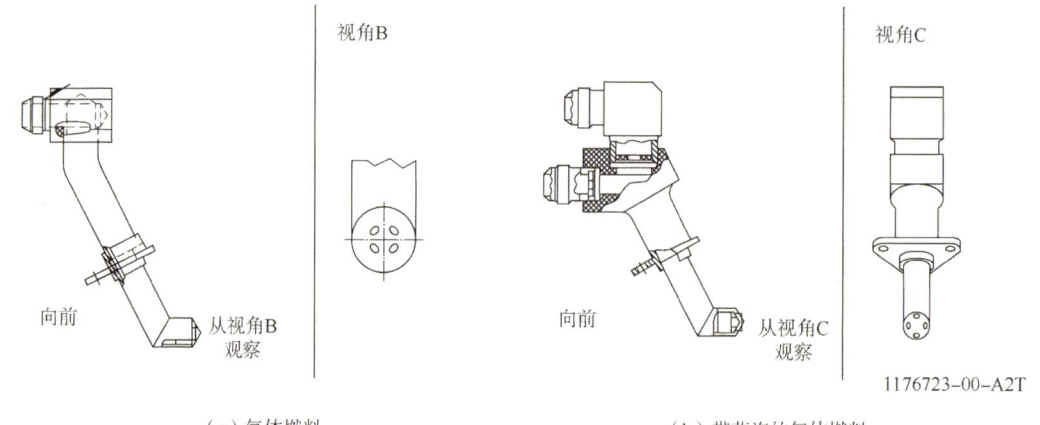

(a) 气体燃料　　　　　　　　(b) 带蒸汽的气体燃料

图 3.4.1　GE 燃机燃料喷嘴示意图

（2）西门子燃机燃料喷嘴示意图如图3.4.2所示，西门子燃机燃料喷嘴维护检查内容如下：

① 旋流器(Swirler)，检查发现有以下情况及时处理。

　　a. 积炭。清洗后可以继续使用。

　　b. 损伤。不可接受，需要更换或维修。

　　c. 边缘变形。不可接受，需要更换或维修。

② 扩散器密封(Diffuser seals)。

　　a. 烧蚀情况。烧蚀深度超过1.27mm，报废更换。

　　b. 裂纹。裂纹长度超过1.27mm，报废更换。

　　c. 磨损刮擦。刮擦深度超过1.27mm，报废更换。

③ 腹板(Web)。

对于两条裂纹或者长度超过2.54mm的裂纹，报废不可使用。

④ 配合法兰(Mounting flange)。

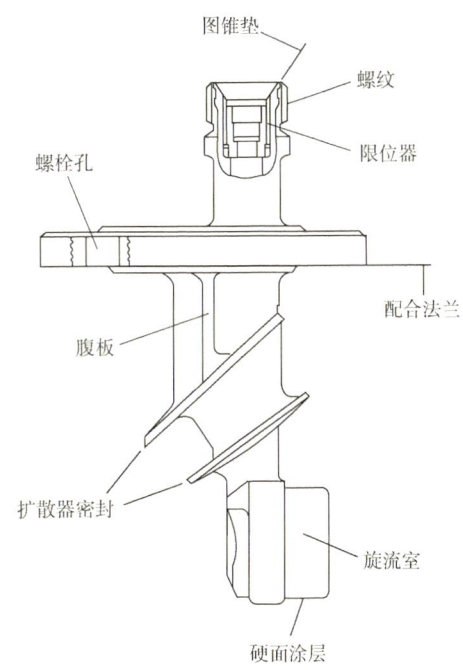

图3.4.2　西门子燃机燃料喷嘴示意图

　　a. 裂纹。需要更换。

　　b. 弯曲。弯曲程度不超过0.12mm，在连接螺栓孔之间可以接受，超出后需要更换。

　　c. 磨损刮擦。深度超过0.10mm或超过连接面径向宽度的75%时需要更换。

　　d. 划痕。穿过结合面深度超过0.05mm或者结合面周向深度超过0.25mm时需要更换。

　　e. 锥形变形。超过0.25mm需要更换新件。

⑤ 螺栓孔(Bolt holes)。

若有边缘毛刺，去除毛刺后继续使用。

⑥ 限位器(Restrictor)。

损伤、松脱、材料缺失时需要更换。

⑦ 进口圆锥垫(Inlet conical seat)。

损伤深度超过0.05mm或者密封效果受到影响，需要更换。

⑧ 外部螺纹(External thread)。

出现粘脱或者脱丝现象，需要更换新件。

⑨ 旋流室和硬面涂层(Swirl Chamber, Hard coating)。

　　a. 旋流室损伤，需要更换新件。

　　b. 直径范围在27.85~28.00mm之间，超过后需要修理或者更换。

⑩ 若旋流器脱落，应及时矫正。

（3）703燃机燃料喷嘴维护检查内容。

① 检查筒体是否存在单条裂纹，若单条裂纹长度不大于15mm，可继续使用，记录裂纹长度及位置，定期检查；若单条裂纹长度大于15mm，应联系原厂或及时更换。

② 检查筒体及座圈是否存在非交错多条裂纹，若裂纹长度不大于15mm，可继续使用，记录裂纹长度及位置，定期检查；若裂纹总长度超过15mm，应联系原厂或及时更换。

③ 若筒体或座圈存在交错多条裂纹，应联系原厂或及时更换。

④ 检查嵌入件是否存在裂纹，若存在贯穿性裂纹，或者单个嵌入件存在两个及以上裂纹时，应联系原厂或及时更换。

⑤ 筒体及座圈位置出现烧蚀或基体减薄，可继续使用，记录位置，并定期检查。

⑥ 火焰筒锥筒位置出现连续两段塌陷情况，应联系原厂或及时更换。

⑦ 烧蚀位置出现烧塌并伴随裂纹，应联系原厂或及时更换。

⑧ 火焰筒锥筒位置出现一段筒体翘曲，继续使用，记录翘曲位置，并定期检查。

⑨ 翘曲位置出现塌陷及裂纹，应联系原厂或及时更换。

⑩ 喷嘴表面涂层脱落，继续使用，记录位置及脱落面积，并定期检查。

⑪ 喷嘴表面出现烧蚀及裂纹，应联系原厂或及时更换。

⑫ 喷嘴若出现堵塞，应及时清理。

⑬ 火焰筒内外表面涂层脱落，继续使用，记录位置及脱落面积，并定期检查。

⑭ 火焰筒涂层脱落位置出现筒体塌陷，应联系原厂或及时更换。

3.4.2.2 喷嘴清洗

（1）GE燃机燃料喷嘴清洗。

① 当喷嘴积炭堵塞时，应拆卸喷嘴进行清洗。

② 清洗工器具。

a. 安全防护用品：护目镜、胶皮手套、安全服。

b. 清洗槽。

c. 漂洗槽。

d. 清洗用零件筐：不锈钢或塑料材质。

③ 所需材料见表3.4.1。

表3.4.1 GE燃机燃料喷嘴清洗所需材料

分类	清洗剂型号
A	ARDROX185L-25LIT
B	ARDROX5503-25LIT

④ 操作流程。

a. 将喷嘴浸没在A或B溶液中清洗。工作条件：每30min检查喷嘴一次，清洗干净为止。

b. 喷嘴表面的杂质积炭等可用软毛刷或棉布清理干净。

c. 流动清水清洗。

d. 压缩空气吹干并烘干。

e. 目视检查，积炭应清除干净。

f. 回装喷嘴，确保喷嘴方向正确，固定螺栓按力矩要求紧固。

(2) 西门子燃机燃料喷嘴清洗。

① 当喷嘴积炭堵塞时，应拆卸喷嘴进行清洗。

② 不得使用金属丝刷，用尼龙丝刷或硬毛刷去除积炭。可能需要用一个木制的尖锐工具去除结焦积炭。

③ 用 2.27L(0.5bal)喷嘴清洗液和 2.27L(0.5bal)喷嘴清洗液溶剂(Buty/Cellusolve)配制成喷嘴清洗液混合物。

④ 把喷嘴头浸入此溶液中保持 2h，去除堵塞积炭等，必要时可用木制工具清除。

⑤ 从清洗溶液中取出喷嘴，用冷水洗净后让其自然泄漏。

⑥ 可以用清洁、干燥的空气[350~700kPa(50~100lbf/in^2)]吹干喷嘴。喷嘴内的燃料通道应当同样予以吹干，用上述标准的压缩空气从喷嘴进口接头吹入。

⑦ 回装喷嘴，确保喷嘴安装到位，旋流器未发生偏移，喷嘴固定螺栓按力矩要求紧固。

(3) 国产燃机燃料喷嘴清洗。

① 当喷嘴积炭堵塞时，应拆卸喷嘴进行清洗。

② 清洗工器具。

a. 安全防护用品：护目镜、胶皮手套、安全服。

b. 超声清洗机。

c. 漂洗槽。

d. 清洗用零件筐：不锈钢或塑料材质。

③ 所需材料见表 3.4.2。

表 3.4.2 国产燃机燃料喷嘴清洗所需材料

序号	名称	型号	数量/L
1	洗涤溶液	Синвал 清洗液	5
2	蒸馏水	—	20

④ 清洗液配置。

a. 清洗喷嘴需要使用燃机水洗的洗涤溶液和蒸馏水(用于清除喷嘴通流部分残留的洗涤溶液)。

b. 洗涤溶液和蒸馏水的温度应为 30~40℃。

c. 现场洗涤溶液的组成：洗涤液 0.75 体积配清水 4.25 体积。

⑤ 喷嘴清洗。

将喷嘴置入超声清洗机，倒入配置好的洗涤液至浸没喷嘴，将超声清洗机档位调到高档开始清洗，超声清洗过程中洗涤液温度需始终保持在(40±5)℃，清洗时间为 8h。

⑥ 清洗烘干。

用蒸馏水清除喷嘴通流部分残留的洗涤溶液，并用清洁、干燥的空气吹干。

⑦ 回装喷嘴。

保证喷嘴方向正确，固定螺栓按力矩要求紧固。

3.5 GE 燃驱机组动力透平一级冷却喷嘴环形螺母脱落故障处理

按照公司 2022 年度检修计划开展西二线某 GE 燃驱机组 50K 检修期间，在拆除动力透平（编号：G08029）锥形隔热屏后，发现动力透平一级冷却喷嘴环形螺母存在脱落、碎裂情况，导致锥形隔热屏、动力透平一级轮盘和动力透平一级动叶榫槽部位存在不同程度击打损伤，详细情况如下：

按照检修规程，顺序拆卸动力透平一级冷却环管、冷却歧管、扇形密封、固定定位块、密封环、隔热盘和锥形隔热屏后，发现动力透平一级冷却喷嘴环形螺母存在脱落、碎裂情况，动力透平配重块存在脱落、击打积堆情况，锥形隔热屏轮盘侧、动力透平一级轮盘和动力透平一级动叶榫槽部位存在不同程度击打及击伤痕迹。

共计 30 个环形螺母呈圆周方向分布，与一级冷却喷嘴对应安装，其中环形螺母脱落 1 个、碎裂 1 个，其他环形螺母存在不同程度松动，对松动环形螺母通过卡簧钳紧固，其中 18 个螺母螺纹可紧固半圈至一圈，剩余 10 个螺母紧固在半圈以内；2 处配重块分布在约 2 点和 11 点方向位置，脱落 1 处、积堆 1 处。动力透平运行振动趋势未见明显变化。

动力透平隔热组件及一级冷却喷嘴环形螺母结构如图 3.5.1 所示，击伤情况如图 3.5.2~图 3.5.5 所示。

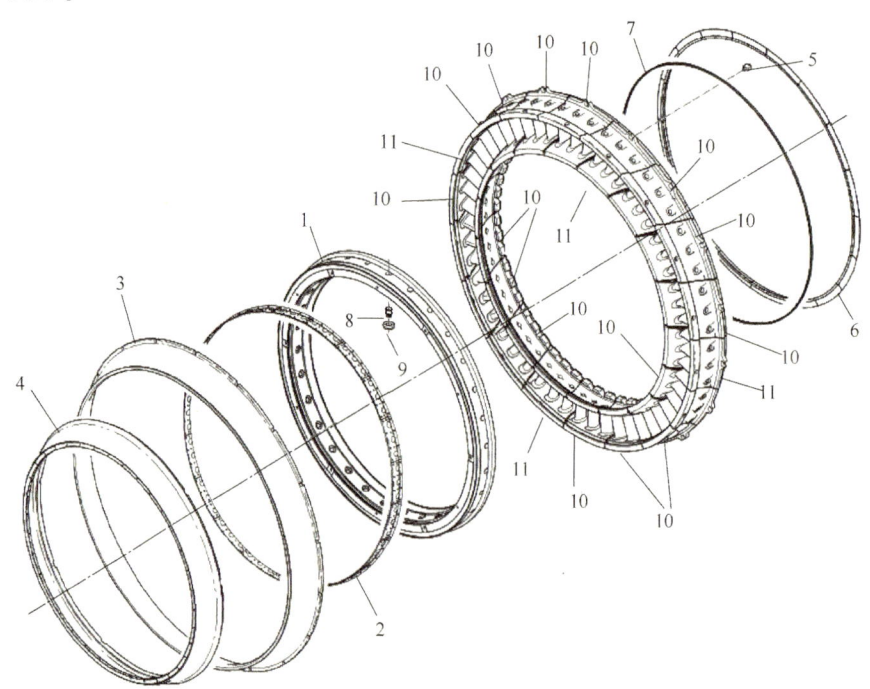

图 3.5.1 冷却喷嘴衬套(8)环形螺母(9)结构

1—喷嘴支撑环；2—屏幕段；3—外过渡管；4—过渡段；5—销；6—屏幕段；7—锁定段；
8—衬套；9—环形螺母；10—第 1 级喷嘴；11—第 1 级喷嘴(内孔表面检查仪孔)

 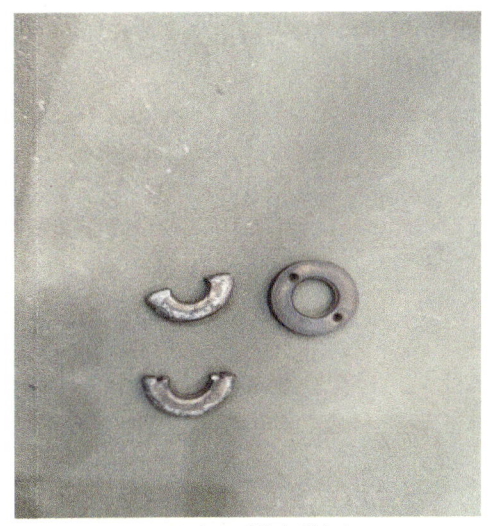

(a)环形螺母安装部位　　　　　　　　　(b)螺母脱落碎裂情况

图 3.5.2　环形螺母安装部位和脱落碎裂情况

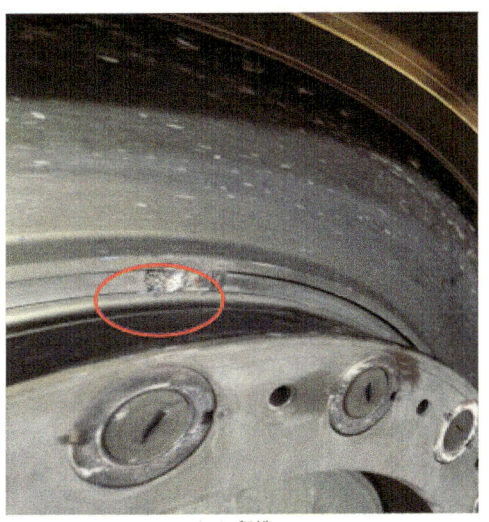 

(a)积堆　　　　　　　　　　　　　　(b)脱落

图 3.5.3　配重块积堆及脱落

  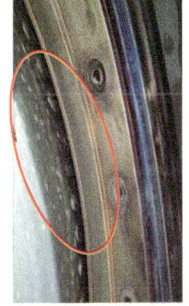

　　　　　　　　　　　　　　　　　　　　(a)动力透平轮盘　　(b)一级动叶榫槽

图 3.5.4　隔热屏击伤痕迹　　　图 3.5.5　动力透平轮盘及一级动叶榫槽击伤痕迹

3.5.1 问题分析

环形螺母内圈与喷嘴衬套螺纹连接,螺纹 3~4 扣,并通过样冲眼防松;外表面与锥形隔热屏周向贴合,靠隔热屏压紧防脱落。根据现场情况,推断导致此结果的原因如下:

(1)环形螺母原始安装不牢固,防松设计不合理。现场剩余环形螺母均存在不同程度松动,已脱落螺母防松样冲眼未发生明显磨损或变形,表明其防松设计存在缺陷。环形螺母防松结构如图 3.5.6 所示。

（a）未脱落环形螺母及防松样冲　　　　（b）脱落螺母及防松样冲

图 3.5.6　未脱落环形螺母及防松样冲、脱落螺母及防松样冲

(2)环形螺母外表面周向配合间隙过大,未实际压紧防止脱落。环形螺母外表面与锥形隔热屏周向贴合,靠隔热屏压紧防脱落。隔热屏外径与透平壳体内径在直径方向配合间隙为 8~10mm,完好环形螺母厚度为 5mm,为环形螺母因松动摩擦尺寸变小或碎裂进入一级轮盘提供了可能条件,导致环形螺母因松动后经气流吹动摩擦直径变小或者碎裂,进入隔热屏与轮盘夹层发生摩擦。

(3)配重块可能因碎裂环形螺母摩擦打击脱落或积堆。若动力透平一级冷却喷嘴环形螺母脱落,经气流进入隔热屏与一级轮盘夹层旋转,会对动力透平轮盘、一级动叶榫槽等部位造成打击损伤,影响设备本质安全;如不能及时发现,随着机组长时间运行会击伤一级动叶锁片,如遇透平发生反转,一级动叶可能脱出,再次启机运行造成动力透平本体损伤,导致机组不备用、维护成本成倍增加。

3.5.2 处理建议

不拆卸燃机及动力透平隔热组件,从一级冷却歧管正上方位置,利用喷嘴通道对正下方隔热屏内壁、一级轮盘及动叶榫槽、锁片进行孔探检查。具体步骤及工作量如下:

(1)拆卸位于机匣顶部左侧一级喷嘴冷却气歧管两端四口法兰螺栓,取出歧管和密封垫片。拆除部位如图 3.5.7 所示。

| 第3章 | 燃气轮机本体典型故障及处理 |

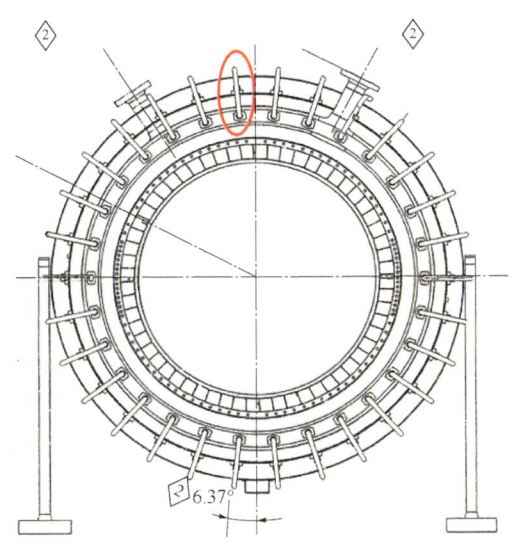

图 3.5.7　冷却歧管拆除部位

（2）选择侧视镜头，如图 3.5.8 黄线路径所示，将镜头朝向 PT 转子方向，向下插入冷却气孔（由于气路存在变向，有正常摩擦阻力，不会导致探头卡死），保持镜头朝向 PT 方向继续插入约 80cm。

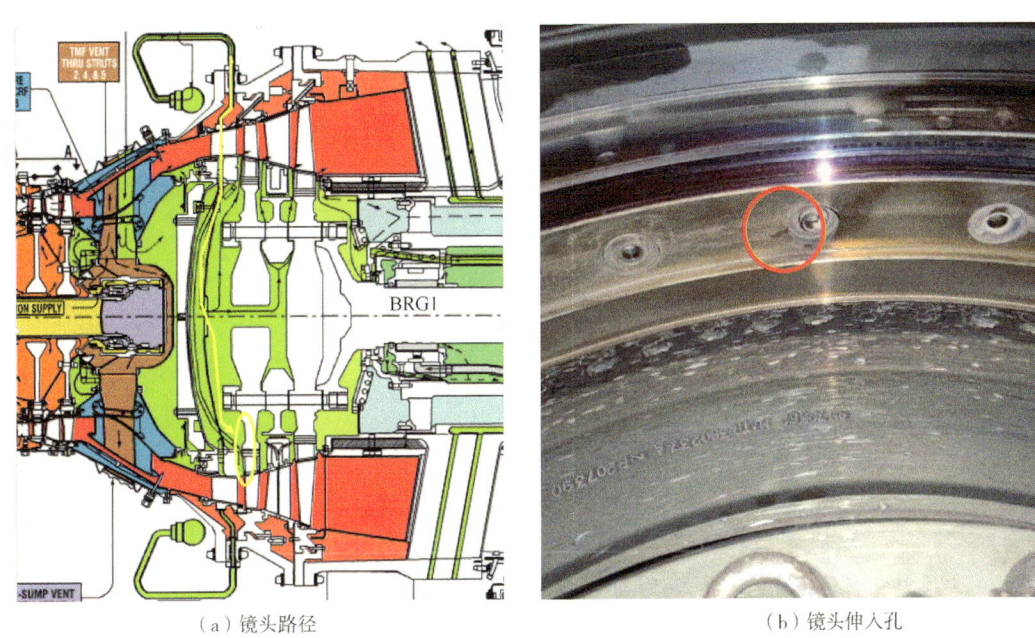

（a）镜头路径　　　　　　　　　　　　　　（b）镜头伸入孔

图 3.5.8　孔探检查镜头路径

（3）持续将镜头伸入隔热屏夹层之中，调整镜头至可观察到隔热屏中心气流圆孔（图 3.5.9）。镜头贴近圆孔上沿持续深入（注意不要进入夹缝中温度探头导管），调整镜头正对圆孔，直至观察到涡轮轮盘中间圆孔。

（4）将镜头向轮盘侧弯曲，同时继续伸入，通过隔热屏圆孔进入隔热屏和轮盘之间

（a）隔热屏　　　　　　　　　　　　　　（b）一级轮盘

图 3.5.9　隔热屏及一级轮盘中心圆孔

空腔。

（5）复位镜头，并调整镜头避开轮盘压紧环，继续伸入镜头至隔热屏和轮盘之间空腔正下方（图 3.5.10 中红色路径）。

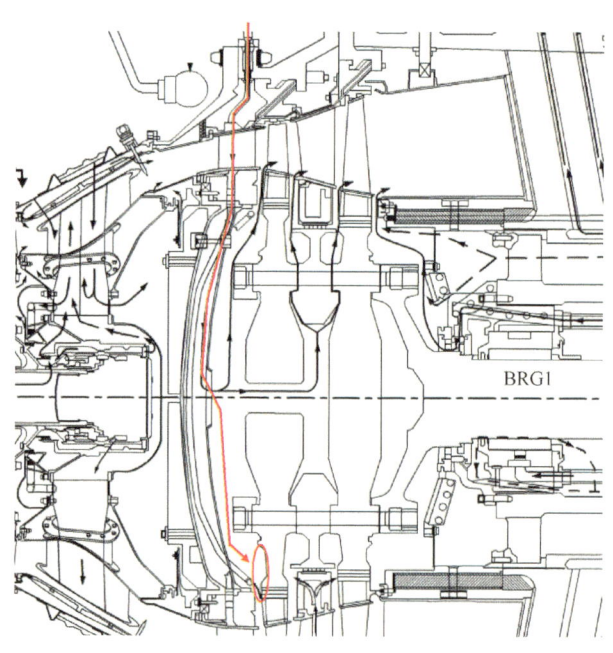

图 3.5.10　孔探检查路径及伸入位置

（6）继续向下约 50cm，调整镜头即可观察到涡轮一级轮盘、轮盘榫槽及动叶叶根（图 3.5.11），检查轮盘表面、动叶叶根锁片是否存在损伤。

（7）调整镜头向下，观察底部动静叶片之间是否有异物。

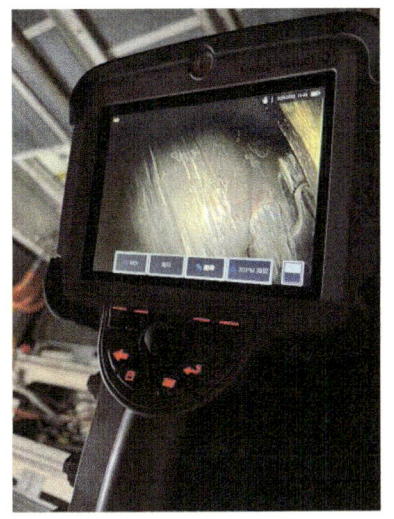

图 3.5.11　孔探检查是否有损伤痕迹

（8）检查完毕后，镜头复位，缓慢抽出镜头，恢复冷却气歧管。

3.6　动力涡轮烟气泄漏故障处理

某站场西门子燃驱压缩机组动力涡轮轴承箱盖上方与隔热层空间内烟气泄漏，现场测量温度过高。

3.6.1　问题分析

通过拆卸人孔，进入动力涡轮排烟道，检查内、外侧排气扩压器根部情况，无积炭和过热痕迹（图 3.6.1、图 3.6.2）。

图 3.6.1　动力涡轮排烟道内扩压器　　　图 3.6.2　烟道内侧扩压器根部与涡轮
　　　　　　　　　　　　　　　　　　　　　　　　连接处无积炭和过热痕迹

对机组进行盘车测试检查，有轻微气体从隔热层根部渗漏，确认烟气从动力涡轮转子迷宫密封座嵌入内侧排气扩压器贴合面漏出（图 3.6.3）。

通过对比2016年轮南3#RR燃驱机组动力涡轮更换时的此处位置，发现轮南站此处贴合面较严密，该密封座与内侧扩压器在工厂安装后，整体拉运现场组建，此处有出厂紧固好的锁丝(图3.6.4)。通过现场确认，该迷宫密封座在现场不能正常拆卸，若采取破坏性拆卸，会损伤内侧扩压器连接面，造成扩压器整体报废风险。

图3.6.3　涡轮转子迷宫密封座嵌入内侧排气扩压器贴合面　　　图3.6.4　轮南站3#机组动力涡轮迷宫密封座安装情况

拆卸动力涡轮内侧排气扩压器隔热层与外侧烟道连接处铁皮挡板，发现隔热层内外连接处半弯圆处发黑，判断高温烟气通过隔热层从隔热侧外圆与烟道壁连接处漏出(图3.6.5)。

在动力涡轮轴承侧根部，发现内侧连接面有缝隙，填充隔热层与连接面未填实，判断高温烟气通过隔热层根部与迷宫密封座连接处漏出，详如图3.6.6所示。

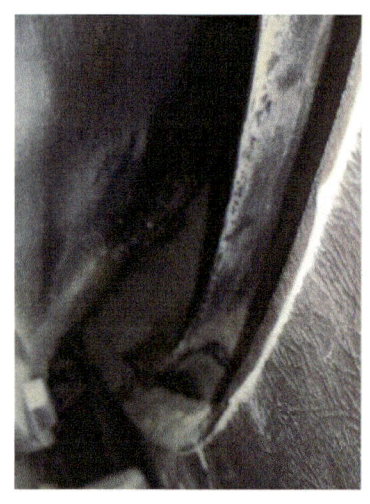 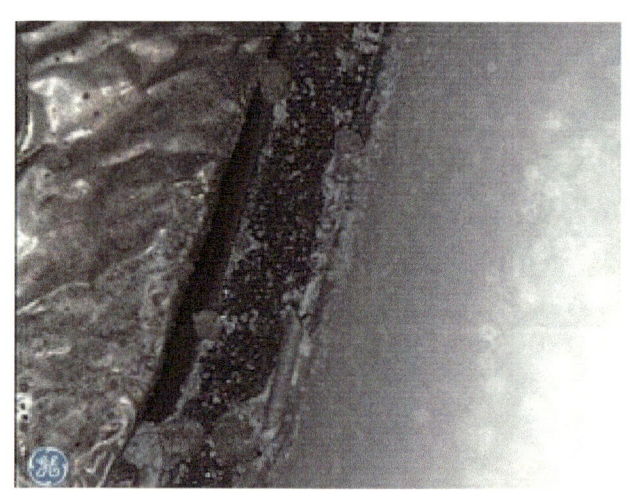

图3.6.5　隔热侧外圆与烟道壁连接处　　　图3.6.6　内侧排气扩压器隔热层迷宫密封座安装

西门子燃驱压缩机组提速后，GG排烟温度上升，内侧扩压器与动力涡轮迷宫密封座装配处存在烟气微量泄漏，泄漏烟气通过内侧隔热层，分别在隔热层根部(隔热层与迷宫密封座连接面)、隔热层顶部(隔热层端面与烟道连接面)漏出烟气，产生生产安全隐患。

3.6.2 处理建议

（1）严格检查动力涡轮密封气供气压力，机组暖机前由仪表风供气，差压保持在18～25mm水柱，加载由燃机IP7供气，差压保持在180～200mm水柱；如常压不满足要求，及时检查是否存在缓冲气供气管管径是否过细、管路是否不通畅等问题。

（2）在动力涡轮原轴承箱护罩位置上侧增加防护罩，保护轴承部位所有检测探头，避免受到高温的影响，同时隔离动力涡轮排气扩压器环面可能泄漏的高温烟气窜入轴承箱侧。

（3）具体措施：用1.8mm铁皮在原轴承护罩位置上侧增加喇叭口形状防护罩，保护轴承监测探头，涡轮高温气流从防护罩上侧空间排出，避免轴承部位监测探头受到高温灼烤的影响。

（4）在增加的护罩部位引入仪表风，对护罩隔离区域进行降温冷却。

（5）具体措施：从仪表风汇管临近位置，增设1in三通管路引出仪表气，加装截断阀，节流孔板后变径为1/2in管路，加装现场压力表，用引压管接至动力涡轮轴承箱加设护罩区域，仪表风管路周向、向涡轮轴承箱方向45°开孔排气，在机组运行期间投用，实现隔离区域降温冷却。具体管路走向及布局如图3.6.7和图3.6.8所示。

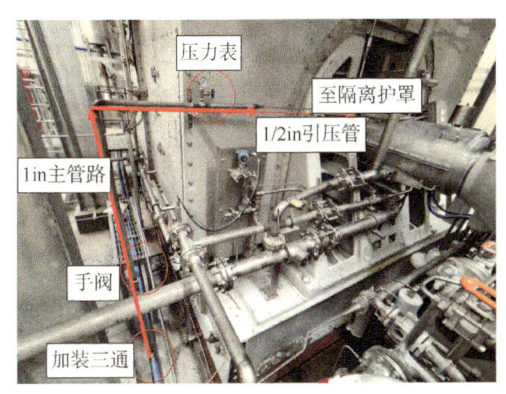

图3.6.7 管路改造图

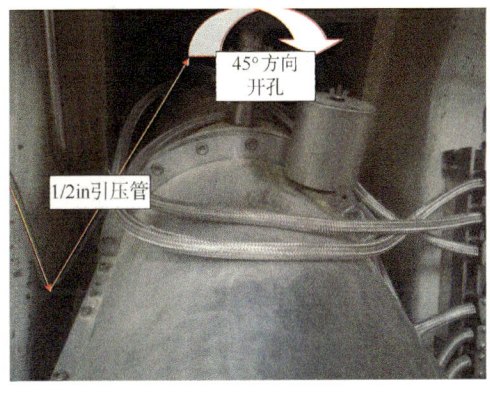

图3.6.8 优化改造设计图

（6）实时监控动力涡轮轴承箱防护罩空间温度。对动力涡轮隔离护罩空间温度进行实时监控。具体措施：在原动力涡轮轴承箱护罩与新增加的防护罩空间区域加装温度监测探头，实时监控该位置温度（2#机组运行时该区域温度为120～160℃、1#轴承与排气扩压器连接位置温度达到213℃），温度发生大幅度升高时需及时处理。温度探头采用RRE019032型号，温度监测范围为-50～400℃，通过接线箱预留的备用信号线芯接入主控制室，配置R131槽1794-IRT8模块备用通道03为动力涡轮轴承箱温度信号接入控制系统，并上传至上位机HMI，设定温度异常报警值160℃，实时监控，在温度异常升高时及时预警，采取处置措施。实施措施如下：

① 在PT轴承温度信号电缆找到备用芯，分配给增加的PT轴承箱隔离防护区域温度监测信号。

② 选用13306号备用RTD通道作为现场PT轴承箱隔离防护区域温度信号采集通道，并将现场PT舱室RTD信号接到UCP控制柜背面接线端子X133：25/26/27，做好信号标签，如图3.6.9所示。

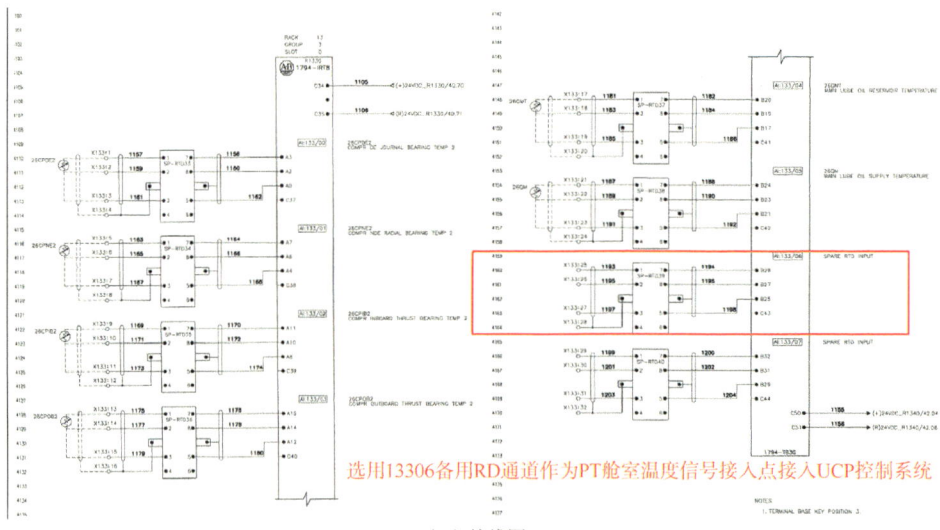

(a) 接线图

(b) 实物图

图 3.6.9　现场接线端子布线图

③ 新建标签 A26EVPT、LFF26EVPT，将 A26EVPT 指定到备用通道 R13：3：I：CH06，添加通道故障判断语句第 75 行，如图 3.6.10 所示。

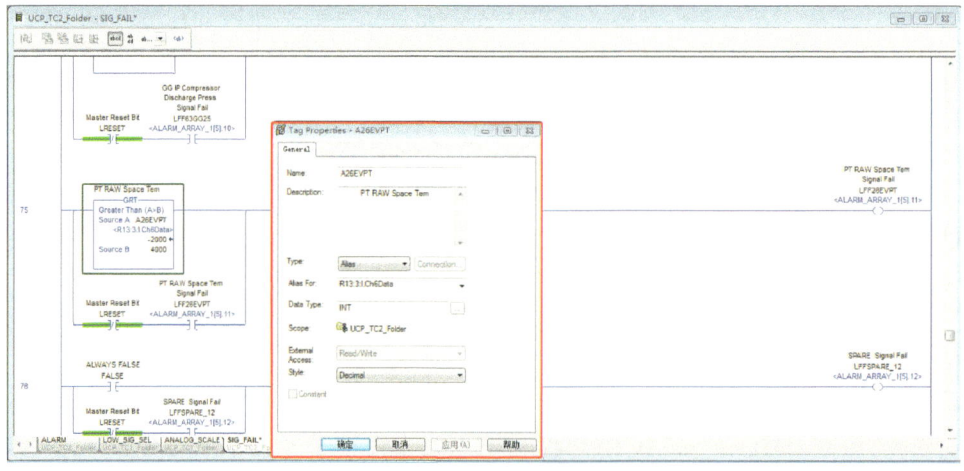

图 3.6.10　增加通道故障判断

④ 在 UCP_TimeClass2/ALARM 找到报警组备用点，在第 138 行逻辑将该备用报警点线圈删除，如图 3.6.11 所示。

图 3.6.11　使能报警组备用点

⑤ 在点数据库修改备用报警组点名为 LHA26EVPT 和描述 PT Raw Bearing Space Tem High ALARM，如图 3.6.12 所示。

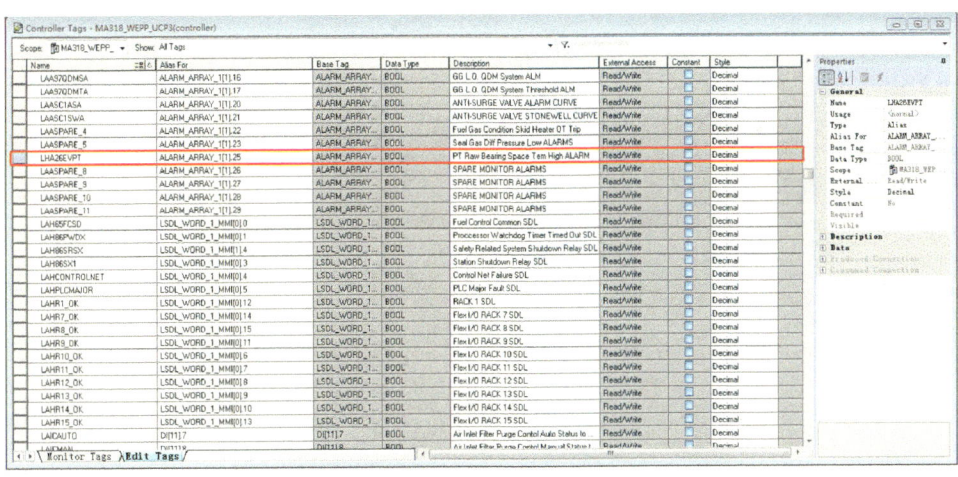

图 3.6.12　修改备用报警点 LHA26EVPT 和点描述

⑥ 新建标签 V26EVPT，添加温度整定计算块第 64 行，如图 3.6.13 所示。

⑦ 在 ALARM 第 68 行增加 PT 舱室温度高报警判断，如图 3.6.14 所示。

⑧ 以 3#机为例，在 Intouch 点表数据库新建 A26EVPTA_03、报警点 LHA26EVPTA_03 和 LFF26EVPTA_03，分别指定到 3# 机组 UCP 控制器的 V26EVPT、LHA26EVPTL 和 FF26EVPT，如图 3.6.15 所示。

⑨ 在箱体通风画面添加 PT 舱室温度显示，关联上新建点 A26EVPTA_03。

⑩ 进行线管及防护处置。3#机组因现场接线箱无备用穿线管接入位置，采用引压管作

为穿线管，在探头部位用平面密封胶做固定处理（注意密封胶不能沾染在探头监测端面），在接线箱内用防爆胶泥做防油气处理，如图 3.6.16 所示。

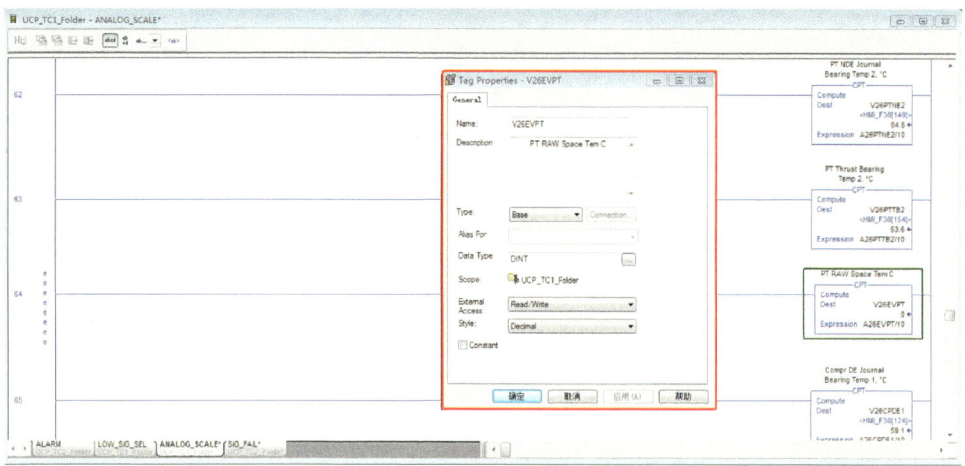

图 3.6.13　添加温度整定计算

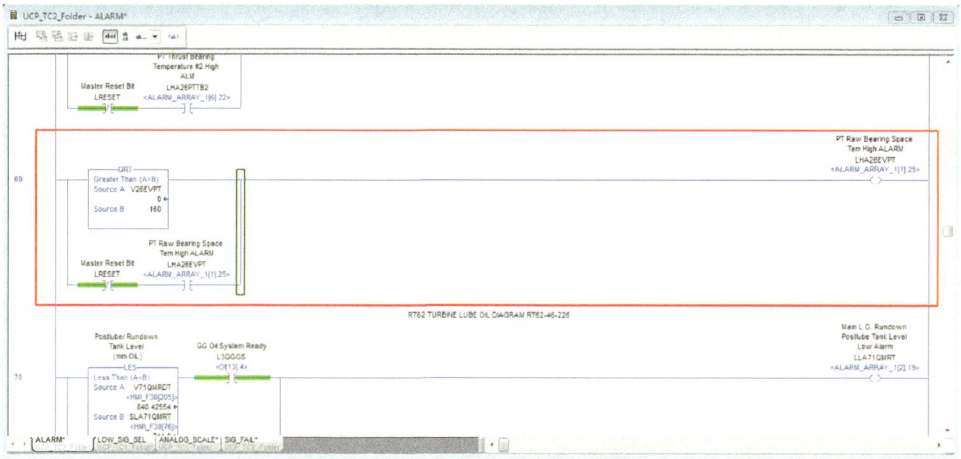

图 3.6.14　添加 PT 舱室温度高报警判断

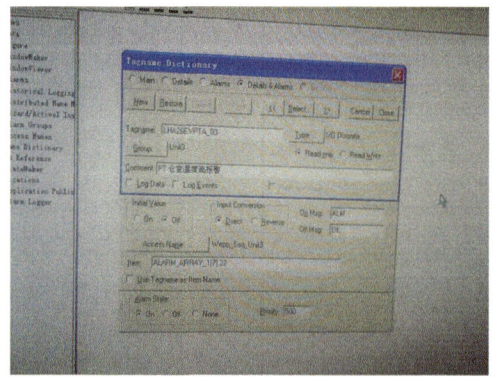

图 3.6.15　Intouch 点数据库新建模拟量和报警点

| 第 3 章 | 燃气轮机本体典型故障及处理 |

（a）接线箱外部线缆防油气处理

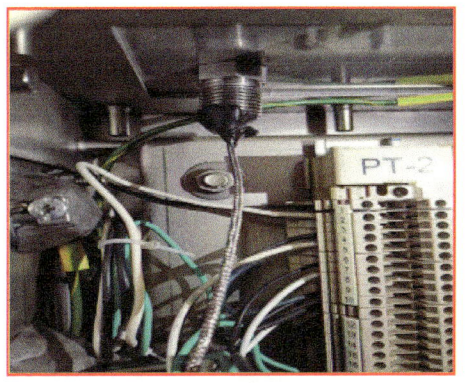
（b）接线箱内部线缆防油气处理

图 3.6.16　穿线管做防油气处理

3.7　LM2500 燃机 4B 轴承旋转封严损坏故障处理

某站场开展 LM2500 燃机孔探作业期间，从压气机后框架 10#孔孔探发现封严盖板固定螺栓锁丝断裂，从 7#孔孔探发现封严盖板破损，脱落碎片卡在 4#轴承回油管线与支板缝隙中间。

3.7.1　问题分析

经过对损坏的旋转油气封严进行检查、分析，确定造成损坏的原因主要是该封严的壁较薄，在运行过程中，受到轴承腔内的热应力和上游空气孔之间的密封空气扰动，在双重作用的影响之下，封严边产生了疲劳性的裂纹。在高速旋转过程中，裂纹进一步扩大。4B 旋转油气封严位置和失效断裂的部位如图 3.7.1 所示。

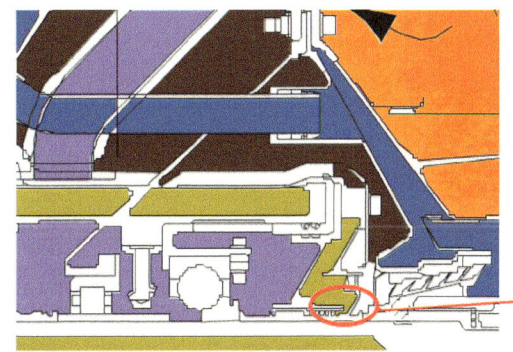
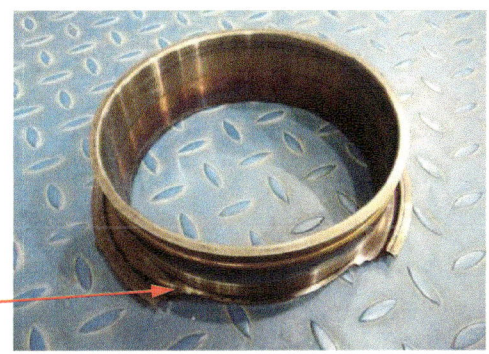

图 3.7.1　4B 旋转油气封严位置和失效断裂的部位

GE 提出的服务通告也承认了该封严在设计和制造过程中存在缺陷，未考虑到该零件在轴承腔中受到封严壁两侧温度梯度差和空气扰动的影响容易产生疲劳裂纹的情况，新的零件增加了相应的封严壁厚，提高零件强度，以减少裂纹产生的可能。

3.7.2 处理建议

(1) 每次进行进季度孔探、4K、8K 维修保养时，对 4B 轴承进行详细的孔探检查，孔探检查的方法如下：

① 4B 轴承旋转封严位于封严气排放腔体内(图 3.7.2)。

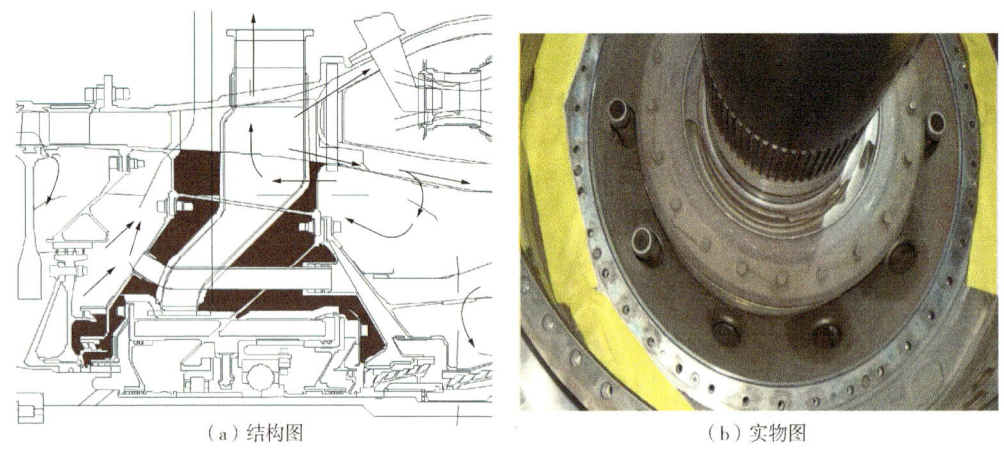

（a）结构图　　　　　　　　　　　　（b）实物图

图 3.7.2　4B 轴承旋转封严位于封严气排放腔体

② 孔探进入路径。

从结构上看，图 3.7.3 中 1、2、7、10 路径都可以进入，并且这四个管口侧面都有一个孔探堵头，也可以进行孔探操作。

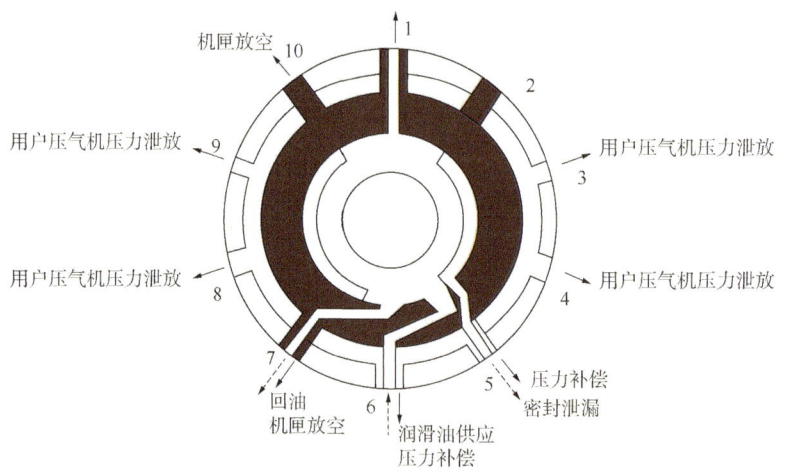

图 3.7.3　孔探进入路径

③ 实际操作。

尽管有很多路径可以使用，但是建议使用 7、10 两个路径，因为这两个管口直径大，具有较好的视角。拆卸后，可以直观地看见需要穿过的置办孔，便于操作。具体操作方法：

采用直视镜头，先进入下部 7 孔，穿过内部支板孔，即可到达封严气排放腔体(图 3.7.4)。

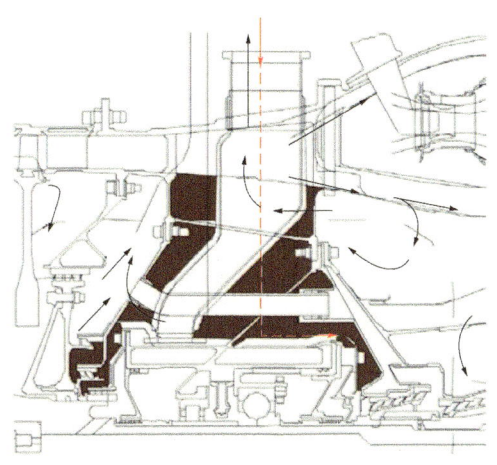

图 3.7.4 孔探镜头从 7 孔进入路径

进入腔体后，可见 4#轴承座外壁的隔热材料(若旋转封严损坏，并有脱落物，应该可以发现脱落物)。孔探照片如图 3.7.5 所示。

（a）4B 轴承座外壁隔热材料

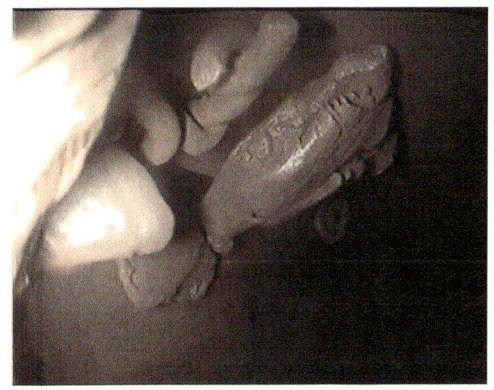

（b）旋转封严脱落实物 1

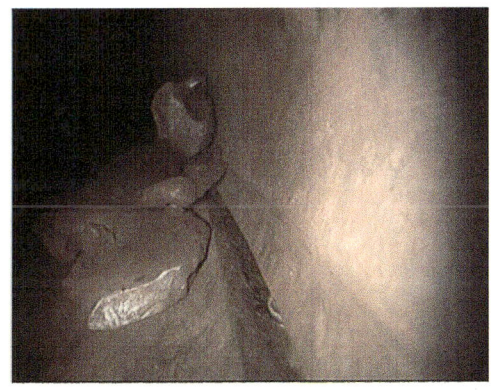

（c）旋转封严脱落实物 2

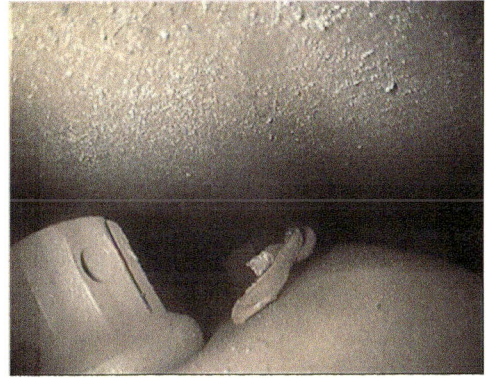

（d）封严盖板固定螺栓

图 3.7.5 孔探照片

将镜头调整至燃烧室方向，向里将镜头伸至封严盖板与支板缝隙处，调整镜头，可以查看到封严盖板紧固螺栓以及夹缝内的情况。由于 7 孔位于下方，不便于向上操作。建议在 7 孔检查是否有脱落物后，再从 10 孔进入封严腔体，找到封严盖板与支板缝隙，调整镜头，沿顺时针和逆时针方向由上向下检查盖板螺栓、锁丝完好情况，以及缝隙内是否夹有异物（旋转封严脱落物）。若能得到好的视角，可以观察到转子，则可以转动转子，全面检查旋转封严情况。

（2）如果孔探检查发现封严断裂的情况，应对其进行详细地分析和判断，及时与廊坊压缩机维检修中心联系，下线返厂更换加强型 4B 封严环，每次停机后进行孔探，检查 4B 轴承是否存在损伤。

3.8 VSV 系统故障处理

VSV 系统故障主要有 GE 机组 VSV 系统增压泵损坏、伺服阀损坏、VSV 扭矩轴轴承损坏等。西门子机组 VIGV 系统常见故障为 RVDT 反馈偏差大、VIGV 系统叶片动作慢等。

3.8.1 问题分析

针对各类 VSV 系统故障进行原因分析、分类汇总，GE 机组 VSV 系统常见故障为 VSV 增压泵机械密封损坏、伺服阀损坏、VSV 扭矩轴轴承损坏等，其中大部分故障是由 VSV 航空插头电缆故障引起的。航插电缆出现损坏或磨损，就会造成 VSV 系统信号中断，正常运行的机组进入怠速模式或直接跳机。VSV 航空插头故障的原因有：（1）安装不正确。没有用专用工具安装航空插头电缆，安装扭矩过大，导致航空插头电缆在安装时就存在安全隐患；（2）航插电缆没有良好固定。由于伺服阀靠近 GG 本体，因此在机组运行时振动比较剧烈，也会导致航插电缆因振动产生磨损导致信号不稳或跳变。西门子机组 VIGV 系统常见故障为 RVDT 损坏、动作机构卡涩导致的反馈偏差大、VIGV 系统叶片动作慢等。索拉金牛星 70 燃气轮机 VSV 液压执行机构容易产生跑偏缺陷。VSV 系统故障具体统计见表 3.8.1。

表 3.8.1 VSV 系统故障统计

序号	故障描述	故障原因	故障发生次数	备注
1	变送器故障	位置传感器故障	3	
2	航插损坏	信号线故障	7	2016 年前
3	伺服阀损坏	电液伺服机构故障	1	GE
		内部线缆磨损	7	
4	接线故障	接线松动	3	
5	控制板故障	电路板故障	5	
6	关节轴承磨损	轴承设计缺陷	29	GE
7	VSV 增压泵损坏	VSV 增压泵机械密封损坏	2	GE
8	液压执行机构跑偏	选型原因	1	索拉

3.8.2 处理建议

(1) VSV 泵故障主要表现为机械密封损坏,出现泄漏现象(图 3.8.1)。一是在燃气发生器 25k 返厂或在现场完成 VSV 泵的机封更换,已在检修规程中完善更换机封的作业步骤;二是在巡检时对运行机组箱体外的排污管线的泄漏情况进行检查,提前发现漏油的蛛丝马迹。

(2) VSV 航插故障主要表现为航插内部接线松动,采取的措施一是对航插的固定支架进行系统梳理,规范固定支架安装情况;二是对于新建机组,在技术规格书阶段提出采用防爆接线箱的方式取消航插;三是新航插备件采用尾管带保护套的新备件形式;四是日常保养中应保证航插插头与延伸缆具有一定裕量,并对损坏 VSV 航插进行维修,步骤为:伺服阀 R 和 S 线圈所在的航空插头各有 4 根针芯,2 根在用、2 根备用。当发生针芯磨损断裂、信号线芯断裂等故障时,可以使用专用工具将存在异常的针芯和备用的针芯取出来。使用电烙铁和焊锡丝将备用的针芯与信号线焊接起来(伺服阀增压泵组件处于 GG 进口冷端区域,温度低于 40℃),采用灌浆法将针芯的腔室熔满。使用热风枪将穿好的热缩管热缩到位,加强信号线的保护以防止搭接磨损。处理完成后,使用有机硅密封胶将航空插头尾端及线芯孔洞涂抹均匀,将信号线固定牢固,避免 GG 振动对信号线芯产生不利影响。

将航空插头备用的针芯和异常的针芯使用专用工具取出来,如图 3.8.2 和图 3.8.3 所示。将专用工具插进去后,会将针芯外套环和内孔固定槽剥离开,以方便针芯退出。在针芯对端用手缓慢顶出针芯,即可将针芯取出,取出时注意区分信号线和针孔的对应关系。专用工具和取出的针芯如图 3.8.4 所示。

图 3.8.1 VSV 泵故障

图 3.8.2 专用工具插入

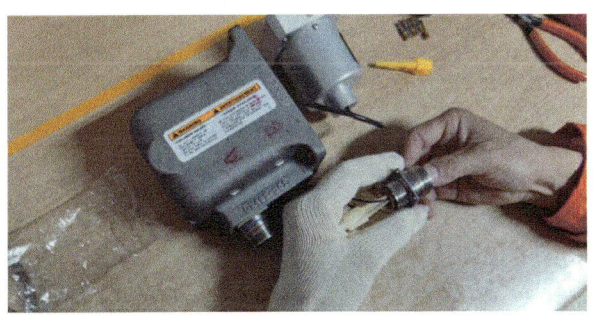

图 3.8.3 针芯对端用手缓慢顶出针芯

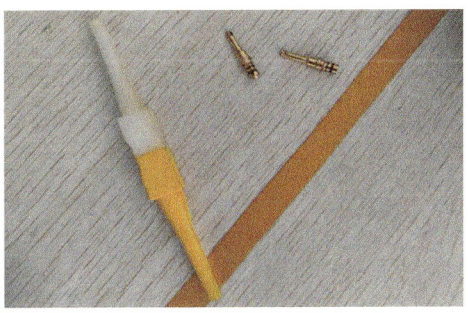

图 3.8.4 专用工具和取出的航空插头针芯

航空插头共4根针芯(编号1~4)，其中2根是在用的(编号1、2)，另外2根是备用的(编号3、4)。信号线截面积只有$0.5mm^2$，信号线末端可以采用$0.7mm^2$的线鼻子进行加固加粗(线鼻子如果较长，压接后可以根据备用针芯腔室的长短适当剪去一部分，如图3.8.5所示)。准备完毕后，采用灌锡方式将信号线分别与备用针芯进行焊接，针芯底部有孔洞，灌锡时空气会出来。分几次将熔锡灌入，可以将锡先熔在管口处，然后使用电烙铁持续加热，让熔锡往下趟，直至底部的孔洞有锡溢出，表明腔室已经完全被熔锡注满，熔锡的过程中将线芯大概立在端面中心位置。如果有专用的压接钳，也可以进行压接，但操作不当容易导致线芯受损。焊接过程如图3.8.5~图3.8.8所示。

图3.8.5 信号线末端采用合适的线鼻子进行加固加粗

图3.8.6 两人配合将熔锡灌满针芯腔室

图3.8.7 持续熔锡将锡灌满腔室

图3.8.8 腔室底部有锡趟出

使用热风枪将提前穿好的热缩管热缩到位，提高信号线的保护强度，如图3.8.9所示。

将焊接好的针芯按照之前的标记位置插回航空插头$1^\#$、$2^\#$孔。用手直接推到位，将针芯外套环固定在内壁槽内，如图3.8.10和图3.8.11所示。

第 3 章 | 燃气轮机本体典型故障及处理

图 3.8.9　使用热风枪将热缩管热缩到位

图 3.8.10　将焊接好的针芯回推至 1#、2# 针孔

使用有机硅密封胶将航空插头尾端及线芯孔洞涂抹均匀，将信号线固定牢固，如图 3.8.12~图 3.8.14 所示。

图 3.8.11　回装针芯进航空插头

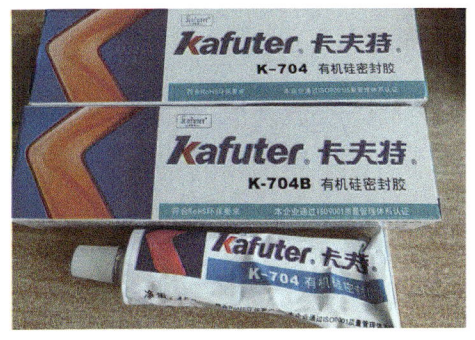

图 3.8.12　有机硅密封胶实物

待密封胶完全凝固后，恢复伺服阀组件，测量伺服阀的 R、S 线圈阻值是否正常。回装 VSV 伺服阀，进行 VSV 校验，并检查趋势是否正常，如图 3.8.15 所示。由图 3.8.15 可看出，回装 VSV 伺服阀后，上位机阻值正常，VSV 校验趋势正常。

（3）VSV 自毁报警解决方法。

① 检查现场 VSV 航空插头是否松动。

由于 1# 机组 GG 刚回装完成，可能存在 VSV 航空插头松动的可能。经过现场检查，VSV 航空插头紧固良好，不存在松动的现象。

图 3.8.13 用有机硅密封胶将航空插头尾端及线芯孔洞涂抹均匀

图 3.8.14 回装伺服阀组件

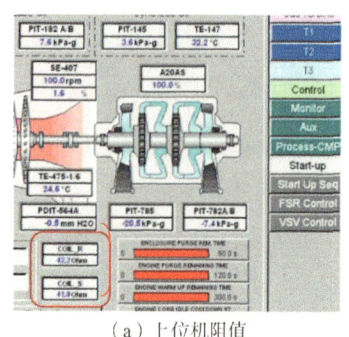

（a）上位机阻值

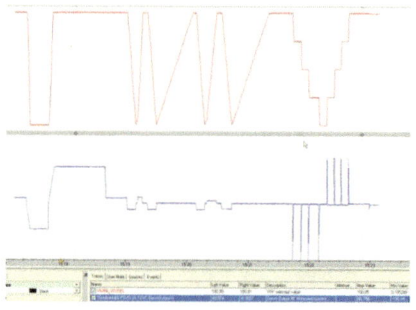

（b）VSV校验趋势

图 3.8.15 回装伺服阀后的上位机阻值和VSV校验趋势

② 检查现场防爆接线盒的接线是否存在问题。

在更换 1#机组 GG 期间，未更改过防爆接线箱内的接线。防爆接线箱内图纸接线如图 3.8.16 所示，站内人员打开防爆接线箱 JB-09 后，发现信号接线与图纸一致。

③ 检查回路线圈电阻值传输是否正常。

伺服阀线圈回路图纸接线如图 3.8.17 所示。通过万用表测量回路的电阻值，发现伺服线圈的阻值在进入 TSVC 板前，其电阻值均无变化。其中，VSV 的 R 线圈阻值在现场 JB-09 防爆接线箱、机柜间现场侧及去 TSVC 板侧的电压均为 40.9Ω，回路无接地。对比站内 2# GE 机组 VSV 的 R 线圈阻值为 43.5Ω，差别不大。VSV 的 S 线圈阻值在现场 JB-09 防爆接线箱、机柜间现场侧及去 TSVC 板侧的电压均为 40.38Ω，回路无接地。对比站内 2# GE 机组 VSV 的 R 线圈阻值为 43.89Ω，差别不大。由于这两组信号线进入 TSVC 板后阻值突变，初步判断该 TSVC 板可能存在故障。

④ 检查 TSVC 板及 PSVO IO 包是否存在故障。

孔雀河站 1#机组 TSVC 板在 2020 年 5 月 19 日更换过，新板为调拨库米什压气站的轮吐线备件。当时更换作业完成后，连接 ToolboxST 软件，发现 TSVC 板存在大量诊断报警，R 控制器的 IO 包和 S 控制器的 IO 包均自毁，不具备启机条件，无法开展校验盘车。重新安装 1#机组 TSVC 板，最终更换 3 个 PSVO IO 包、3 个 WSVO 驱动板和 2 个接线端子排，重新回装新 TSVC 板后，经过多次下装程序、报警确认、主复位、VSV 校验盘车，1#机组大量报警消失，机组恢复备用。

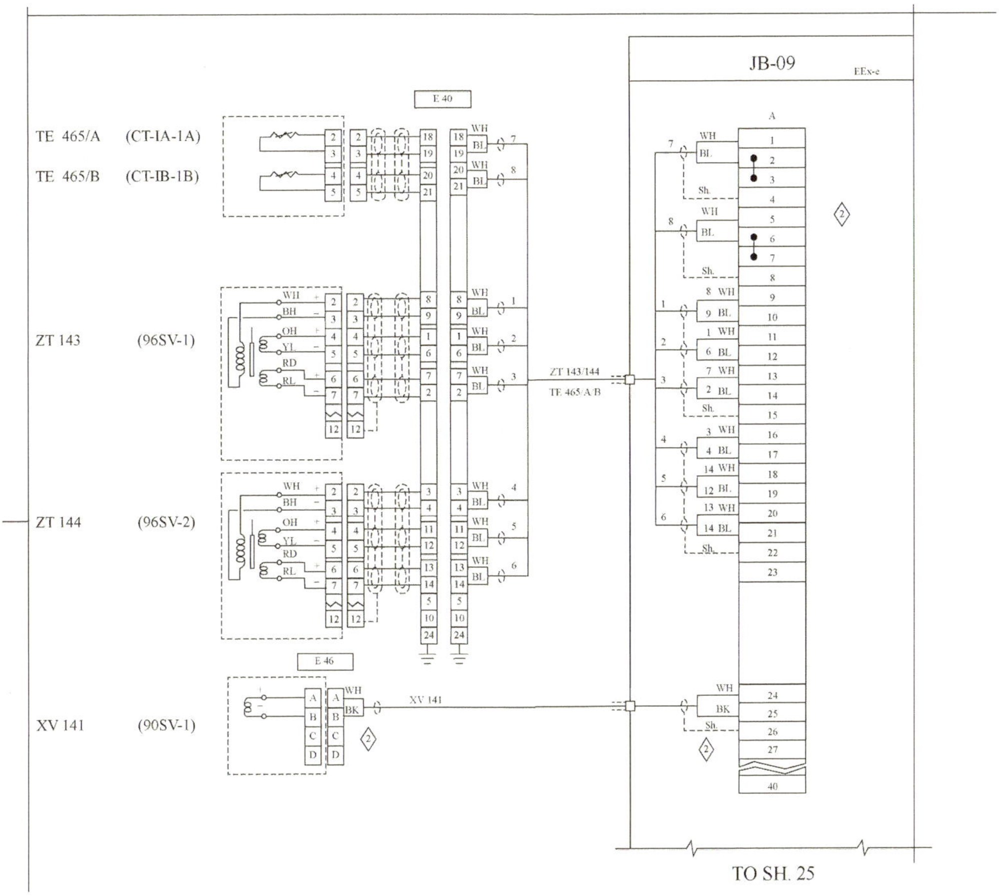

图 3.8.16 防爆接线箱内图纸接线

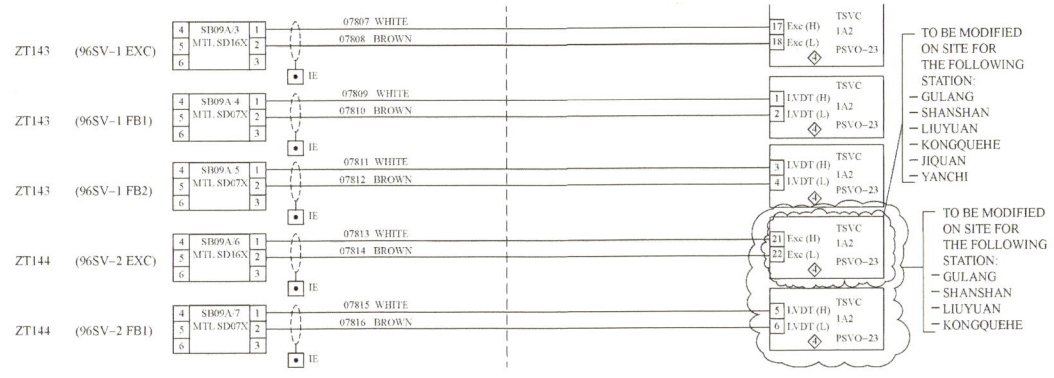

图 3.8.17 伺服阀线圈回路图纸接线

由于此次 GG 更换完成后出现的诊断报警与之前更换完 TSVC 板后的故障报警相似，于是初步判断 TSVC 板与 PSVO IO 包存在故障。根据《孔雀河站 1#机 TSVC 板更换出现诊断报警问题处理报告》的处理经验，用西一线 2#机组 TSVC 备用板更换 1#机组在用板，步骤为：将接线端子线序记录之后（图 3.8.18），将 1#机组 1A2 的 TSVC 板上的 IO 包依次断电，之后断掉 TSVC 板的供电。将 TSVC 板上的 3 个 PSVO IO 包、3 个 WSVO 驱动板和 2 个接线端子排细心拆下，拆卸过程注意不要使用蛮力，释放存在的静电，轻拿轻放避免损伤电路板。拆下的模块标记下原来的位置。

记录新的 TSVC 板的 Bar Code（图 3.8.19），将新的 TSVC 板更换上，并将之前标记好的 PSVO IO 包、WSVO 驱动板、两个接线端子排按照原来位置回装，在安装的过程注意不要使用蛮力插拔模块，避免损坏模块针脚。

图 3.8.18　记录原 TSVC 板上的线序　　　　图 3.8.19　记录 TSVC 板的 Bar Code

在机组 HMI 上进入 ToolboxST 1#机组程序，在硬件部分进入 1A2，在离线状态下更改 TSVC 板的 Bar Code，如图 3.8.20 所示。

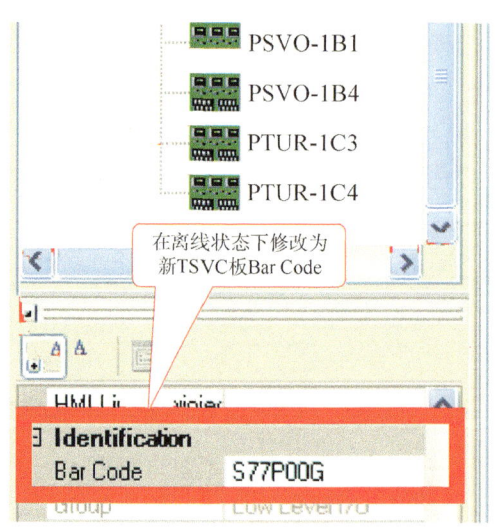

图 3.8.20　修改 TSVC 板的 Bar Code

修改完成后连线，在与 IO 包通信上后，下装不匹配的 IO 程序，一次无法下装完，需要多次下装（图 3.8.21）。

在 IO 程序包下装完成后，伺服阀控制故障报警依然存在。在更换 3 块 PSVO IO 包之后，报警依旧存在（图 3.8.22）。

第 3 章 燃气轮机本体典型故障及处理

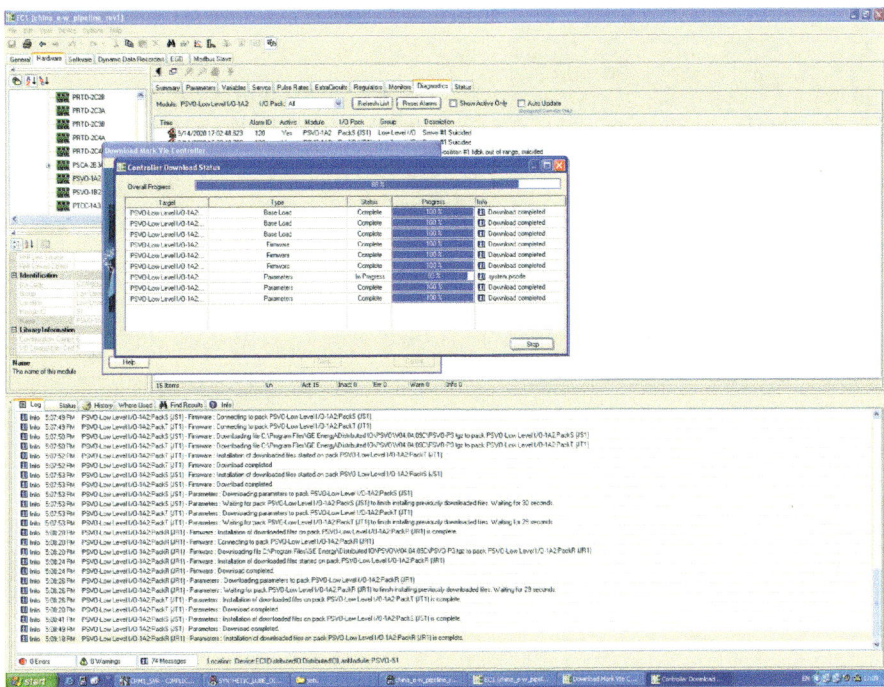

图 3.8.21　下装 IO 包程序

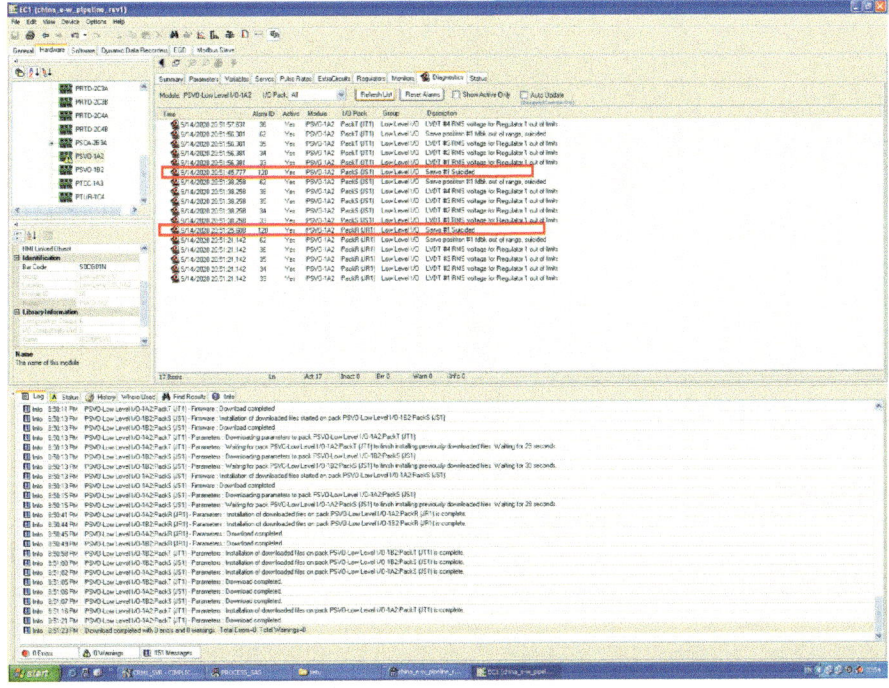

图 3.8.22　伺服阀控制故障报警依然存在

图 3.8.23　1#机组 TSVC 板上 25、26 与 27、28 两组信号线的接线

通过对比发现，孔雀河站 1# 与 3# 机组 TSVC 板上 25、26 与 27、28 两组信号线的接线不一样，两根信号线正负极互相对调（图 3.8.23）。站内人员按照 3# 机组接线方式对调这两组信号线，结果上位机显示的伺服阀控制故障报警依然存在，之后站内人员恢复这两组接线。

⑤ 仔细分析报警信息，检查现场可变导叶作动筒位置超限。

细致分析伺服阀控制故障报警 ID 120 的解决方法，内容提及检查伺服线圈是否存在开路的问题（图 3.8.24）。在 ToolboxST 软件内查看参数信息，发现这两组伺服阀线圈输入电压是超限的（图 3.8.25）。

解决措施
- LVDT（线性可变差变传感器）反馈问题：检查 LVDT（线性可变差变传感器）连接是否完好
- 检查 LVDT 阀门的机械完整性
- 检查伺服阀输出回路是否存在短路或者开路
- 检查伺服线圈是否开路或者短路

图 3.8.24　伺服阀控制故障报警 ID 120 的解决方法

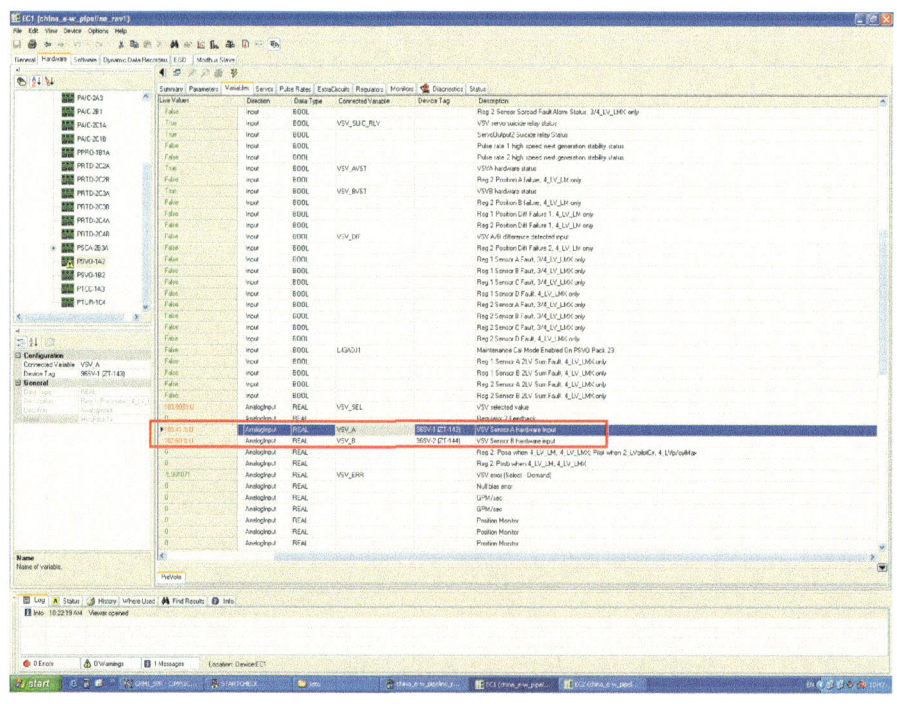

图 3.8.25　伺服阀线圈输入电压超限

用液压泵将作动筒往回动作，发现在 ToolboxST 软件参数信息中伺服阀线圈输入电压

(位置反馈)回到正常范围,且 PSVO 板上所有报警均消失,包括伺服阀控制故障报警(图 3.8.26 和图 3.8.27)。

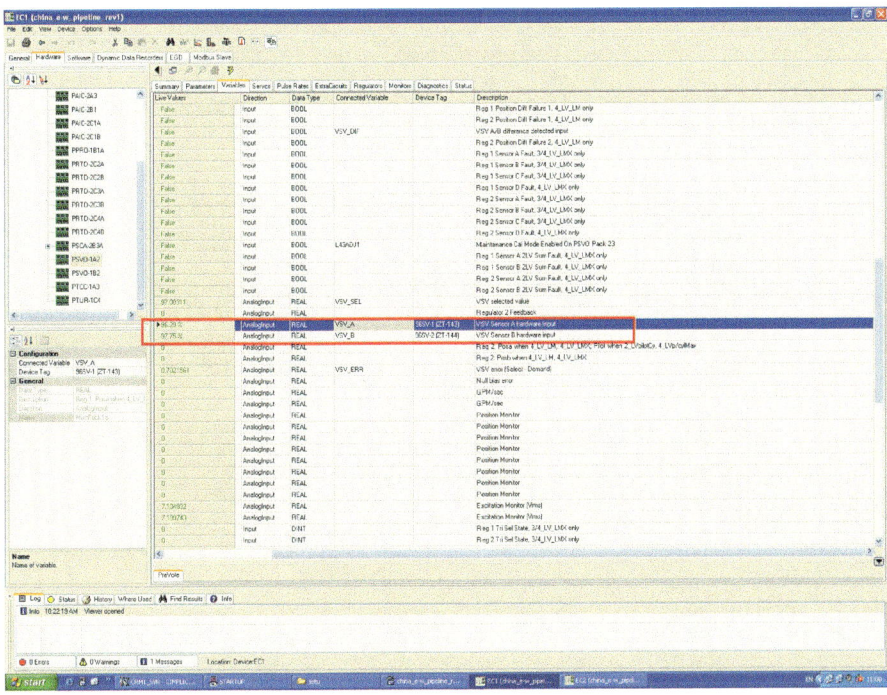

图 3.8.26　伺服阀线圈输入电压正常(位置反馈不再超限)

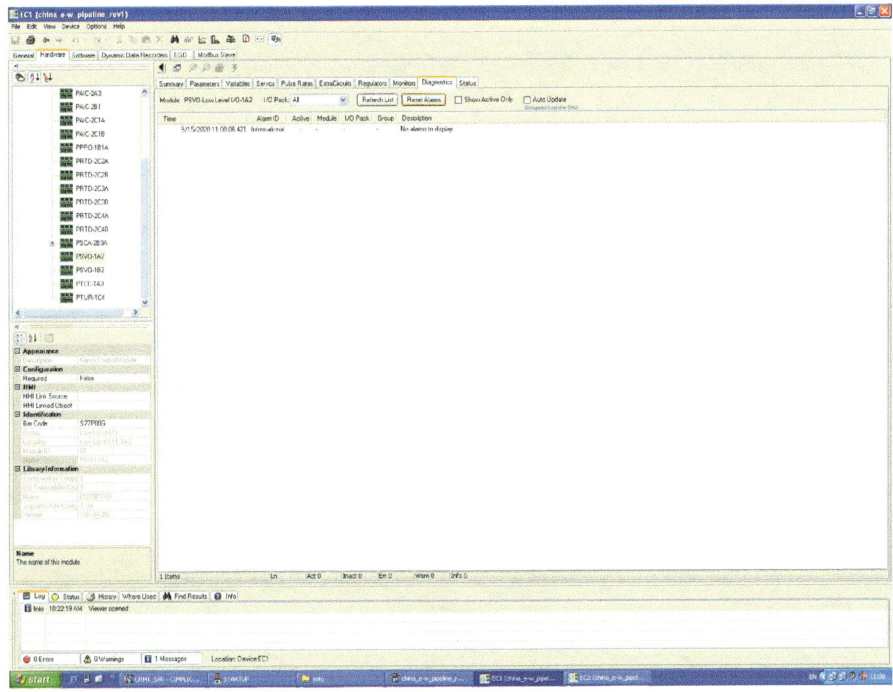

图 3.8.27　PSVO 板上所有报警均消失

检查机组 ToolboxST 软件参数信息，伺服阀线圈阻值恢复正常（图 3.8.28）。

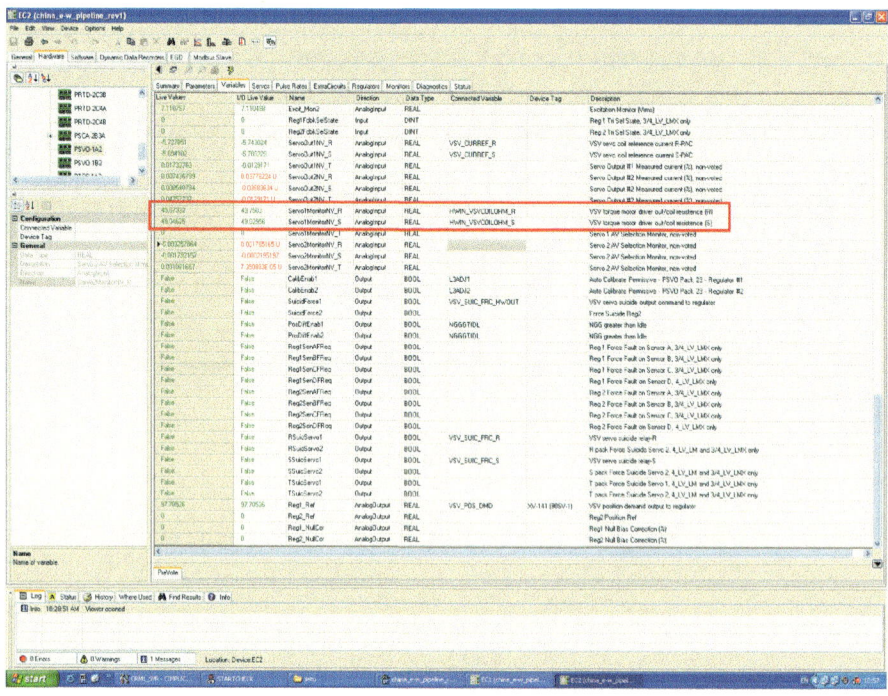

图 3.8.28　伺服阀线圈阻值恢复正常

在机组伺服阀控制故障报警消失后，机组满足启机条件。为确保稳妥，需要开展 VSV 校验作业（图 3.8.29）。

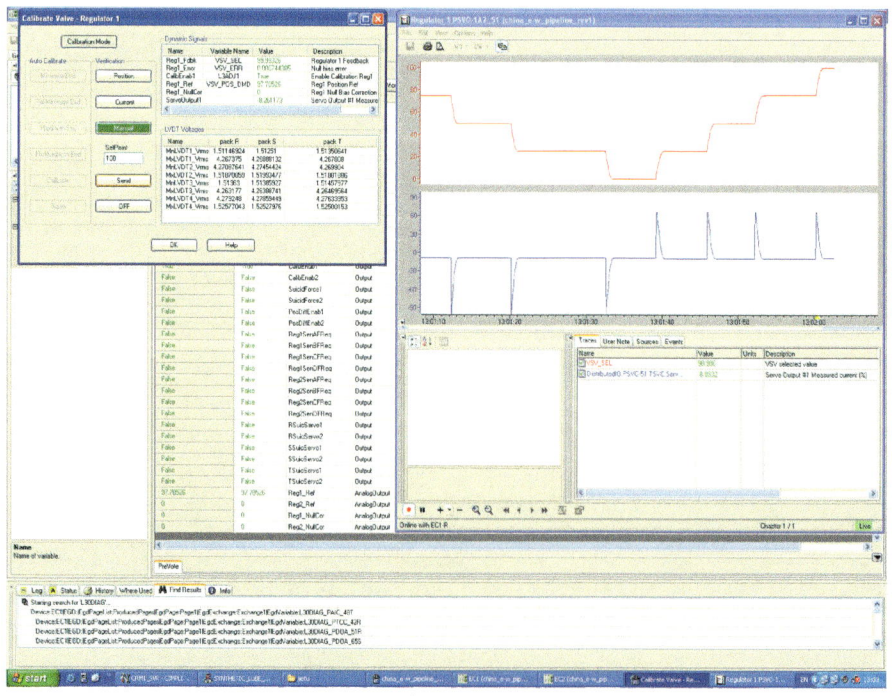

图 3.8.29　1# 机组 VSV 正常校验

在完成 VSV 校验后，ToolboxST 软件参数信息中伺服阀线圈阻值有所下降，机组参数正常，满足启机条件(图 3.8.30)。

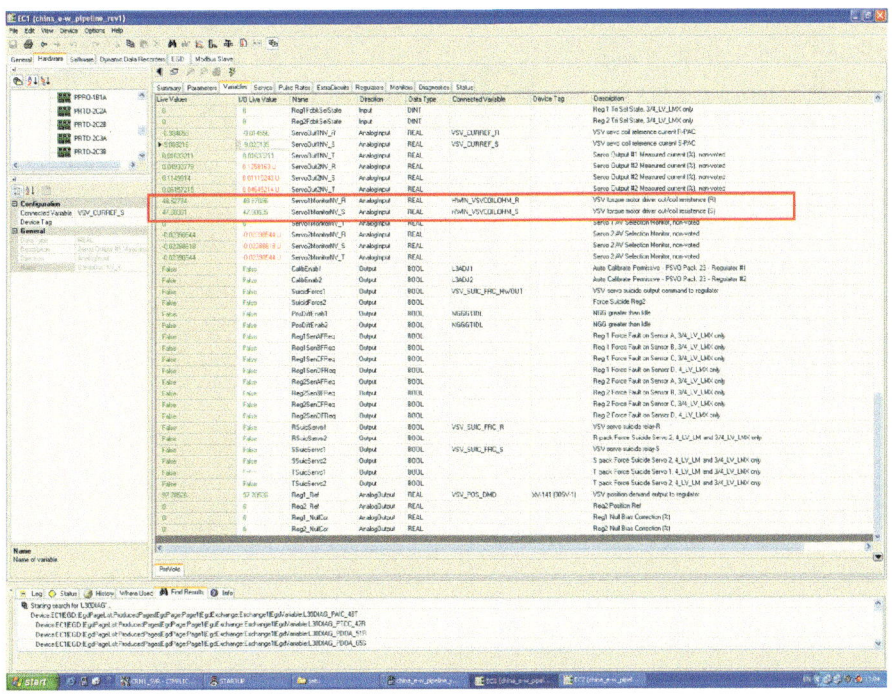

图 3.8.30 VSV 校验后伺服阀线圈阻值稍有下降

综上，在出现伺服阀控制故障报警后，除了检查信号回路、硬件板卡是否存在故障外，还需留意是否存在由现场可变导叶作动筒位置超限导致伺服线圈输入 TSVC 板电压超限，从而诱发 VSV 系统 R、S 线圈自毁报警。即处理线圈自毁报警前，可先行确认有无位置反馈超限报警，如果有这类报警，可参考本节进行处置，避免不必要的板卡更换。

(4) GE 机组 HMI 添加 VSV 线圈阻值。

打开 Toolbox 软件，在 Hardware 中找到伺服模块 PVSO 板卡，如图 3.8.31 所示。

找到需要添加的变量复制变量名，以 HWIN_VSVCOILOHM_R 为例，如图 3.8.32 所示。

按照 Software/Program/Custom/Custom/Cust/MOVE_9 路径打开 MOVE_9，在空白处右击，将自动布局模式 Auto-Layout Mode 切换至手动布局 Manual Layout，如图 3.8.33 所示。

新建 MOVE 功能块 MOVE_14，在 MOVE 功能块上双击 SRC，选择 Global Variable 全局变量，将 HWIN_VSVCOILOHM_R 粘贴进选择框中，点击 OK，如图 3.8.34 所示。

双击 MOVE 功能块上 DEST，选择 Global Variable 全局变量，勾选 Create Variable 创建变量，将新变量名设置为 VSVOHM_R，点击 OK，如图 3.8.35 所示。

点击 MOVE 功能块，将功能块数据类型由 BOOL 改为 REAL，如图 3.8.36 所示。

在 Software/Programs/Custom/Custom/Cust/Variables 中修改新增变量 VSVOHM_R 变量描述，修改变量类型为 REAL，并在 EGD Page 选择 SlowEGD，如图 3.8.37 ~ 图 3.8.39 所示。

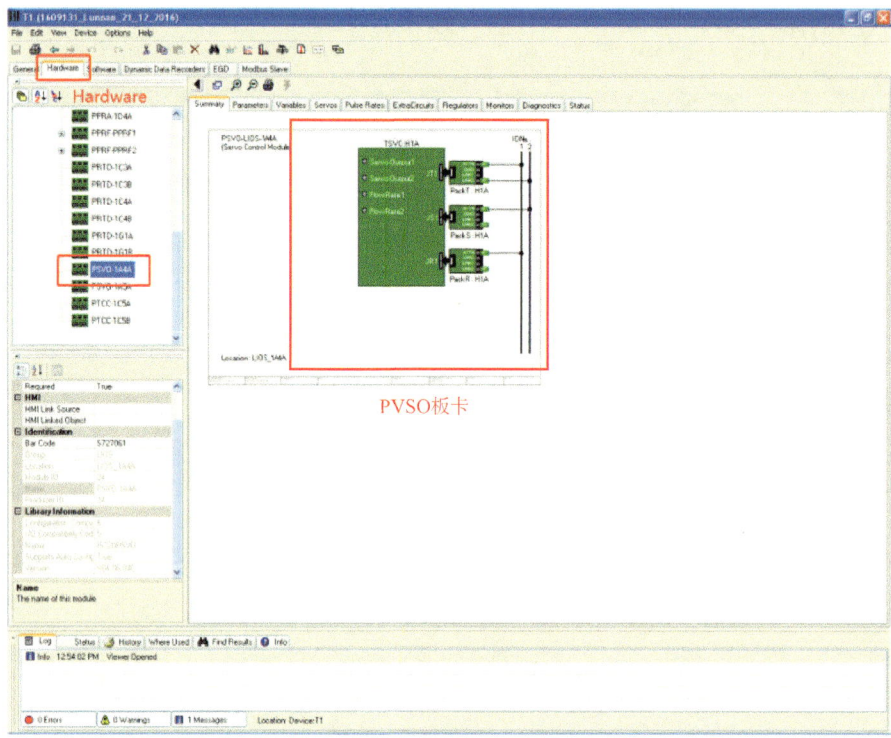

图 3.8.31　伺服模块 PVSO 板卡

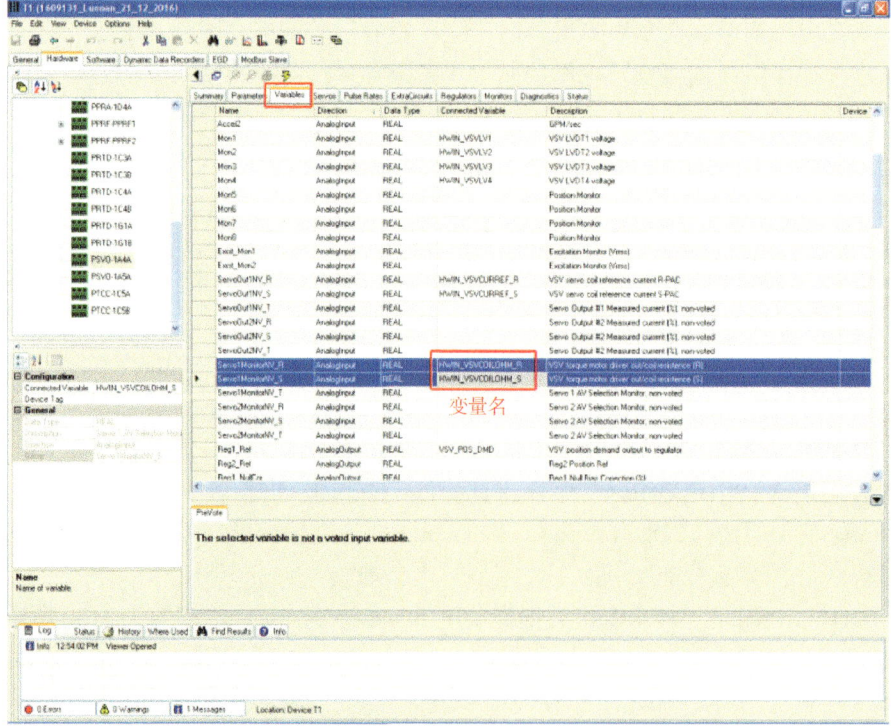

图 3.8.32　复制变量名"HWIN_VSVCOILOHM_R"

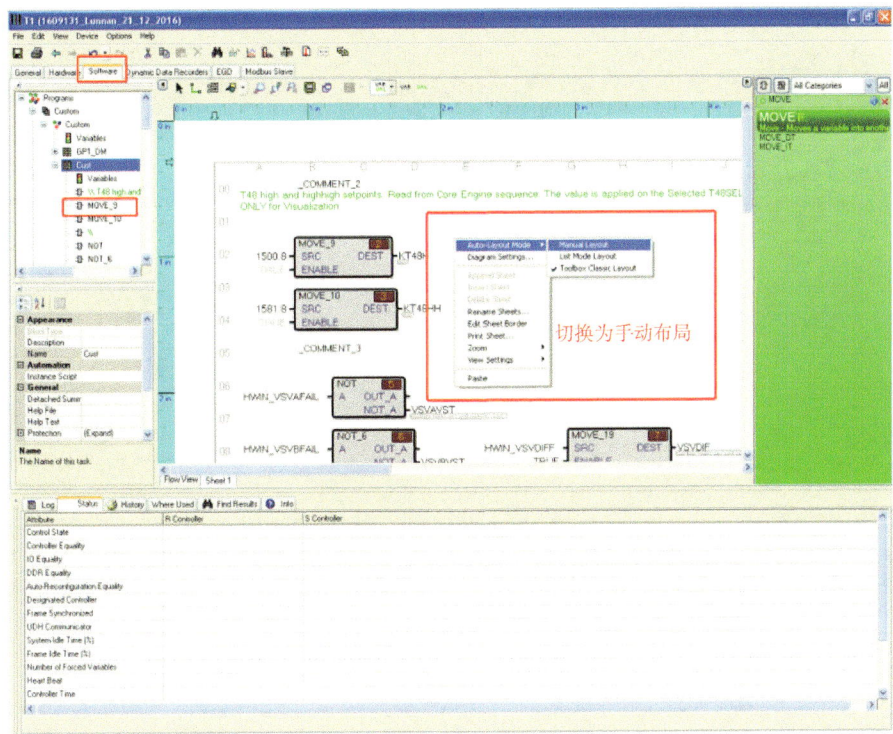

图 3.8.33　将自动布局模式切换至手动布局模式

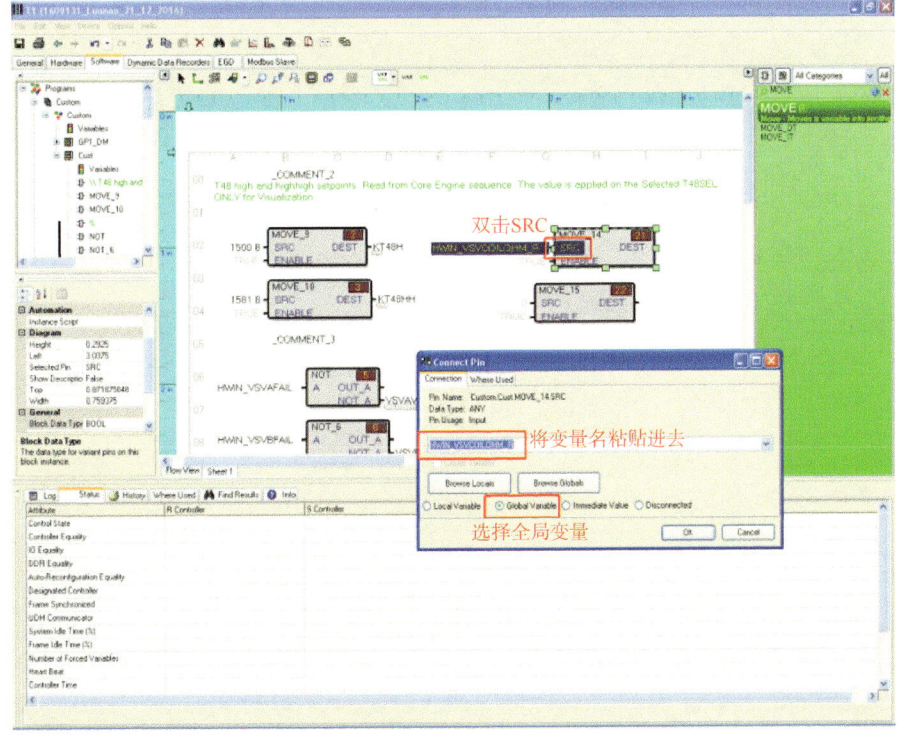

图 3.8.34　双击 MOVE 功能块上 SRC

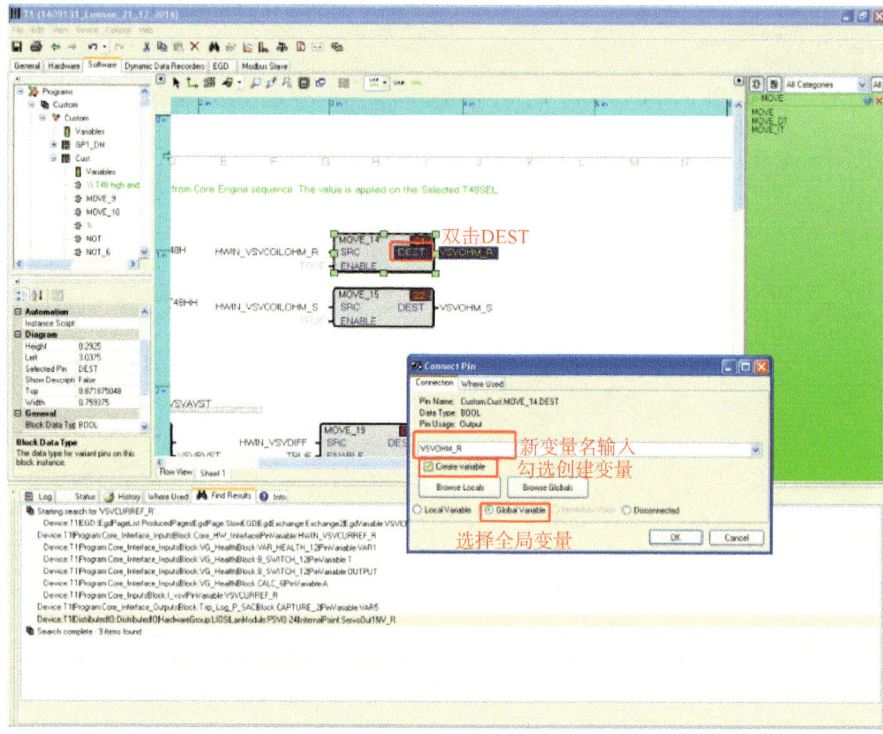

图 3.8.35　双击 MOVE 功能块上 DEST

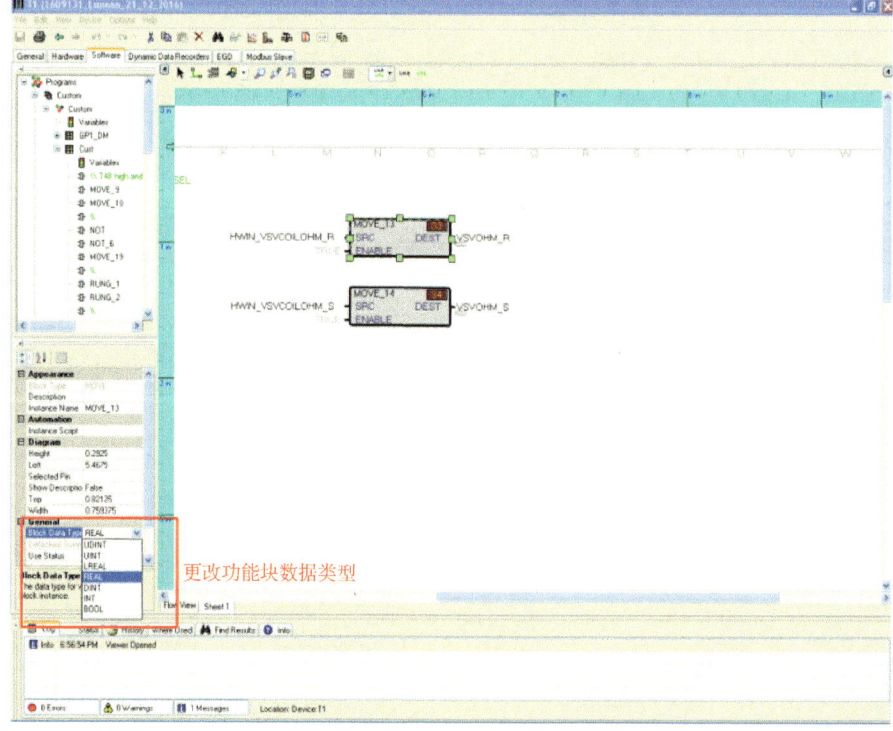

图 3.8.36　将功能块数据类型由 BOOL 改为 REAL

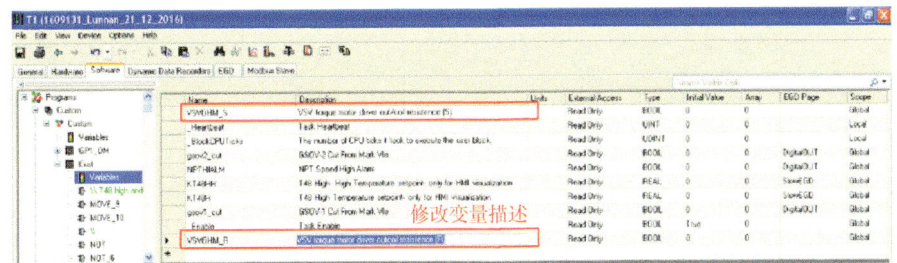

图 3.8.37 修改新增变量 VSVOHM_R 变量描述

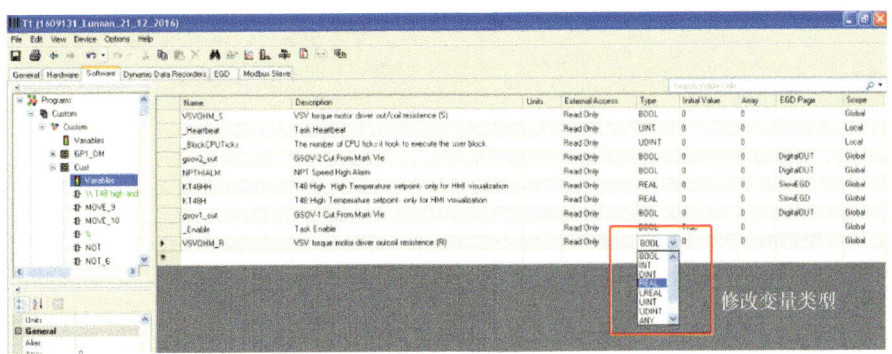

图 3.8.38 修改变量类型为 REAL

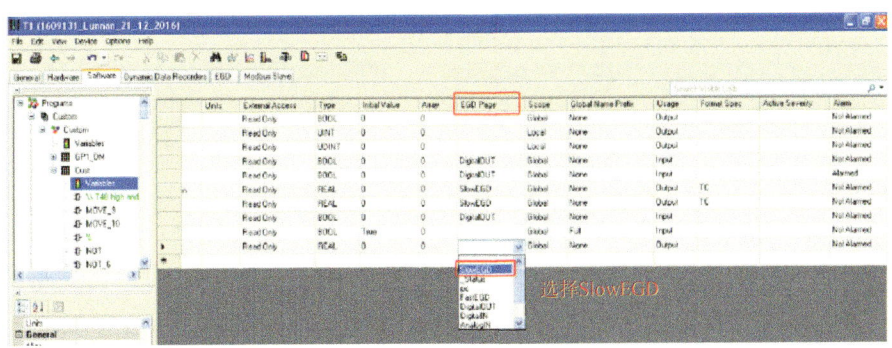

图 3.8.39 在 EGD Page 选择 SlowEGD

在 EGD 内确认新增变量已生成，如图 3.8.40 所示。

点击 Build Configuration 构建配置，确认无误后下载程序，如图 3.8.41 所示。

构建配置无误后，点击下载程序，点击下载后程序会自动检测不等项并勾选，直接点击 NEXT 下一步，如图 3.8.42 所示。

点击 NEXT 下一步后出现如下画面，选择下载备份程序、重启 CPU，若机组处于负荷分配运行，切记不要选择第二项重启 CPU，现在完成点击 NEXT，如图 3.8.43 所示。

程序下载完成后，点击 Close，待 CPU 重启完成后，在线检查控制器状态，如图 3.8.44 和图 3.8.45 所示。

打开 Workbench 数据库，在 Equipment/Devices 中找到 T1 添加变量，如图 3.8.46 所示。

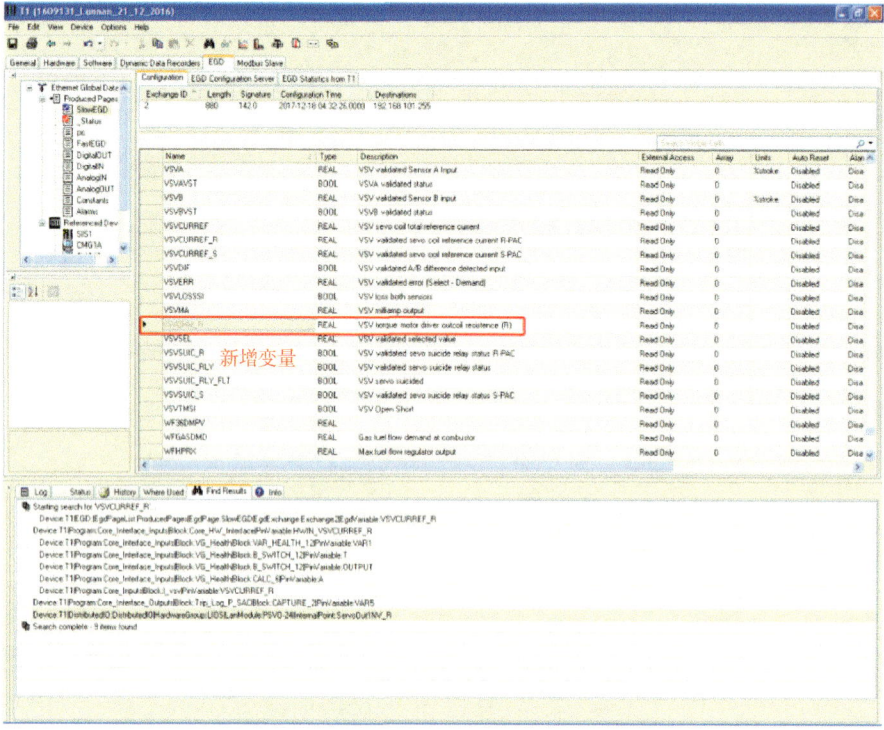

图 3.8.40　在 EGD 内确认新增变量已生成

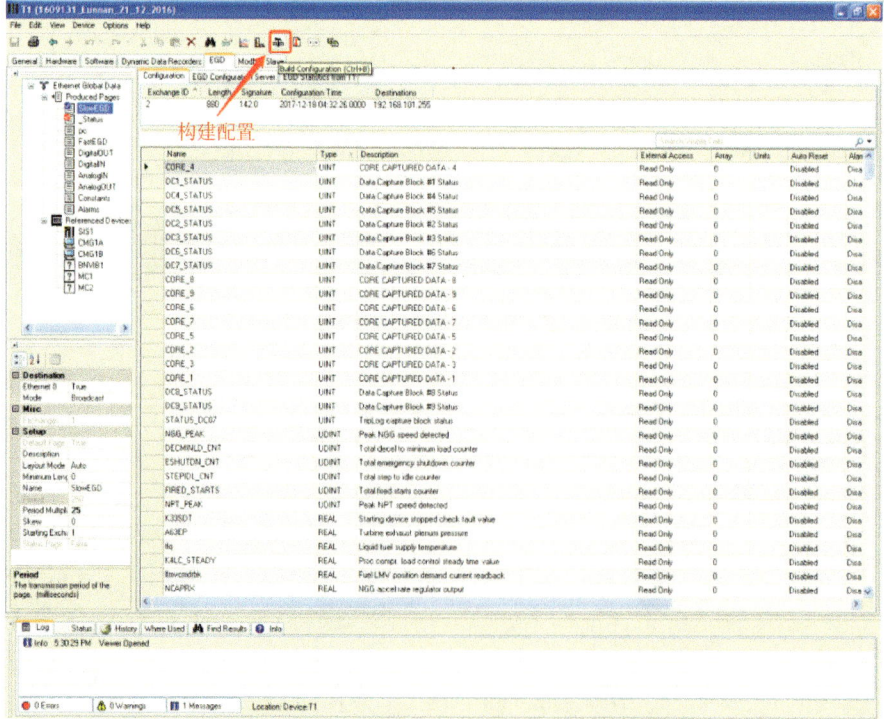

图 3.8.41　点击 Build Configuration 构建配置

| 第3章 | 燃气轮机本体典型故障及处理 |

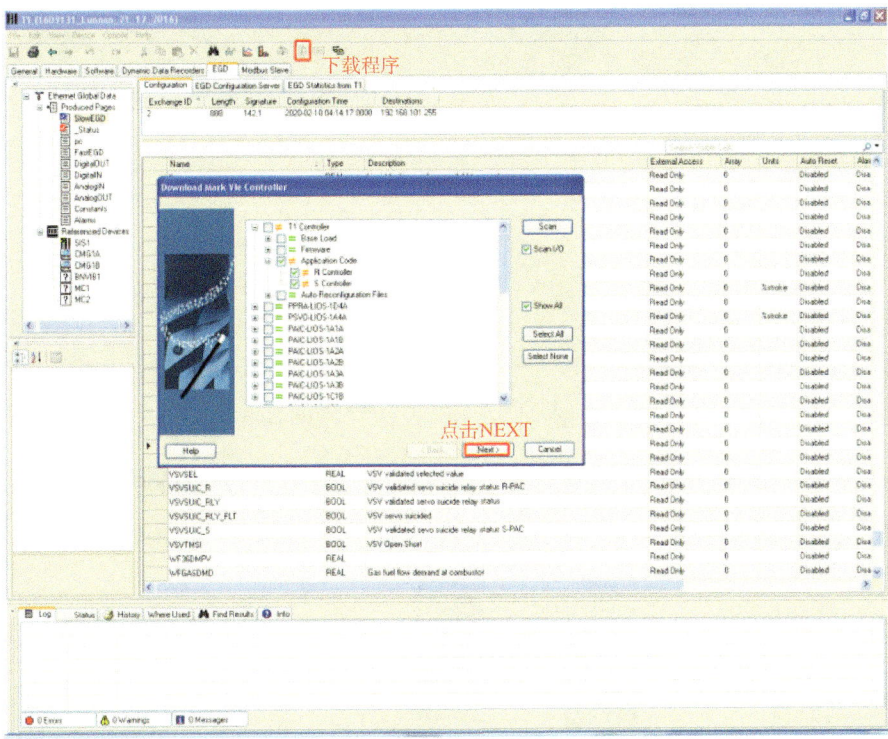

图 3.8.42　构建配置无误后，点击下载程序

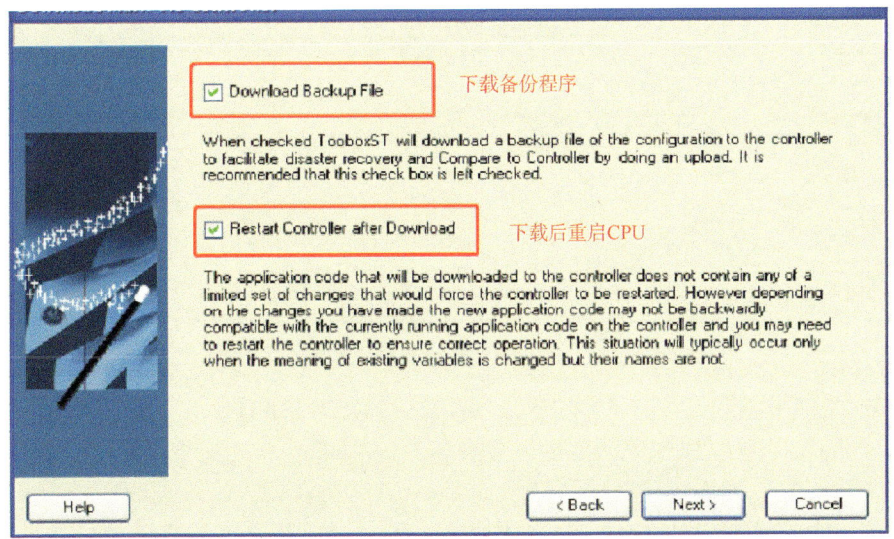

图 3.8.43　选择下载备份程序、重启 CPU

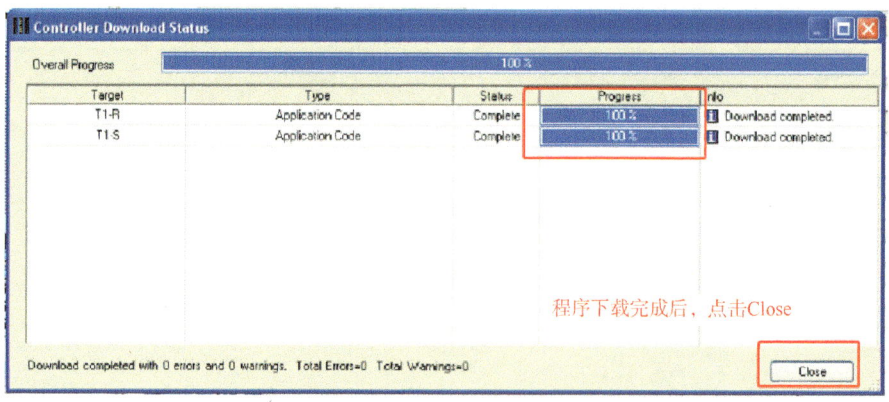

图 3.8.44　程序下载完成后，点击 Close

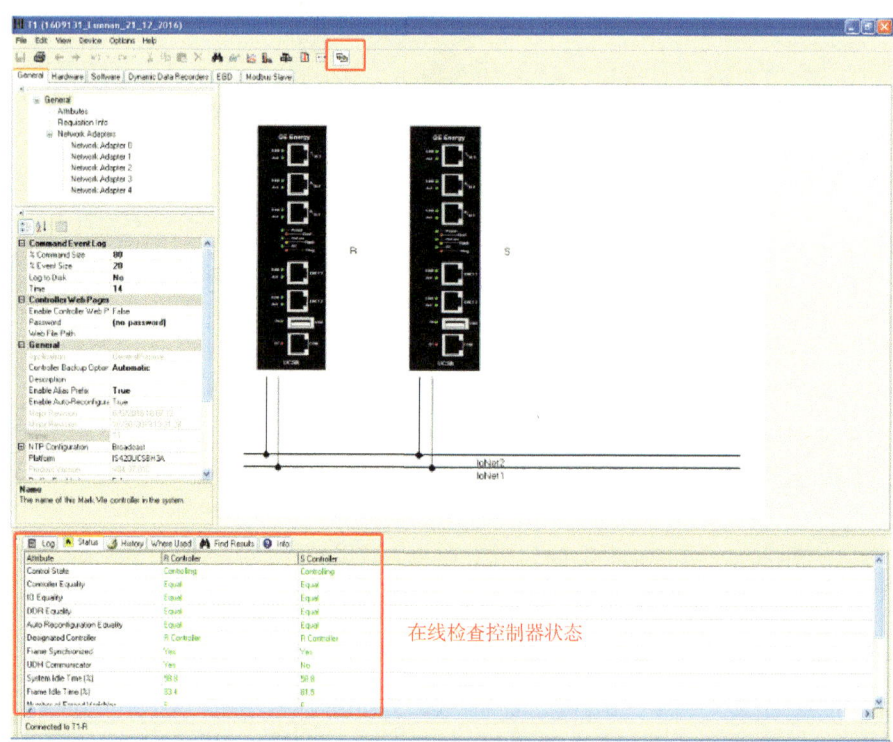

图 3.8.45　在线检查控制器状态

在 T1 数据库中选择任意一个模拟量，右击选择 DUPLICATE，复制数据变量，弹出 DUPLICATE Point 编辑框，添加数据变量，变量名对应 Toolbox 中相应变量名 VSVOHM_R，点击 OK，如图 3.8.47 所示。

双击所添加的变量 VSVOHM_R，弹出 Point Properties 属性编辑框，编辑变量属性、变量描述、数据类型、控制器类型、变量采集地址和变量单位等。完成后点击 Apply，再点击 Apply 应用 OK 确认，如图 3.8.48~图 3.8.50 所示。

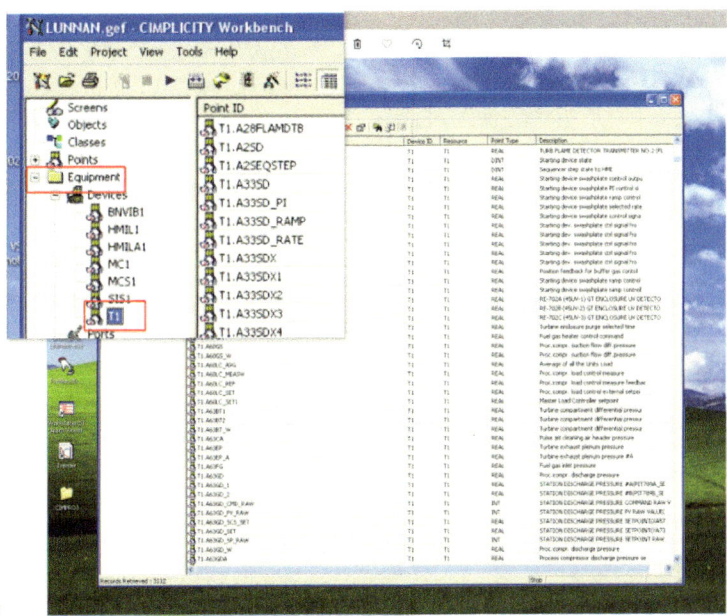

图 3.8.46　在 Equipment/Devices 中找到 T1 添加变量

图 3.8.47　添加数据变量

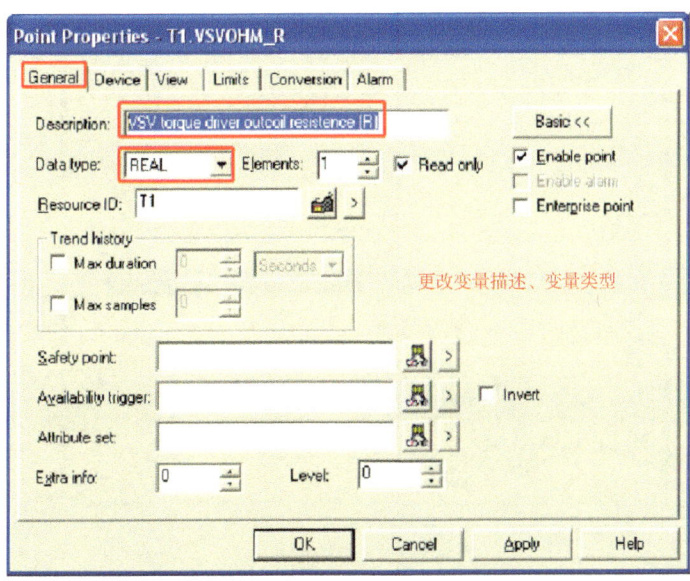

图 3.8.48　更改变量描述、变量类型

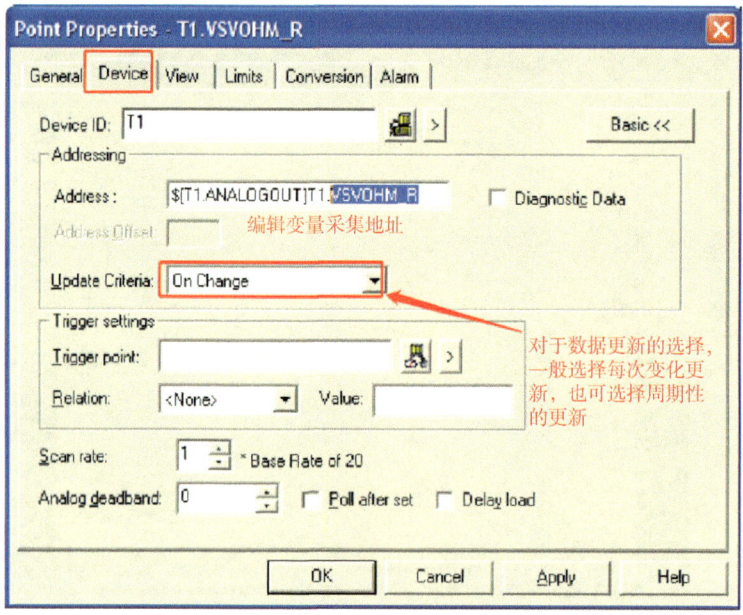

图 3.8.49　编辑变量采集地址

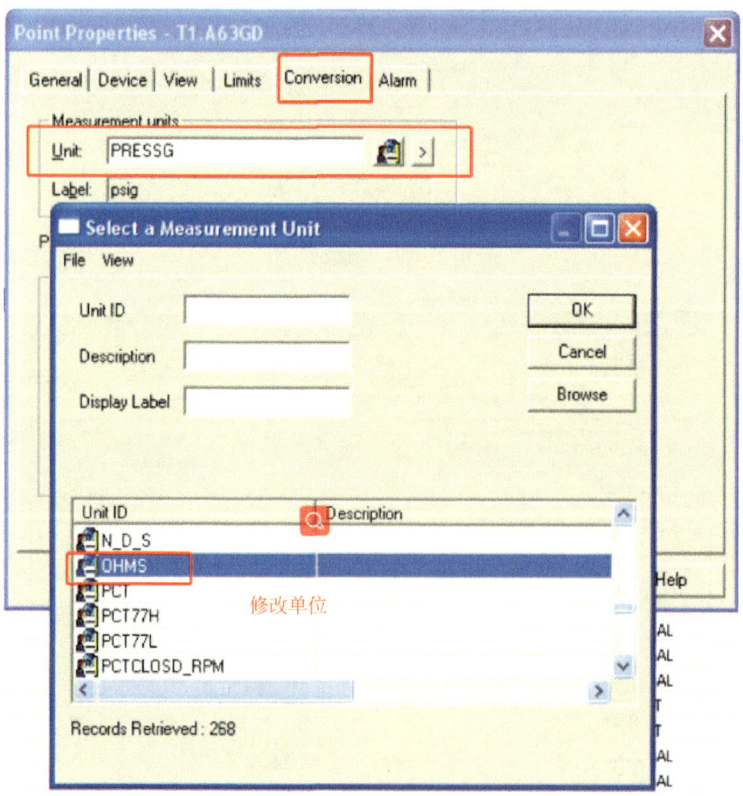

图 3.8.50　编辑变量单位

确认变量已添加，停止工程文件，点击 Configuration Update 更新配置，如图 3.8.51 所示。

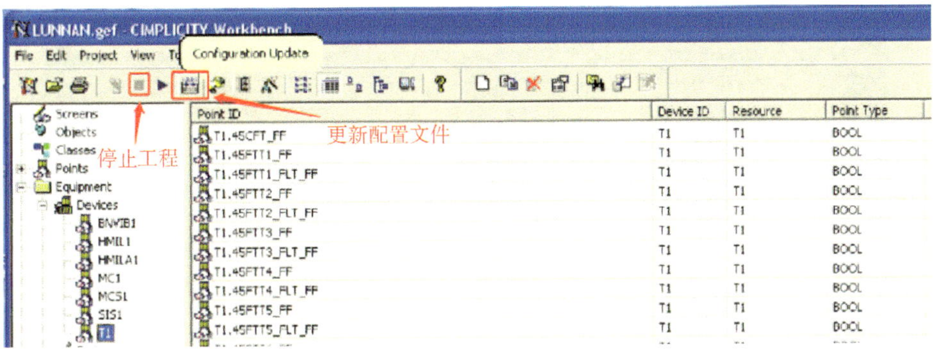

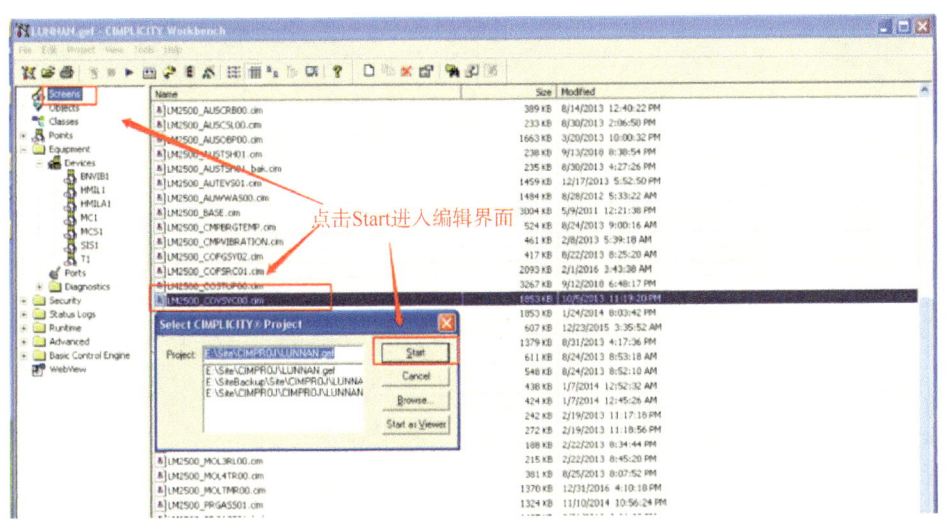

图 3.8.51　点击 Configuration Update 更新配置文件

编辑 HMI 界面，点击 Screens，选中右侧编辑文件 LM2500_COVSVC00.cim，右击 edit 后点击 Start 进入编辑界面，如图 3.8.52 所示。

图 3.8.52　点击 Start 进入编辑界面

进入编辑界面后，右击页面选择 Open Group 取消组合，如图 3.8.53 所示。

复制相同数据类型的点进行编辑，双击复制后的数据框，signal 选择 VSVOHM_R，勾选 lnink，定义 GE Tag name、Customer tag，取消报警设置，设置完后取消 lnink 勾选，如图 3.8.54 所示。

点击右上角 Test Screen（右上角小灯泡图标）进行画面模拟，验证数据变量通信正常，添加完成（图 3.8.55）。

运行工程查看 HMI 画面上的两个新增 VSV 线圈阻值是否正常显示，并刷新，如图 3.8.56 所示。

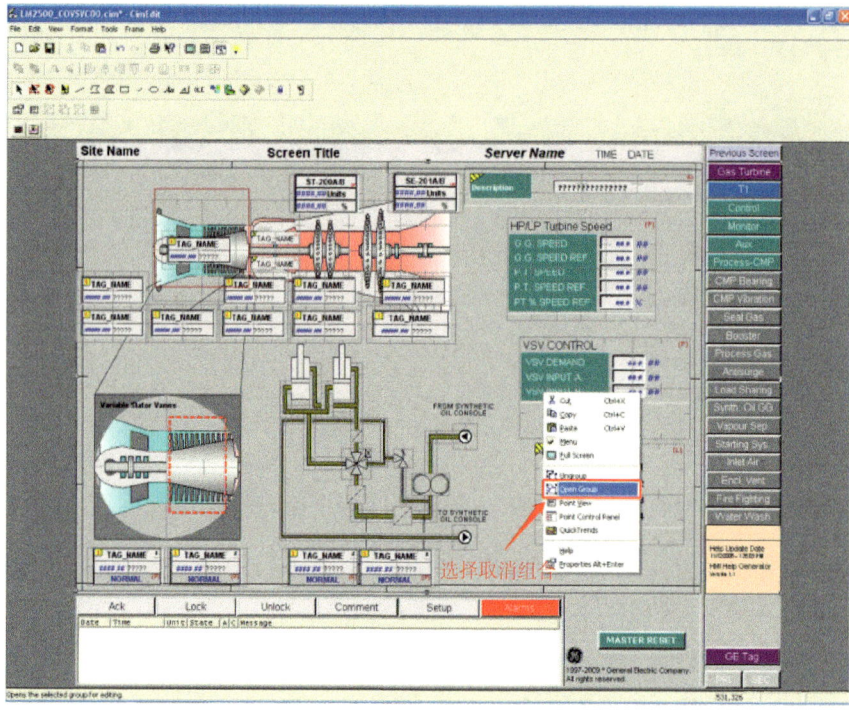

图 3.8.53　选择 Open Group 取消组合

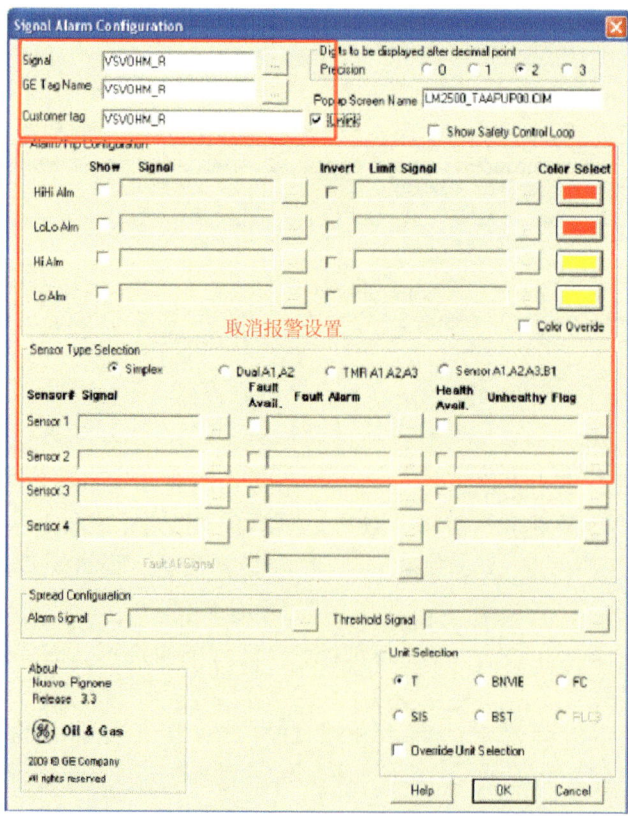

图 3.8.54　取消报警设置

图 3.8.55　进行画面模拟

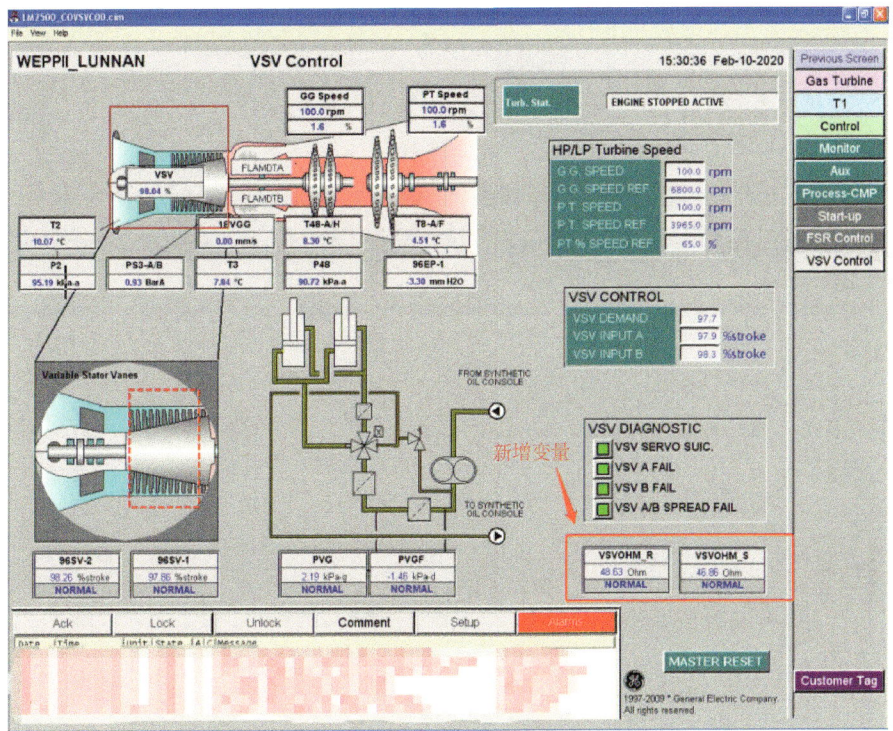

图 3.8.56　查看 HMI 画面上的两个新增 VSV 线圈阻值

(5) GE 机组 VSV 预防性运维五步法。

① 数据趋势和诊断报警分析。

检查可转导叶命令(VSV-POS-DMD、90SV1/2)反馈(VSVA/B、96SV1/2)偏差、电流(-10~-5A)、阻值(40~50Ω)数据和趋势,检查是否存在 T2 信号干扰波动造成 VSV 频繁机械磨损问题(图 3.8.57)。

检查 PSVO 板卡诊断报警信息,提前处置,防止自毁(图 3.8.58)。

核对 VSV 保护逻辑是否添加、VSV 自毁复位逻辑是否添加(图 3.8.59、图 3.8.60)。

② 燃机关键轴承磨损、作动环间隙、摇臂角度检查。

关键轴承轴承座改型降低磨损(改进材质强度和轴承包裹结构),检查扭矩轴、作动筒及 0~6 级导叶连杆关节轴承,前轴承不超过 1mm、后轴承不超过 2mm、用轴向位移量不超过 5mm(图 3.8.61、图 3.8.62)。

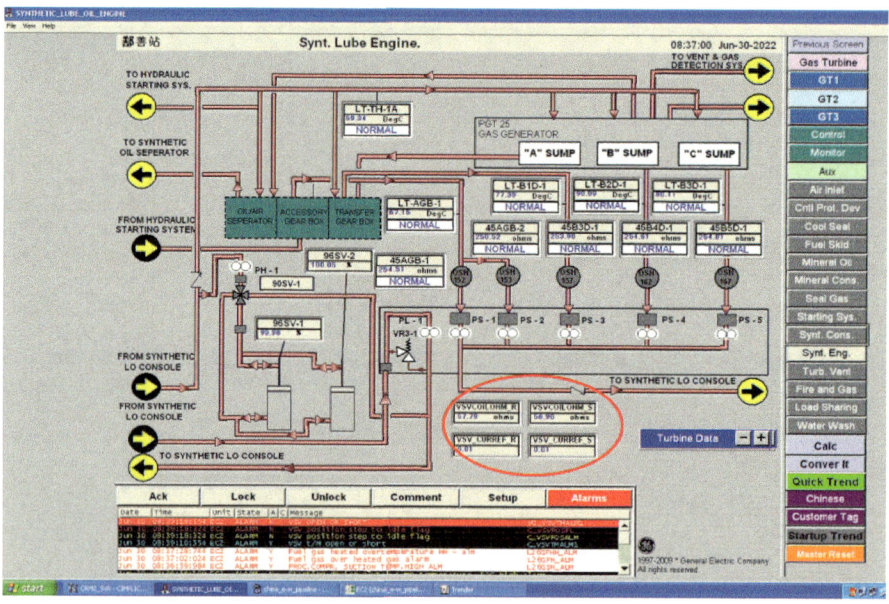

图 3.8.57 检查数据趋势

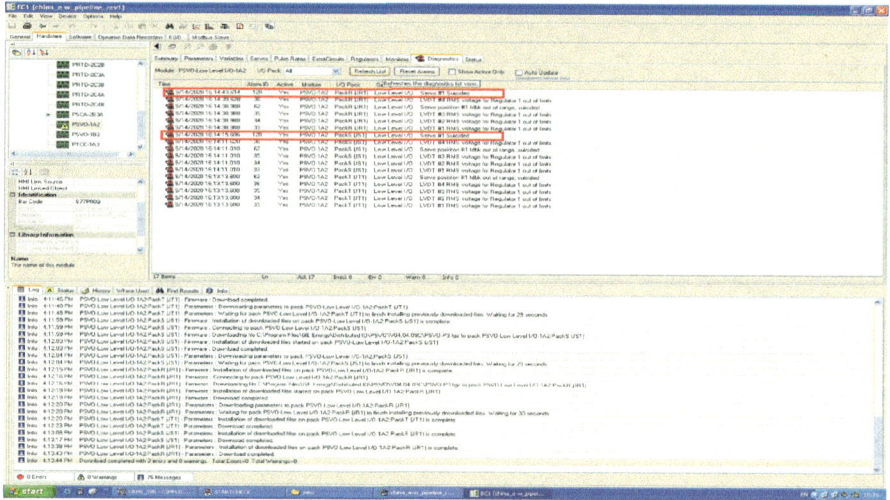

图 3.8.58 检查 PSVO 板卡诊断报警信息

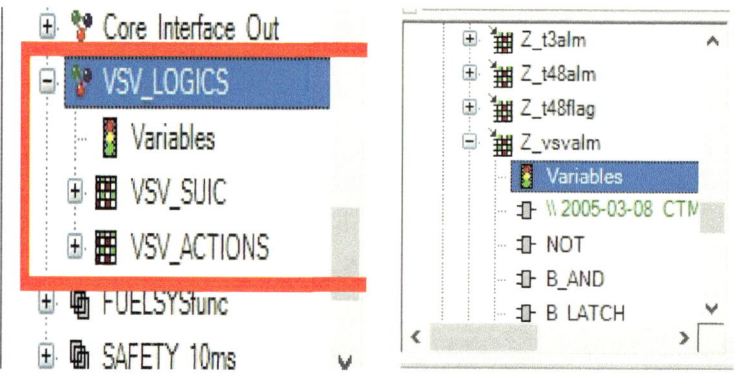

图 3.8.59 核对 VSV 保护逻辑是否添加

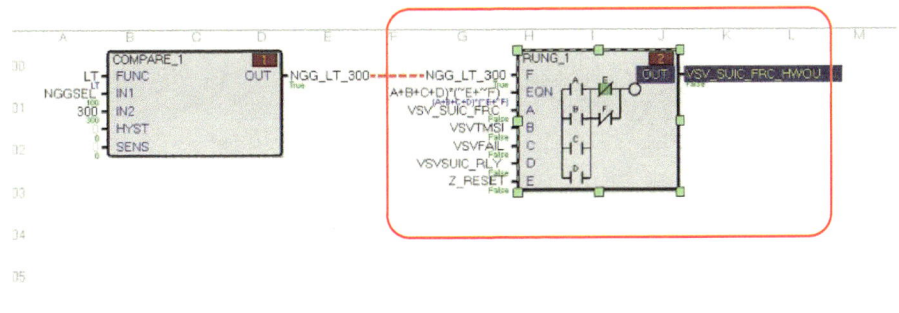

图 3.8.60 核对 VSV 自毁复位逻辑是否添加

图 3.8.61 检查关节轴承轴向间隙

图 3.8.62 检查关节轴承径向间隙

预防同步环间距螺栓与机匣磨损,严禁人员现场维护保养中踩踏、碰击,从而避免同步持环发生变形。动作环垫圈间隙如图 3.8.63 所示,动作环垫圈间隙(尺寸 A)见表 3.8.2。

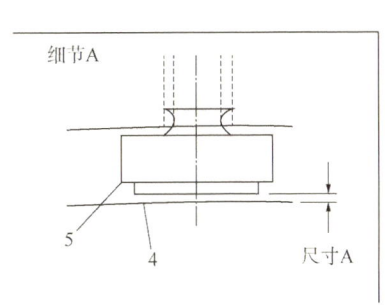
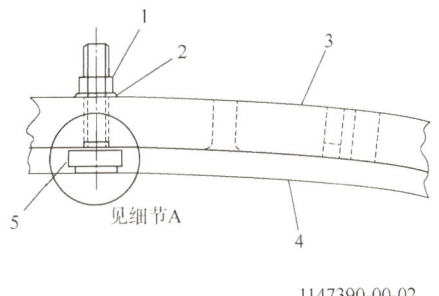

图 3.8.63 动作环垫圈间隙

1—自锁螺母;2—平垫圈;3—作动环单元;4—HPC 定子罩;5—动作换垫圈

表 3.8.2 动作环垫圈间隙(尺寸 A)

级	最小间隙		最大间隙	
	in	mm	in	mm
IGV	0.002	0.051	0.004	0.101
0	0.002	0.051	0.004	0.101
1	0.002	0.051	0.004	0.101

续表

级	最小间隙		最大间隙	
	in	mm	in	mm
2	0.002	0.051	0.004	0.101
3	0.002	0.051	0.004	0.101
4	0.005	0.127	0.007	0.177
5	0.010	0.254	0.012	0.304
6	0.014	0.356	0.016	0.406

预防摇臂变形、调节垫圈磨损，从而避免调节角度发生变化，使用观测计 2C6966 来确定角度偏差小于 2°，保证 VSV 工作翼型满足设计要求。VSV 角度测量如图 3.8.64 所示，叶片角度见表 3.8.3。

表 3.8.3　叶片角度

级	打开	闭合	级	打开	闭合
IGV	45°00′	45°00′	3	25°00′	25°00′
0	30°00′	30°00′	4	23°45′	23°45′
1	30°15′	30°15′	5	30°00′	30°00′
2	26°45′	26°45′	6	30°00′	30°00′

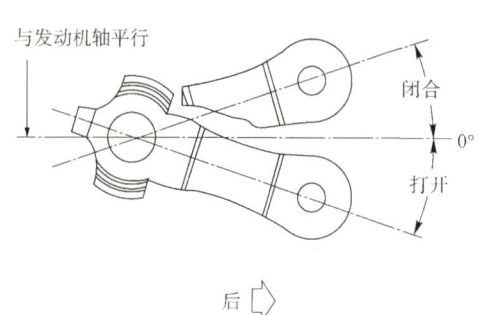

图 3.8.64　VSV 角度测量
执行臂行程（IGV、0、1、2、3、4、5 和 6 级）

图 3.8.65　观测计 2C6966

作动筒更换检查，选择对应机型的产品编号，采用正确的零位测量方法，防止更换后左右偏差大问题（图 3.8.66）。

③ 伺服阀和作动筒航插线缆加固。

重点完成 GE 机组 VSV 命令航插线缆、液压作动筒反馈线缆标准化加固，处理屏蔽电缆破损和航插松动的问题（图 3.8.67、图 3.8.68）。吸取 VSV 自毁停机的经验案例，严防 XV141AB 航插和尾线搭接磨损松动。

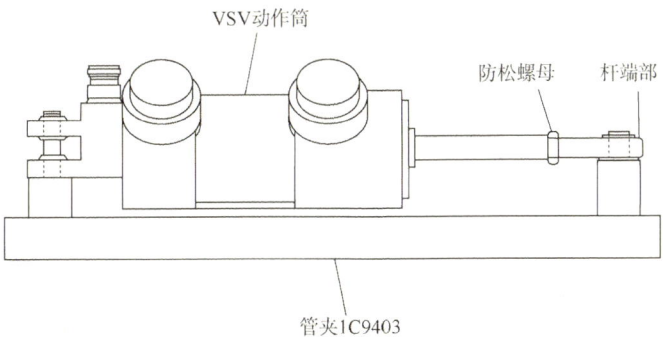

图 3.8.66 VSV 动作筒长度检查

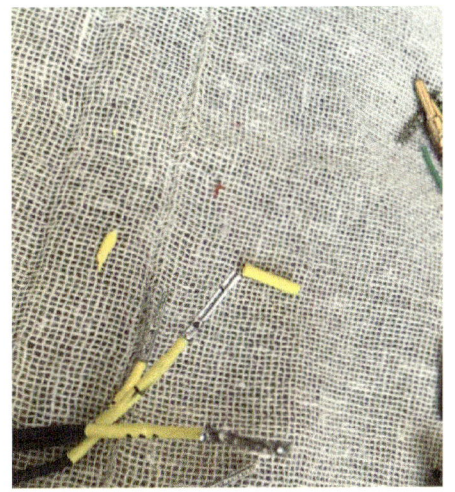

（a）线缆增加热缩保护套

（b）线缆压接线鼻子

图 3.8.67 处理线缆破损问题

（a）航插针芯烫锡

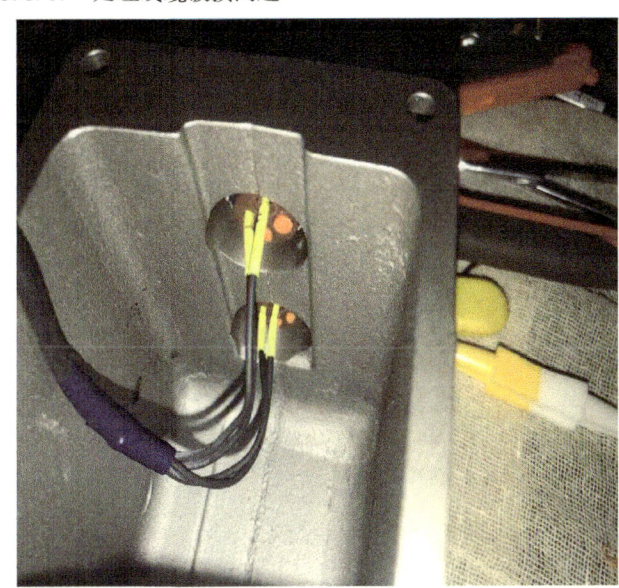

（b）XV141A、B 航插加固后实物图

图 3.8.68 处理航插松动问题

④ 高质量完成 VSV 盘车校验。

选择 calibration crank 模式，启动到 2100r/min，打开 PSVO 中 Regulator1，点 Calibrate Valve，进入 calibrate valve 窗口，点 Calibrate Mode(自动或手动)，如图 3.8.69 和图 3.8.70 所示。

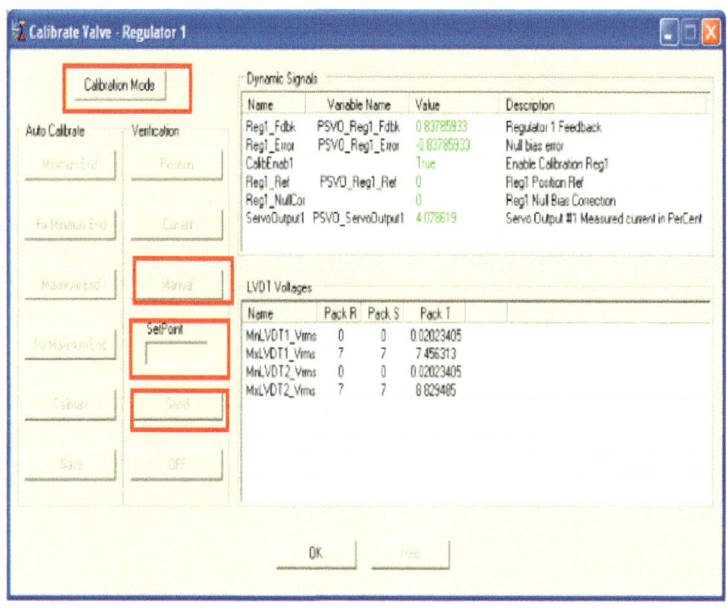

图 3.8.69　VSV 盘车校验操作框

自动校验操作按以下步骤执行：
(1)点击 Minimum End 使得作动筒达到最小位置；
(2)点击 Fix Minimum End 读取作动筒在最小位置时的电压；
(3)点击 Maximum End 使得作动筒达到最大位置；
(4)点击 Fix Maximum End 读取作动筒在最大位置时的电压；
(5)点击 Calibrate 计算线性变化值；
(6)点击 Save 保存计算的线性变化值。
计算出的值被保存到每个 I/O 模块的应用程序代码区和 ToolboxST 应用程序中加载的当前配置。
可以通过三种方法驱动执行器来验证伺服性能：手动，位置变化和阶跃电流。在手动模式下，以数字方式输入所需值，并从趋势记录器监控性能。校验命令的执行顺序如下：
(1)点击 Position 以位置命令驱动执行机构并监视位置变化；
(2)点击 Current 以电流命令驱动执行机构并监视电流变化；
(3)点击 Manual 去使能执行器手动控制功能(与 Send 按钮配合)；
(4)点击 Send 去发送设定值到 I/O 模块；
(5)点击 OFF 推出校验模式。

图 3.8.70　VSV 校验标准操作步骤

校验时观察 VSVA 和 VSVB 的趋势，观察偏差值，偏差小于 1%，LVDT 电压在 1.4～4.4V 之间(图 3.8.71)。

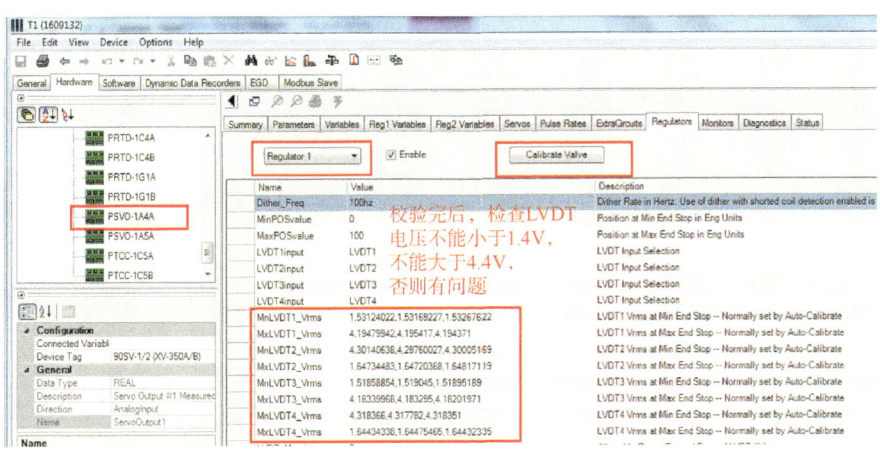

图 3.8.71　校验时观察 VSVA 和 VSVB 的趋势

⑤ 更换电路板和 IO 包

结合经验可知，对 PSVO 包、TSVC 电路板+WSVO 包断电时，极易触发 VSV 自毁报警、电路板损坏，因此非故障处理严禁随意断电、上电操作(切记故障后先查看现场回路线圈阻值，再考虑是否断电)。更换电路板和 IO 包的具体步骤如下：

a. 下电：断开 IO 包电、再断电路板电。

b. 上电：先供电路板、再供 IO 包。

c. 拆卸：记录接线端子线序，将 TSVC 板上的 3 个 PSVO IO 包、3 个 WSVO 驱动板、2 个接线端子排细心拆下，拆卸过程注意不要使用蛮力，释放存在的静电，轻拿轻放避免损伤电路板。拆下的模块标记下原来的位置。

d. 记录新的 TSVC 板的 Bar Code(程序更改)，将新的 TSVC 板更换上，将之前标记好的 PSVO IO 包、WSVO 驱动板和两个接线端子排按照原来位置回装，在安装的过程注意不要使用蛮力插拔模块，避免模块针脚损坏。

(6) 西门子机组 RVDT 反馈偏差与动作慢处理。

把修改前的原程序在 RR 机组工程本以及专用硬盘里分别备份(图 3.8.72)。

查看程序，RVDT 控制输出与反馈存在 2°偏差，延时 0.5s 触发停机报警，对原程序进行修改，将 RVDT 控制输出与反馈偏差停机值以及延迟时间触发机组停机条件由输出与反馈存在 2°偏差延时 0.5s 改为存在 4°偏差延时 1s，确认无误后下装程序，并做好相应的备份工作(图 3.8.73)。修改完成后对 VIGV 角度进行行程测试，完成后对压缩机组进行 72h 测试。

索拉金牛星 70 机组的 VSV 液压执行机构易跑偏，对标索拉大力神 130 机组、涩宁兰复线金牛星 70 机组，它们均采用的是电动执行机构，因此将涩北 1#、2# 机组的液压执行机构改造为电动执行机构，解决了该故障。

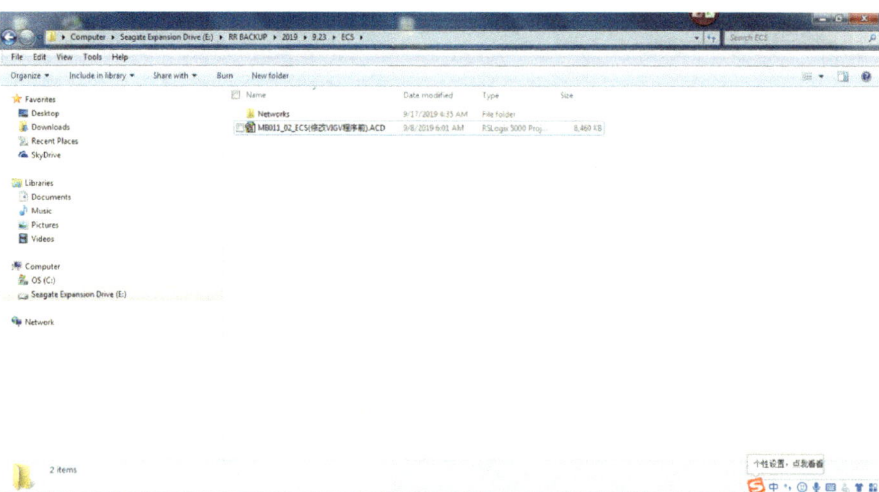

图 3.8.72　备份修改前的原程序

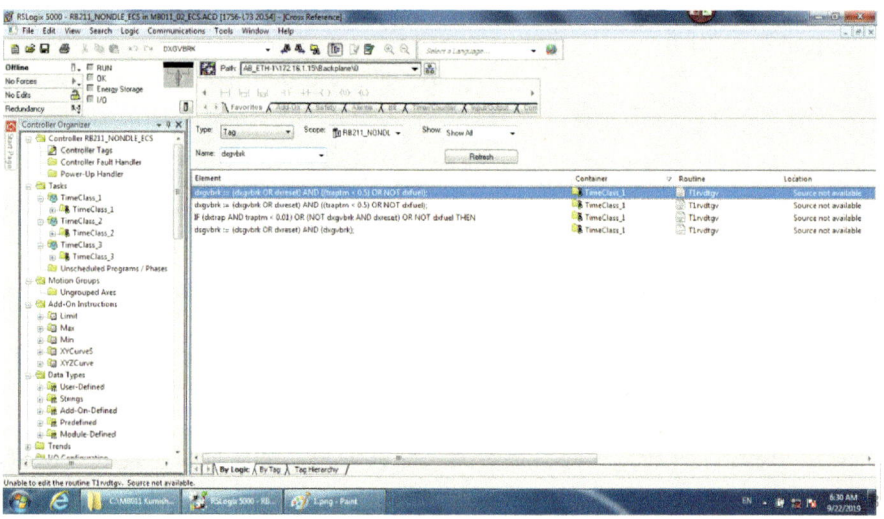

图 3.8.73　修改触发机组停机条件

第 4 章
压缩机本体及辅助系统典型故障及处理

本章主要阐述了压缩机本体及辅助系统典型故障及处理情况,具体内容包括干气密封概况及国产化维修应用、压缩机进出口短节安装应力大故障处理、GE PCL600 系列压缩机进口导流板设计缺陷等。

4.1 干气密封概况及国产化维修应用

公司所辖西一线、西二线、西三线、轮吐线及涩宁兰线共有大型离心式压缩机组 154 台套,均采用干气密封系统实现离心压缩机轴端工艺气的封严。目前所选用的干气密封系统按照摩擦副的配对形式,主要分为硬对硬与硬对软两种方式,供货商主要来自博格曼、约翰克兰、福斯、德莱赛兰、成都一通和中密控股(原四川日机),返修密封主要由成都一通、中密控股来完成。所用密封均为串联集装式密封,其中,一级密封为主密封,二级密封为安全密封。博格曼、福斯干气密封均采用硬对硬的配对方式,摩擦副主要选用 SiC 或 SiN,摩擦副表面经过特殊工艺处理以保持相对更高的光洁度;约翰克兰干气密封采用硬对软或硬对硬的配对方式,动环一般选用 WC 或 SiC,配对静环一般选用较软的石墨碳环或 DLC 涂层 SiC 材质。

离心压缩机组是输气管道的核心设备,其运行可靠性直接影响输气量及管道的平稳运行,而干气密封系统的完好是提高压缩机组完好率和利用率的决定因素之一。公司自 2012 年承担公司离心压缩机组维护检修以来,截至 2023 年 4 月底,共计更换干气密封 409 件,其中包括原厂备件装机 95 件、国产化维修装机 314 件。

4.1.1 干气密封故障失效统计分析

4.1.1.1 干气密封失效统计

干气密封的非正常失效指因干气密封系统本身失效而导致的未达到合同规定使用周期的失效情况。2012 年至今,公司所辖离心压缩机组因故障失效更换 126 件,其中包括进口原厂密封 81 件、国产化修复密封 45 件。各年度失效密封统计见表 4.1.1。

表 4.1.1 各年度失效密封统计表

年度	更换密封数量	密封来源		失效密封数量及占比
		失效进口原厂密封数量及占比	失效国产化修复密封数量及占比	
2012 年	4	2(50%)	0	2(50%)
2013 年	23	11(47.8%)	0	11(47.8%)
2014 年	24	10(41.7%)	0	10(41.7%)
2015 年	38	13(34.2%)	3(7.9%)	16(42.1%)
2016 年	33	4(12.1%)	6(18.2%)	10(30.3%)
2017 年	40	8(20%)	5(12.5)	13(32.5%)
2018 年	47	11(23.4%)	10(21.3%)	21(44.7%)
2019 年	54	12(22.2%)	6(11.1%)	18(33.3%)
2020 年	36	3(8.3%)	5(13.9%)	8(22.2%)
2021 年	46	4(8.7%)	4(8.7%)	8(17.4%)
2022 年至今	63	3(4.8%)	6(9.6%)	9(14.4%)
合计	408	81(19.8%)	45(11%)	126(30.8%)

4.1.1.2 干气密封故障趋势分析

由表 4.1.1 可以看出，干气密封故障失效占比总体在逐年降低，国产化修复干气密封在 2018 年的故障失效占比达到最高峰，近年来，公司与中密控股股份有限公司、成都一通密封件股份有限公司就干气密封修复质量进行讨论分析，做出以下改进措施：一是参照新标准 API 692—2018《轴向、离心、旋转螺杆压缩机和膨胀机的干气密封系统》，将干气密封动、静环超速实验转速由老标准 API 617—2002《轴流、离心压缩机及膨胀机》的 115% 提升至 122%，杜绝干气密封运转过程中的碳环炸裂风险，结合进口原厂博格曼、约翰克兰、福斯和德莱塞兰的干气密封泄漏量要求，将国产化修复干气密封泄漏量降至期望值以内，且干气密封使用的密封圈、弹簧和金属件必须完全满足 API 617—2002《轴流、离心压缩机及膨胀机》、JB/T 11289—2012《干气密封技术条件》技术标准的规定范围。对处于标准边界的零部件进行更换，以保证干气密封运行周期。二是严格按照 JB/T 11289—2012《干气密封技术条件》标准的规定进行静态试验及动态试验，静态试验报告至少包括在最大静态密封压力的 75%、50% 和 25% 各保持 5min 压力完整的测试及静态泄漏量数据；动态试验报告至少包括密封从静止转速增大至最大连续转速、额定转速、跳闸转速、超速测试环节的测试数据及检查情况。三是鉴于 JB/T 11289—2012《干气密封技术条件》技术标准要求，干气密封必须储存在原包装内，安装固定板，并用泡沫减振，使用塑料胶袋包装密封及抽真空（验收后真空包装失效，使用随箱包装全角度包裹，做好防尘措施），包装箱内放置干燥剂。在室温 −15~40℃、通风、干燥、避光的室内存放，公司与两家干气密封公司建立代储代管机制。四是对于干气密封修复频次，目前管道压缩机配套干气密封相关技术标准、公司及密封修复厂家均无明确的密封修复次数界定标准。结合修复经验与厂家约定，对于正常维修密封，维修频次原则上不超过 3 次（含 3 次）。对于维修频次超过 3 次的维修密封，由厂家提供测量复核相关数据，并出具继续维修或报废报告，经公司确认继续维修或报废结论。对于在维修过程中发现密封部附件等不符合 JB/T 11289—2012《干气密封技术条件》标准规定的精度要求，或者结构存在改型等异常情况的密封，由维修厂家及时提供相关材料及建议，与公司共同协商，确认继续修复或报废结论。通过以上措施，后续国产化修复干气密封故障失效占比得到有效控制。

进口原厂干气密封自 2019 年以来，故障失效逐年减少，这是因为自 2016 年以来，公司大量使用国产化修复干气密封，进口原厂干气密封安装数量较少。

4.1.2 干气密封国产化修复流程

4.1.2.1 干气密封送修流程

干气密封更换完毕后，根据需要解体检查干气密封，查找干气密封失效原因后重新组装密封，标明该干气密封安装站场、压缩机组工艺编号及驱动/非驱动端，将带安装盘的失效密封打包封装后，利用原密封包装箱发往干气密封修复厂家。按照维修框架，博格曼密封发往中密控股股份有限公司，约翰克兰和福斯密封发往成都一通股份有限公司。

4.1.2.2 干气密封厂家修复流程

干气密封厂家修复流程为：开箱检查（根据发货清单确认实物与密封一一对应，确认包装完好，无挤压破损情况，并拍照记录）→密封解体（参考原始密封图，由拥有 5 年以上国外进口密封拆解经验的技术人员对密封进行拆解，确保密封安全，对每一步拆卸进行拍照或录像记录）→零件清洗（对零件进行清洗，清洗后的每个待修的零件单个摆放，并做运输保护，确保零部件不被二次损伤）→零件测绘（对全套密封的每一个零件进行测绘，重要的配合尺寸需由专人二次复测，做到准确无误。为零件重做、检测提供标准样图，同时依据尺寸为后续加工、检测做准备）→检测检查（依据图纸，对分解后的每一个零件进行检查检测。检查金属件是否有变形、损伤，检测公差和表面粗糙度是否符合要求。检查密封环是否有磨损或裂纹，检测动压槽深度是否符合要求，摩擦副表面粗糙度及形位公差是否超标。检测弹簧刚度以及辅助密封圈损坏情况）→拆解报告（将拆解过程中主要零部件的状态、实物损坏照片，形成一份拆解报告呈现给用户）→用户确认（确认零件修复或更换，在没有争议的情况下展开技术修复工作）→制定修复方案（若部件无损，更换全部密封圈及弹簧。清理、抛光各金属零部件，研磨抛光动、静环端面，槽形按原参数修刻。若部件和金属零部件有损坏，则按照原尺寸、原材料重做该零件。若螺旋槽环有损坏，则按原尺寸、原材料加工环，槽形及参数按标准设计。若需要进行特殊加工，则需确定关键机加件的表面精度和形位公差精度的加工工艺和控制，如推环、轴套等。此外，还包括密封环涂覆盖、推环喷涂硬质合金等）→组织生产（机械加工采用美国进口的三轴式数控车床加工机加件，确定核心机加件的形位公差及尺寸要求。对于部件采购，动环为硬质合金、静环为涂覆SSIC、弹簧为哈氏C、密封圈为进口同种密封圈、弹簧致动密封圈为进口。研磨刻环需保证表面粗糙度及平面度）→装配→静压试验→无尘装配→出厂试验（动环的超速实验→旋转件动平衡试验）→API 617—2002《轴流、离心压缩机及膨胀机》标准实验特殊实验（包含盘车试验、机组升速、启停等测试）→性能标准（与国外干气密封要求完全一致）→试验合格（若试验不合格，重新计算槽形参数，重新激光修刻槽形，或者调整密封其他参数后重新进行出厂试验）→包装发货。

4.1.3 国产化干气密封使用情况

2015年，公司与中密控股股份有限公司、成都一通密封件股份有限公司联合开展GE机组PCL800机型15MPa管线压缩机干气密封国产化研制，2018年11月，国产干气密封分别在西二线霍尔果斯站和西二线张掖站安装运行，并于2019年12月完成成果鉴定及课题验收。截至目前，已有12件密封安装至6台在役机组，具体使用情况见表4.1.2。

表4.1.2　国产干气密封使用情况

序号	站　　场	机组编号	安装时间	运行时间/h
1	西二线精河站	2#	2020年11月	3961
2	西二线霍尔果斯站	3#	2021年4月	5490
3	西一线孔雀河站	2#	2021年8月	7230
4	西三线永昌站	1#	2022年5月	1605
5	西三线烟墩站	3#	2022年6月	2804
6	西三线烟墩站	1#	2022年9月	2462

截至2023年4月底，国产化干气密封最长使用时间为7230h，泄漏量符合机组运行标准，且运行状态稳定。采购此型号进口原厂干气密封价格约为50万元/件，采购周期9个

月,国产干气密封价格约20万元/件,采购周期1个月,相比较进口原厂干气密封,国产干气密封采购成本低、周期短,且性能完全满足机组平稳可靠运行的要求。目前国产化密封已纳入公司物采框架。

4.1.4 干气密封管理提升措施

4.1.4.1 技术层面

1) 运行管理

(1) 按照公司要求,提高干气密封供气温度至45℃以上,减少重烃液体析出并进入密封的情况。制定"压缩机冬季运行和维护方案",进一步提高干气密封供气温度,减少气质带液情况,对密封气过滤系统、密封气加温系统和密封气通入时间等方面做出明确要求,并严格执行。评估分析干气密封供气温度不低于45℃的依据及合理性,借鉴MAN压缩机密封供气温度在85℃以上的经验,优化供气温度设定值;开展干气密封系统标准化研究及实施,解决不同品牌、不同型号干气密封系统附属设备不统一的问题,分析干气密封供气温度衰减因素,优化密封加热器设置位置,提高干气密封供气温度。

(2) 在机组运行操作方面,避免因机组转速变化幅度过大降低干气密封本体性能。在对备用机组的保护过程中,合理评估压缩机的怠速盘车和机组切换频次;尽量减少干气密封非工况运行机会;优化干气密封不同季节的排污操作要求,指导运行人员合理开展排污作业。

(3) 压缩机运行管理人员应及时掌握上游工艺运行的波动工况,将气质大量带液工况作为应急事件来处理,提高设备操作人员的敏感性和重视程度。

(4) 加强设备设施的完整性管理。及时恢复干气密封系统失效设备,如过滤器滤芯更换、电加热系统故障处理和各控制阀门故障处理等。

2) 隔离密封改型优化

(1) GE品牌PCL800系列干气密封系统采用梳齿结构密封作为油气隔离密封,防油效果不佳是导致该密封本体失效的主要原因。2019年,公司研究福斯CIRCPAC型碳环隔离密封替代GE机组梳齿型隔离密封,加强油气侵入预防措施,改善干气密封工作环境,并在西一线鄯善压气站2#机组使用,应用状态良好,已通过公司成果验收,并纳入成果推广应用计划。

(2) 在原部件上加装耐油O形圈,封堵两路进油路径。一路是干气密封传动套与锁紧螺母结合面处矿物油侵入,处理方法:干气密封传动套总厚度为11mm,与锁紧螺母结合面台阶处厚度为5.5mm,在结合面处加工直径为3mm的O形密封圈安装槽,安装O形圈;另一路是内、外隔离密封处4颗紧固螺栓螺纹间隙进润滑油,处理方法:在内、外隔离密封的总共8颗紧固螺栓加装O形圈,杜绝油气侵入。自2021年开展检修以来,PCL800系列压缩机均已完成整改,目前与干气密封维修合作方中密控股对接,就干气密封所涉及密封圈按规格进行加工,随干气密封备件到达现场,进行加装更换。

3) 检修安装质量管控

(1) 研究并明确干气密封按压测试、调整垫片偏差、外体平滑度检查等依据和标准,提升安装质量。

(2) 推广应用公司酒泉站干气密封系统预处理技术。

(3) 试点应用干气密封在线清洁挽救技术,视效推广。

（4）改善密封存储环境，在保障维修及时、备件充分的前提下，考虑由维修厂家代储代管。

（5）利用 QC 工具，从人、机、料、法、环、测全要素开展课题活动，开展干气密封失效分析，分析评估油气渗入、补偿卡滞对密封运行寿命的影响，找准失效的根本原因，制定并实施改进措施。

4.1.4.2 管理层面

1) 返修质量管控

（1）修订完善《压缩机干气密封技术规范》，将密封本体配合公差、表面粗糙度等标准信息拉入技术规范，进一步规范干气密封修复、出厂测试流程。

（2）严格按照 JB/T 11289—2012《干气密封技术条件》规范要求开展密封维修测试，密封静压及动压测试数据不得超过设定期望值。将维修密封工厂测试动静压及泄漏指标不得高于合同期望值作为最低要求，严把验收质量关。

（3）监督维修厂家干气密封更换附件来源渠道，避免因关键部件使用非进口件而导致密封性能或寿命降低。监督维修厂家提供维修部附件来源渠道证明，避免原材料以次充好，加强密封辅助弹簧力矩、卡环密封圈过盈量、推环表面光洁度等辅助元件性能指标检测校核，严把材料质量关。

（4）联合维修厂家合理制定干气密封维修次数，避免累计公差超标影响密封运行性能，严把源头质量关。

（5）加强密封维修厂家驻厂监督，尤其是启停试验及升降速过程测试，严格按照启停测试要求执行，加强对干气密封维修质量过程监管。重点见证干气密封维修、测试过程，必要时全程驻厂监造，严把维修质量关。

（6）收集整理其他地区公司干气密封使用、维修、故障情况，与公司建立沟通交流机制，形成技术交流平台，完成技术资料共享。

（7）针对故障失效密封，与两家密封维修公司共同查找密封失效原因，形成失效分析报告，并对其进行整改。督促两家密封维修公司保证维修密封的所有配合尺寸标准必须处于标准范围，对于处于标准边缘的部件，必须进行更换或重新装配，保证密封修复质量。

（8）严格执行合同。对达到合同指标的维修备件，责成其免费维修，查找失效原因并扣除相应质保金。维修密封以现场运行测试时间不低于 8000h 为最低要求，因工厂维修原因，失效密封运行时间未达到 8000h 的，追究维修责任，并扣除第二批维修款，运行时间未达到 25000h，扣除质保金。通过合同协商等方式督促厂家提升维修质量，严把测试质量关。

（9）建议建立激励机制。按照维修厂家分类统计，维修密封平均运行时间超过 25000h 的，由中心向公司申请优秀供应厂商称号，考虑推荐纳入公司发展合作战略框架。

2) 技术技能提升

（1）利用现场更换作业、密封实训平台等，加大密封拆装实训，提高现场拆装操作技能，坚决杜绝因安装质量导致密封失效事件的发生。

（2）结合师带徒活动，对前往中心实践学习的学员的实践培训，由指导老师把关甄别，提升公司专家带徒效果，及早及快培养检修梯队。

3) 密封基础数据管理

（1）完善干气密封基础台账。补充完善干气密封更换时间对应的环境温度、密封拆卸后油气渗入情况、失效时工艺运行方式(启机、停机、运行)、维修次数、截至失效时的运行时间、维修厂家、密封来源厂家、维修等级和作业人员等信息，从全方位、多维度考虑，建立干气密封全寿命管理台账，为开展统计分析、同类对比和领导决策提供依据。

（2）通过设备设施系统对接平台，实现干气密封台账自动更新、信息化管理。

（3）借鉴公司机械密封维修评标方式，探索由维修厂家保障运行时间的模式，促进提升维修质量。

（4）在安全平稳的基础上，开展干气密封运行经济性评估，合理优化密封期望泄漏量，争取潜在经济效益。

4.2 压缩机进出口短节安装应力大故障处理

因压缩机进出口短节存在较大安装应力，出现了诸如烟墩站平衡管螺栓断裂、压缩机转子损坏、进出口管线支座发生变形等现象。在压缩机检修后对中时，存在先安装短节、后找正，或者先找正、后强装短节的情况。为规范压缩机无应力安装与对中，对压缩机进出口短节安装应力大故障进行问题分析，并提出相应的处理建议。

4.2.1 问题分析

由于压缩机及连接管线可能存在带应力安装或基础沉降等情况，机组检修完成后再次安装进出口短节时，出现短节法兰张口超标、错位不对中现象。在这种情况下，若强行连接法兰，势必会使压缩机本体承受更大的安装应力，影响机组的安全运行。

管线与压缩机配对法兰张口或错边量超标，如不消减，可能导致压缩机转子振动升高、压缩机管嘴应力增加、某些机组平衡管线振动变大、进出口管线支撑变形、管线发生位移和联轴器膜片损伤等情况的发生。

4.2.2 处理建议

4.2.2.1 压缩机组初始管嘴法兰安装建议

在基础灌浆、预对中、现场最终焊接完成后，压缩机进出口管线方能与压缩机管嘴连接。无支撑的管线不应与压缩机连接，应对压缩机进出口管线按最小的应力设计管线支撑或吊臂。一般压缩机厂家提供压缩机管嘴承受的三维力、力矩限值。外部管线的力和力矩不应超过标准定义的许用应力和力矩的限值，若管线的应力超过管嘴的许用应力，则压缩机管嘴可能受此应力开裂。

压缩机进出口管道与机组最终连接后，应监测压缩机的径向位移量，离心式压缩机须小于 0.02mm，往复式压缩机须小于 0.05mm（SY/T 4111—2018《天然气压缩机组安装工程施工技术规范》）。

4.2.2.2 压缩机组检修后管嘴法兰安装建议

压缩机组检修后，应首先进行机组对中，然后检测管嘴与工艺法兰的径向或角向偏差，偏差值需满足表 4.2.1 的要求（SY/T 4111—2018《天然气压缩机组安装工程施工技术规范》）。

如果法兰间的偏差超出范围，建议对工艺管线进行应力再分析，建议对管线支撑、造成法兰张口或偏差的原因进行分析、处理，需尽可能达到表 4.2.1、图 4.2.1 的要求。

表 4.2.1 管道与机组法兰间的径向偏移及开口间隙允许偏差

压缩机型式		径向偏移允许偏差	开口间隙允许偏差
离心压缩机	转速<3000r/min	全部螺栓能顺利穿入	≤法兰直径 1/1000
	3000r/min≤转速<6000r/min	≤0.5mm	≤0.2mm/m
	转速≥6000r/min	≤0.2mm	≤0.15mm/m
往复式压缩机		全部螺栓能顺利穿入	≤法兰直径 1/1000

各类型号的机组无应力安装要求有其特殊性。总之，对于与机组相连的管道，不应使管道对机组附加外力，其最后焊接的焊口宜远离压缩机组，以免焊接应力对机组造成影响。

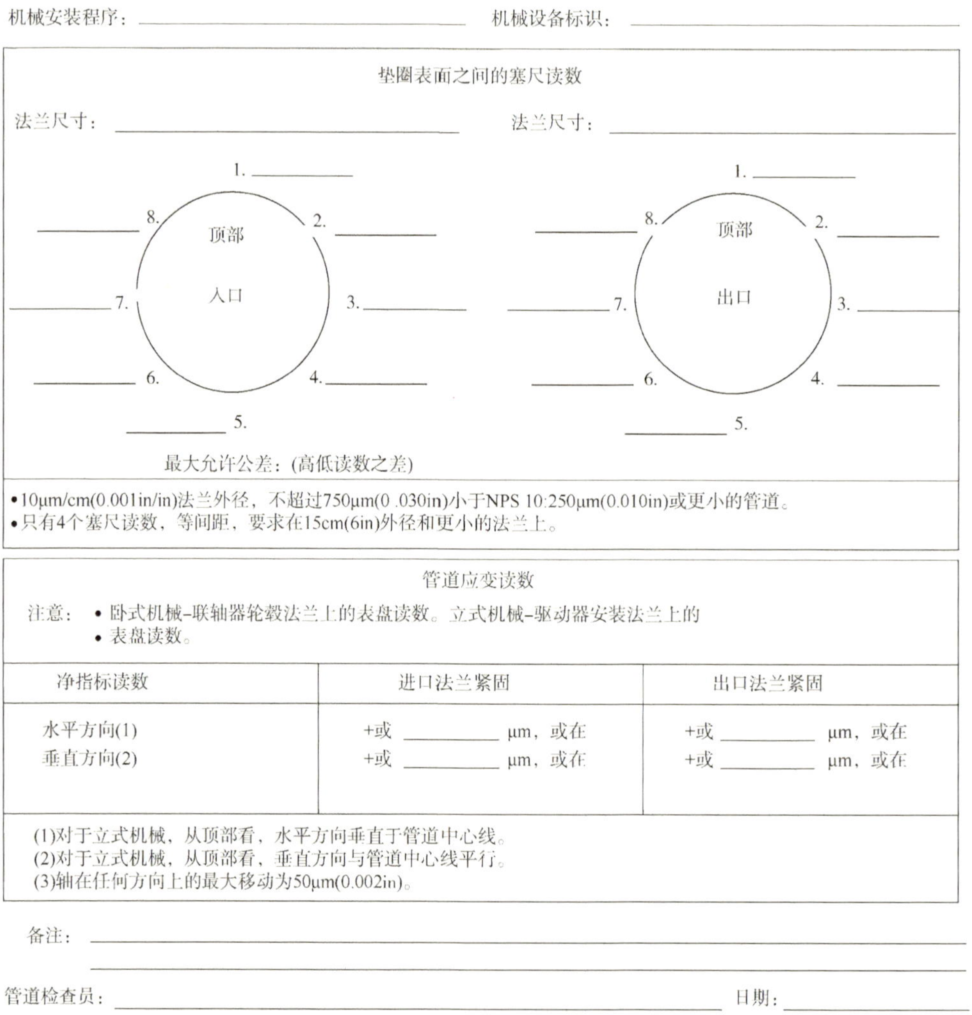

机械安装程序：_____   机械设备标识：_____

垫圈表面之间的塞尺读数

法兰尺寸：_____   法兰尺寸：_____

（入口法兰图示：顶部 入口，位置 1—8）   （出口法兰图示：顶部 出口，位置 1—8）

最大允许公差：(高低读数之差)

- 10μm/cm(0.001in/in)法兰外径，不超过750μm(0.030in)小于NPS 10:250μm(0.010in)或更小的管道。
- 只有4个塞尺读数，等间距，要求在15cm(6in)外径和更小的法兰上。

管道应变读数

注意：
- 卧式机械-联轴器轮毂法兰上的表盘读数。立式机械-驱动器安装法兰上的
- 表盘读数。

净指标读数	进口法兰紧固	出口法兰紧固
水平方向(1)	+或____μm，或在	+或____μm，或在
垂直方向(2)	+或____μm，或在	+或____μm，或在

(1)对于立式机械，从顶部看，水平方向垂直于管道中心线。
(2)对于立式机械，从顶部看，垂直方向与管道中心线平行。
(3)轴在任何方向上的最大移动为50μm(0.002in)。

备注：_____

管道检查员：_____   日期：_____

图 4.2.1 API 686—2009《机械设备安装以及安装设计建议》工艺管线与机组法兰间允许

各类型号的压缩机进出口法兰连接螺栓、螺母及垫片的型号、材质、安装技术要求等见表 4.2.2 的要求。

表 4.2.2 公司各类型压缩机进出口螺栓数据

机组类型	进口短节螺栓大小	进口短节螺栓材质	进口短节螺母大小	进口短节螺母材质	进口短节锁紧螺母力矩/(N·m)	进口短节螺母拆松力矩/(N·m)	进口法兰垫片型号	出口短节螺栓大小/mm	出口短节螺栓材质	出口短节螺母大小	出口短节螺母材质	出口短节锁紧螺母力矩/(N·m)	出口短节螺母拆松力矩/(N·m)	出口法兰垫片
西一线 GE	M52×3×370	35CrMoA	SW80	30CrMo	14519	29038	HG20631-2009 缠绕垫 D 750-A-600 2222	M64×3×550	35CrMoA	SW95	30CrMo	7063	14126	HG20631-2009 缠绕垫 D 600-900 2222
	M76×3×550	A193B7: 等同中国 42CrMo 或 42CrMoA 铬钼合金结构钢	SW110	A194GR.2H: 中碳钢淬火，回火	11772	23544		M52×3×360	35CrMoA	SW80	美制螺母 ASTM a194 GR7: 中碳合金钢淬火和回火，即硬化和回火	3767	7534	HG20631-2009 缠绕垫 D 750-A-600 2222
西二线 GE	M76×3×550	35CrMoA	SW110	30CrMo	11772	23544	HG20631-2009 缠绕垫 D 750-A-900 2222	M64×3×550	35CrMoA	SW95	30CrMo	7063	14126	HG20631-2009 缠绕垫 D 600-900 2222
	M76×3×550	35CrMoA	SW110	30CrMo	11772	23544	HG20631-2009 缠绕垫 D 750-A-900 2222	M64×3×550	35CrMoA	SW95	30CrMo	7063	14126	HG20631-2009 缠绕垫 D 600-900 2222
西三线 GE	M64×3×550	35CrMoA	SW95	30CrMo	7063	14126	HG20631-2009 缠绕垫 D 600-900 2222	M52×3×360	36CrMoA	SW80	美制螺母 ASTM a194 GR7: 中碳合金钢淬火和回火，即硬化和回火	3767	7534	HG20631-2009 缠绕垫 D 750-A-600 2222
	M64×3×550	35CrMoA	SW95	30CrMo	7063	14126	HG20631-2009 缠绕垫 D 600-900 2222	M64×3×550	35CrMoA	SW95	30CrMo	7063	14126	HG20631-2009 缠绕垫 D 600-900 2222

续表

机组类型	进口短节螺栓大小	进口短节螺栓材质	进口短节螺母大小	进口短节螺母材质	进口短节锁紧螺母扭矩/力矩（N·m）	进口短节螺母拆松力矩（N·m）	进口法兰垫片型号	出口短节螺栓大小/mm	出口短节螺栓材质	出口短节螺母大小	出口短节螺母材质	出口短节锁紧螺母扭矩/力矩（N·m）	出口短节螺母拆松力矩（N·m）	出口法兰垫片
西一线、西二线、西三线西门子压缩机	M90×3×710	35CrMoA	SW130	30CrMo	19620	39240	HG20631-2009 缠绕垫 D 900-A-900 2222	M90×3×710	35CrMoA	SW130	30CrMo	19620	39240	HG20631-2009 缠绕垫 D 900-A-900 2222
沈鼓压缩机	M76×3×550	35CrMoA	SW110	30CrMo	11772	23544	HG20631-2009 缠绕垫 D 700-A-900 2232	M64×3×550	35CrMoA	SW95	30CrMo	7063	14126	HG20631-2009 缠绕垫 D 500-900 2232
德莱塞兰压缩机	M64×3×550	35CrMoA	SW95	30CrMo	7063	14126	HG20631-2009 缠绕垫 D 600-900 2222	M64×3×550	35CrMoA	SW95	30CrMo	7063	14126	HG20631-2009 缠绕垫 D 600-900 2222
索拉70机组（靠压缩机端）	M38×3.8×250	4SH B7	SW60	2H BC UD	1727	3453	缠绕垫	M38×3.8×250	4SH B7	SW60	2H BC UD	1727	3453	缠绕垫
索拉70机组（靠工艺管线端）	M34×3.8×250	4SH B7	SW55	2H BC UD	1413	2825	缠绕垫	M38×3.8×250	4SH B7	SW60	2H BC UD	1727	3453	缠绕垫
索拉60/130	M38×3.8×250	PWB7	SW60	2HLE	1727	3453	缠绕垫	M41×3.8×300	PWB7	SW65	2HPH	2197	4395	缠绕垫

4.2.2.3 进出口管线支撑沉降后调平安装建议

（1）若发生进出口管线支撑沉降事件，则需要重新调整或安装进出口管线支撑，且要对整个管系和机组的应力情况进行无应力检查。

（2）首先将所有与压缩机组连接的管道法兰口松开，待压缩机组对中之后，检测管道与压缩机组连接口偏差情况，记录偏差方向及偏差的数据，使用塞尺测量数据。

（3）根据偏差数据的大小确定调整的方案。对于轴向偏差在3mm之内、径向偏差在3mm之内的情况，通过调整该段管系垂直管段弹簧支架的安装标高及水平方向径向限位为0的弹簧的限位来减小偏差。对于轴向偏差大于3mm、径向偏差大于3mm的情况，如果管系已无法通过支架调整满足，则重新安装支撑后进行调整。

（4）通过以上方法将管道与机组连接的法兰口轴、径向偏差减小后，再次使用塞尺及游标卡尺检测管道与压缩机组连接口偏差记录数据，必须符合表4.2.1的要求。如果超标，则重新进行微调；如果符合要求，可以进行后续工作。

4.3 GE PCL600系列压缩机进口导流板设计缺陷

在霍尔果斯站西三线压缩机组投产测试过程中，在机组24h运行中发现压缩机轴振动高，检查发现离心压缩机入口隔板紧固螺栓断裂，导致叶轮及隔板损伤严重，机组测试中断。

4.3.1 问题分析

检查损伤情况，发现入口隔板有轻微损伤痕迹，二级隔板损伤较为严重；一级、二级叶轮均有严重掉肉、翻边损伤，三级叶轮有轻微损伤痕迹；级间气封损伤明显，二级级间气封齿磨损，其他气封基环有明显的密集凹痕（图4.3.1~图4.3.4）。

分析产生此故障的原因：一是干气密封装配方面存在一定的设计缺陷。西三线压缩机入口隔板示意图如图4.3.5所示，设计缺陷的存在导致入口隔板轴承侧与干气密封供气管路相通，由此导致入口隔板紧固螺栓承受较大压差（出口压力与

图4.3.1 二级叶轮定距套及二级叶轮损伤严重

入口压力差压3~4MPa），进口隔板与干气密封进气联通点如图4.3.6所示。西二线压缩机入口隔板示意图如图4.3.7所示，西二线原有机组设计通过一道端盖的迷宫封严，使得入口隔板轴承侧基本无压力，入口隔板紧固螺栓不但未产生由额外的差压导致的应力，还因为入口隔板压缩机叶轮侧作用于入口隔板的压力，额外增加了一个紧固力矩，螺栓很难脱落。

二是干气密封压缩机出口引气管路存在设计缺陷。西三线霍尔果斯压缩机剖面图如图4.3.8所示，在内外筒体无封严，因此导致出口隔板引出的干气密封密封气直接进入内外筒体之间。同时，因为入口差压PDIT-779负压侧引压管内筒体处三通堵头未加装，且内筒体外侧四氟密封圈在入口侧，导致在内外筒体间的出口隔板干气密封引气至PDIT-779三通间形成气流回路，高压气体由三通进入压缩机入口，扰动了原有气流流动，可能导致入口隔板处产生较大的气流激振，由此导致紧固螺栓的高周疲劳断裂发生。

图 4.3.2 一级叶轮损伤严重

图 4.3.3 一级隔板、二级隔板明显损伤，一、二级级间气封损伤严重

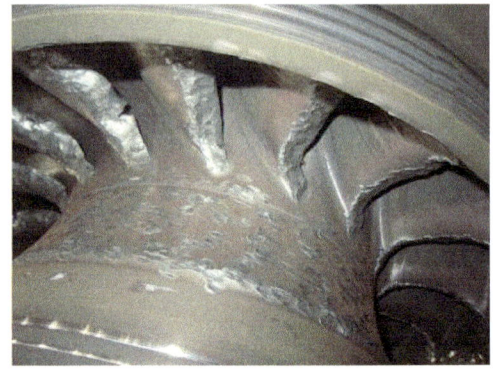
图 4.3.4 一级叶轮损伤严重

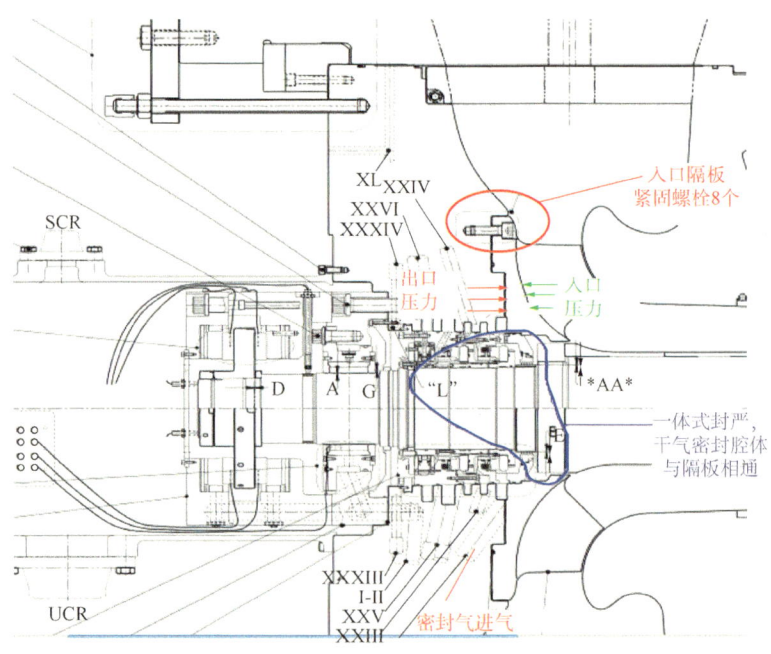
图 4.3.5 西三线压缩机入口隔板示意图

第 4 章 | 压缩机本体及辅助系统典型故障及处理

图 4.3.6　进口隔板与干气密封进气联通点

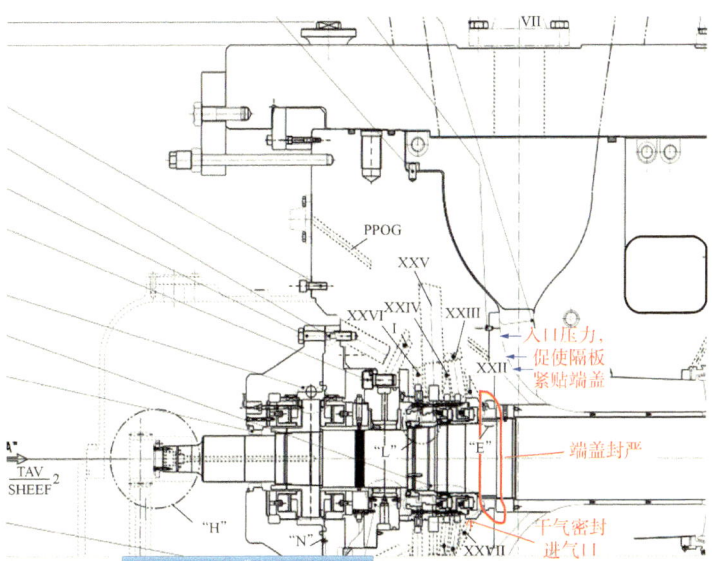

图 4.3.7　西二线压缩机入口隔板示意图

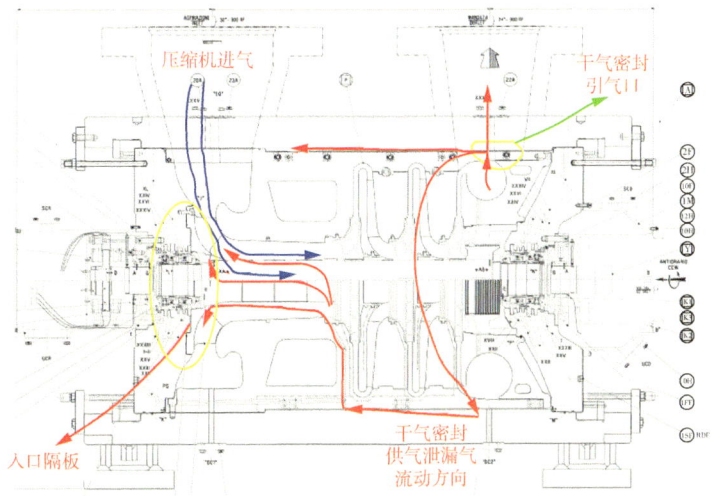

图 4.3.8　西三线霍尔果斯压缩机剖面图

综上，压缩机进口隔板与压缩机非驱动端端盖间形成了一个直径为606mm的空腔，且空腔与干气密封密封气供气通道相通。同时，GE在机组干气密封流程设计中，为保证初始启机阶段干气密封压差的需要，额外增加了一道与BOOSTER联动的供气切断阀。在GE现场工程师调试中，机组泄压状态下，强制启动BOOSTER测试时，导致进口隔板与端盖间形成的密封腔压力超过紧固螺栓屈服极限，螺栓断裂进入压缩机流道，严重损伤叶轮及隔板。

4.3.2 处理建议

（1）在压缩机入口隔板内壁加工同心环槽，直径为475mm，通过聚四氟乙烯背环及配套的O形圈密封，在背环外侧开直径5mm的泄压孔，与压缩机一级进口联通，起到密封背环失效时平衡背压腔背压的作用；

（2）取消原有干气密封橇调压阀旁通阀XV-3770，并优化相应干气密封供气控制逻辑，提高供气温度，开展预加热等；

（3）增加入口隔板紧固螺栓直径，由M20调整为M27，经计算，更换后背压腔允许承受最大背压可以达到15.74MPa，完全满足现有站场设计条件下极端情况下的安全要求；

（4）对入口风眼压差，在内筒体三通处补加漏装堵头，消除压差显示异常根源。

第 5 章
控制系统典型故障及处理

本章主要阐述了压缩机组控制系统典型故障及处理情况，具体内容包括接地标准化整改、控制系统端子排查与治理、GE 燃驱机组 GP2 大于 GP1 故障处理、本特利振动联锁程序优化、西门子机组火气系统可靠性提升、GE 燃驱机组工艺阀门位置反馈信号优化、西门子燃驱机组冗余配置模块程序优化等。

5.1 接地标准化整改

5.1.1 目的和意义

控制系统和自动化仪表在国家石油天然气管网集团公司的现场生产运行中发挥着非常重要的作用。安全有效的接地可以使整体系统更加稳定地运行，能够避免发生安全事故。

随着管道建设规模和复杂程度的不断增加，控制系统的电磁兼容（EMC）问题也越来越普遍，由于自动化控制领域对电磁兼容问题的了解不够深入，因此在输油和输气站场的系统设计或者项目实施改造阶段很少注意系统电磁兼容方面存在的问题。解决电磁兼容问题的主要手段（屏蔽、滤波以及隔离）最终都是靠接地来实现的，所以接地系统是解决电磁兼容问题的基础。

压缩机是输气管道运行的核心命脉，压缩机控制系统是压缩机的"大脑"。在历年压缩机运行的历程中，导致停机的原因有很多，其中一部分为信号干扰、跳变。经现场调研及针对历年压缩机信号跳变记录开展排查，判断现场接地存在不规范、不可靠、控制系统仪表接地混乱、不同批次施工接地点存在电位差等情况。

通过对控制系统接地现状的实际观察和处理电磁干扰的经验总结，结合国际标准、电气相关国家标准和主流设备厂家指导，本章节针对压缩机组控制系统进行详尽排查，深入整改优化接地标准化。

5.1.2 仪表控制系统接地分类

5.1.2.1 保护接地

保护接地（也称为安全接地）是为人身安全和电气设备安全而设置的接地。仪表及控制系统的外露导电部分正常时不带电，在故障、损坏或非正常情况时可能带危险电压，对于这样的设备，均应实施保护接地。

对于安装在金属仪表盘、箱、柜和框架上的仪表，与已接地的金属仪表盘、箱、柜和框架电气接触良好时，可不做保护接地。

5.1.2.2 工作接地

（1）广义的仪表及控制系统工作接地包括仪表信号回路接地和屏蔽接地。本小节中的工作接地，均指仪表及控制系统信号回路接地。

（2）仪表工作接地的原则为单点接地，信号回路中应避免产生接地回路，如果一条线路上的信号源和接收仪表都不可避免接地，则应采用隔离器将两点接地隔离开。

5.1.2.3 屏蔽接地

（1）把现场信号传输时所受到的干扰屏蔽掉，以提高信号精度。

(2) 仪表控制系统中信号电缆的屏蔽层应做屏蔽接地。铠装电缆的金属铠不应作为屏蔽接地，必须是铜丝网或镀铝屏蔽层接地，接入公共接地极。

5.1.2.4 本安系统接地
(1) 采用隔离式安全栅的本质安全系统，不需要专门接地.
(2) 采用齐纳式安全栅的本质安全系统则应设置接地连接系统。
(3) 齐纳式安全栅的本安系统接地归为工作接地。
(4) 齐纳式安全栅的接地汇流排(或接地导轨)应与直流电源的负端相连接。

5.1.2.5 防静电接地
(1) 安装 DCS(分布式控制系统)、PLC(可编程逻辑控制器)、SIS(安全仪表系统)等设备的控制室、机柜室、过程控制计算机的机房，应考虑防静电接地。这些室内的导静电地面、活动地板和工作台等均应进行防静电接地。
(2) 已经做了保护接地和工作接地的仪表和设备，不必再另做防静电接地。

5.1.2.6 防雷接地
当仪表及控制系统的信号线路从室外进入室内后，需要设置防雷接地连接的场合，应实施防雷接地连接。仪表及控制系统防雷接地应与电气专业防雷接地系统共用，但不得与独立避雷装置共用接地装置。

5.1.3 接地系统组成

控制系统的接地系统由接地连接和接地装置两部分组成。

5.1.3.1 接地连接
凡接地系统置于地面上的部分统称为接地连接，包括接地连线、接地汇流排、接地分干线、分类接地汇总板和接地干线等。控制系统的接地连接应采用以下结构：S 型(星形)单点连接结构和 M 型(网状)多点连接结构，也可采用将两者组合在一起的结构。在接地连接中严禁接入开关或熔断器。固定机柜的安装槽钢等应做等电位连接，有防雷要求的机柜安装槽钢等应做等电位连接。控制系统的接地系统在总接地端子板处汇总。

1) S 型(星形)结构
规模不大的控制系统的所有机柜、操作盘和操作站内的汇流排(条)，宜按分类汇总的原则进行连接。同类的汇流条应采用并行连接进行汇总，S 型结构接地连接示例如图 5.1.1 所示。

2) M 型(网状)结构
可通过室内沿墙或适当路径设置延长型接地排。延长型接地排应采用截面积 4mm×40mm(厚×宽)的铜材或热镀锌扁钢，并应安装在绝缘支架上。延长型接地排应采用焊接连接，焊接处的有效截面积应大于接地排的截面积。不宜采用多段式接地排。对于 M 型连接，所有电气相互隔离的设备、机柜、操作盘和操作站内的各汇流条可就近接入接地干线中；非电气隔离的设备的工作接地宜先进行汇总，再接入接地装置。M 型结构接地连接示例如图 5.1.2 所示。

5.1.3.2 接地装置
凡接地系统置于地下的部分统称为接地装置，包括总接地板、接地总干线和接地体。控制系统接地应根据现场条件优先采用与电气接地装置共用的方式。

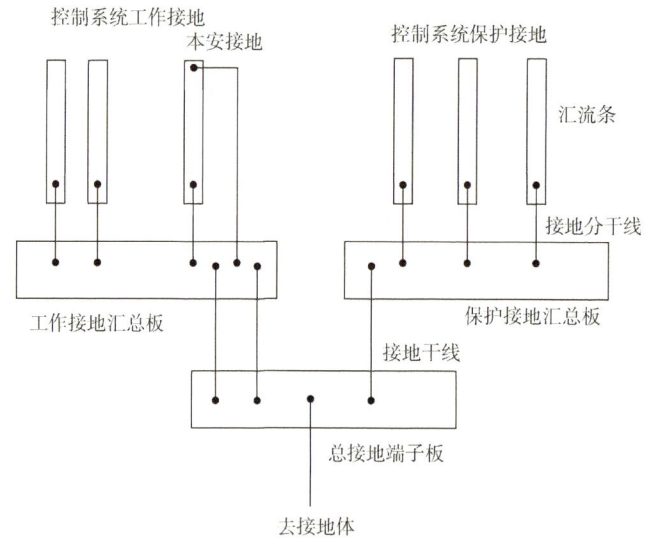

图 5.1.1　S 型结构接地连接示例

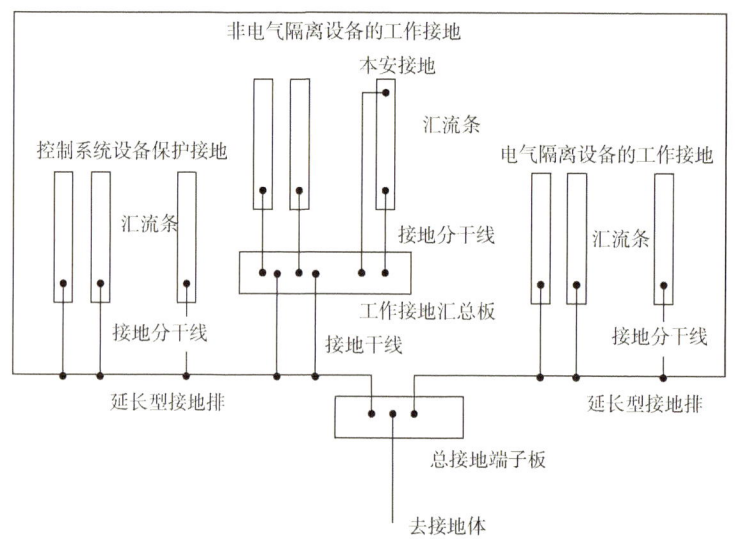

图 5.1.2　M 型结构接地连接示例

5.1.4　接地存在的问题

经现场调研及针对历年压缩机信号跳变记录开展排查，判断现场接地存在不规范、不可靠、控制系统仪表接地混乱、不同批次施工接地点存在电位差等情况。当前接地存在的问题包括但不限于：

（1）现场接线箱、控制室内控制电缆铠装层未接地。

（2）控制室内有部分设备外壳未进行接地。

（3）电涌保护器接地与工作地接地存在少量混淆（图 5.1.3）。

（4）现场有少量仪表设备外壳未接地。

(5) 各类型接地混接(图 5.1.4)。
(6) 接地线未用黄绿相间专用线(图 5.1.5)。
(7) 汇流排尺寸不符合规范要求。
(8) 汇流排接地未使用绝缘支架(图 5.1.6)。
(9) 接地排存在一点多接现象。

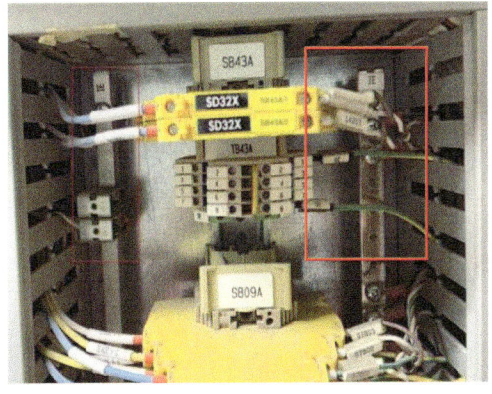

图 5.1.3　保护器接地与工作地接地混接

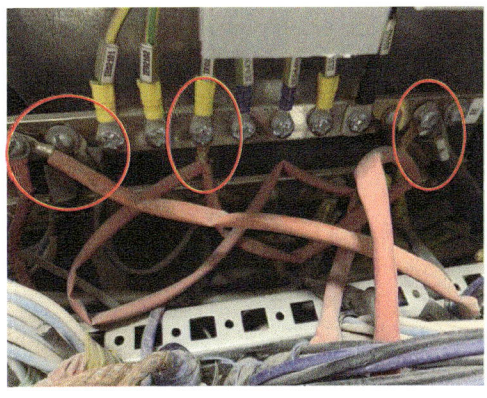

图 5.1.4　接地混接

图 5.1.5　接地线规格不标准

图 5.1.6　汇流排未设置绝缘支架

5.1.5　接地方法

针对当下接地乱象，结合国际标准、电气相关国家标准和主流设备厂家指导，规范接地标准，进一步消除设备接地干扰、信号回路电磁干扰等，避免因仪表信号扰动、跳变导致非计划停机、停输等。

5.1.5.1　保护接地 PE

对现场接线箱、控制室内的控制机柜内控制电缆铠装层进行逐个排查，对于未做接地的铠装层，需重新制作电缆端头，引出铠装层接地至保护接地排。

排查控制室内、现场接线箱设备外壳接地，对于外壳未做接地的设备，需制作接地引线，并将其连接至保护接地排上，如交换机、串口服务器和触摸屏等。

排查电涌保护器接地与工作接地连接处，拆除并重新制作接地引线，并将其接引至保护接地排上，如柜内的 220V 及 24V 电涌保护器。

对于需要实施保护接地的现场仪表，其金属外壳连接到已经接地的金属电缆槽、金属保护管、电缆铠装层、金属支架、框架、平台、围栏和设备等金属构件上，如压缩机厂房高处的可燃气体探测器、火焰探测器、罐顶火焰探测器和防爆摄像机等。

信号线的外屏蔽层、金属保护管、铠装电缆的金属铠装保护层应在两端接到保护接地，具体规范包括但不限于：

(1) 仪表及控制系统的保护接地应按电气专业的有关标准规范和方法进行，并应接入电气专业的低压配电系统接地网。天然气管线压缩机系统是生产的关键环节，设计独立接地系统。

(2) 仪表电缆槽、电缆保护金属管应做保护接地，可直接焊接，或者用接地线连接在附近已接地的金属构件或金属管道上，并应保证接地的连续和可靠，但不得接至输送可燃物质的金属管道。仪表电缆槽、电缆保护金属管的连接处，应进行可靠的导电连接。当电缆桥架较长时，应多点重复接地，接地点间距不应大于 30m。

(3) 仪表及控制系统的保护接地系统应实施等电位连接。

(4) 仪表信号用的铠装电缆应使用铠装屏蔽电缆，其铠装保护金属层应至少在两端接至保护接地。

(5) 控制室操作台采用保护接地汇流排直接相连，在两端至少有 2 根接地干线连接总接地排，禁止多个操作台串联后只使用一根接地线接地。

(6) 控制系统的低压交流配电应采用 TN-S 的接地制式。

PE 线的要求如下：

(1) PE 应由下列一种或多种导体组成：多芯电缆中的芯线；与带电线共用的外护物（绝缘或裸露的线）；固定安装的裸露或绝缘的导体；金属电缆护套、电缆屏蔽层、电缆铠装、金属编织物、同心线、金属导管。

(2) 带金属外护物的设备，其金属外护物或框架同时满足下列要求时，可用作保护导体：能利用结构或适当的连接，使对机械、化学或电化学损伤的防护性能得到提高，并保持电气连续性；在每个预留的分接点上，允许与其他保护导体连接。

(3) 下列金属部分不应作为 PE 或保护连接导体：金属水管；含有可燃性气体或液体的金属管道；正常使用中承受机械应力的结构部分；柔性或可弯曲金属导管（出于保护接地或保护联结目的而特别设计的除外）；柔性金属部件；支撑线。

5.1.5.2　工作接地 FE

非隔离信号应以直流电源的负端为公共端，并作为工作接地参考点。隔离信号可不接地，隔离信号（输入或输出信号）的电路与其他信号（输入或输出信号）的电路应是电气绝缘的。

(1) 对于仪表控制系统需要进行接地的仪表信号回路，应实施工作接地连接。

(2) 工作接地在工作接地汇总板之前不应与保护接地混接，接地连接应按分类汇总实施。接地系统如图 5.1.7 所示。

(3) 对于工作接地的连线，包括各接地线、接地干线、接地汇流排等，在接至总接地板之前，除正常的连接点外，都应当是绝缘的。工作接地最终与接地体或接地网的连接应从总接地板单独接线。

(4) 信号回路的接地采用单点接地方式。信号回路采用浮地时，应保证所有负极在同

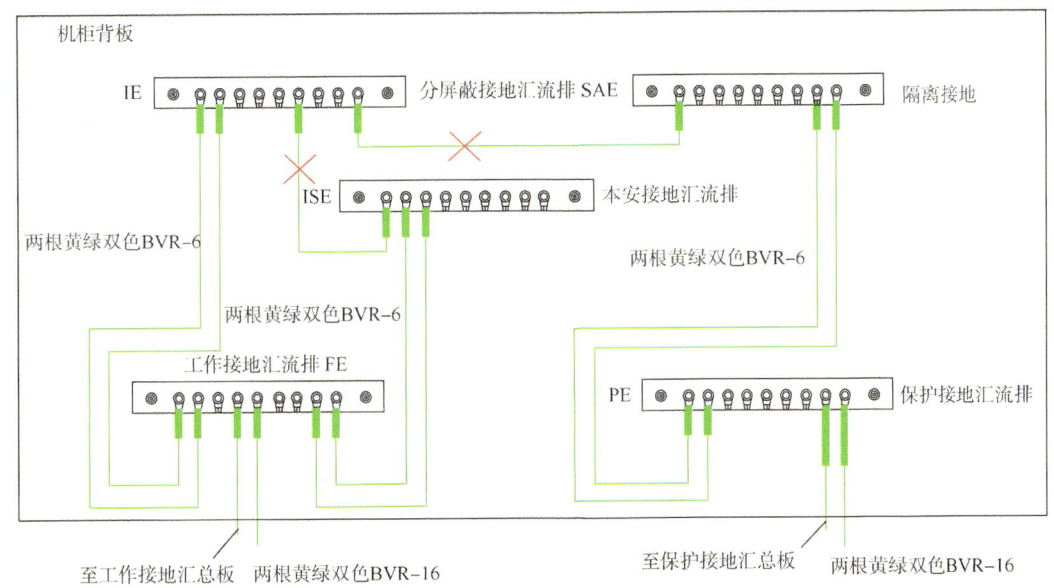

图 5.1.7 接地系统图

一汇总板,信号回路接地时应在电源侧进行负极单点接地。仪表信号回路中应避免产生多点接地,如果一条线路上的信号源和信号接收端都不可避免接地,则应采用隔离器将两点接地隔离开。

(5)信号回路接地要求较高时,需要设置防地电位返回击箱,确保地电位不会干扰仪表信号回路。

5.1.5.3 屏蔽接地 IE

现场仪表的工作接地一般应在控制室内侧接地。将接线箱电缆屏蔽层用 2.5mm² 黄绿接地线接引至接线端子,进行上下游屏蔽层中间连接,保证与现场端接地绝缘。计算机电缆总屏两端接地,分屏单端接地总屏、分屏接地,形式见表 5.1.1。当有多根信号屏蔽电缆的屏蔽层接地时,先将各信号屏蔽电缆的屏蔽层汇接到端子或接地汇流排。

(1)信号屏蔽电缆的屏蔽层接地应为单点接地,应根据信号源和接收仪表的不同情况采用不同接法。当信号源接地时,信号屏蔽电缆的屏蔽层应在信号源端接地,否则,信号屏蔽电缆的屏蔽层应在信号接收仪表一侧接地。

表 5.1.1 总屏、分屏接地形式

电缆形式	接地形式		
	内屏蔽层	外屏蔽层	铠装层或金属保护管
单层屏蔽电缆	单端接地	—	两端接地
单层屏蔽铠装电缆	单端接地	—	两端接地
分屏总屏电缆	单端接地	两端接地	两端接地
分屏总屏铠装电缆	单端接地	两端接地	两端接地

(2)现场仪表接线箱两侧的电缆屏蔽层应在箱内用端子连接在一起。

(3)备用电缆的屏蔽层、不带屏蔽层的电缆备用芯宜在控制室一侧接到工作接地;对屏蔽层已接地的屏蔽电缆、穿钢管敷设或在金属电缆槽中敷设的电缆,备用芯可不接地。空间允许时备用芯接地宜经接线端子统一接到工作地。电缆屏蔽接地形式如图5.1.8所示。

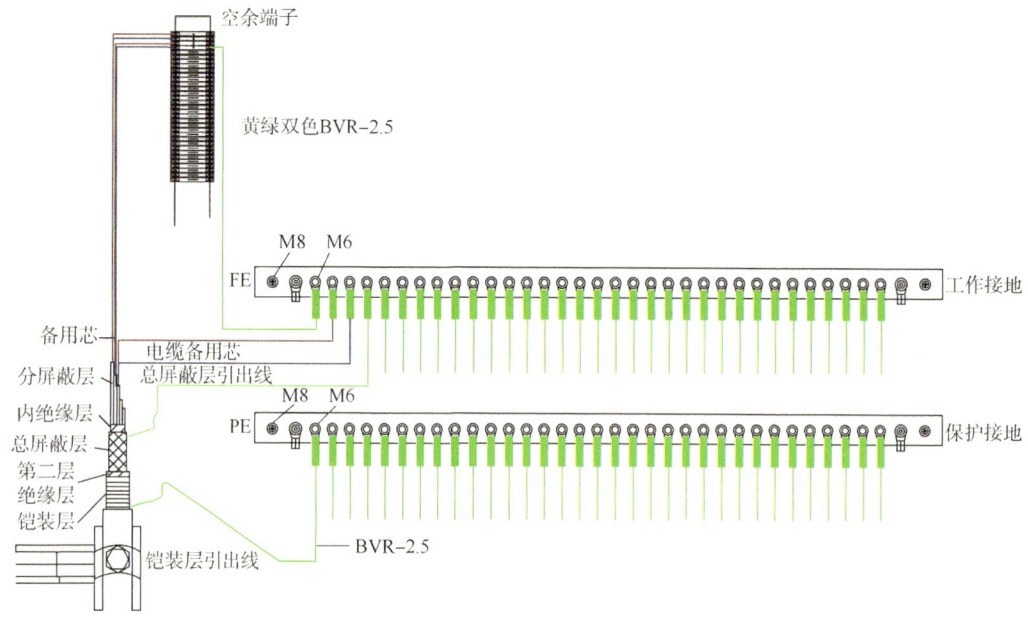

图5.1.8 电缆屏蔽接地形式

(1) 电缆备用芯或备用电缆线芯可接至机柜内空余端子进行短接后引出接地线接至FE(工作接地)汇流排;
(2) 电缆备用芯或备用电缆线芯也可接直接接至FE(工作接地)汇流排,汇流排压接处套黄绿热缩管。

(4) 总屏分屏多芯主电缆接地形式见表5.1.2。总屏分屏多芯主电缆等分屏蔽层应保持现场仪表至控制端的连续性,有中间接线箱的,在接线箱内进行跨接,或者仪表侧分屏线在箱内接就近接地,无中间接线箱的,应在控制室内将总屏与分屏分别接工作接地。总屏应在控制室及现场双端接地,分屏在控制室内单端接地。分屏电缆应最大限度地延长至接线端子处,在端子前端做屏蔽接地专用汇流条,或者采用专用接地端子汇总至工作接地汇流排。

表5.1.2 总屏分屏多芯主电缆接地形式

屏蔽连接方式	接线箱					机柜		
	现场仪表到接线箱的分支电缆	铠装总屏分屏多芯主电缆						
图册 TSKZJD-18 TSKZJD-12	屏蔽层通过端子与主电缆分屏蔽层连接,不接地	铠装层或金属保护管通过接地汇流排接保护地	分屏蔽层通过端子与分支电缆屏蔽层连接,不接地	总屏蔽层通过接地汇流排接保护地	铠装层或金属保护管通过接地汇流排接保护地	分屏蔽层通过接地汇流排接分屏蔽地	总屏蔽层通过接地汇流排接工作地	铠装层通过接地汇流排接保护地
图册 TSKZJD-19 TSKZJD-12	屏蔽层通过接地汇流排接保护地	铠装层或金属保护管通过接地汇流排接保护地	分屏蔽层空置	总屏蔽层通过接地汇流排接保护地	铠装层或金属保护管通过接地汇流排接保护地	分屏蔽层通过接地汇流排接分屏蔽地	总屏蔽层通过接地汇流排接工作地	铠装层通过接地汇流排接保护地

续表

屏蔽连接方式	接线箱					机柜	
	现场仪表到接线箱的分支电缆	铠装总屏分屏多芯主电缆					
图册 TSKZJD-20 TSKZJD-13	屏蔽层通过端子与主电缆分屏蔽层连接,不接地	铠装层或金属保护管通过接地汇流排接保护地	无分屏蔽层	总屏蔽层通过接地汇流排接保护地	铠装层或金属保护管通过接地汇流排接保护地	无分屏蔽层	总屏蔽层通过接地汇流排接工作地	铠装层通过接地汇流排接保护地
图册 TSKZJD-21 TSKZJD-13	屏蔽层通过接地汇流排接保护地	铠装层或金属保护管通过接地汇流排接保护地	无分屏蔽层	总屏蔽层通过接地汇流排接保护地	铠装层或金属保护管通过接地汇流排接保护地	无分屏蔽层	总屏蔽层通过接地汇流排接工作地	铠装层通过接地汇流排接保护地

(5) 在机柜处提倡采用电缆卡子的方式在机柜底部将电缆卡接在为铠装或屏蔽层接地设置的金属条上,在固定电缆的同时完成铠装及屏蔽层接地。在接线箱处,铠装电缆进接线箱采用带接地连线的电缆接头,便于接地连接。屏蔽层接地推荐方法如图 5.1.9 所示。

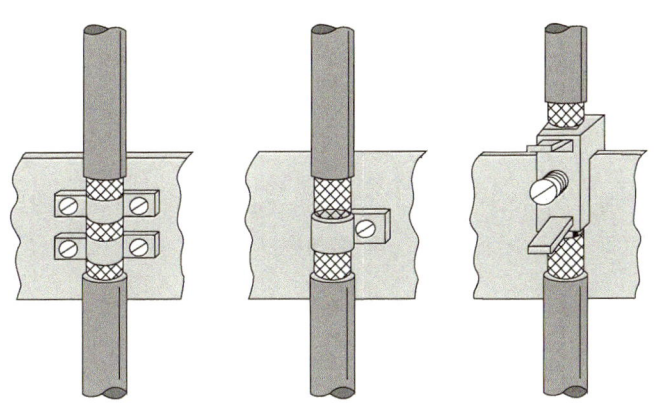

图 5.1.9 屏蔽层接地推荐方法

(6) 接地图例如图 5.1.10~图 5.1.13 所示。

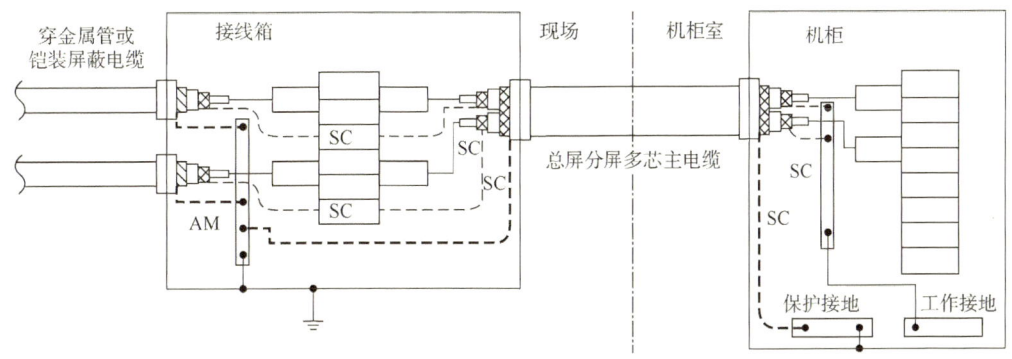

图 5.1.10 总屏分屏多芯主电缆屏蔽层连续在机柜室接地图
SC:屏蔽层;AM:铠装层

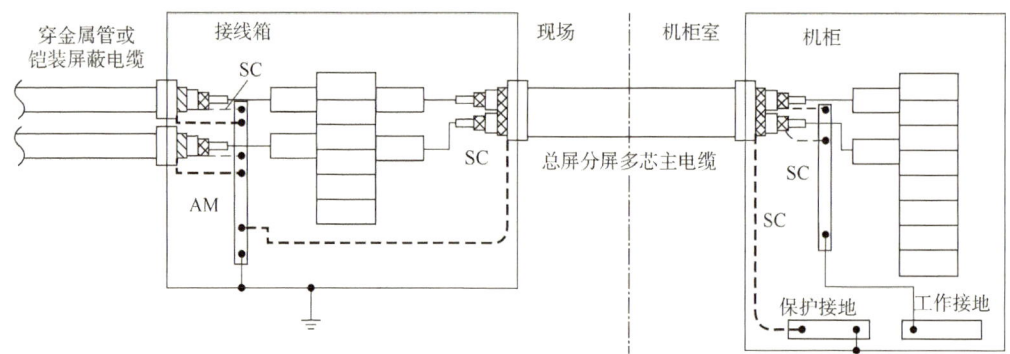

图 5.1.11　总屏分屏多芯主电缆屏蔽层分段在接线箱及机柜室接地图
SC：屏蔽层；AM：铠装层

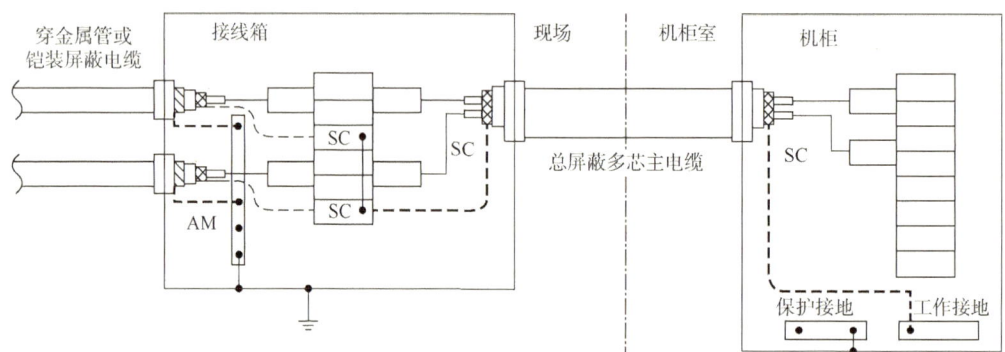

图 5.1.12　总屏蔽多芯主电缆屏蔽层连续在机柜室接地图
SC：屏蔽层；AM：铠装层

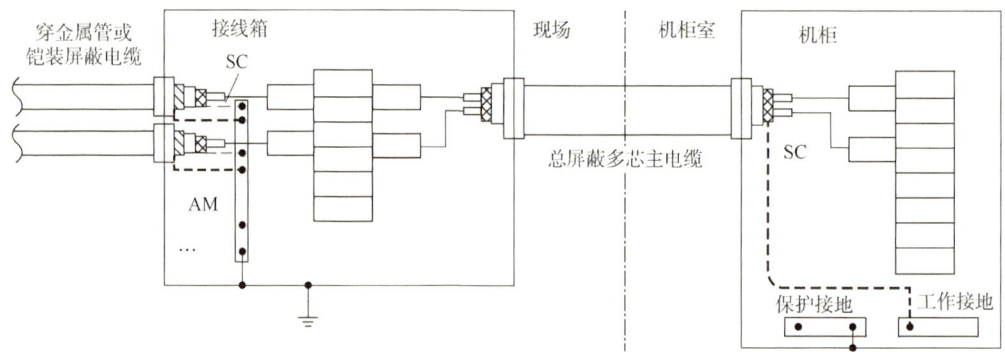

图 5.1.13　总屏蔽多芯主电缆屏蔽层分段在接线箱及机柜室接地图
SC：屏蔽层；AM：铠装层

5.1.5.4　本安系统接地 ISE

本安接地图如图 5.1.14 所示。

（1）采用隔离式安全栅的本质安全系统可不接地。

（2）齐纳式安全栅的本安系统接地与仪表信号回路接地不应分开。

（3）齐纳式安全栅各汇流排至工作接地汇总板之间的接地连接导线、接有齐纳式安全栅的工作接地汇总板与总接地板之间的接地连接导线均宜分别采用两根单独的导线。

(4) 齐纳式安全栅的接地汇流排或接地导轨（以下统称接地汇流排）必须与直流电源的负极相连接。

(5) 齐纳式安全栅的接地汇流排通过接地导线及总接地板最终应与交流电源的中线起始端相连接。

(6) 齐纳式安全栅的接地连接导线宜为两根。

(7) 机柜内齐纳式安全栅的接地汇流排应接到本机柜的工作接地汇流排，再经接地干线接到工作接地汇总板。

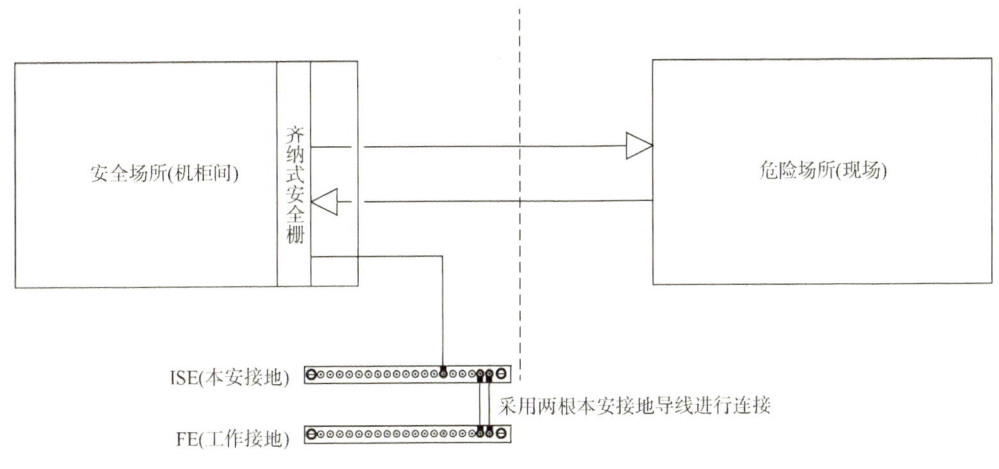

图 5.1.14　本安接地图

5.1.5.5　防静电接地

(1) 控制系统防静电接地应与保护接地共用接地系统。

(2) 电气保护接地线可用作静电接地线。

(3) 不得使用电气供电系统的中线作防静电接地。

5.1.5.6　防雷接地

电涌接地如图 5.1.15 所示。

(1) 仪表电缆槽、仪表电缆保护管应在进入控制室处与电气专业的防雷电感应的接地排相连。

(2) 控制室内的仪表信号雷电浪涌保护器的接地线应接到工作接地汇总板，雷电浪涌保护器的接地汇流排应接到工作接地汇总板或总接地板。

(3) 控制室内仪表供电的雷电浪涌保护器应与配电柜的保护接地汇总板或电气专业的防雷电感应的接地排相连。

(4) 仪表电缆保护管、仪表电缆铠装金属层应在需要进行防雷接地处与电气专业的防雷电感应的接地排相连。

(5) 现场仪表的雷电浪涌保护器应与电气专业的现场防雷电感应的接地排相连。

(6) 在雷击区室外架空敷设的不带屏蔽层的多芯电缆，备用芯应接入屏蔽接地；对屏蔽层已接地的屏蔽电缆、穿钢管敷设或在金属电缆槽中敷设的电缆，备用芯可不接地。

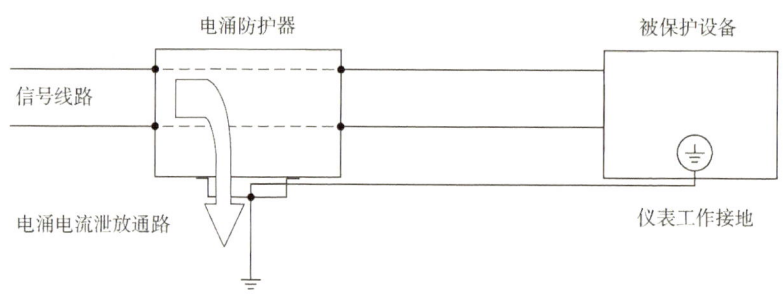

图 5.1.15　电涌接地

5.1.5.7　对公共接地极(网)的要求

(1) 当厂区电气接地网对地分布电阻≤4Ω时,可将厂区电气接地网当作控制系统的公共接地极(网)。

(2) 当厂区电气接地网接地电阻较大或杂乱时,应独立设置接地系统作为控制系统的公共接地极(网)。

(3) 没有本安地接入的公共接地极(网)的对地分布电阻小于4Ω,有本安地接入的小于1Ω。接地总干线的线路阻抗小于0.1Ω。

(4) 公共接地极周围15m内无避雷地的接入点和电焊地接入点,5m内无30kW以上的高低压用电设备外壳的接入点。当现场无法满足该条件时,防雷保护地通过避雷器/冲击波抑制器与公共接地极的主干线相连。

5.1.5.8　机组控制柜内要求

对于压缩机组接地系统,国内标准与行标规定各类接地汇总需接至总接地极,并接至站内联合接地体上,与站内接地网进行可靠连接(图5.1.16)。需提供不同接地汇流条(IE、ISE、PE),不得设置不同类型接地跨接线,并至少提供两根接地电缆与汇总板连接。

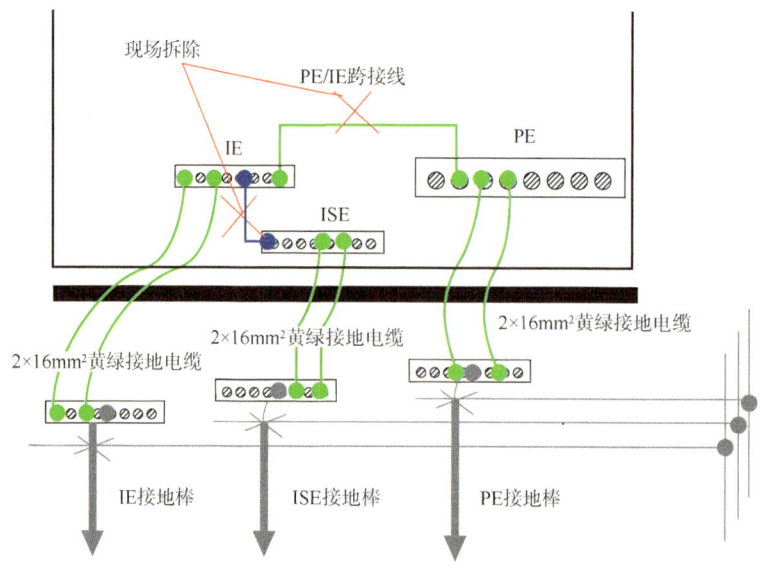

图 5.1.16　压缩机接地系统图

5.1.6 接地系统连接

(1) 接地装置由接地极(接地体)、接地总干线(接地总线)和总接地板(总接地端子、接地母排)组成。在系统简单的情况下,保护接地汇总板可与总接地板合用。

(2) 接地系统由接地装置、工作接地汇总板、保护接地汇总板、接地干线和各类接地汇流排等组成。

(3) 机柜内的保护接地汇流排应与机柜进行可靠的电气连接。

(4) 工作接地汇流排、工作接地汇总板应采用绝缘支架固定。

(5) 接地系统的各种连接应牢固、可靠,并应保证良好的导电性。接地线、接地干线、接地总干线与接地汇流排、接地汇总板的连接应采用铜接线片和镀锌钥质螺栓,并应有防松件,或者采用焊接。

(6) 各类接地连线中,严禁接入开关或熔断器。

(7) 接地装置的设计应按电气的有关标准规范和方法进行。

(8) 雷电浪涌保护器接地线应尽可能短,并且避免弯曲敷设。

(9) 接地系统的标识颜色为绿、黄两色,接地连接导线应采用绝缘多股铜芯电缆或电线。保护接地导体的通流能力不应小于其所连接设备的供电线缆的通流能力。

(10) 禁止采用包括链式、环式及其他变形的任何形式的机柜串联接地的连接方式,这是为了避免在接地线路上产生不同的电压降,同时避免接地线路断路影响到多台机柜的接地。

(11) 为防止地电位反窜至压缩机控制系统内部,在工作接地汇总板及保护接地汇总板至总汇总板之间增设防地电位反击汇流箱,能够有效抑制因地网的浪涌脉冲反击高压从接地线入侵至系统设备而造成的危害。

从地网进入接地箱的雷电脉冲反击电压被地电位反击隔离网络隔离,进入工作保护接地线的反击电压被衰减 20dB 以上。防地电位反击汇流箱内设 EMC 通道,保证电磁兼容 EMC 接地畅通,满足系统 EMC 要求。

(12) 设置独立工作接地检查井:工作接地系统采用 6 根 2.5m 长的锌包钢接地极,埋深至地下 1m 处,并设置独立接地井。所有地下的或插入的接地连接应以铝热焊连接,使用铜扁钢制作断接卡子。

(13) 安装接地电阻在线检测仪,工作地汇总及保护地汇总实现在线实时监测。将接地电阻检测信号上传至站控,并设置 0.8Ω 高报警值、1Ω 高高报警值(正常范围 0~1Ω),当出现报警时进行接地极维护,降低阻值。

5.1.7 接地材料选择

5.1.7.1 接地线的选取原则

接地系统的标识颜色宜为绿、黄两色相间或绿色。接地导线的线径应在以下范围内选取:

(1) 接地连线 1.5~2.5mm²(安装有电涌防护器的机柜应采用 4~6mm² 的导线);

(2) 接地分干线 4~16mm²(安装有电涌防护器的机柜应采用 6~16mm² 的导线);

(3) 接地干线 10~25mm²；

(4) 接地总干线 16~50mm²。

5.1.7.2 接地汇流排及汇总板选取原则

接地汇流排及汇总板应在以下范围内选取：

(1) 汇流排采用 25mm×6mm 的铜条(接地系统的各接地)；

(2) 屏蔽接地专用汇流采用 10mm×3mm 的铜条制作；

(3) 接地系统的各接地汇总板采用铜板制作，厚度不小于 6mm，长、宽尺寸按需要确定。

5.1.7.3 接地体选取原则

1) 接地体安装

(1) 接地总干线：控制系统通过公用连接板将各接地分干线汇总，并由公共连接板引出接地总干线，连接至接地体。公用连接板应采用铜板制作，并应设置在接地连接箱内，与箱体绝缘。

(2) 接地体：为钉入地下的良导体，由接地总干线传来的电流通过接地体导入大地。接地体与接地总干线之间采用铜焊，焊接后应做防腐处理。单接地安装如图 5.1.17 所示。

可用接地网干线把多个接地体连接成网，接地网应满足控制系统接地电阻的要求。当接地网干线与接地体采用搭接焊时，其搭接长度必须为扁钢宽度的 2 倍或圆钢直径的 6 倍。图 5.1.18 为典型的多接地体安装图。

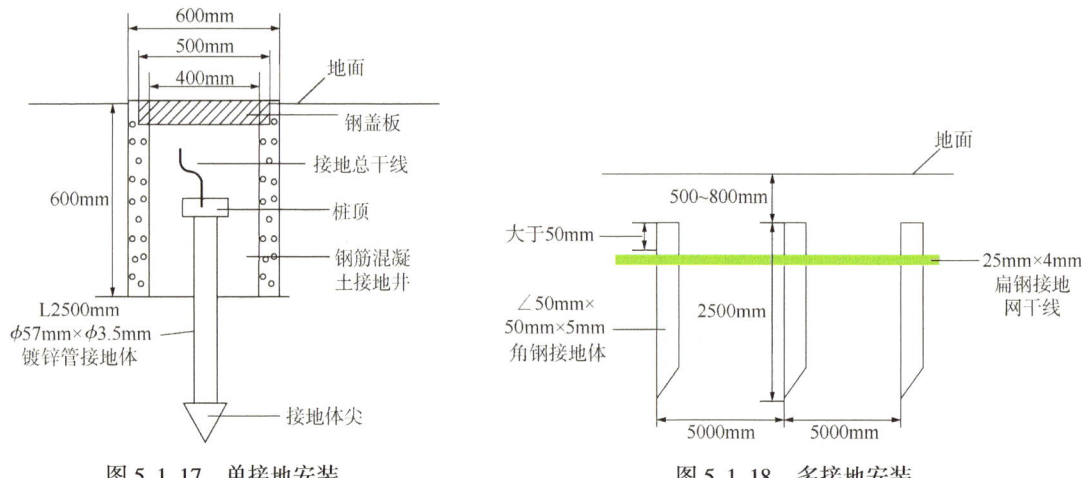

图 5.1.17 单接地安装　　　　　图 5.1.18 多接地安装

接地体和接地网干线所用钢材规格可按表 5.1.3 选用，若接地电阻满足不了要求，也可选用铜材。如果接地体和接地网干线安装在腐蚀性较强的场所，应根据腐蚀的性质采取热镀锌、热镀锡等防腐措施或加大截面。

表 5.1.3 接地体和接地网干线用钢材规格

名称	扁钢	圆钢	等边角钢	钢管
规格/mm	25×4	14~20	40×40×4 50×50×5	45×3.5 57×3.5

(3) 降低土壤电阻率的方法。

① 改变接地体周围的土壤结构。在接地体周围的土壤 2~3m 范围内，掺入不溶于水的、有良好吸水性的物质，如木炭、焦碳煤渣或矿渣等，该法可使土壤电阻率降低到原来的 1/5~1/10。

② 用食盐、木炭降低土壤电阻率，用食盐、木炭分层夯实。木炭和细掺匀为一层，约 10~15cm 厚，再铺 2~3cm 的食盐，共铺 5~8 层，铺好后打入接地体。此法可使土壤电阻率降至原来的 1/3~1/5。但食盐日久会随流水流失，一般超过两年就要补充一次。

③ 用长效化学降阻剂。该法可使土壤电阻率降至原来的 40%。

2) 接地连线要求

(1) 接地汇流排必须使用绝缘材料固定于地面，不得触及其他导电介质。

(2) 接地装置的室外部分须电焊连接，并涂上保护漆。

(3) 单个机柜接地线的截面积要求大于 $4mm^2$，总接地线的截面积应大于 $10mm^2$。

5.1.7.4　接地电缆长度和截面积计算依据

控制系统必须选择满足各类接地的要求的接地电缆，以保证系统正常工作或在事故发生时减少设备损失，保障人身安全。其中，机柜保护地对接地电缆要求最为严格，其他类接地可以照此选择电缆。

保护地接地要保证机柜外壳与机柜所处地理环境之间的电位差在任何情况下都不会超过安全电压，以保证触及机柜外壳时的人身安全。因此，单个机柜的保护地接地电缆的电阻率应能满足这样的要求：在机柜电源引入电缆处于机柜外壳直接发生短路时，保护地接地电缆应能完全释放机柜外壳的能量，并保证机柜外壳与其所处地理环境之间的电压在安全电压(交流 36V)范围之内，这符合国家强制性安全接地规范。

机柜电源进线一般是 $2.5mm^2$ 的芯线，其上级开关断路器最大可能分断的电流高达千安培，根据其距离，可算出它的电阻；机柜到接地点的电阻同样可根据公式 $R=\rho L/S$ 计算出来，这需要保证机柜到地的电缆电阻是电源进线(火线)电缆电阻的 1/6 或更小，这样，即使电源火线接到机柜上(220VAC)，因有接地电缆，在它上面的分压(220/6VAC)不到 40VAC，是安全电压，就能满足接地电缆的(电阻)要求，这符合国家强制性接地要求标准。

电缆的电阻和它的长度(用 L 表示，单位为 m)、截面积(用 S 表示，单位为 mm^2)、温度等有关系。理论上，均匀金属物质的电阻(用 R 表示，单位为 Ω)为：$R=\rho L/S$，其中，ρ 是物质的电阻率，单位为 $\Omega \cdot m$。铜的电阻率在 20℃ 时约为 $0.0175\Omega \cdot mm^2/m$。这样，机柜接地点到接地极的长度可以测算出来，在知道长度的基础上，就可以推算出电缆的最小截面积。反之，知道截面积，可推算出电缆的最大长度。

5.1.8　接地电阻

(1) 从仪表或设备的接地端子到接地极之间的导线与连接点的电阻总和称为接地连接电阻。

(2) 接地极对地电阻与接地连接电阻之和称为接地电阻。

(3) 仪表及控制系统的接地电阻为工频接地电阻，不应大于 4Ω。

(4) 仪表及控制系统的接地连接电阻不应大于 1Ω。

5.1.9 接地参考图

接地参考图如图 5.1.19~图 5.1.21 所示。

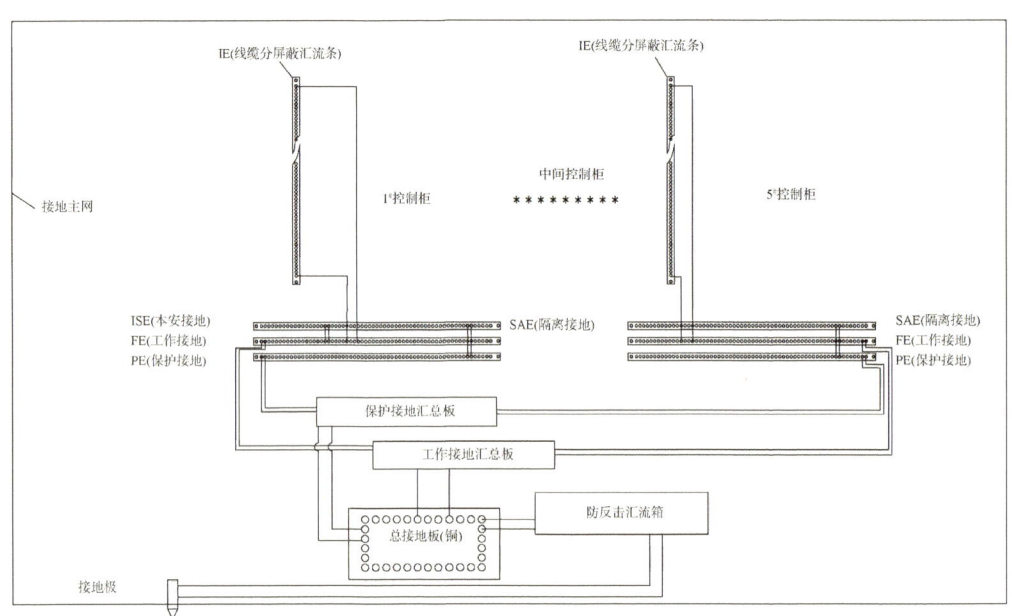

图 5.1.19　接地系统结构设计参考图

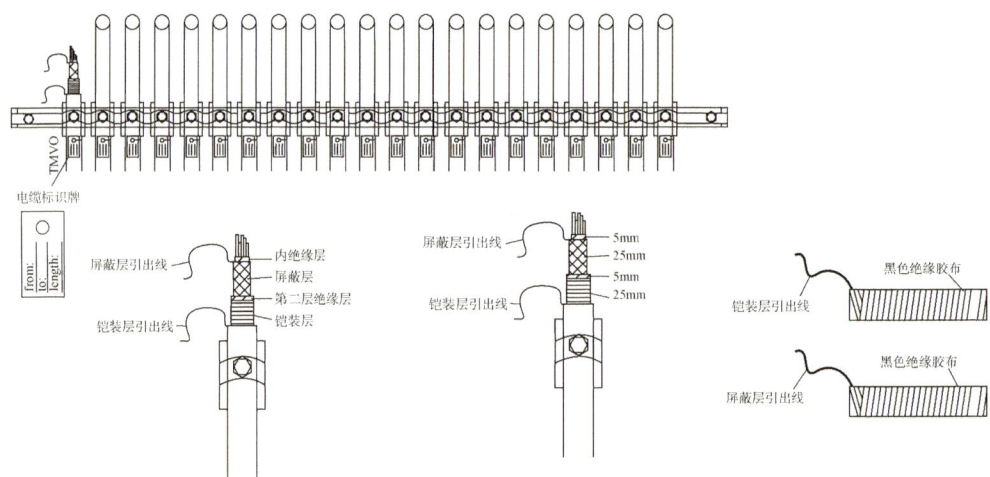

图 5.1.20　电缆入柜接地连接制作标准

（1）2.5mm² 黄绿接地线缠绕于电缆铠装层及屏蔽层并引出，缠绕部分表面用黑色绝缘胶布包裹。
（2）铠装层引出黄绿接地线，引至底部 PE（保护接地）汇流排。
（3）屏蔽层引出黄绿接地线，引至底部 FE（工作接地）汇流排。
（4）电缆标识牌内容为：FROM：
　　　　　　　　　　　　TO：
　　　　　　　　　　　　LENGTH：

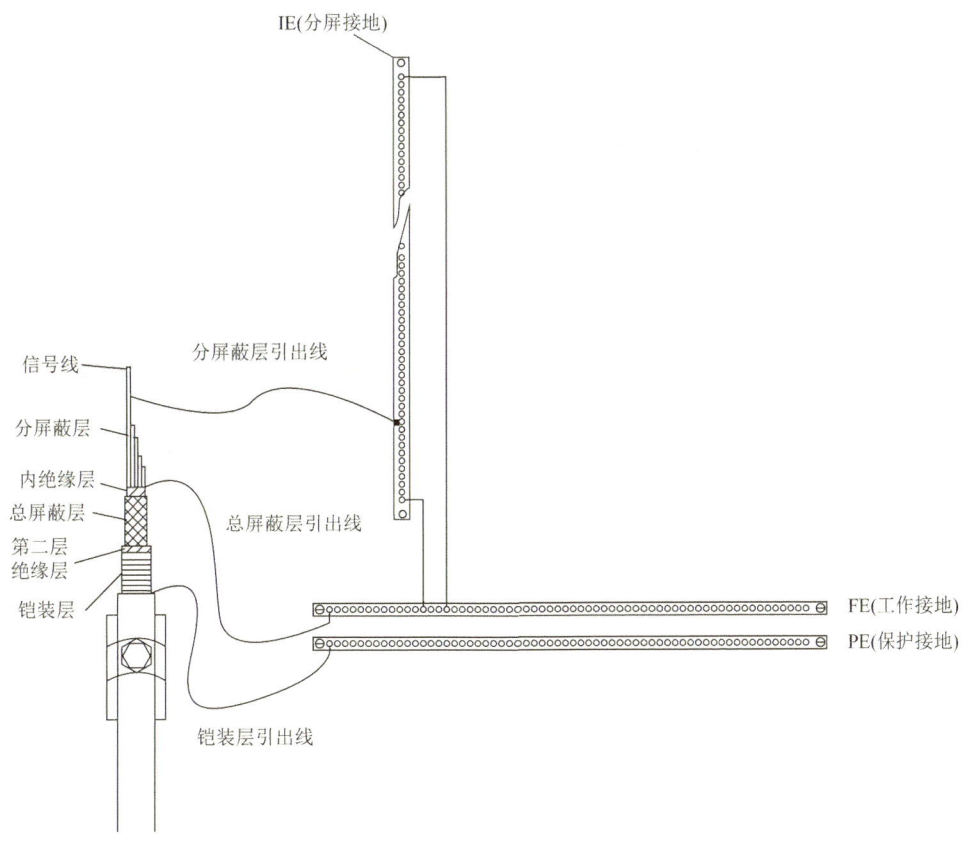

图 5.1.21　电缆铠装层、屏蔽层、分屏蔽层接地图

(1) 电缆铠装层接入 PE(保护接地汇流排)；
(2) 电缆总屏蔽层接入 FE(工作接地汇流排)；
(3) 电缆分屏蔽层接入 IE(分屏蔽工作汇流排)

5.2　控制系统端子排查与治理

5.2.1　问题背景

2019 年底，公司对近 5 年来压缩机故障停机情况进行梳理，发现因信号跳变、回路破损、端子虚接等问题造成的停机占比高达 30% 以上，针对此问题，公司提出以压缩机控制系统端子排查为抓手，全面开展压缩机"低老坏"问题整治专项工作。

对于接线端子问题的排查方法、内容、流程等，此前并无现成的标准规范。国标、行标或是厂家的技术要求，均无法满足现场彻底排查和整改的需要。对此，结合现场不同类型的端子虚接、信号跳变问题，以及故障停机排查的经验，制定压缩机组控制系统接线端子、控制柜排查作业指导书，统一规范端子排查工作流程步骤，量化各类检查标准，并通过开展阶段性问题统计分析，结合现场实际问题不断修正补充作业指导书，持续进行端子排查与问题整治。端子松动虚接如图 5.2.1 所示。

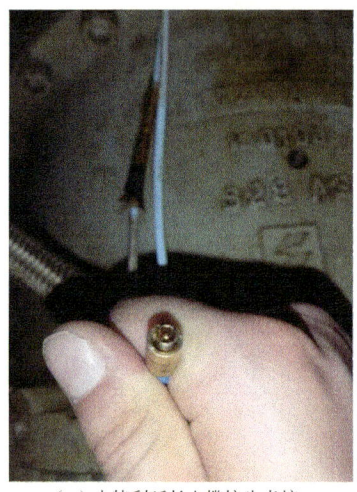   

（a）本特利延长电缆接头虚接　　　　　　　（b）接线端子虚接

图 5.2.1　端子松动虚接

5.2.2　接线箱、控制柜摸排统计

现场接线箱及机组控制柜统计如图 5.2.2 所示，具体内容如下：

(1) 统计现场接线箱数量、接线箱内设备类型。
(2) 统计端子及继电器、微型控制器、隔离栅、空开的数量以及类型。
(3) 统计保险型号和数量，核对图纸保险需求。
(4) 通过接线统计，确认每个接线箱相关的数据，方便在端子排查和箱体振动排查时调取相应的参数。

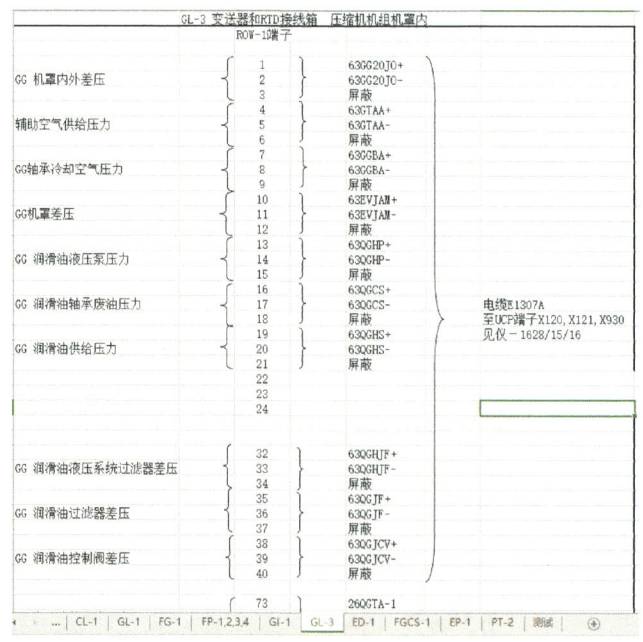

图 5.2.2　现场接线箱及机组控制柜统计

（5）通过统计，排除机组、站控的公共信号所用的模块、控制器、继电器、隔离栅和路由器等，并用标签打印机打印张贴，避免人员在排查时误触碰。

（6）排查前应提前准备好纸质版图纸，在排查过程中，完成一个点勾选一个点，核对现场与图纸是否一致，并做好相应的备注。

5.2.3 敲击测试和检查

（1）内容分为接线箱敲击测试（图5.2.3），以及大型控制柜、正压防爆控制柜的测试和检查。

（2）测试至少需要两人进行，一人按照接线箱统计台账，在HMI界面调取、查阅相关的参数。一人准备相关工具（橡胶握把螺丝刀、橡皮锤、尼龙棒和绝缘手套等）进行现场测试工作。

（3）现场测试人员检查确认接线箱螺栓安装牢固，手动摇晃无松动。

（4）现场接线箱敲击测试：用橡皮锤敲击接线箱外壳上、下、左、右四个方向及背部（在有空间的情况下），锤头起落幅度不超过10cm，同时

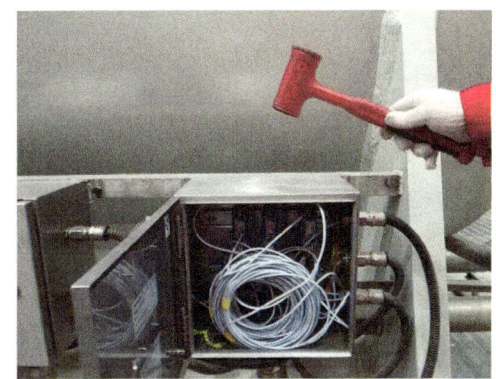

图5.2.3 接线箱敲击测试

数据观察人员观察HMI界面相关数据和趋势有无跳变现象，报警界面是否出现报警、停机信号。

（5）现场接线箱外观检查：检查接线箱外密封是否正常，打开后橡胶密封条可恢复至正常状态，胶条表面无破损、龟裂和老化，箱体内部无存油，防爆胶泥正常，无融化、丢失现象。

（6）大型控制柜内设备安装牢固程度敲击测试（图5.2.4）：打开柜门，用螺丝刀的橡胶握把紧贴设备安装支架、导轨等支撑性结构作为传动，用橡皮锤以不超过10cm的起落幅度敲击螺丝刀，通过传递振动检查是否存在设备安装松动、不牢靠的现象（在有空间条件的情况下，可用橡皮锤直接以不超过5cm起落幅度对安装构架进行敲击），同时通过传动的振动频率，检查是否出现信号干扰，数据观察人员观察HMI界面相关数据和趋势有无跳变现象，报警界面是否出现报警、停机信号。

（7）大型控制柜内控制系统设备状态敲击测试（图5.2.5）：对于控制柜内信号线路及24V低压供电电路的测试，用螺丝刀橡胶握把以不超过10cm的起落幅度直接敲击继电器、微型控制器、接线端子、安全栅和浪涌等设备的正面外壳，同时数据观察人员观察HMI界面相关数据和趋势有无跳变现象，报警界面是否出现报警、停机信号，数据观察人员与现场敲击测试人员用对讲机一一核对被敲击设备的数据信号，避免出现数据遗漏的问题。

（8）大型控制柜内供电系统设备状态敲击测试：对于柜内220V、380V电气线路的空开、保险、接线端子测试，一是先观察表面是否存在烧黑、拉弧的痕迹，二是在做好绝缘防护的情况下，用螺丝刀橡胶握把以不超过10cm起落幅度敲击设备外表面，敲击次数不超过10次，现场同步观察是否出现设备供电闪断、异响等问题，同时数据观察人员观察HMI报警界面是否出现报警、停机信号。

 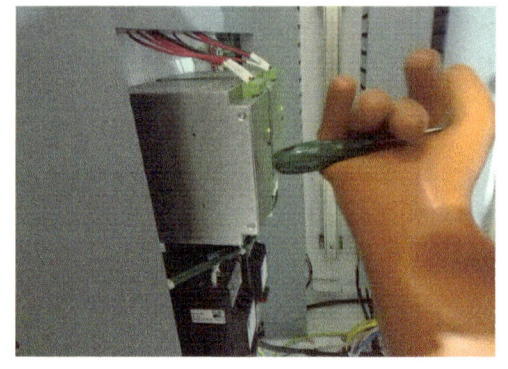

图 5.2.4 设备安装牢固程度敲击测试　　　　图 5.2.5 设备状态敲击测试

（9）大型控制柜外观检查：检查控制柜密封是否正常，打开后橡胶密封条可恢复至正常状态，胶条表面无破损、龟裂和老化，箱体内部无存油，格兰头安装是否牢靠，接地铜排外表面是否有断裂、氧化，安装是否牢固可靠，箱体接地线安装牢靠，检查柜内温度是否在正常范围内（机柜间温度为 18~28℃，现场柜内温度夏季不高于环境温度 10℃、冬季不低于 -5℃）。

（10）正压防爆控制柜设备及安装的振动测试和检查同大型控制柜一致，增加供气压力检查。

（11）每台机组优先完成分区域的接线箱和设备敲击测试，大于 380V 的高压电气设备和端子不在排查范围内。

（12）网络交换机、路由器等涉及其他运行机组公共数据交换和传输的设备严禁在有机组运行的情况下进行敲击测试。

（13）测试过程中若发现参数趋势有跳变，则必须对当前测试步骤进行重复以复现故障，未查明故障前不允许进行下一步操作。

5.2.4　日常检查内容

（1）内容分为柜内普通信号线与 24V 供电线路接线端子排查、单体设备接线检查、线缆外观排查，以及标志标牌、同轴电缆、网线排查，测试前准确分辨机组公共信号和站控信号，根据识别的台账分辨。

（2）测试至少需要两人进行，一人按照接线箱统计台账，在 HMI 界面调取、查阅相关的参数。一人准备相关工具进行现场测试工作。

（3）手动测试独立接线端子及保险安装情况：通过小幅度摇晃确认接线端子在导轨上（或柜壁上）安装牢靠。

（4）检查柜内单体设备本体上端子安装情况：手动轻轻摇晃安装在安全栅、EQP 等设备上的快速插拔端子，摇晃幅度不超过 15°，检查其是否安装牢固无松动，同时数据观察人员观察 HMI 界面相关数据和趋势有无跳变现象，报警界面是否出现报警、停机信号（图 5.2.6）。

（5）开展低压供电及信号线晃动排查：手动摇晃接线端子、单体控制器、安全栅和继电器等设备的接线，单股接线摇晃次数不少于 5 次，摇晃角度不小于 30°、不大于 60°，检查接线、线鼻子和压紧螺母是否紧固无松动，同时数据观察人员观察 HMI 界面相关数据和趋势有无跳变现象，报警界面是否出现报警、停机信号。

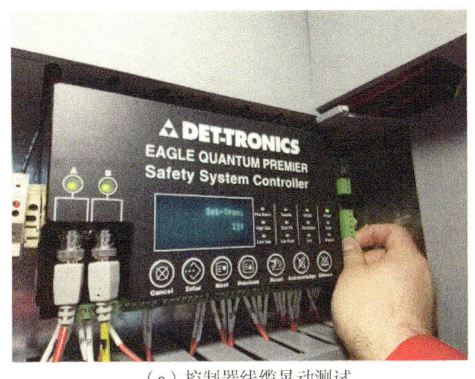 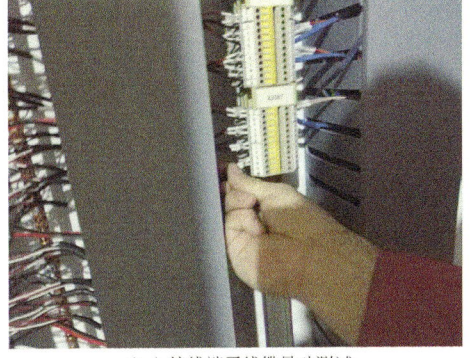

（a）控制器线缆晃动测试　　　　　　　　　（b）接线端子线缆晃动测试

图 5.2.6　小幅度晃动测试

（6）开展低压供电及信号线压接情况排查：手动按端子、单体设备信号及低压供电线路接入方向以低于 15N 的力度反向拔出接线，测试安装是否稳固，同时数据观察人员观察 HMI 界面相关数据和趋势有无跳变现象，报警界面是否出现报警、停机信号。

（7）开展线缆外观检查（图 5.2.7）：检查信号线、低压供电线外绝缘层是否存在破裂、老化、硬化、龟裂和破损，220V 及以上供电线路铠装线缆是否存在磨损，如果有磨损，查看其搭接磨损的位置和方向，确认线缆是否需要更换或切割，线缆均安置在槽架内，应盘好，严禁出现对折现象，避免绝缘层出现白色拉伸的痕迹，周围不应存在较大电流的线缆，以防止信号干扰。

（a）信号线外观检查　　　　　　　　　　（b）低压电缆外观检查

图 5.2.7　线缆外观检查

（8）同轴电缆晃动排查：检查同轴电缆接头锁扣是否锁紧，手动摇晃缆线，单股线缆摇晃次数不少于 5 次，摇晃角度不小于 5°、不大于 15°，观察是否存在信号跳变，摇晃时的力度应较小，同时检查对接口根部是否出现松动，数据观察人员观察 HMI 界面相关数据和趋势有无跳变现象，报警界面是否出现报警、停机信号。

（9）同轴电缆外观排查：检查同轴电缆接头有无生锈、击伤，外壳有无磨损、龟裂，线芯是否裸露，临近接头处是否有物体压住线缆导致电缆接头，剩余电缆应盘好放入槽架或空间较大的位置，严禁出现对折现象，周围不应存在较大电流的线缆，以防止信号干扰。

（10）对于柜内 220~380V 及以上供电线缆，优先目视检查接口处是否有拉弧、烧黑现象，再戴上绝缘手套反向拔出接线，注意先检查下游端、再检查上游端，检查时只对单体控制设备供电进行拔出测试，如果为机柜整体供电，严禁进行拔出测试，仅采用目视观察，避免机组公共信号受到影响。

（11）网线检查：先观察数据指示灯是否正常，并采用不按住锁扣并反向拔出的方式进行检查，网线拔出测试前应充分识别风险，如果涉及其他运行机组公共信号、停机信号和数据交换等，严禁测试，只测试备用机组单台内部 E 网通信网线，检查网线外观是否存在破裂、压痕，多余伸出的网线应为盘装，并放置在槽架或空间较大的位置，严禁出现对折现象，避免绝缘层出现白色拉伸的痕迹，周围不应存在较大电流的线缆，以防止信号干扰。

（12）光纤外观检查：充分识别并检查光缆是否属于公共系统，如果是，只检查光缆外观，严禁出现对折、断裂、外壳破裂等问题。变频器等埋设较短的光缆，使用手电等物品在一端照射，同时在另一端观看光传递情况，如果另一端不透光，说明光缆内芯已经出现问题。

（13）外部挠性管及线缆外观检查：对压缩机、燃机放置在外部空间的挠性管和铠装电缆进行检查，一是保证电缆能正确安装在槽架或固定在支撑架上，二是确保挠性管、电缆无磨损和切向力损伤，三是 PT 侧、燃机涡轮侧受高温的挠性管和电缆外表应无破损、应力对折、变形融化等现象，四是确保挠性管接头牢固无松动。

（14）外部挠性管及线缆晃动检查：对外部挠性管及线缆进行晃动检查，晃动角度不小于 45°，且不大于 80°，晃动次数不少于 10 次，数据观察人员观察 HMI 界面相关数据和趋势有无跳变现象，报警界面是否出现报警、停机信号。

（15）端子标识标牌检查：检查端子标识标牌与台账一致，标签完好无损伤、掉落，字迹清晰可见，保险标注正常，外部接线箱电缆标牌起点与终点是否标识清楚，线缆编号、名称是否标识完整。

（16）检查单个端子、设备接线数量，单个接线口线芯数量不得多于 2 根。

5.2.5 维护保养检查内容

（1）机组健康体检时检查内容较为深入（图 5.2.8），各单位按照统计表内容分区域进行抽查，每个接线箱、每种类型的接线、端子抽查数量的占比不得少于 40%，模块底座端子信号线因为较多，抽查数量的占比不得少于 20%。抽查前准备螺丝刀、电笔、万用表和手套等工具。

（a）浪涌保护器接线抽查

（b）接线箱接线抽查

图 5.2.8　维护保养深入检查

（2）接线端子压接螺栓外观检查：接线端子上用的螺丝必须电镀，不得出现生锈、氧化等不良现象，用螺丝刀松动后再紧固，确认安装顺畅，不得出现打滑或者螺栓掉落的现象，螺栓固定外部胶壳无裂开现象。

（3）屏蔽层外观检查：检查有金属屏蔽层的信号和供电线外观，金属屏蔽层剥离应小于4cm，金属屏蔽层剥离后不得与线芯搭接，如果出现搭接，应当立即剪切掉屏蔽层。

（4）屏蔽线接地检查：检查屏蔽线是否全部已经引至接地铜排，通过万用表抽查的同类设备屏蔽线缆不少于10%的数量，排查屏蔽线与箱体外接地电阻不得大于1Ω（图5.2.9）。

（5）线芯埋入端子内部长度排查：对于同一组端子或设备，抽查不小于20%数量的接线，检查线芯压入端子长度，要求BN3500系统信号及供电线中无线鼻子的$0.2\sim1.5m^2$的线，导体应深入端子10mm，$0.25\sim0.75m^2$的线应加上线鼻子，且导体应深入端子10mm。对于其他控制系统，其普通

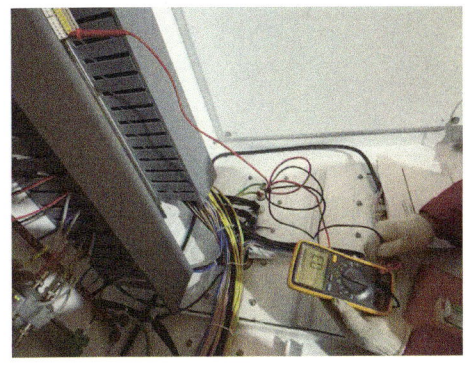

图5.2.9 测量屏蔽线接地值

的$0.15\sim1.5m^2$的信号线深入端子长度按照Bently要求执行的10mm以上实施，如果无法做到，必须保证压入端子至少7mm以上，且必须保证压接部位无反向应力拉扯。

（6）端子排、设备接入口外部裸露线芯长度排查：对于同一组端子或设备，抽查不小于10%数量的接线，要求线芯外部裸露应小于1mm。

（7）线鼻子专项排查：同一电缆分出的多股线芯必须压接线鼻子过渡并压接牢靠，较细的线缆（如温度探头等）应压接线鼻子过渡。

（8）接线应力排查：对部分线缆应力进行检查，保证接线处无应力导致的设备或接线端子变形、受力等，如果出现应力，应当及时调整线缆位置。

（9）无线鼻子的接线排查：对于无线鼻子的接线，应在同组端子或设备中抽查不小于10%的数量，要求松动压紧螺栓，拔出线芯，检查线芯的煨圈方向应为顺时针（与压紧螺栓紧固方向一致）。

（10）继电器抽查：拔出继电器，抽查继电器线圈是否正常，针脚是否氧化（图5.2.10）。

（11）保险排查：对控制、接线柜内的保险进行排查，排查数量不得少于在用线路、设备的80%。根据梳理的保险台账、图纸和现场标签，对比保险上钢印的电流大小，要求保险不得小于图纸要求的电流大小。检查核对保险型号如图5.2.11所示。

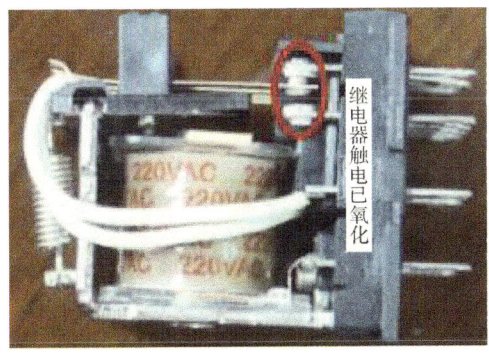

图5.2.10 继电器插拔检查

图5.2.11 检查核对保险型号

5.3　GE 燃驱机组 GP2 大于 GP1 故障处理

西二线 GE 燃驱机组站场相继出现因燃料气截断阀 224/226、燃调阀异常关断而导致的 GP2 大于 GP1 机组停机，本节针对 GE 燃驱机组 GP2 大于 GP1 故障处理做详细说明。

5.3.1　问题分析

GP2GTGP1ES 触发的条件为燃调阀阀后压力大于阀前压力，同时需要满足控制系统没有触发机组急停信号。Mark VIe GP2 大于 GP1 机组停机逻辑如图 5.3.1 所示。

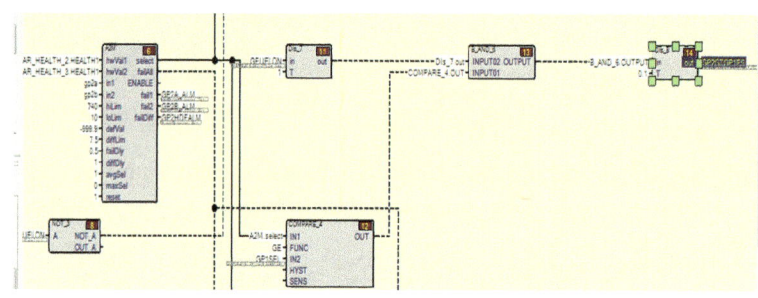

图 5.3.1　GP2 大于 GP1 机组停机逻辑图

停机时，触发机组停机的直接原因均为 GP2GTGP1ES，系统未触发其他相关停机报警，现场查看 BN 超速保护系统、HIMA 系统，两系统均正常。查看机组停机时相关参数，在系统触发 GP2GTGP1ES 停机信号前，燃机的控制参数已经发生了变化，在机组停机命令 ES 前近 0.5s 时间段内，燃机转速、燃机燃料供给、机组控制模式均发生变化，燃调阀开大，GG 转速掉转，压气机排气压力 P30 持续下降，系统为了稳住 NPT 转速，程序要求燃调阀开大，但系统依然维持不住 NPT 转速，NPT 转速出现了掉转现象，在 GP2GTGP1ES 前，控制系统没有触发任何机组停机信号。古浪 1#机停机时 Triplog 相关趋势如图 5.3.2 所示。

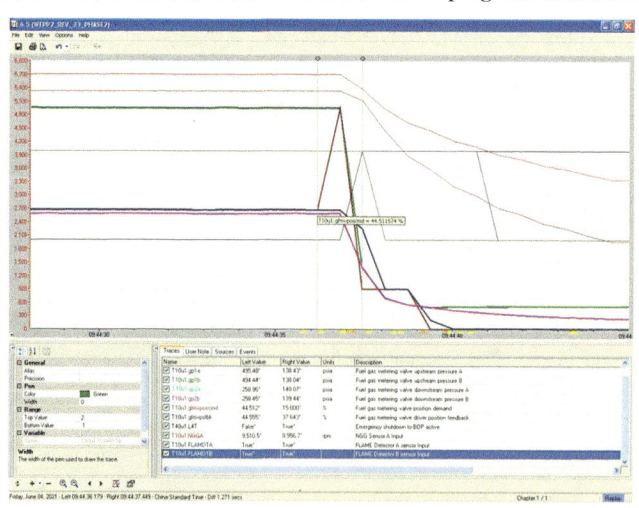

图 5.3.2　古浪 1#机停机时参数趋势图

同时，古浪 1# 机完成 GP2GTGP1ES 故障处理后，进行启机测试时，因为燃调阀异常关断触发机组停机，从 Triplog 趋势看，燃调阀异常关断后，GS16 传给 Mkvie 阀位故障信号 gfmvdrvok 并未翻转，Mark VIe 认为燃调阀正常，执行正常控制逻辑，在 GS16 关断后并未立即执行跳机程序，机组最终因燃烧室熄火、火焰探头未检测到火焰 flame out 停机。停机后排查 GS16 故障信号并未发出的原因为 GS16 阀 DO 输出信号没有组态成 Shutdown 模式，1# 机停机时 Triplog 趋势如图 5.3.3 所示。

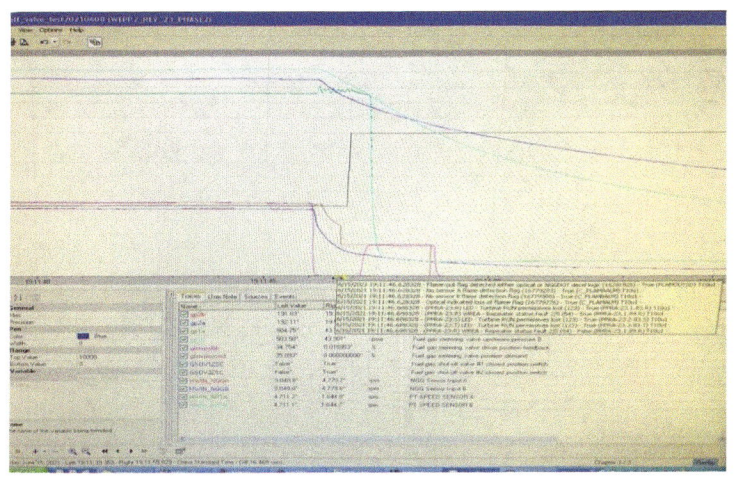

图 5.3.3　古浪 1# 机 GS16 异常关断停机时参数趋势图

燃料气截断阀 FV224、FV226 为气动快速切断阀，分别由继电器 KA3、KA7、KA24、KA25、KA26、KA27 控制，其中 KA3、KA7 由安全系统 HIMA 控制，KA24、KA25、KA26、KA27 由本特利超速保护系统控制，当上述 6 个继电器均得电时，FV224、FV226 阀门才能打开，其控制回路如图 5.3.4 所示。现场 KA24、KA25、KA26、KA27 安全继电器实物照如图 5.3.5 所示。

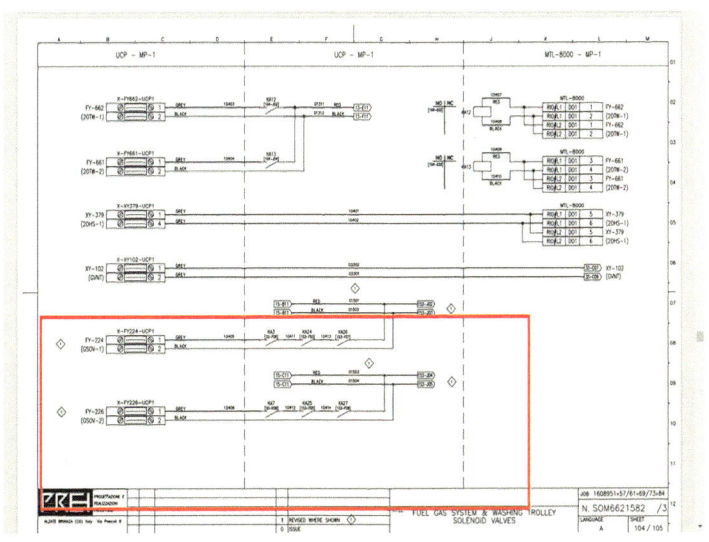

图 5.3.4　FV224、FV226 控制回路图

图5.3.5　现场KA24、KA25、KA26、KA27安全继电器实物照

在HIMA系统中，影响FV224和FV226阀门开关的主要程序变量有4FUEL（燃料使能）、FAIL TO IGNITE（点火失败）、TRIP（TRIP命令报警）、Flame Det without（点火前燃烧室检测到火焰信号）、启机阶段吹扫流程完成、人工开关阀测试指令等，其中，点火失败报警、TRIP命令报警、Flame火焰信号丢失报警等均为HIMA安全程序逻辑判断产生的中间量，且逻辑判断过程中均存在锁存，如果这几项报警产生燃料气FV224和FV226截断阀截断，则在截断前会有相应的报警信息，且执行机组紧急停机流程，不会出现GP2大于GP1报警。FV224、FV226 HIMA执行逻辑如图5.3.6~图5.3.8所示。

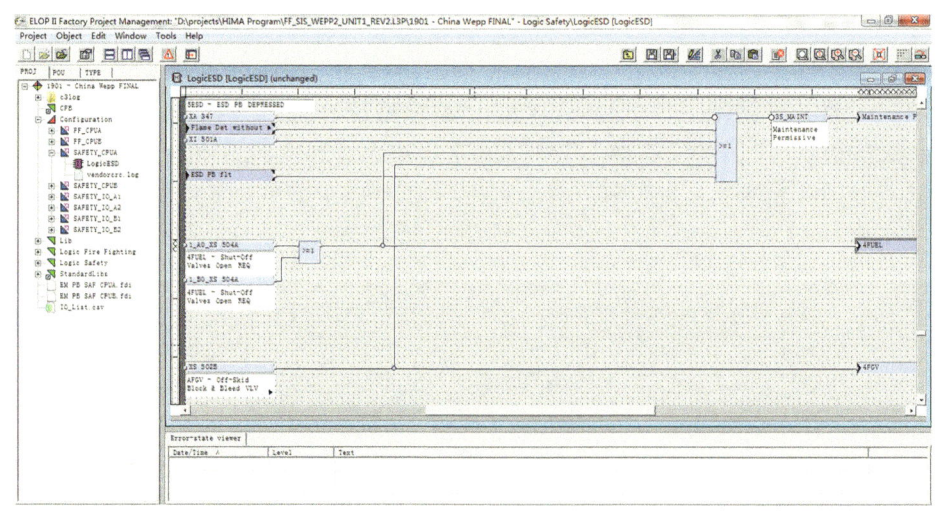

图5.3.6　HIMA控制逻辑1

5.3.2　处理建议

5.3.2.1　将Mark VIe传给HIMA的硬线回路由单回路改成双回路

Mark VIe通过TDBT Relay Coil 11单通道硬线传递给HIMA开阀信号l4fuel。因为该TDBT通道故障导致精河机组跳机，l4fuel开阀信号丢失，继而导致HIMA控制的继电器KA3、KA7失电，FV224和FV226截断阀截断，且上位机无相关报警信息。精河1#机停机时，Mark VIe TDBT Relay Coil 11失效事件报警记录如图5.3.9所示。

| 第 5 章 | 控制系统典型故障及处理 |

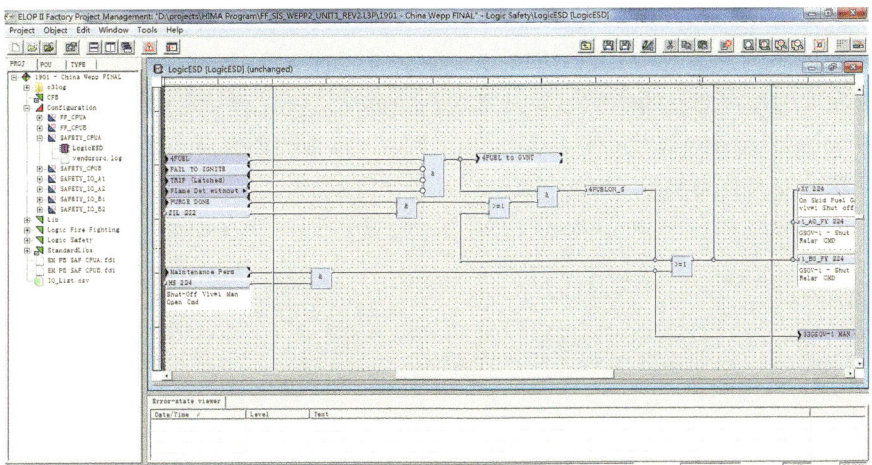

图 5.3.7　HIMA 控制逻辑 2

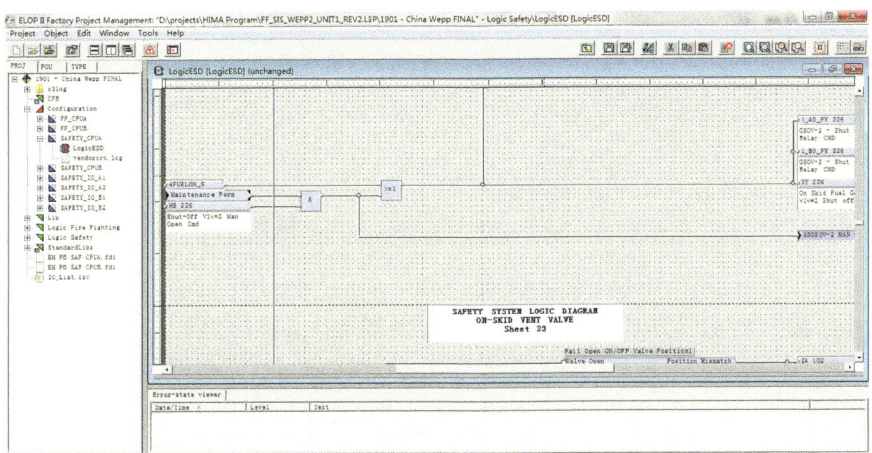

图 5.3.8　HIMA 控制逻辑 3

图 5.3.9　TDBT Relay Coil 11 失效事件报警记录

西二线 GE 燃驱机组 T10 控制器将 FV224、FV226 开阀信号 l4fuel 通过 PDIO 板卡输出通道 RELAY 11 同时送给现场 HIMA F35 CPU A 和 CPU B 对应通道 1_AO_XS_504A 和 1_BO_XS_504A。在 HIMA 内部，两个信号经过或逻辑运算后产生燃料使能命令 4FUEL，作为开启和关闭截断阀 FV224 和 FV226 的必要条件，如果 4FUEL 变为 0，则两个截断阀将截断。l4fuel 信号现场接入 HIMA 通道配置图如图 5.3.10 所示。

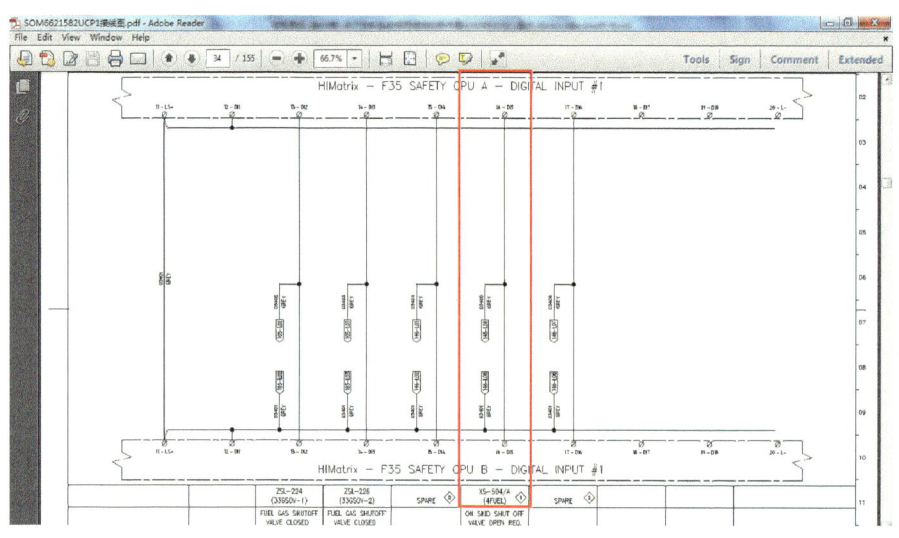

图 5.3.10　l4fuel 信号现场接入 HIMA 通道配置图

建议将 T10 控制器给 HIMA 接入硬线信号 l4fuel 的回路由单回路改成双回路。即在 T10 控制器 TDBT 板卡增加一路输出信号 l4fuel 给现场 HIMA，两路信号分别接入 HIMA F35 CPU A 和 CPU B 对应通道 1_AO_XS_504A 和 1_BO_XS_504A，具体调整步骤：

（1）在 T10 TDBT 启用备用通道 RELAY12，将该通道同样组态成 l4fuel，重新编译工程无报错后，将工程重新下装到控制器，Mark VIe 修改如图 5.3.11 所示。

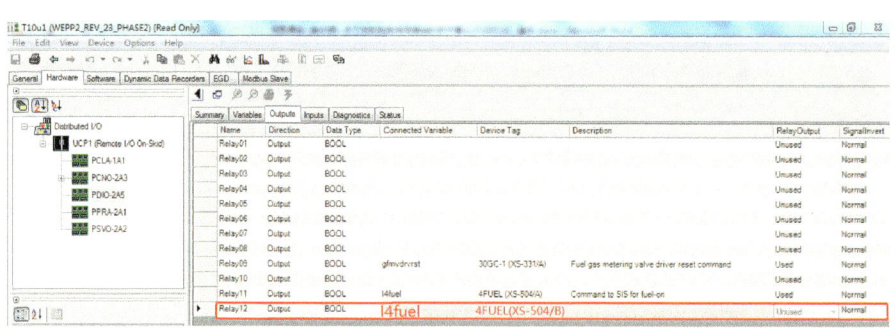

图 5.3.11　在 TDBT 将备用通道 RELAY12 组态成 l4fuel

（2）将原 TDBT 板卡输出信号 l4fuel 在现场 UCP1 柜内接线端子排短接。将 TDBT RELAY11 和 RELAY12 通道输出信号 XS-504/A、XS-504/B 分别接入 HIMA F35 CPU A 和 CPU B 对应通道 1#DI 的 5#通道，现场接线调整如图 5.3.12 所示。

（3）完成后，从 Mark VIe 发信号进行测试，通过在线 HIMA 查看实时数据，确保断开 XS-504/A、XS-504/B 任一回路接线，HIMA 均能收到 l4fuel 信号。

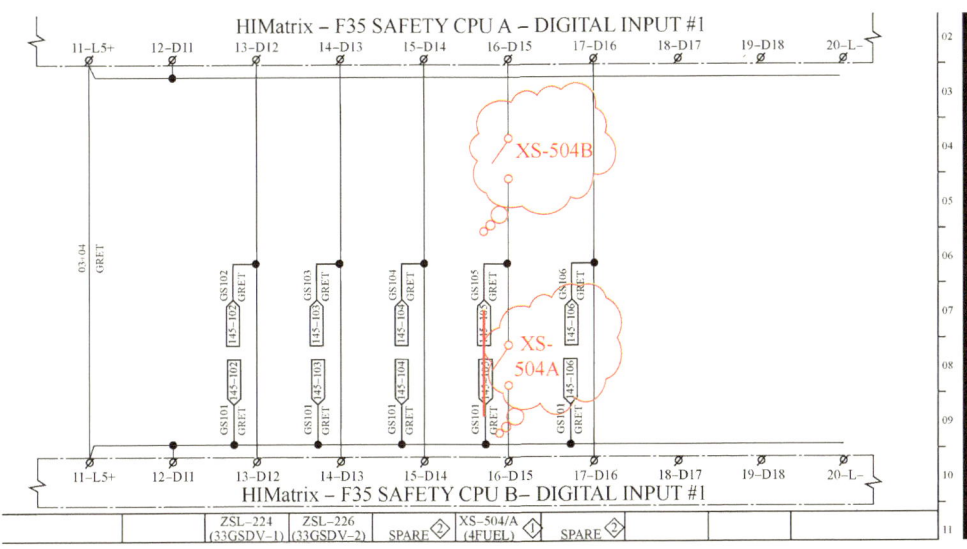

图 5.3.12 HIMA 现场接线调整图

5.3.2.2 取消超速保护卡通道 not ok 参与超速 Trip

目前西二线 BN 超速保护系统在超速卡的配对组态中将通道 not ok 等同于通道高高，古浪 1# 机停机正是因为超速卡检测到 NPT 转速通道故障，随即触发了 NPT 超速卡超速 RELAY 继电器动作，从而导致燃料气截断阀 FV224、FV226 动作关闭。由于超速卡 not ok 状态组态时并没有组态成触发锁定，因此超速卡 not ok 前卡报警在通道恢复正常后会自动消失，由于没有实际超速，超速机架 13、14 槽 33 卡均没有继电器动作，本特利 53 卡配置优化如图 5.3.13 和图 5.3.14 所示。

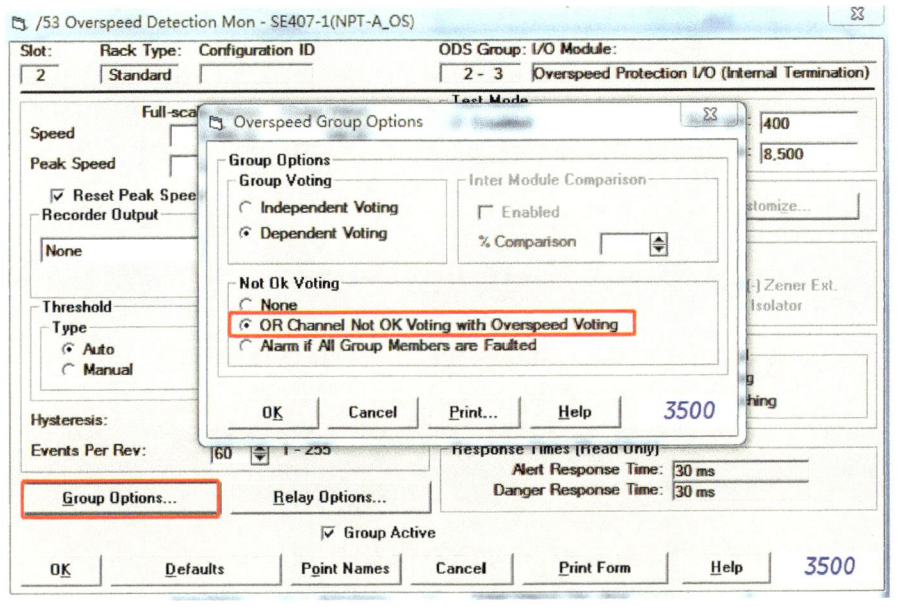

图 5.3.13 NOT OK VOTING 原有配置

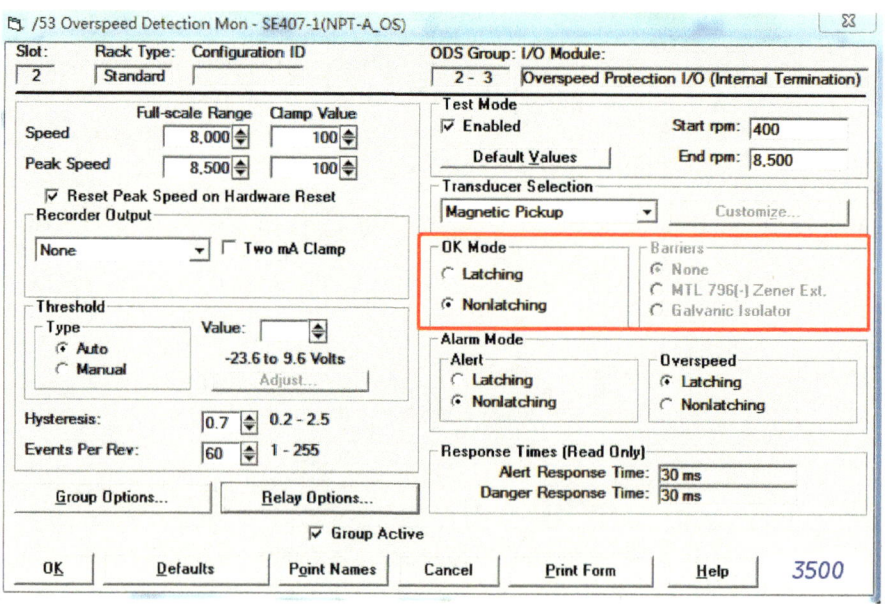

图 5.3.14 OK Mode 改为非锁存

建议在超速保护卡配对组时将 not ok voting 选项配置成 None，即通道 not ok 不参与超速卡 Trip，如图 5.3.15 所示。

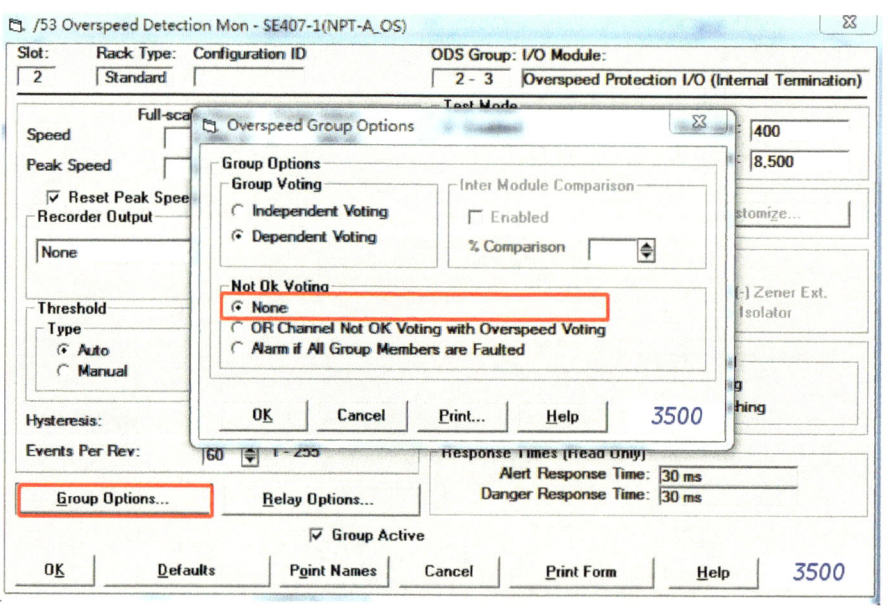

图 5.3.15 NOT OK VOTING 优化后配置

由于通道 not ok 不再参与超速卡 Trip，因此需要注意监屏信息，一旦有 PT 及 GG 转速通道 not ok 触发的 L86PT_FLT_ALM、L86GG_FLT_ALM 报警，应及时切出机组，排查相关回路，Mark VIe 系统相关报警如图 5.3.16 所示。

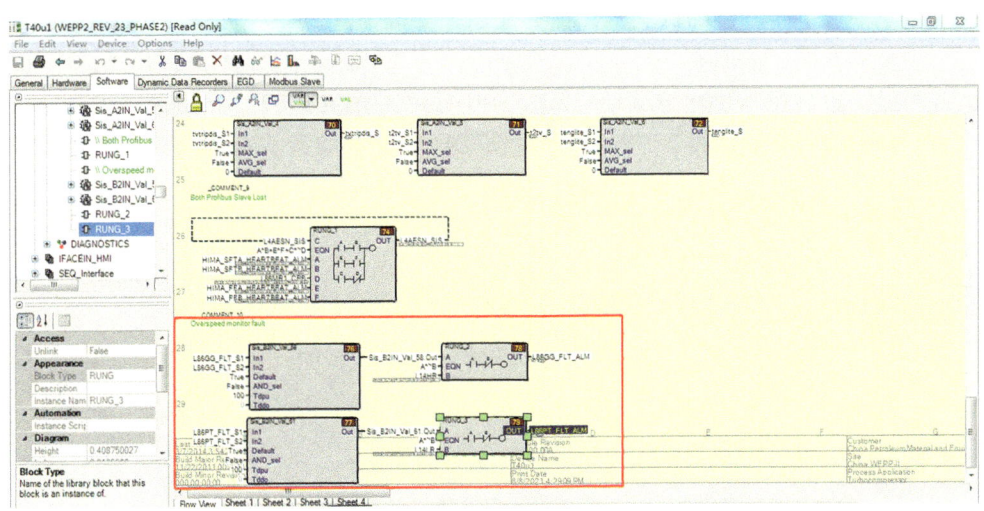

图 5.3.16　Mark VIe 逻辑优化

5.3.2.3　排查 GS16 控制板组态参数

古浪 1#机正常运行时，燃调阀异常关断后，GS16 故障信号 gfmvdrvok 并未翻转向 Mark VIe 主控系统发出停机信号，导致 Mark VIe 主控系统在 GS16 异常关断后并未立即执行跳机程序。建议核查近期更换的 GS16 燃调阀控制板组态参数。GS16 故障时，其 AO 阀位反馈信号及 DO 故障信号均应组态成 Shutdown 模式，如图 5.3.17 所示。

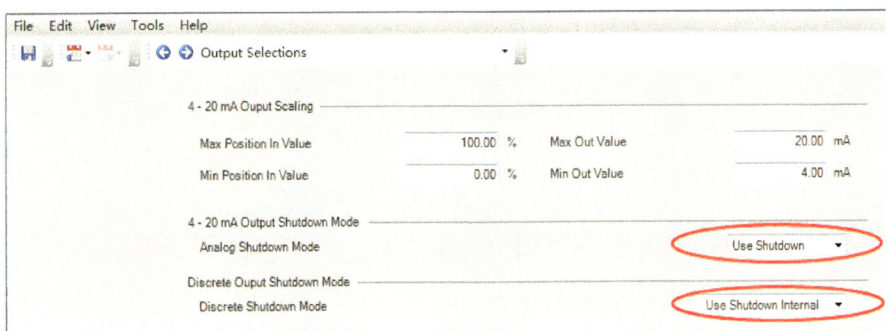

图 5.3.17　GS16 控制板组态参数优化

5.4　本特利振动联锁程序优化

在压缩机组运行过程中，振动探头测量信号为二选一联锁逻辑，因电磁干扰出现跳变，可能导致机组执行保护逻辑，出现误跳机的情况。

5.4.1　优化原则

为避免因振动探头跳变造成机组误停机，建议各站检查探头回路屏蔽、接线端子牢固、探头安装位置和振动系统状态，在以上设备均正常的前提下，根据实际情况进行逻辑优化。

(1) 对于只有1个测点的探头，保留原逻辑不修改，如GG壳振。

(2) 轴位移在同一截面有2个测点，如西门子机组压缩机轴位移39CPA1、39CPA2在同一截面测量，建议逻辑优化方式：(AHH*BHH+(AHH*BNO)+(ANO*BHH))，即同一测点2个探头同时高高报警TRIP，一个探头故障时另一个探头高高TRIP(ANO：A通道not ok，BNO：B通道not ok)。

(3) 轴振动有X、Y两个测点，优化建议：X方向高高报警同时Y方向高报，执行TRIP；反之Y方向高高报警同时X方向高报，执行TRIP；一个探头故障，另一个探头高高执行TRIP；报警保留原逻辑：只要有一个达到高报警，HMI产生报警。

(4) 本特利3500系统配置中，探头故障会被旁路，从而不参与联锁，因此运行过程中出现探头故障应该及时处理，避免机组2个探头同时失效运行的情况。

5.4.2 Solar机组优化(AB PLC Dynamix Monitoring System动态监测系统)

以Solar燃气轮机径向轴承振动为例，径向轴承振动高报警值、高高停车值均由振动检测模块传至机组PLC，达到振动高报值输出HMI报警(XH+YH：=ALARM)、达到振动高高报警值输出TRIP报警停机(XHH+YHH：=TRIP)，振动保护原逻辑如图5.4.1所示。其中，X、Y指探头安装方向，H指测量信号达到高报警；HH指测量信号达到高高报警；"+"指逻辑"或"；"*"指逻辑"与"；"：="指执行结果。

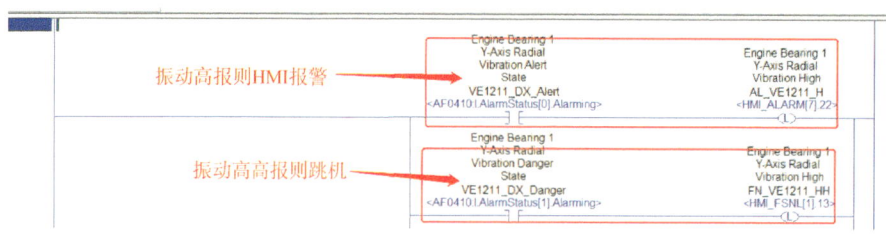

图5.4.1 振动保护原逻辑

逻辑优化为：X方向或者Y方向高报(XH+YH：=ALARM)，则HMI报警；X方向高报与Y方向高高报同时存在，或者Y方向高报与X方向高高报同时存在(XH*YHH+XHH*YH：=TRIP)，执行跳机逻辑。修改后逻辑如图5.4.2所示。

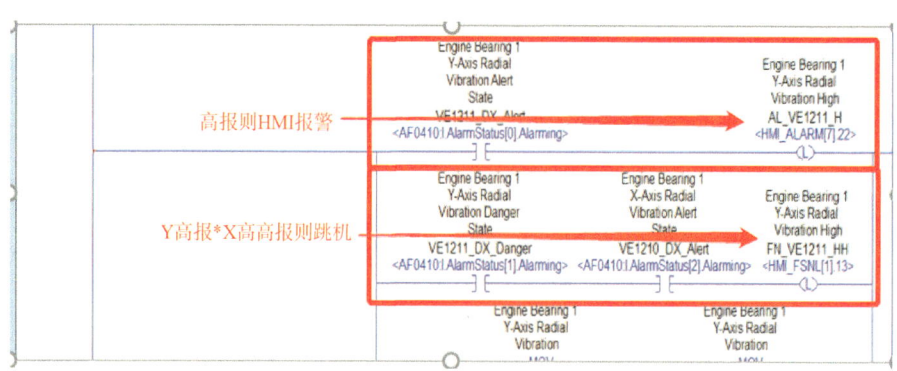

图5.4.2 Solar机组修改后逻辑

5.4.3 本特利机型优化（西门子、GE 等使用本特利 3500 振动系统）

5.4.3.1 西门子机组建议修改逻辑

逻辑优化为 XH+YH：=ALARM，即任意探头高报，HMI 报警，3500 振动系统报警原逻辑如图 5.4.3 所示。

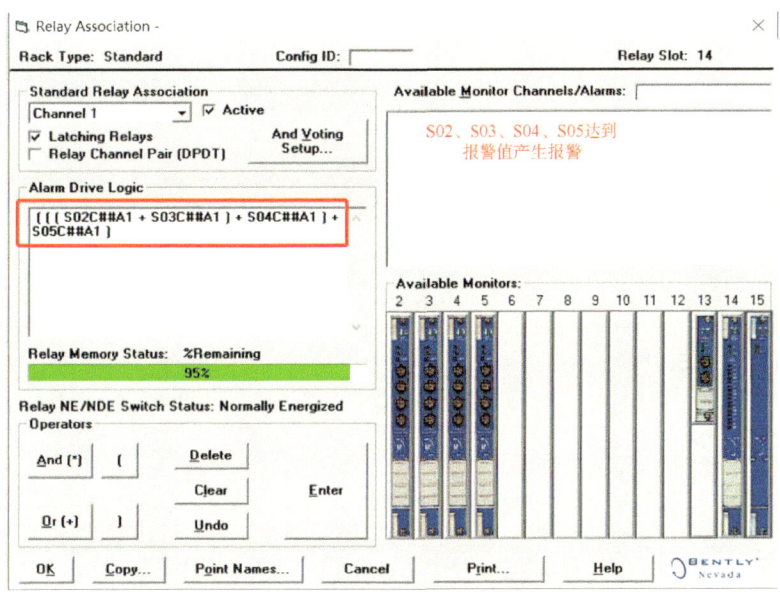

图 5.4.3　3500 振动系统报警原逻辑

逻辑优化为 XHH+YHH：=TRIP，即任意探头高高报，执行跳机逻辑，跳机原逻辑如图 5.4.4 所示。西门子机组 3500 通道接入传感器见表 5.4.1。

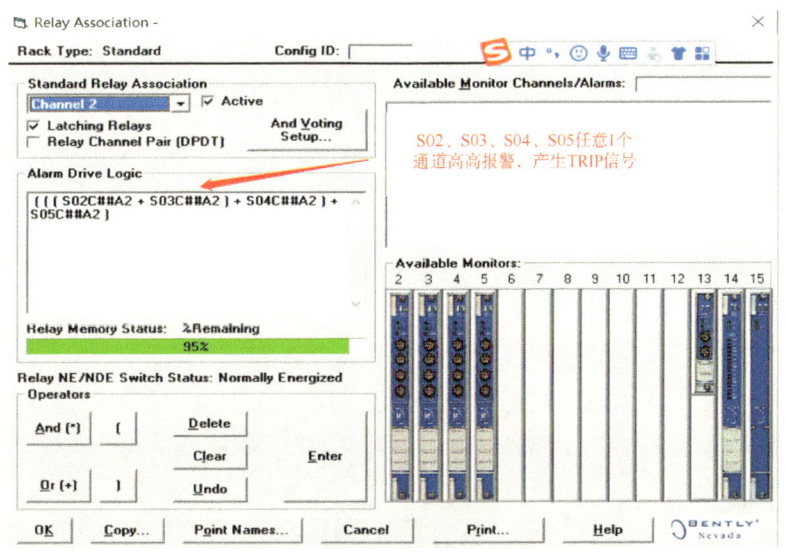

图 5.4.4　跳机原逻辑

A1：alert(高报)；A2：Danger(高高报警)

表 5.4.1　西门子机组 3500 通道接入传感器

槽　位	通　道	探　头	
S02	CH01	39GGI	GG 壳振
	CH02	39GGC	GG 壳振
	CH03	39GGT	GG 壳振
	CH04	SPARE	
S03	CH01	39PTNEX	动力涡轮非驱动端 X 方向振动
	CH02	39PTNEY	动力涡轮非驱动端 Y 方向振动
	CH03	39PTDEX	动力涡轮驱动端 X 方向振动
	CH04	39PTDEY	动力涡轮驱动端 Y 方向振动
S04	CH01	39CPNEX	压缩机非驱动端 X 方向振动
	CH02	39CPNEY	压缩机非驱动端 Y 方向振动
	CH03	39CPDEX	压缩机驱动端 X 方向振动
	CH04	39CPDEY	压缩机驱动端 Y 方向振动
S05	CH01	39PTA	动力涡轮轴位移
	CH02	39CPA1	压缩机轴位移 1
	CH03	39CPA2	压缩机轴位移 2
	CH04	Spare	

根据表 5.4.1 可得出以下优化建议：

（1）S02 为 GG 壳振，各位置只有 1 个测点，保留原逻辑；

（2）S03、S04（PT、压缩机轴振动）报警保留原逻辑，TRIP 逻辑修改为：Benly3500 中探头故障后旁路（例如 X 探头故障旁路，只有 Y 探头有效）。当 1 个探头故障时（如 X 故障旁路），XH * YHH+XHH * YH：=TRIP 逻辑变为 YHH+YH=TRIP，Y 探头高报警就会停车，反而增加误跳车风险。建议将逻辑修改为：(XH * YH) * (XHH+YHH)。在探头都正常的情况下，一个探头高高报与另一个方向探头高报同时存在，执行 TRIP；当一个探头故障、另一个方向探头达到高高报导致跳机时，TRIP 建议修改逻辑如图 5.4.5 所示。

（3）对于 S05 轴位移，动力涡轮轴位移、压缩机轴位移 1（39CPA1）、动压缩机轴位移 2（39CPA2）只要有 1 个高高报警，就会产生 TRIP 信号。检查 PID 流程图，39CPA1、39CPA2 位置如图 5.4.6 所示。

修改建议：S05 轴位移中，动力涡轮轴位移只有 1 个测点，原逻辑保留。压缩机轴位移 39CPA1、39CPA2 在同一截面测量，建议逻辑优化方式：(AHH * BHH+(AHH * BNO)+(ANO * BHH))逻辑，即同一测点 2 个探头同时高高报警 TRIP，一个探头故障时另一个探头高高 TRIP（XHH+YHH：=TRIP），修改逻辑如图 5.4.7 所示。

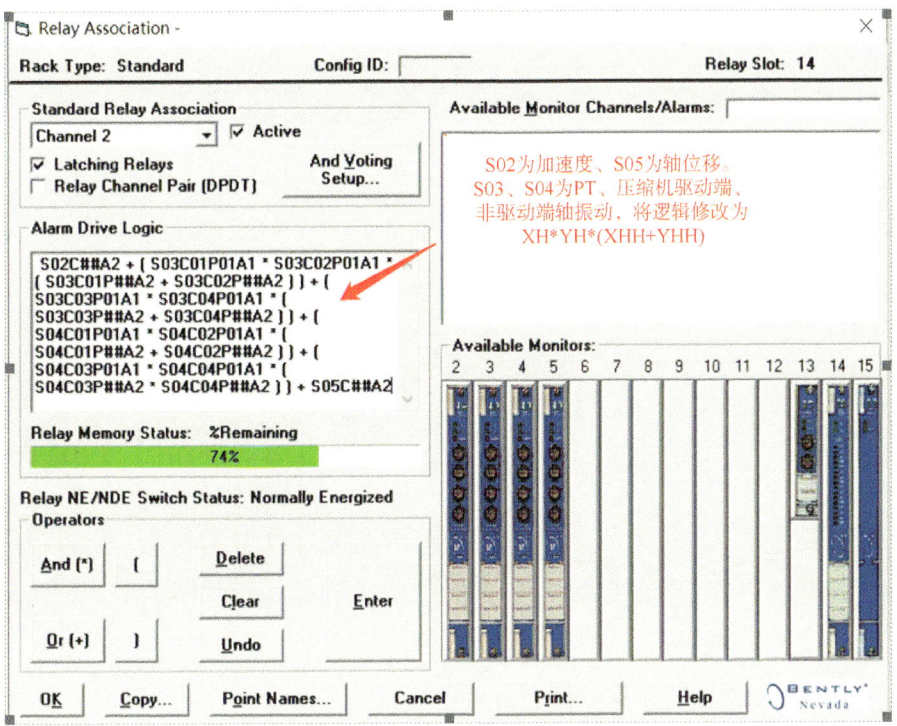

图 5.4.5　S03、S04 TRIP 建议修改逻辑

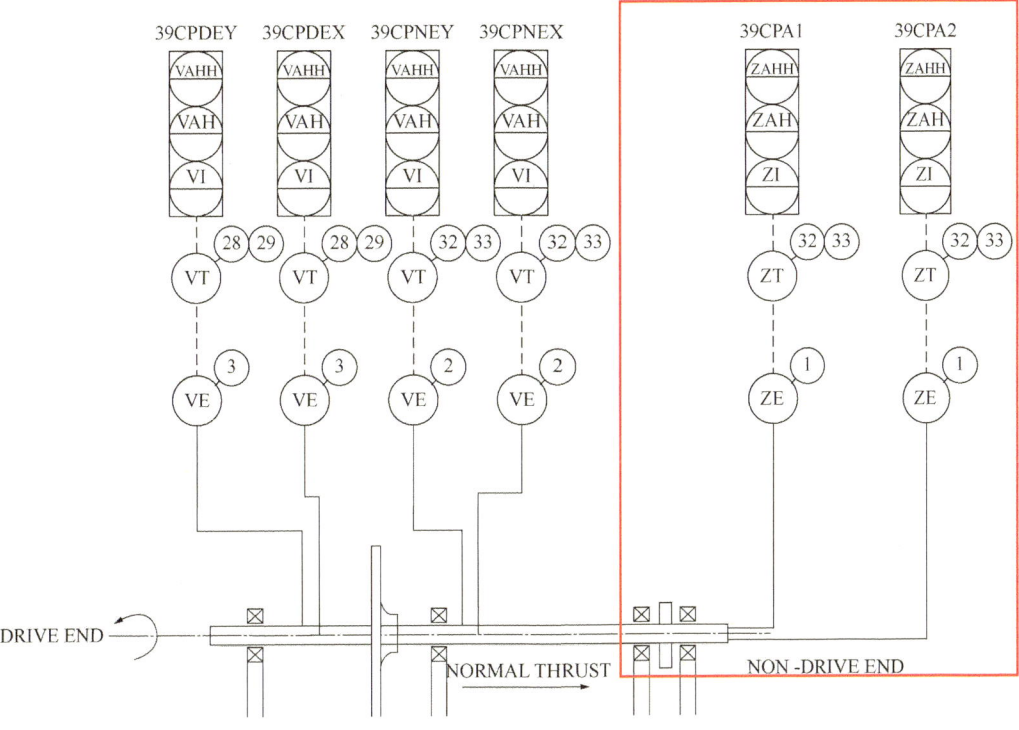

图 5.4.6　39CPA1、39CPA2 位置

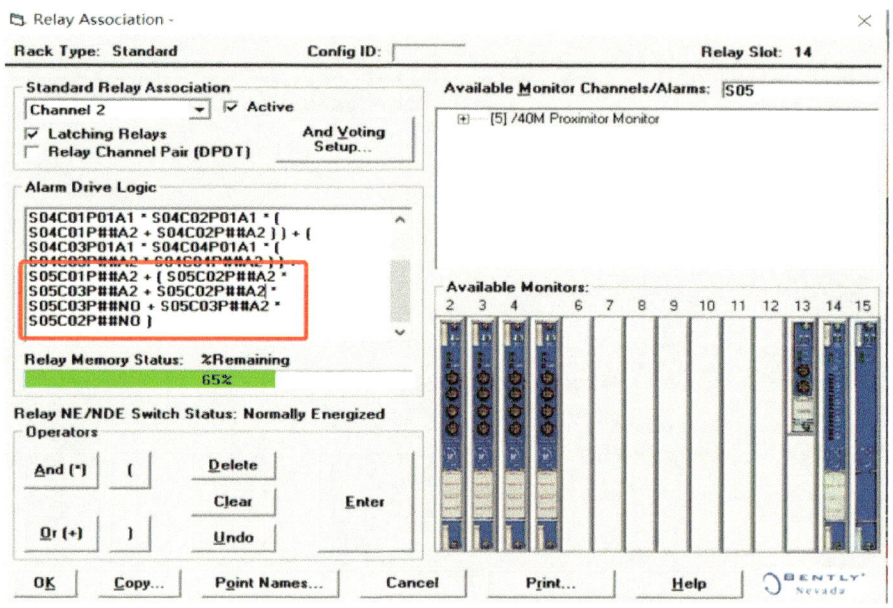

图 5.4.7 S05 TRIP 逻辑修改

5.4.3.2 GE 机组建议修改逻辑

(1) 压缩机轴振动 XT-196X、XT-196Y、XT-197X、XT-197Y 修改建议：逻辑采用 (XH*YH)*(XHH+YHH)。

(2) 压缩机轴位移 ZT-138A、ZT-138B 已经采用(AHH*BHH+(AHH*BNO)+(ANO*BHH))逻辑，即同一测点 2 个探头同时高高报警 TRIP，一个探头故障时另一个探头高高 TRIP，保留原逻辑(NO：通道 not ok)。

(3) GG 壳振(18VGG)、动力涡轮(18VPT)保留原逻辑。

5.5　西门子机组火气系统可靠性提升

2022 年 5 月 5 日，某压气站 1# 机组触发火灾报警异常停机，经现场排查测试，未发现箱体内部任何着火迹象和可能引起火灾的异常情况，检查火气系统存在以下几项可能引起火气系统误报警的问题。

5.5.1　问题分析

5.5.1.1　设计施工阶段问题

(1) 火气系统 LON 总线信号电缆总屏蔽线接地不规范。现场实际总屏线缆机柜内单端接地，未进行双端接地，总成干扰窜入 EQP 通信总线，现场侧由于穿线套管过细，电缆外绝缘皮、总屏线被割断埋地，现场拆除穿线套管，发现只剩线芯和分屏线；

(2) LON 总线分屏蔽线接地与设计图纸不符。总线信号分屏线图纸设计两端不接地，直接接入 EQP、RELAY、DCIO、火焰探测器和可燃气体探测器等模块内屏蔽端子，现场测量所有分屏线缆阻值，发现 2~180Ω 阻值接地，排查发现分屏线缆绝缘皮破损，造成分屏线缆接地干扰窜入；

（3）分屏线绝缘层破损，造成总屏线与分屏线短接，存在交叉干扰，机柜内总屏线单端接地窜入干扰到分屏线缆，现场摘除总屏线机柜内接地后，检测分屏线接地干扰消失；

（4）总线信号电缆选型存在问题。EQP 系统 LON 总线回路中，EQP 的 RELAY—现场接线箱、现场进气滤下方、二氧化碳箱体旁、箱体顶部、箱体侧门共计五个接线箱之间，以及箱体侧接线箱—EQP 总线端子使用普通信号电缆，未使用图纸要求的 16AWG BELDEN 8719 双绞线通信总线电缆或同等电缆；

（5）火焰探测器安装不规范。火焰探测器 Oi 板朝下安装，当火焰探测器 Oi 板与观察孔之间产生堆积的水和污染物时，会使火焰探测器产生故障，无法正常运行，影响探测器的正常监测。探测器外壳未接地可能导致信号干扰。

5.5.1.2 控制系统升级改造问题

（1）火气系统控制机柜内交换机安装未进行绝缘处理，造成 EQP 控制器和继电器输出模块外壳安全接地线存在干扰接地电流；

（2）火气系统 EQP 程序中火焰探测器灵敏度未按照技术通报修改为 T-LOW 挡；

（3）在西一线西门子机组控制系统升级改造期间，打开现场接线箱更换模块后，未测试总屏、分屏接地电阻。

5.5.1.3 现场运维问题

自站场建成运行后，未检查现场防爆接线柱内线缆状态，未检查总屏、分屏、线缆铺设具体问题。

通过以上排查发现的问题可能造成机组火气系统控制器、探测器等产生信号干扰，误触发火焰、可燃气体等报警，并造成机组异常停机。

5.5.2 处理建议

5.5.2.1 EQP 火气系统 LON 总线信号电缆总屏蔽线接地

按照 SH/T 3081—2019《石油化工仪表接地设计规范》要求，信号线的屏蔽应根据不同的电缆形式采用不同的屏蔽层接地方式（表 5.5.1）。西一线西门子机组 EQP 火气系统 LON 总线和供电线使用同一根分屏总屏电缆，建议 UPP 机柜到现场接线箱侧的信号电缆总屏蔽线接地方式为双端接地。其他类型压缩机组控制系统信号电缆接地方式也可参考表 5.5.1 的要求。

表 5.5.1 屏蔽层的接地方式

电缆形式	接地形式		
	内屏蔽层	外屏蔽层	铠装层或金属保护管
单层屏蔽电缆	单端接地	—	两端接地
单层屏蔽铠装电缆	单端接地	—	两端接地
分屏总屏电缆	单端接地	两端接地	两端接地
分屏总屏铠装电缆	单端接地	两端接地	两端接地

5.5.2.2 EQP 火气系统 LON 总线信号分屏蔽线接地

按照 EQP 产品说明书《DET-TRONICS Eagle Quantum Premier 火灾和气体探测/释放系统说明 95-C533》和西门子燃驱机组控制系统接线图要求，EQP 火气系统中每台设备的接线盒内和系统控制器中都提供两个屏蔽线接地端子，LON 总线信号回路的分屏蔽线连接至两端设备提供的屏蔽接线端子上，分屏蔽线不应与设备外壳或其他导线短路，不应在其他位置产生接地。建议对机柜间和现场侧 LON 总线分屏蔽线的绝缘进行排查，通过使用热缩管、绝缘胶带等方式处理分屏蔽线的绝缘，避免与接线箱或其他电缆搭建，造成异常接地。

5.5.2.3 排查总屏蔽线和分屏蔽线搭接短路

建议排查火气系统电缆总屏蔽线和分屏蔽线因绝缘破损搭接造成的短路问题，按照电缆的分段情况，将每段电缆的总屏蔽线和分屏蔽线均两端浮空，使用万用表测量总屏蔽线和分屏蔽线之间的阻值，正常阻值应为无穷大，否则总屏蔽线和分屏蔽线之间存在搭接短路，应对电缆两头已剥离部分的总屏蔽线和分屏蔽线进行检查及绝缘处理。如果剥离部分的总屏蔽线和分屏蔽线之间绝缘正常，则进一步检查确认是否为电缆内部绝缘破损导致搭接短接。

5.5.2.4 LON 总线电缆选型

建议对 EQP 火气系统 LON 总线回路电缆进行排查，使用机组原始设计图纸推荐的 16AWG BELDEN 8719 双绞线通信总线电缆或同等电缆。

5.5.2.5 火焰探测器安装及外壳接地

按照《DET-TRONICS Protect IR 多谱红外火焰探测器 X3301 说明 95-C527》要求，X3301 火焰探测器安装时，Oi 板应如图 5.5.1 所示朝上安装，不仅能确保 Oi 系统正常工作，还能最大程度减少 Oi 板与观察孔之间堆积水和污染物，Oi 板应稳固拧紧。建议对机组箱体内的 X3301 火焰探测器外壳接地，火焰探测器安装及外壳接地如图 5.5.2 所示。

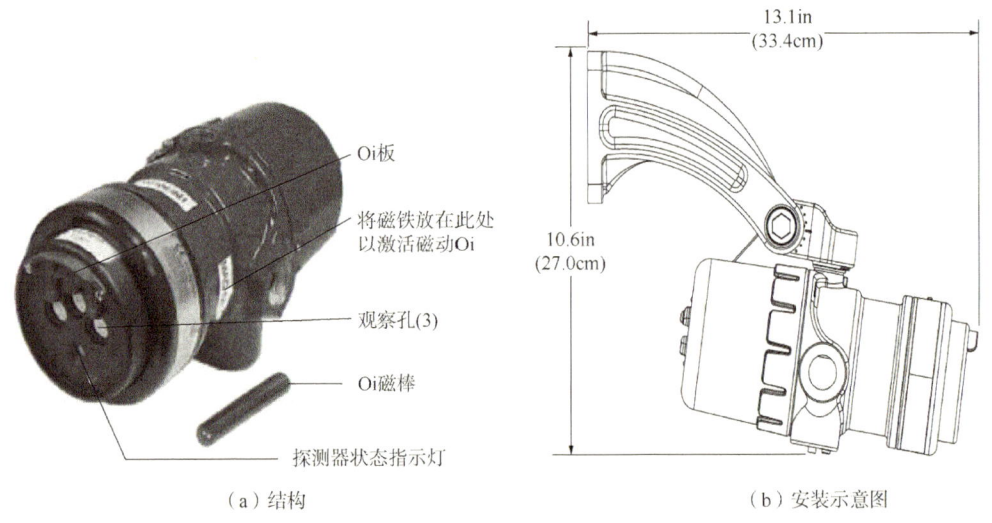

（a）结构　　　　　　　　　　　　　　（b）安装示意图

图 5.5.1　X3301 火焰探测器结构及安装示意图

注：此图显示的探测器安装倾斜角度最小为 10°。这些尺寸将根据探测器的安装角度而改变。

5.5.2.6 火气系统 EQP 控制器、DCIO 模块、RELAY 模块等设备外壳接地检查

建议对火气系统 EQP 控制器、DCIO 模块、RELAY 模块等设备外壳接地进行以下检查：

(1) 模块外壳上保护接地端子应使用接地线连接至保护接地汇流排上。

(2) 模块外壳保护接地线电流值应小于±3mA，如大于该值，建议排查机柜内是否存在漏电设备，并做绝缘处理(更换漏电设备或增加绝缘隔离措施)。

(3) 模块外壳接地电阻不大于4Ω，连接接地电阻不大于1Ω。

5.5.2.7 火焰探测器灵敏度参数设置

按照西门子公司 2020 年 6 月份发布的《SGT-A35 and SGT-A65 Fire and Gas System Improvements》技术

图 5.5.2 火焰探测器安装及外壳接地

通报建议，将火焰探测器灵敏度修改为 T-LOW 挡，技术通报要求如图 5.5.3 所示。

> X3301火焰探测器灵敏度Det-Tronics X3301火焰探测器有四种灵敏度设置：Low；T-low；根据操作环境和所需的灵敏度级别设置Medium和High。对于大多数SGT-A35和SGT-A65机型来说，火焰探测器的灵敏度在新设备供应时被设置为中等。
>
> Low灵敏度设置是由Det-Tronics专门为涡轮机箱体环境开发的，并且已经被评估和批准为更适合西门子机型使用的灵敏度设置。它适用于具有兼容的Det-Tronics硬件和软件的包配置。
>
> T-Low灵敏度设置已经在现场机组应用，并且设置了5s的时间延迟，已被证明可以有效减少由于错误的火灾探测而导致的错误跳机，且不会影响产品安全性。

图 5.5.3 西门子火焰探测器灵敏度修改技术通报内容

修改探测器灵敏度操作步骤及参数建议如下：

(1) 对于使用 LON 总线通信的火焰探测器，首先使用配置监视软件(Enhanced_Flame_Inspector_v2.5)修改探测器本体的灵敏度及其他参数，并对探测器进行 Oi 标定。探测器本体修改完成后，必须同步修改 EQP 控制器程序中火焰探测器的组态参数，建议火焰探测器的加热器功率设置为23%，加热温度设置为35%，Oi 测试失败次数设置为 3 次，火警和故障 LED 锁存模式均设置 ON，火焰探测器灵敏度设置为 T-Low，探测器的 PV 死区值设置为 5%，如图 5.5.4 所示。完成程序修改后，将程序下载至 EQP 控制系统，并在线检查确认火焰探测器参数修改均已生效。

(2) 对于使用 4~20mA 硬线信号通信的火焰探测器，只需使用配置监视软件(Enhanced_Flame_Inspector_v2.5)修改探测器本体的灵敏度及其他参数，并进行 Oi 标定即可。对于不支持 T-LOW 设置的老版本火焰探测器，建议更换新版探测器后再进行灵敏度参数调整。

5.5.2.8 检查测试火气系统信号电缆总屏蔽线、分屏蔽线接地电阻

建议对 EQP 火气系统机柜间与现场接线箱中 LON 总线信号电缆、供电电缆进行总屏蔽线和分屏蔽线的接地电阻检查，检查建议如下：

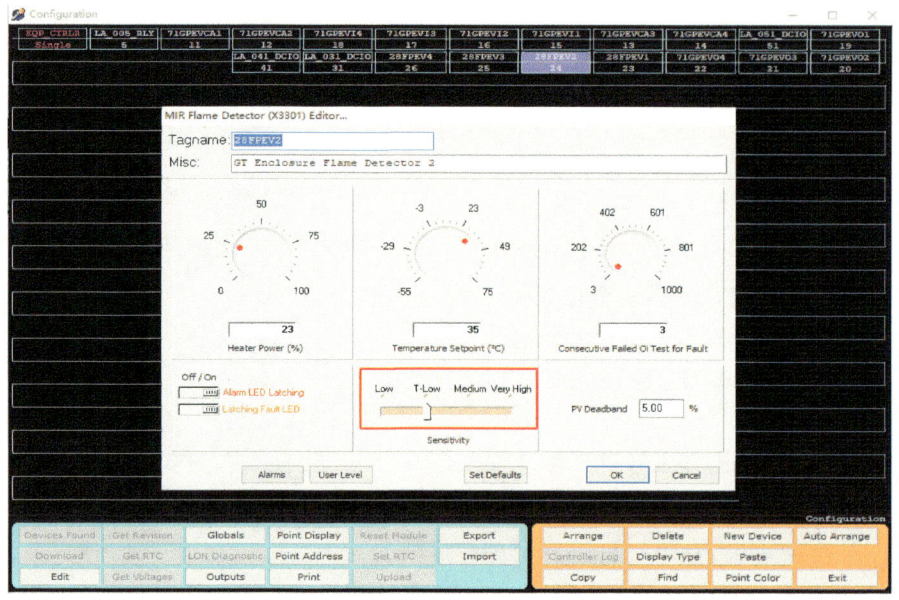

图 5.5.4 EQP 程序中火焰探测器参数组态页面

(1) 建议在 EQP 控制器 COM1 和 COM2 总线端子处断开两根屏蔽线,两根屏蔽线对地电阻在正常情况下应为无穷大,否则应分段排查 LON 总线回路中分屏蔽线是否存在接地。

(2) 建议找到火气系统机柜侧接地汇流端子排上和现场接线箱测火气系统电缆总屏蔽线,两端将总屏蔽线断开接地,在任意一端对总屏蔽线进行接地电阻测试,电阻正常应为无穷大。

5.5.2.9 检查现场防爆接线柱内线缆铺设状态

建议拆开现场防爆接线柱盖板(图 5.5.5),检查确认电缆铺设状态,对于检查发现的电缆无外绝缘皮、总屏蔽线的情况,拆除防爆穿线套管,找到电缆总屏蔽线,并使用接地线将其引接至防爆接线箱正确的接地端子上,对于电缆缺失绝缘皮的部分,通过增加绝缘热缩管、热缩带等方式进行绝缘处理,处理完成后再将电缆装回防爆接线管内,如图 5.5.5 所示。

(a) 电缆状态检查　　　　　　(b) 总屏蔽线引接及绝缘处理

图 5.5.5　防爆接线柱内电缆状态检查、电缆进行总屏蔽线引接及绝缘处理

5.6 GE 燃驱机组工艺阀门位置反馈信号优化

GE 压缩机组曾发生过因压缩机进出口阀、防喘隔离阀触点限位丢失导致故障停机的案例。同时在启停机过程中，上位机只能看到阀门全关和全开状态，无法对中间位置进行监控，无法判断阀门在动作过程中是否存在卡涩等异常情况，无法满足可视化操作的要求。在执行机构维护保养后，如果配置不正确，会导致触点限位信号异常，进而产生工艺气流程上的风险。为解决进出口阀门触点阀位信号离开全开位导致机组故障停机的情况，提升机组运行的稳定性，进行 GE 机组进出口阀门阀位信号优化。

5.6.1 问题分析

不同型号机组工艺阀触点限位丢失停机逻辑分析包括：西一线 GE 燃驱机组进口阀、出口阀；西二线 GE 燃驱机组进口阀、出口阀、防喘隔离阀；西二线、西三线 GE 电驱机组进口阀、防喘隔离阀。需在压缩机进出口阀、防喘隔离阀执行机构内部单独增加阀位模拟量反馈板，将阀门开度信号接入机组控制系统，在程序中将阀位模拟量反馈百分数信号与触点限位信号结合起来判断阀门的阀位状态，提升进出口阀、防喘隔离阀阀位信号的稳定性，提升机组运行的可靠性。

（1）现有的进出口阀门 rotork 电动执行机构内部只有控制板和电源板，需要将阀位模拟量反馈板（rotork IQM 比例控制反馈电路板 6J）安装在执行机构内部。执行机构内部情况如图 5.6.1 所示。

（2）通过执行机构电源板给反馈板提供 24V 供电，将反馈板输出回路的 9 根线缆按照对应线号接至执行机构圆形接线端子板上（图 5.6.2）。

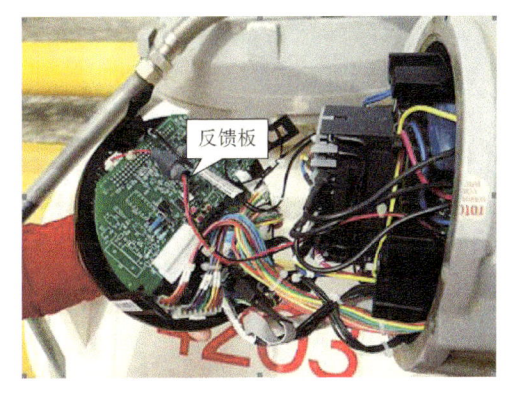

图 5.6.1 执行机构反馈板安装

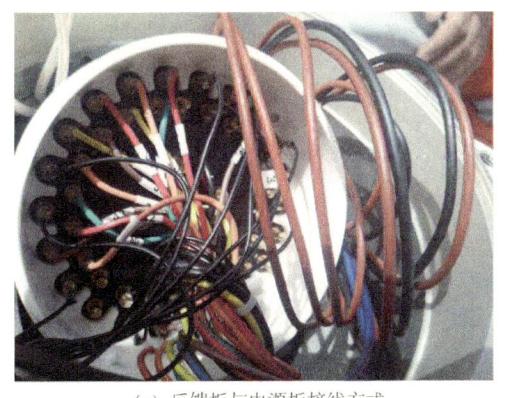

(a) 反馈板与电源板接线方式

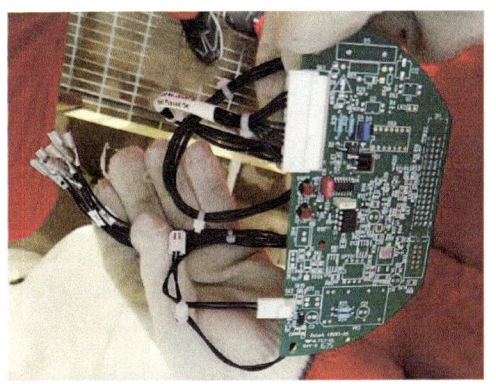

(b) 反馈板电源线

图 5.6.2 执行机构反馈板与电源板连接

（3）模拟量反馈板提供4~20mA无源信号接入机组控制系统，需要两根备用线芯，现场校线从执行机构至中间接线箱再到机柜间。阀位模拟量信号通过执行机构22号、23号端子接入中间接线箱端子排，制作线号管、线鼻子进行接线（图5.6.3）。

(a) 模拟量反馈信号执行机构侧出线　　　　(b) 模拟量反馈信号中间接线箱侧接线

图5.6.3　执行机构反馈板与控制系统接线

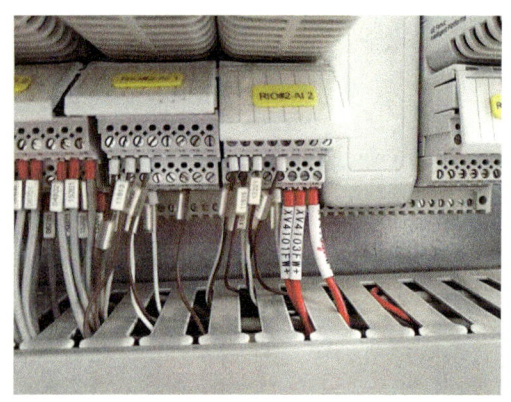

图5.6.4　新增信号线

5.6.2　处理建议

5.6.2.1　西二线 GE 燃驱机组

（1）机柜间增加端子排、安全栅，制作线号管、线鼻子进行接线。因 MarkVi 系统 PAIC 板卡，没有多余的通道，模拟量阀位信号接入 MTL8101-HI-TX 模块，由于是无源信号，在模块上采用无源接法。新增信号线如图5.6.4所示。

（2）在 MTL8101 内对相关通道进行相关配置，激活通道的状态诊断报警功能，最后进行程序下装。MTL8000 组态如图5.6.5所示。

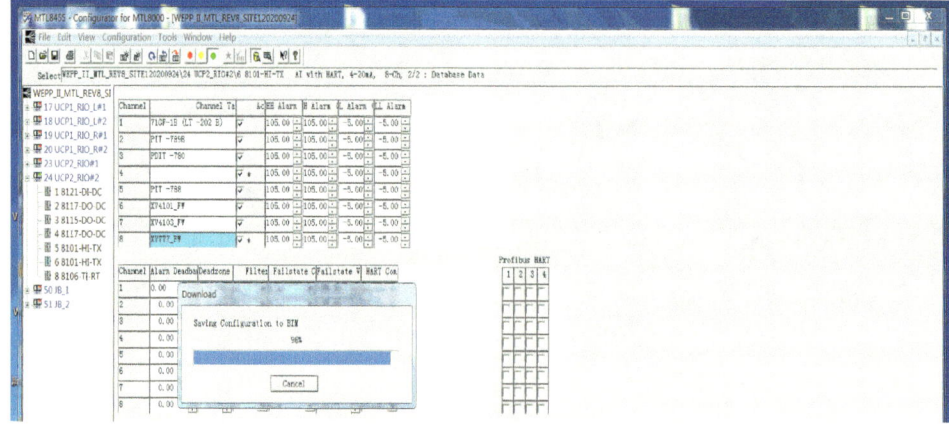

图5.6.5　MTL8000 组态

（3）在 MarkVi 程序中配置与 MTL8101 模块的通信，将百分数阀位信号上传至 MarkVi 控制系统，在 ToolboxST 软件内对相关通道进行相关配置，新增的程序变量见表 5.6.1。

表 5.6.1 新增程序变量

变量名	变量描述
l33ab_c_deliver	防喘隔离阀关阀位开关量反馈
l33ab_o_deliver	防喘隔离阀开阀位开关量反馈
l33dm_c_deliver	出口阀关阀位开关量反馈
l33dm_o_deliver	出口阀开阀位开关量反馈
l33sm_c_deliver	进口阀关阀位开关量反馈
l33sm_o_deliver	进口阀开阀位开关量反馈
XV4X01_Fw	进口阀阀位模拟量反馈
XV4X01_Fw_FLT_ALM	进口阀阀位模拟量反馈故障报警
XV4X01_CLOSE_MIS_ALM	进口阀关阀位开关量与模拟量不匹配报警
XV4X01_OPEN_MIS_ALM	进口阀开阀位开关量与模拟量不匹配报警
XV4X03_Fw	出口阀阀位模拟量反馈
XV4X03_Fw_FLT_ALM	出口阀阀位模拟量反馈故障报警
XV4X03_CLOSE_MIS_ALM	出口阀关阀位开关量与模拟量不匹配报警
XV4X03_OPEN_MIS_ALM	出口阀开阀位开关量与模拟量不匹配报警
XV4X04_Fw	防喘隔离阀阀位模拟量反馈
XV4X04_Fw_FLT_ALM	防喘隔离阀阀位模拟量反馈故障报警
XV4X04_CLOSE_MIS_ALM	防喘隔离阀关阀位开关量与模拟量不匹配报警
XV4X04_OPEN_MIS_ALM	防喘隔离阀开阀位开关量与模拟量不匹配报警

（4）在 MarkVIE 程序中对阀位模拟量信号进行设计，考虑到进出口阀原触点限位信号 L33SM_C、L33SM_O、L33DM_C、L33DM_O、L33AB_C、L33AB_O 参与机组启停机等逻辑，对这些原始逻辑均不做变动，并考虑在外围利用新增的模拟量百分比阀位信号和原有的开关量阀位信号同时作用，来综合判断阀位开到位和关到位，最后将综合判断出来的阀位信号和原有的阀位信号(L33SM_C、L33SM_O、L33DM_C、L33DM_O)对接起来，这样在不影响原有的内部逻辑的情况下，增加了阀位信号的稳定性。MarkVIe 程序修改如图 5.6.6 所示。

模拟量阀位大于 95%(设置 1% 延时区)或者触点开到位信号成立，则阀门全开到位；模拟量阀位小于 5%(设置 1% 延时区)或者触点关到位信号成立，则阀门全关到位。如果模拟量阀位信号通道不健康，则直接将开关量阀位信号赋值给程序内部使用的阀位信号。设置 XV4X03_CLOSE_MIS_ALM、XV4X03_OPEN_MIS_ALM 变量，当阀位模拟量信号判断结果与开关量阀位结果不匹配时，延时 30s 触发报警。

（5）将原开关量触点变量 L33sm_o、L33sm_c、L33dm_o、L33dm_c 在 PDIO-5A3A 板卡硬接点更改为中间变量 l33ab_c_deliver、l33ab_o_deliver、l33sm_c_deliver、l33sm_o_deliver、l33dm_c_deliver、l33dm_o_deliver。

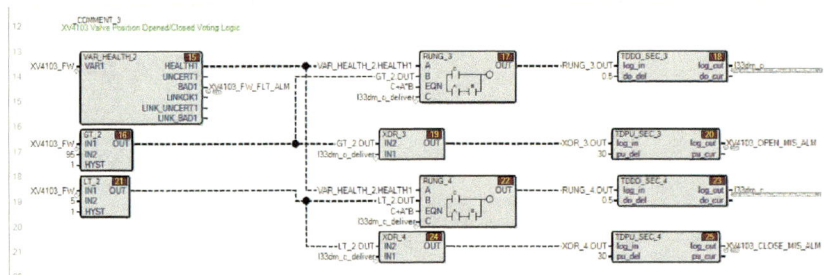

（a）压缩机出口阀程序修改

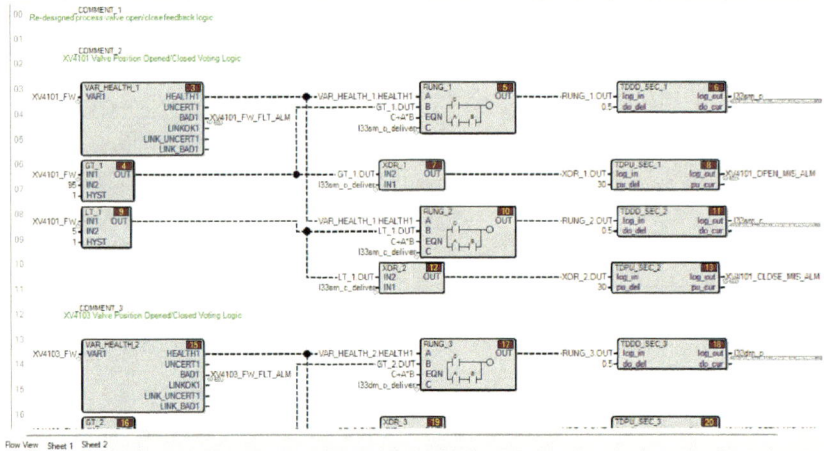

（b）压缩机进口阀程序修改

图 5.6.6　MarkVIe 程序修改

（6）在 Cimplicity WORKBENCH 中增加相关点位和报警，将阀位等相关信号上传至上位机。在阀门下方位置添加阀位（%）显示框，并关联进出口阀、防喘隔离阀模拟量阀位。Cimplicity 组态修改如图 5.6.7 所示。

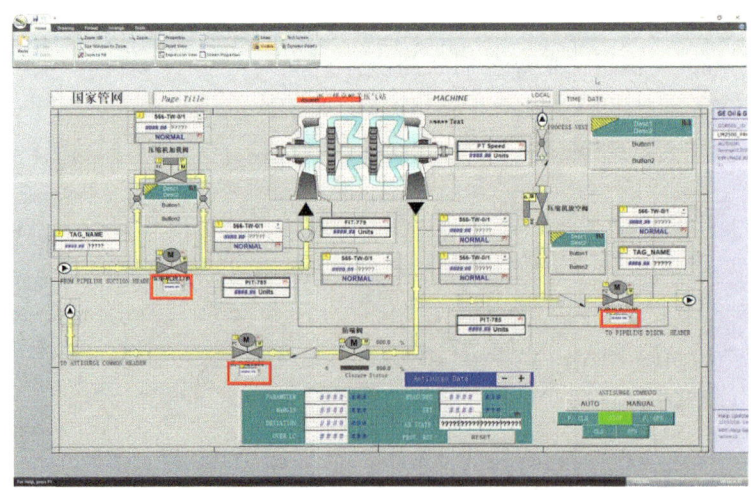

图 5.6.7　Cimplicity 组态修改

5.7 西门子燃驱机组冗余配置模块程序优化

西一线西门子机组 UPP 机架中 AI 和 IRT8 模块均采用冗余配置,但逻辑中未实现冗余。模块故障报警停车逻辑也未实现冗余,易因单个模块故障引发误跳机。

5.7.1 问题分析

UPP 系统的仪表采用单一设置,信号经端子排一分二后,进入冗余的两个模块,以信号 05 模块温度 26GG05A 为例,一分二后分别进入 R670 和 R680 模块的 CH0 通道,在程序中分别组态为 A26GG05A 和 A26GG05A_1,通道情况见表 5.7.1,机架情况如图 5.7.1 所示。

表 5.7.1 通道情况

通道	AI 模块 R650 标签为 R650	AI 模块 R660 标签为 R660	AI 模块 R670 标签为 R670	AI 模块 R680 标签为 R680
CH0	A63PGD (压缩机出口压力)	A63PGD_1 (压缩机出口压力)	A26GG05A (GG05 模块温度)	A26GG05A_1 (GG05 模块温度)
CH1	A63SGJVDE (压缩机驱动端放空差压)	A63SGJVDE_1 (压缩机驱动端放空差压)	A26GG05B (GG05 模块温度)	A26GG05B_1 (GG05 模块温度)
CH2	A63SGJVNE (压缩机非驱动端放空差压)	A63SGJVNE_1 (压缩机非驱动端放空差压)	A26GG05C (GG05 模块温度)	A26GG05C_1 (GG05 模块温度)
CH3	A63JSGRT (机柜空间温度)	A63JSGRT_1 (机柜空间温度)		
CH4			A26SRS (干气密封供气压力)	A26SRS_1 (干气密封供气压力)

图 5.7.1 机架情况

(1) UPP 机架中的 AI 模块、IRT8 模块的冗余功能不完善,虽实现了双模块均正常时的 2oo2 联锁,但单个模块故障时,直接触发跳机,未发挥冗余模块的冗余功能。

(2) UPP 程序温度冗余程序不完善,R680 模块仅采集信号(A26GG05A_1、A26GG05B_1、A26GG05C_1、A26SRS_1)用以传输至 HMI 和 SCADA,不参与联锁,联锁功能由 R670 采集并执行,冗余功能失效;且 R680 模块故障时,会导致机组误跳机。

5.7.2 处理建议

为避免因单模块故障造成机组误停机，建议各站检查探头回路屏蔽、接线端子牢固、模块冗余配置状态，在以上设备均正常的前提下，根据实际情况进行逻辑优化。

5.7.2.1 冗余配置的 AI 模块优化

逻辑修改原则：

（1）双模块均正常时，保留原信号高选逻辑；

（2）一模块正常、一模块故障时，则取正常模块的采集值用以联锁判断。

以 AI 模块 CH0 的 A63PGD(压缩机出口压力)为例进行分析说明。原程序中 A63PGD、A63PGD_1 通过 MOV 指令变为 V63PGD、V63PGD_1，V63PGD、V63PGD_1 被用于程序逻辑。可是在原程序中只是将两个信号进行了判断选择，将 V63PGD、V63PGD_1 中的大值赋予 V63PGDH，如果 AI 模块 R650、AI 模块 R660 中任意一个模块出现故障，都可能使最终值为故障卡件中的错误赋值，导致 V63PGDH 数值异常，此段程序无冗余机制。AI 模块原高选逻辑如图 5.7.2 所示。

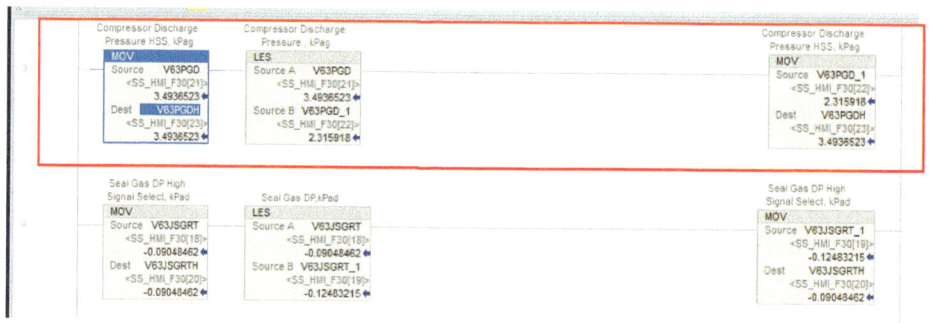

图 5.7.2 AI 模块原高选逻辑

针对上述情况，逻辑需修改如下：当双模块均正常时，在原程序前添加两个比较指令 EQU，调用 AI 模块 R650 和 R660 故障代码(对于 EQU 比较指令，被比较值设为 0，当无故障时，EQU-R650_FAULTCODE 输出为 1，EQU-R660_FAULTCODE 输出为 1)，当两个模块均无故障时，高选程序正常执行，将 V63PGD、V63PGD_1 中的大值赋予 V63PGDH，如出现 R650 或 R660 模块故障(EQU-R650_FAULTCODE 或 EQU-R660_FAULTCODE 数值不为零)，此程序段被终止。双模块均正常时调用的逻辑如图 5.7.3 所示。

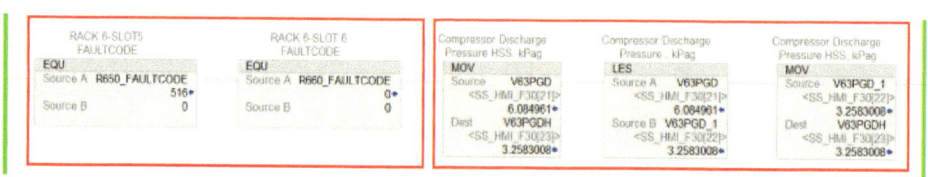

图 5.7.3 双模块均正常时调用的逻辑

当一模块正常，一模块故障时，添加两行冗余程序段。添加的冗余逻辑如图 5.7.4 所示。

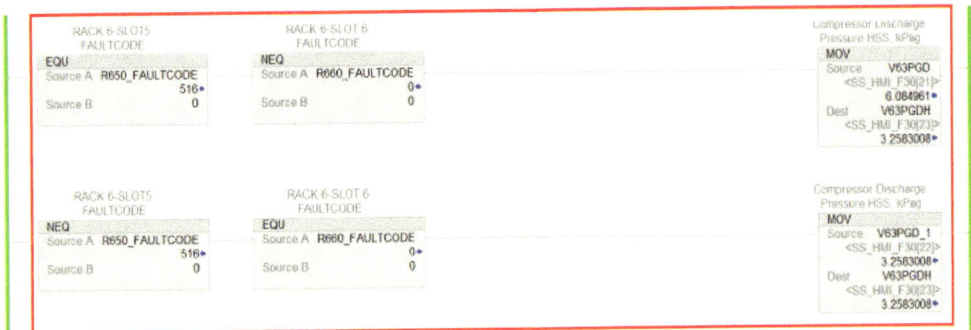

图 5.7.4　添加的冗余逻辑

当其中一个模块出现故障后，无故障模块的数据赋值给最终值，修改后的冗余逻辑如图 5.7.5 所示。使用比较指令 EQU、NEQ，当 R650 出现故障、R660 正常时，比较指令 EQU-R650_FAULTCODEV 输出为 0，NEQ-R660_FAULTCODEV 输出为 1，NEQ-R650_FAULTCODE 输出为 1，指令 EQU-R660_FAULTCODEV 输出为 1，因此第 6 行程序能不执行，第 7 行程序被调用执行，未发生故障的 AI 模块 R660 中的 V63PGD_1 被赋予 V63PGDH，从而实现冗余机制。

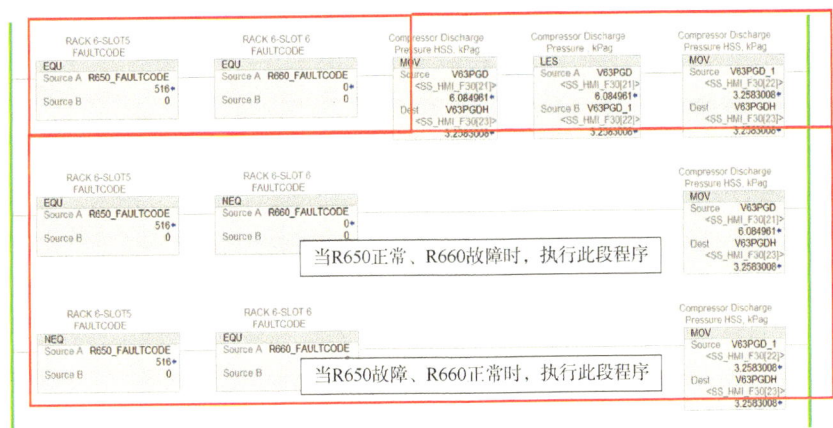

图 5.7.5　修改后的冗余逻辑

5.7.2.2　冗余配置的温度模块优化

逻辑修改原则：

(1) 双模块均正常时，增加信号高选逻辑，以高选信号参与联锁判断；

(2) 一模块正常、一模块故障时，则取正常模块的采集值用以联锁判断。

以温度模块 CH0 的 A26GG05 为例进行分析说明，温度模块 MOV 指令如图 5.7.6 所示。

原程序解读：A26GG05A 通过 MOV 指令变为 V26GG05A，A26GG05A_1 通过 MOV 指令变为 V26GG05A_1，但是在 GG05 模块温度 3001 逻辑中，只调用了 V26GG05A，未使用 V26GG05A_1，因此原程序无冗余判断功能。未进行修改的原温度三选一逻辑如图 5.7.7 所示。

按照改动最小的原则，首先删除原 V26GG05A 和 V26GG05A_1 的 MOV 指令，如图 5.7.8 所示。

图 5.7.6　温度模块 MOV 指令

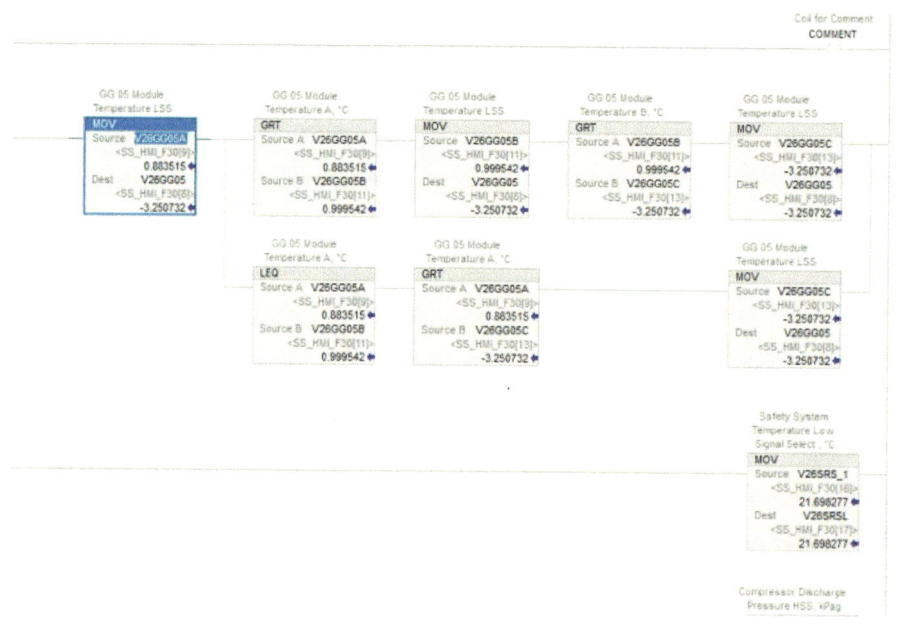

图 5.7.7　未进行修改的原温度三选一逻辑

编写冗余程序，冗余程序段的编写原理见 5.7.2.1 冗余配置的 AI 模块优化，首先在全局变量中添加新数据标签 V26GG05A_TEMP。

添加的冗余模块 R670、R680 均正常时，执行有效值 V26GG05A_TEMP 的低选冗余判断逻辑。使用指令 EQU-R670_FAULTCODEV、EQU-R680_FAULTCODEV，如图 5.7.9 所示。

添加冗余选择程序，当 R670 正常、R680 故障时，A26GG05A 赋予 V26GG05A_TEMP；当 R670 故障、R680 正常时，A26GG05A_1 赋予 V26GG05A_TEMP，冗余程序如图 5.7.10 所示。

第 5 章 | 控制系统典型故障及处理

图 5.7.8 删除原 MOV 指令

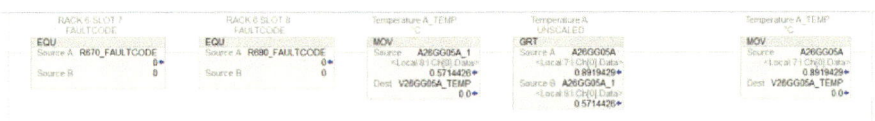

图 5.7.9 当模块均无故障时执行的低选逻辑

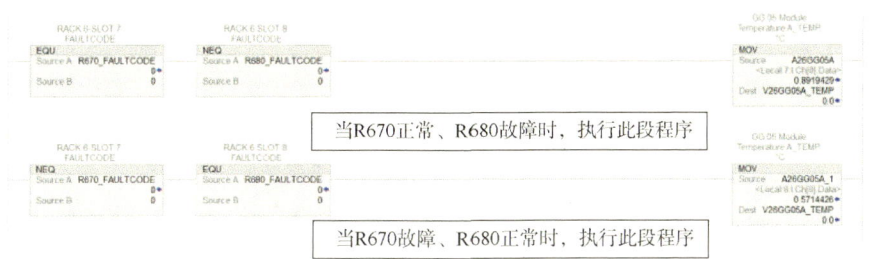

图 5.7.10 添加冗余选择程序

添加 MOV 指令,将冗余判断后的有效值 V26GG05A_TEMP 赋予 V26GG05A,V26GG05A 最终用于 GG05 模块温度三选一逻辑。新增温度冗余逻辑优化示例如图 5.7.11 所示。

V26GG05B、V26GG05C 也按照此方法进行修改,A26SRS(干气密封供气压力)参照 AI 冗余逻辑进行修改。

5.7.2.3 模块故障引发的跳车

原程序分析:R650/R660、R670/R680 两组冗余设置的模块故障停车逻辑中,任意一个卡件出现故障,均会导致输出值 RACK 6 OK 为 FULT,触发机组停车逻辑。此段程序无冗余保护功能。UPP 机架故障停车原逻辑如图 5.7.12 所示。

修改此程序,将 R650/R660、R670/R680 的与关系分别改为或关系,只有当冗余配置的模块均为故障时,才会触发停车逻辑,优化后的 UPP 机架故障停车逻辑如图 5.7.13 所示。

图 5.7.11　新增温度冗余逻辑优化示例

图 5.7.12　UPP 机架故障停车原逻辑

图 5.7.13　优化后的 UPP 机架故障停车逻辑

5.7.2.4　模块故障报警

（1）增加 UPP 机架中 R650/R660、R670/R680 故障时的报警提示功能。

（2）添加 UPP 机架单一模块故障时的报警锁存逻辑。

增加单一模块故障报警提示，以 RACK 6-SLOT5 模块为例，添加报警点 R650_FAULT，并在模块故障时进行锁存，使用机组综合复位 L3RST 对报警信息进行解锁、复位，R6 机架单个模块故障报警锁存逻辑如图 5.7.14 所示。

图 5.7.14　R6 机架单个模块故障报警锁存逻辑

5.7.2.5　模块冗余功能测试及结果

(1) 单故障模块测试：AI 模块 R650、R660，热电偶模块 R670、R680 分别通过热拔插的方式在线对 R680 模块故障时的冗余功能进行测试(图 5.7.15)。当 R680 卡件被拔出后，未产生机组停车报警(图 5.7.16)，拔出卡件对应的卡件故障锁定报警触发，并锁定该模块(图 5.7.17)。此时，上位机 HMI 中显示的数值正常(图 5.7.18)，程序中冗余功能正常，R670 卡件 V26SRS 直接赋值给 V26SRSL(图 5.7.19)。

图 5.7.15　将模块 R680 拔出

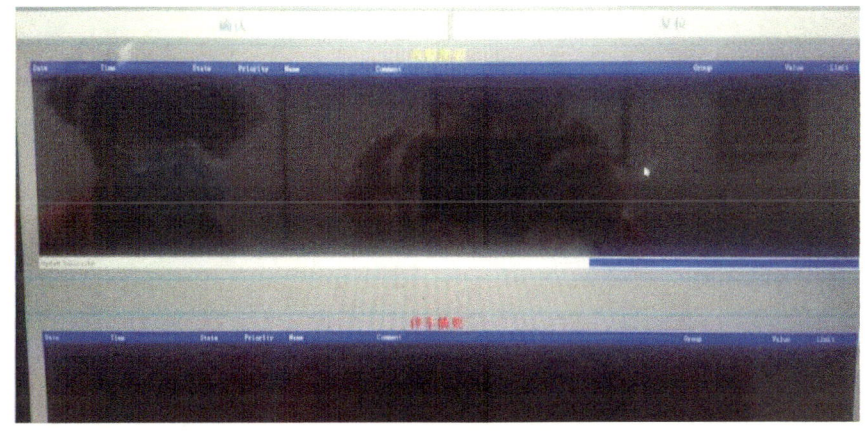

图 5.7.16　模块故障停车报警未产生

图 5.7.17　AI 模块 R680 故障报警触发并被锁定

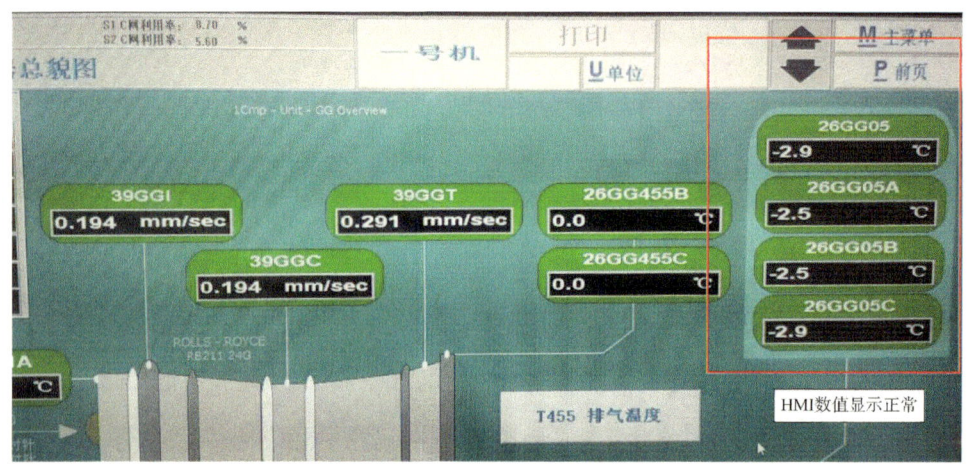

图 5.7.18　HMI 数值显示正常

图 5.7.19　冗余逻辑运行正常

（2）同时将模块 R670、R680 卡件拔出，在模块诊断逻辑中，停车信号触发（RACK 6 OK 为零时，触发停车逻辑，如图 5.7.20 所示），HMI 中出现机组停车报警（图 5.7.21），双模块同时故障，机组能够正常停车，机组保护功能未发生改变。

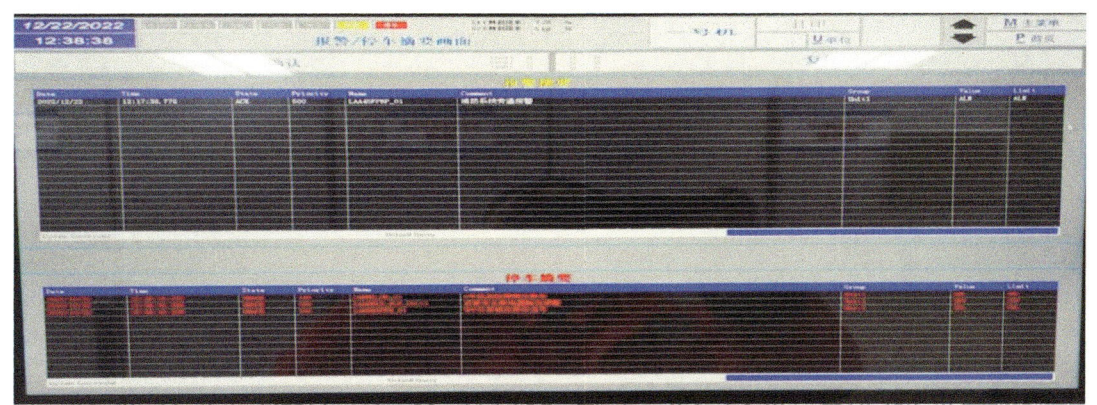

图 5.7.20　机组停车摘要画面

图 5.7.21　机组停车逻辑被触发

（3）依次对 AI 模块 R650、R660，热电偶模块 R670、R680 进行了单、双模块热拔插功能测试，测试结果显示，优化后的冗余功能能够保证机组在正常运行时，单一模块故障后，机组运行状态不会受到影响，只有在冗余模块都发生故障时，机组才会保护停车。

（4）冗余功能测试结束后，对机组进行综合报警复位，报警信息消失。

第 6 章
电气系统典型故障及处理

本章主要阐述了电气系统典型故障及处理情况，具体内容包括抗晃电优化、外电线路管理提升、TMEIC 变频器高压输入电缆单相接地检测功能优化、西二线和西三线增输工程荣信 RHMV2000 型变频器逻辑优化、TMEIC Drivr-XL75 型变频器新增预过负荷保护优化、电源快速切换装置应用、低电压穿越功能应用等。

6.1 抗晃电优化

公司所辖管道主要分布在新疆、甘肃地区，多处于西部电网相对薄弱地区，部分输油气站场供电线路较长，自然环境恶劣致使各输油气站场电能质量较差，对压缩机连续生产造成很大的影响。根据对部分站场电能质量监测数据分析发现，电源侧电压波动时间大部分在 5s 内，电压波动范围在 20%~90%U_e 之间，图 6.1.1 为其中一次电压波动的波形图。

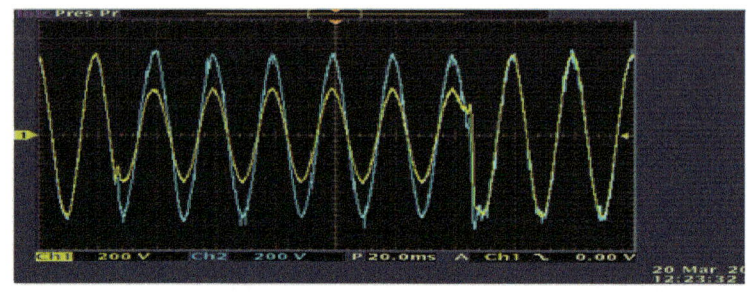

图 6.1.1 电压波动的波形图

下面就电网波动对不同类型的压缩机组的影响进行分析，并提出相应解决方案。

6.1.1 电压波动对燃驱压缩机组的影响分析及解决措施

6.1.1.1 电压波动对 GE 燃驱机组的影响

公司所辖西一线、西二线、西三线共有 17 座压气站，采用的 GE 燃驱压缩机组共计 56 台。GE 燃驱机组自投产以来，多次出现因外电网电压波动造成燃驱压缩机组辅助设备故障，从而引起设备停机的情况。据不完全统计，2016 年 1—10 月共发生 14 次因电网波动造成的燃驱机组停机，严重影响了压缩机组的正常运行和生产连续稳定性。

当供电系统出现电压波动时，压缩机组辅助电气设备 GG 箱体通风电动机、矿物油冷却器电动机和站场空压机组保护停机，引起对应工艺参数变化，导致压缩机组联锁停机。电压引起上述辅助电动机停运的主要原因有以下两点：

（1）GE 燃驱压缩机组辅助电动机控制回路采用的是接触器控制，当外电网电压降到一定值时，控制电动机运行的接触器线圈就会自动释放，断开电动机一次主回路电源，造成电动机主回路断电停运。由于控制回路设计有故障自保持功能，电压恢复后，必须手动复位才能再次启动电动机，如图 6.1.2 中红色椭圆形区域所示。

（2）箱体通风电动机和油冷器电动机是由变频器驱动，变频器在未启用电压穿越功能时，当电压波动时，变频器自动判断为系统电源故障或直流母线欠压故障，变频器将启动本身自动保护跳机，造成电动机停运。

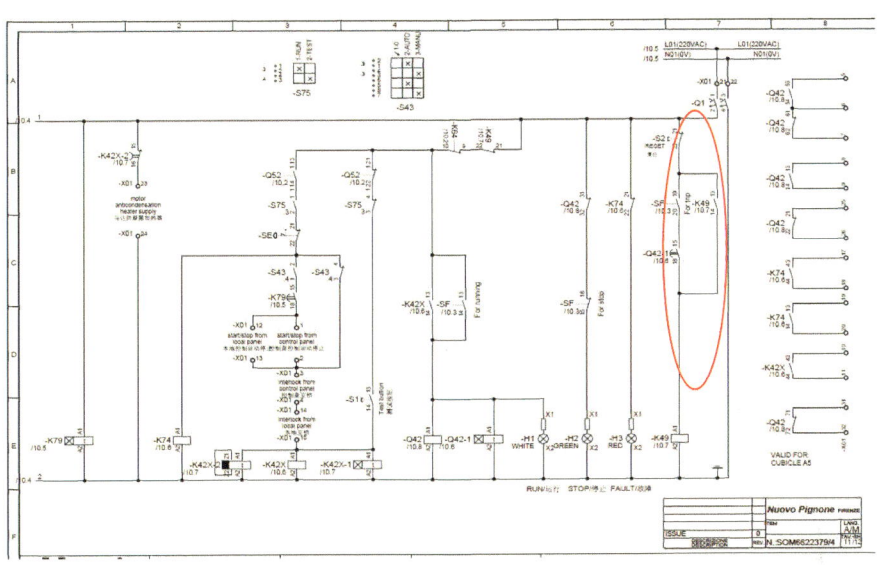

图 6.1.2　辅电机控制回路图

6.1.1.2　电压波动对西门子燃驱机组的影响

公司所辖西一线、西二线、西三线共有 12 座压气站，采用的西门子燃驱压缩机组共计 29 台。西门子燃驱压缩机组没有出现过由电压波动造成的压缩机组停机的问题，通过对比 GE 和西门子箱体通风电动机控制回路可以发现，西门子所采用的控制回路比较简单，而且未采用变频器进行驱动，当发生短时电压波动时，电压恢复后，无需手动复位电动机便可以启动，所以短时电压波动对其运行无影响。西门子 GG 箱体通风电动机控制原理图如图 6.1.3 所示。

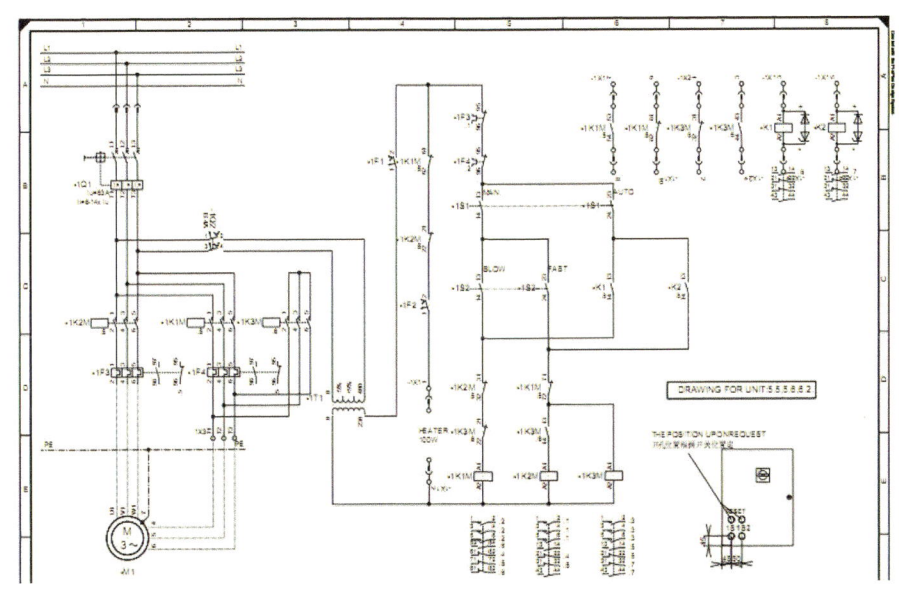

图 6.1.3　西门子 GG 箱体通风电动机控制原理图

6.1.1.3 GE 燃驱机组电压波动停机的解决方案

针对电压波动造成电动机控制接触器自动释放的问题，采用不间断电源代替上述相关电动机控制电源，保证接触器线圈在电压波动时不会释放。同时，增加一套 0.4kV 母线电压监控装置，当母线电压低于 75% 时，启动时间继电器，如母线电压波动在设定时间内恢复，电动机控制接触器将不会释放，电动机运行不受影响；如母线电压波动时长超过设定时间，监控装置将切断上述电动机的控制电源，电动机控制接触器自动释放断开电源，保证电动机的正常停机，防止长时间断电后，突然来电造成电动机无控制自启动，造成人员及设备的损害。0.4kV 母线电压监控装置原理图如图 6.1.4 所示。

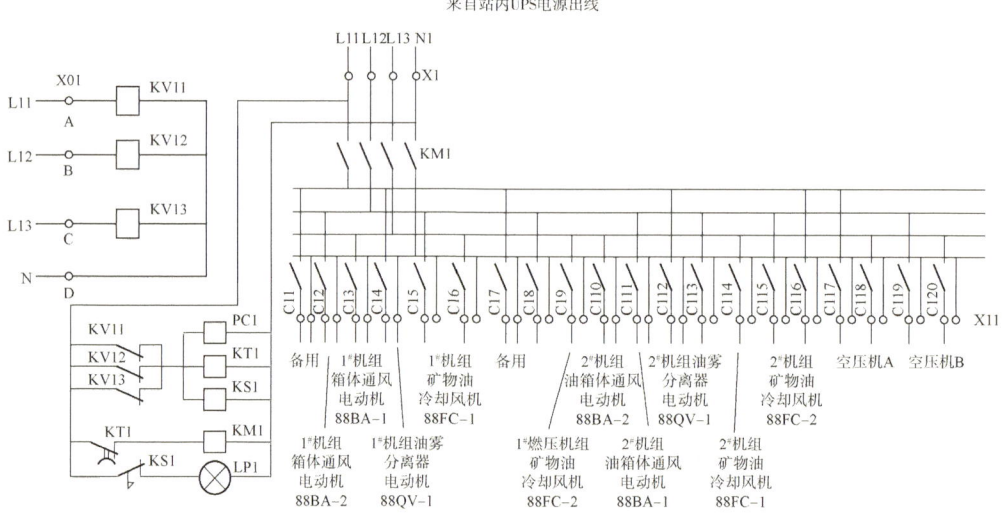

图 6.1.4 母线电压监控装置原理图

根据现场调研，空压机、箱体通风电动机、油雾分离器、油冷风机电动机在燃驱机组正常运行期间，电机负荷均保持在 60%~70% 额定负荷范围内。根据 $P_e = U_e \cdot I_e$ 可知，在现场电动机输出轴功率不变的情况下，动力电源电压下降到 $70\% U_e$ 之前，电动机运行电流不会超过其额定电流（I_e）。因此，在保证安全裕度的情况下，将 0.4kV 母线电压监控装置的母线电压检测继电器（kV）设定为 $75\% U_e$。根据现场的电能质量监测数据分析，将 0.4kV 母线电压监控装置时间继电器整定值设为 5s，可以躲避外电波动对电动机连续运行造成影响。

由于空压机组采用交流接触器和现场 PLC 控制，热继电进行电动机过负荷保护控制方式。当采用不间断电源代替交流接触器线圈的控制电源后，在外电网出现电压波动时，电动机控制接触器线圈不会自动释放，完全可以避免电动机自动保护停机。当电压波动低于 $75\% U_e$ 时，电动机将会出现过负荷现象，而电动机采用的过负荷保护元器件——热继电器，其特性是过负荷倍数越小，允许运行时间越长；反之，过负荷倍数越大，允许运行时间越短。根据热继电器制造标准，1.05 倍动作时间大于 2h，1.2 倍动作时间大于 20min，1.5 倍动作时间小于 30min，6 倍动作时间大于 5s。因此在电压波动低于 $75\% U_e$ 时，上述 0.4kV 母线电压监控装置时间整定值可以保证电动机在电压波动时，过负荷保护元件热继电器不会动作。

由于箱体通风电动机采用 ABB ACS800 变频器进行驱动，需要启用变频器自带的电网瞬时掉电保持运行功能。如果电网电压瞬间丢失或波动，只要主回路接触器保持闭合状态，变频器在电源恢复后，电动机可立即投入运行。采用不间断电源替代接触线圈交流电源后，当电源波动时，接触器将不会断开，实现变频器主电源保持连续供电。根据现场监测，GE机组在运行时，箱体通风压差为0.25kPa以上，在箱体通风电动机停运后，箱体压差在7~8s内降到0.15kPa以下。根据设备参数手册及现场电能质量监测数据，可将变频器控制参数21.01 START FUNCTION项设置为AUTO，保持变频器出厂设置时间5s，就可以实现其电动机在外电网波动时能跟踪自启动，保持电动机连续运行需求。

矿物油冷却器电动机采用WEG CFW-11变频器，需要启用变频器低电压穿越功能。对变频器内部参数电压斜坡控制参数（P331）和死时间控制参数（P332）进行设定。当电源电压低于欠电压（65%U_e）跳闸门限值时，变频器IGBT逆变模块被禁用（电动机上无电压脉冲），变频器不会欠电压动作跳闸，直到电源电压恢复。如电源电压恢复的时间超过P332设定时间，变频器将由E02保护动作跳闸；如电源电压能在P332设定时间内恢复，变频器将以电压斜坡线方式自动启动电动机，保持电动机连续运行。根据设备参数手册及电能质量现场监测数据，可将变频器内部电压斜坡控制参数P331设定为2s，死时间参数P332设定为2.5s，保证所驱动电动机在5s内自行启动。

6.1.2 电压波动对电驱机组的影响分析及解决措施

目前公司所辖西一线、西二线、西三线、轮吐线共有53台电驱压缩机组，其中国产电驱23台，主要包括荣信、上广电、禾望；进口电驱30台，主要包括西门子、TMEIC、GE。据统计，西二线3座电驱站自投产至2016年9月期间，共发生49次因电网波动造成的电驱压缩机组停机。西三线、轮吐线电驱机组投产后，西三线永昌、古浪，以及轮吐线吐鲁番等站均出现了因电网波动导致的压缩机组停机事件，严重影响了压缩机组的正常运行和生产连续稳定性。因电网波动导致压缩机组停机的直接原因是当电网电压波动时，电源电压的短时下降引起高压变频器电源故障保护动作或过电流保护动作，从而导致停机。目前TMEIC、荣信通过优化算法和参数提高了变频器的抗电压波动的能力，上广电由于运行时间较短，目前还未出现此类问题。

6.1.2.1 TMEIC变频器优化方案

针对西二线西段3座电驱站因外电网波动频繁发生跳机事件的情况，2014年8月，TMEIC公司对3座电驱站的变频器瞬停再启动功能进行了升级，在电网电压降低到85%额定电压以下时，将自动重启的时间从0.2s扩大到2s。改造完成后，由"主电源丢失"故障引起的跳机事件大大减少，但是在2014年9月到2015年5月这9个月的时间里，发生了11次过电流跳机事件。经过调取现场跳机曲线，发现11次跳机均是由电网电压骤降引起过电流发生导致的，电网电压骤降到了90%额定电压左右，并未达到瞬停再启动功能的监测值85%额定电压，因此瞬停再启动功能没有启动，变频器触发过电流保护跳机。

针对此类过电流跳机，TMEIC在变频器软件中增加了重试功能：即在变频器监测到过电流故障后，立即封锁输出，但并不跳机，而是先在1s内自动复位所有故障后，在2s内再重新启动变频器，若重启成功，变频器不跳机；若重启失败，变频器控制器将向10kV断路器VCB1发出跳机信号，同时向变频器PLC发出过电流跳机信号，PLC收到故障信号后，延时2s，发送"VCB1跳闸"信号至VCB1，同时发送跳机信号至UCS。重试逻辑如图6.1.5和图6.1.6所示。

如图6.1.5所示，当第一次过电流故障发生时，在1s内故障复位，变频器重新启动，但如果在之后的2s内发生第二次过电流故障，变频器将不会重启，此时过电流跳机原因很可能是硬件故障（短路、堵转等）。图6.1.6则表明在第一次过电流故障发生后，过了3s，变频器发生第二次过电流故障时，变频器仍然会启动重试功能。

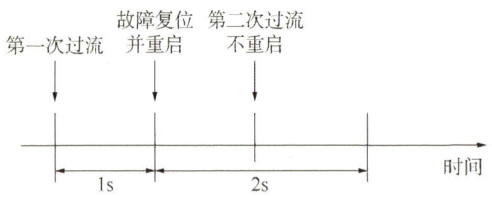

图6.1.5 第二次过电流故障在2s之内发生　　图6.1.6 第二次过电流故障在2s之外发生

变频器控制器修改的具体参数如下：

（1）FLG_NOTRED_RETRY=1，表示启动变频器重试功能。

（2）RED_TIME_FLTCHK=3s，表示在此设定值内再次发生过电流故障时，变频器重试功能无效。

（3）RED_TIME_RUN_IL=1s，表示故障复位时间为1s。

（4）TIME_BLR_DO=2s，表示输出故障检测的延时时间。

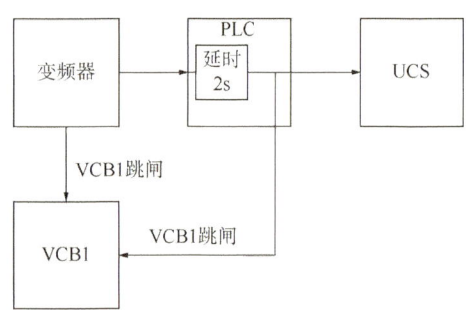

此次更新增加了变频器PLC延时功能，如图6.1.7所示。

通过两次对变频器参数进行了优化，电源电压在跌落到85%额定电压以下的2s内，变频器可以自动重新启动，不会停机，但如果电网波动持续超过2s，变频器仍有可能停机。

6.1.2.2 荣信算法优化方案

低电压穿越条件的确定：荣信变频器正常工作时直流电压为2300V，变频器输出的最大电压为：

图6.1.7 变频器PLC增加延时功能图解

$2300×0.707×0.97×1.15×4×1.732=12566V$。变频器额定输出电压为9350V，9350/12566=0.744，因此额定网侧电压在0.75以上时，变频器可以正常运行。因此设定三相输入电压任意一相低于7500V，触发低电压穿越功能。

当变频系统检测到电网电压跌落到7500V以下时，进入"低电压穿越模式"，变频器停止有功输出。电动机由于惯性处于自由旋转状态，功率单元处于自由放电状态。当电网电压恢复后，变频器根据所估算的当前电动机转速和电压跌落前设定的转速，恢复有功输出，并控制电动机升速恢复到电网电压跌落前的运行状态。参数设定见表6.1.1。

通过优化控制参数和程序，使荣信变频器三相输入电压任意一相低于7500V时启动低电压穿越功能，当电压恢复后7s给定转速与实际转速相差小于420r/min，低电压穿越成功。改造后现场运行情况良好，未出现过因电网波动造成的压缩机组停机。

表 6.1.1　参数设定表

参数名称	设定值	参数用途
网侧欠压下限幅值	7500V	用于网侧欠压判断，低于阈值时触发低电压穿越控制
允许电压跌落标识	1	用于启动低电压穿越功能的开关，1为有效，0为关闭
网侧电压恢复值	7500V×1.05	用于网侧电压恢复判断，高于阈值判断网侧电压恢复与电网电压恢复，同时判断满足才认为电压恢复成功
单元欠压阈值	1600V	用于单元欠压判断，低于阈值跳闸
禁止低电压跌落限值	1000V	用于低电压下限判断，低于阈值禁止穿越
网侧电流上限值	1600A	用于网侧过流判断，高于阈值开始计数
网侧过流计数	5	连续检测5个点超过网侧电流上限幅值，判断为网侧过流故障跳闸

6.1.2.3　上广电变频器优化方案

（1）变频器电源进线电压幅值小于额定电压，且大于或等于85%额定电压，持续时间在5s以上的电压及时间区域，如图6.1.8所示的区域Ⅰ；

（2）变频器电源进线电压幅值小于额定电压，且大于或等于60%额定电压，持续时间不大于5s的电压及时间区域，如图6.1.8所示的区域Ⅱ；

（3）变频器电源进线电压幅值小于额定电压，且大于或等于20%额定电压值，持续时间不大于0.5s的电压及时间区域，如图6.1.8所示的区域Ⅲ。在曲线下方，高压变频器欠压停机。

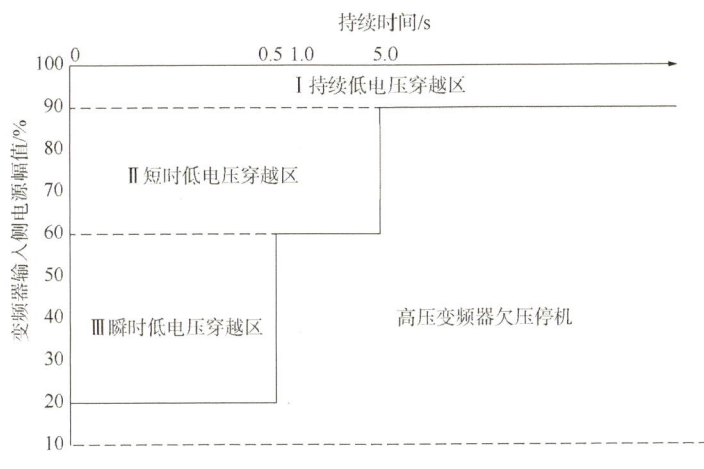

图 6.1.8　低电压穿越逻辑图

在持续低电压穿越区（Ⅰ区），当变频器的输入电压降低时，直接影响各功率单元的直流母线电压，从而降低了装置的输出电压。当输出电压降低时，变频装置将提升输出电流来维持输出功率，输出功率接近额定值。

在短时低电压穿越区（Ⅱ区），当变频器的输入电压降低到90%额定电压以下，且大于或等于60%额定电压时，功率单元电压值跌落到额定值与输入电压百分比之积。高压变频装置能够输出的电压降低，降低输出频率，使其满足恒压频比。5s或更长时间后，电网未恢复则停机；若电网恢复，拉升电动机转速到设定值。

电网跌落后，低穿功能触发，系统向直流母线反馈能量，减缓直流母线电压下降速度，此时电动机转速下降。电网电压恢复后，系统加速运行，输出电流增加，加速将电动机拉至电网跌落时的给定转速，低穿结束，进入正常运行状态。

在瞬时低电压穿越区（Ⅲ区），当变频器的输入电压降低到60%额定电压以下，且大于或等于20%额定电压时，高压变频装置进入能量回馈运转模式，即将系统动能转化为电能，维系功率单元母线电压衰减，渡过电网波动期。0.5s后，若电网未恢复，则停机；若电网恢复，拉升电动机转速到设定值。

6.1.3 下一步提升方向

目前TMEIC变频器驱动系统和荣信变频器都完成了相关优化工作，优化后电压波动2s内变频器不会停机，但是电压波动超过2s的情况仍然会导致停机。通过优化控制参数和程序，使荣信变频器三相输入电压任意一相低于7500V时启动低电压穿越功能，当电压恢复后7s给定转速与实际转速相差小于420r/min，低电压穿越成功，改造后现场运行情况良好，未出现过因电网波动造成的压缩机组停机。

目前国内外都出现了一些针对电网波动治理的新技术，如智能快速切换系统、动态电压恢复器（DVR）等，进行电能质量治理和电源切换，但目前这些技术在公司尚未开展应用，需要从技术和经济效益方面进行研究和论证，建议公司立项对相关技术进行研究，从根本上解决因电网波动造成的电驱压缩机组停机问题。

6.2 外电线路管理提升

除了上述章节中提到的抗晃电改造，外电线路运行也是制约压缩机可靠运行的关键因素。近年来，随着生态环境改变、城乡建设的发展，公司所辖外电线路问题频发，电力线路安全形势异常严峻，严重威胁着管线压缩机的安全平稳运行。公司通过制定详细方案，深入贯彻电力系统安全指标，提升巡检质量，健全外电管理规定，联合广大沿线群众共筑电力线路安全网，将外电隐患消灭在苗头阶段。

6.2.1 职责划分

为了高效、准确地提升外电线路管理工作，公司首先对分公司、作业区、运维单位和外电巡线员的职责进行细致划分。

6.2.1.1 分公司职责

（1）负责组织作业区及运维单位按照外电线路管理方案开展相关工作，并做好日常监督考核；

（2）负责外电线路管理人员培训工作；

（3）负责组织收集作业区、运维巡检单位上报的相关数据统计台账；

（4）负责与供电公司、地市级、县（区）级相关部门的沟通走访工作；

（5）负责组织收集作业区、运维单位建议，并制定每年外电消缺、技术措施的实施计划；

（6）负责组织实施外电线路高后果区无人机激光雷达建模、全线路无人机精细化巡护，并组织实施外电线路高后果区护线员、异常信息有奖奖励、杆塔看护资源落实工作；

（7）负责对作业区和运维单位外电线路高后果区管理工作未按照本方案执行的检查考核工作。

6.2.1.2　作业区职责

（1）负责组织开展电力线路高后区的排查、建立联系，并随时更新；

（2）负责对辖区内运维单位的日常管理和考核；

（3）负责组织运维单位向农户、相关单位（第三方施工、地方政府部门）开展电力线路风险识别、电力线路保护法律法规等内容的讲解培训；

（4）负责作业区所辖电力线路日常巡护及精准宣传的具体工作；

（5）出现电力线路风险隐患点时，第一时间上报科室，调配运维单位等资源进行前期处理；

（6）负责与本辖区的市、县（区）级、乡（镇）级的相关部门及村委的走访沟通、影响电力线路运行的单位/农户走访沟通协调；

（7）负责对运维单位未按照本方案开展外电线路管理进行检查考核工作；

（8）负责属地外电线路高后果区护线员、异常信息有奖奖励、杆塔看护工作具体落实及监督工作；

（9）负责组织运维单位对外电线路缺陷、问题进行处理。

6.2.1.3　运维单位职责

（1）负责每月末向生产科、作业区上报巡检计划、巡检报告（包含精准宣传工作）；

（2）按要求开展相关单位、农户精准宣传工作；

（3）负责对电力线路沿线相关部门、居民、周边企业进行普法宣传和教育，并建立联系机制（微信、电话）；

（4）负责落实电力线路巡检、问题消缺；

（5）负责沿线市、县（区）级、乡（镇）级相关部门及村委的走访沟通；

（6）负责巡检收集沿线第三方施工、超高车辆通行、违章建筑等异常信息，对可疑情况及时上报作业区，按照巡检要求对高后果区进行巡检，对发现的第三方施工全程驻守监护；

（7）贯彻、执行国家和行业有关电力线路保护与管理的法律法规、标准规定，定期组织巡检员工开展高后果区识别及防范的知识培训。

6.2.1.4　护线员职责

（1）负责日常巡检工作，严格执行"签到卡（第三方施工、弧垂低点）+现场照片（带时间、地点等水印）"机制，按规定方式对所巡区段进行巡护；

（2）按规定要求填写巡检纪录，并在巡检记录中描述当日巡检中高风险点情况，发现问题或异常，及时上报运维单位和作业区；

（3）每天至少开展一次所辖输电线路区段的巡检工作，发现线路30m范围内有挖沙取土、建筑施工、堆土钓鱼、植树烧荒、射击放风筝、使用吊车等大型施工机械、新建建筑物、堆放杂物、燃放烟花爆竹以及攀登杆塔等各类异常情况时，需及时上报；

（4）及时掌握所辖输电线路周边安全环境变化情况，如发生洪涝灾害、泥石流、冬季线路覆冰、鸟害严重等异常情况，以及线路周边地域用途规划发生变化时，及时向作业区汇报；

（5）发现输电线路及杆塔发生杆塔导线存在异物、杆塔倾斜、拉线锈蚀松动、杆塔基础沉降塌陷，以及输电线路存在异响等明显异常情况，及时向作业区汇报；

(6) 线路周边发生明显的异常情况，出现危及输电线路运行安全的事件时，护线员必须第一时间予以制止，并及时上报作业区；

(7) 了解《电力设施保护条例》，熟悉线路周边情况，负责向辖区电力线路周边的农田户主(高后果区统计人员表)、辖区内沿线居民(周边居民)进行线路保护普法宣传；

(8) 协助作业区和运维单位开展所辖输电线路区段内树木修剪砍伐以及其他故障问题处理的沟通协调工作。

6.2.2 电力线路精准宣传走访

6.2.2.1 宣传走访的范围

(1) 电力线路经过其所属土地的企业、林场管理单位、河流、公园、湿地、公路和铁路等管理部门；

(2) 电力线路高后果区两侧30m(有影响的树木扩大范围)的所有住户、第三方施工单位(所有人员)；

(3) 高后果台账中统计的住户及企业；

(4) 其他相关单位。

6.2.2.2 具体工作内容及要求

(1) 作业区组织运维单位对所辖输电线路跨越农田段、弧垂低点等位置，在春种和秋收前进行全面宣传，核实确认户主信息以及联系方式，统计完善高后果区台账；第三方施工点入场时、施工过程中不间断开展宣传；利用每日巡检高后果区和月度精细巡检同步开展农户宣传工作，保证宣传工作全面覆盖。首次精准宣传全覆盖后，通过电话、入户走访等手段进行回头看工作，每半年完成一次全覆盖，持续保持与沿线农户的联系。

(2) 对于输电线路部分穿跨区域、第三方施工频繁以及人员密集的重点高风险区域，选聘线路杆塔所在区域的农户、地主等相关人员作为外电线路护线员。护线员必须每天一次开展所辖输电线路区段的巡检工作，发现线路附近有第三方施工、外部环境因素变化、杆塔线路本体异常等危及线路安全运行的情况时需及时上报。对于上报异常情况并成功阻止危及外电线路安全运行异常行为的外电线路护线员，给予一定额外奖励。

(3) 作业区和运维单位通过走访当地政府部门、企事业单位、村委、队组，开展电力线路保护宣传，及时收集近期或明年电力线路沿线的第三方施工异常信息，并做好后期的跟踪回访。利用年末、节日等时段，通过外电线路宣传品等方式，加强与相关单位机构的宣传和联系工作。

(4) 电力线路保护宣传内容：一是根据宣传对象宣传电力设施保护条例对应的条款；二是宣传分公司的异常信息举报奖励机制和报警电话；三是宣传电力线路破坏的危害性；四是宣传电力线路危害的预防措施。

(5) 电力线路保护宣传及走访工作应贯穿全年持续开展。实施作业区外电线路区段长制度，将各作业区外电线路高风险区域分包到人，要求相应负责人定期对所辖线路区段进行巡视，对周围施工人员、农田村户以及相关单位进行宣贯，压紧压实外电线路安全管控责任，并报生产科进行报备。

6.2.2.3 电力线路宣传品发放要求

(1) 线路周边农户、居民宣传品发放要求。

① 外电线路周边200m范围内经过农田的住户应发放宣传品。

② 农户、居民宣传品发放由作业区自行开展，相关宣传品数量由作业区统计后报送生产科进行配置，宣传品发放以毛巾、洗衣粉、手电筒、雨伞和塑料水杯等物品为主。

③ 对于有突出表现的护线员，可发放宣传品。

(2) 政府部门、供电等单位走访宣传品发放要求。

① 县级政府(村委)、公安局(辖区派出所)、能源局、发改委、保护区、林业局和水务局等相关方每半年至少走访1次。

② 其他相关企事业单位走访根据线路周边环境变化及时开展。

③ 政府部门、供电和企事业等单位走访宣传品以赠送钢笔、电吹风、电风扇、电磁炉和电烤箱等物品为主。作业区根据实际需要，提前一月上报生产科走访计划，领用宣传品，走访后应填写走访记录报送生产科。

6.2.3 防电力线路异常措施

6.2.3.1 防电力线路异常破坏措施

(1) 作业区组织运维单位开展第三方施工、林木超高、林木砍伐、弧垂过低穿越点、特殊地段车辆碾压等的梳理和排查工作，实时更新高后果区台账，并结合梳理出的高后果区台账发展附近的村民为护线员，联合群众力量共筑信息网。

(2) 作业区组织运维单位对易出现电力线路异常破坏点进行加密巡检，特殊时期应与作业区协同开展联合巡检。严格电力线路巡检管理制度，作业区、生产科分区域每周/月抽查巡检质量。作业区、运维人员主动收集电力线路异常信息：①走访市级、县(区)级、乡(镇)级部门，收集电力线路下发开发施工信息；②与周边村民打探外来人员和车辆情况；③巡检中重点关注电力线路周边吊车、装载机、翻斗车等超高车辆，以及电力线路下方及周边车辙痕迹、新挖掘翻动情形。各作业区结合异常信息掌握情况，动态识别、更新电力线路高风险区台账，并及时反馈生产科。

(3) 持续在高后果区设置(不断完善)电力线路宣传警示标识，起到警示和震慑作用。充分利用外电线路杆塔架设的视频监控系统做好异常信息核查，针对分公司组织实施的外电线路高后果区视频监控服务实施情况，利用智能监控对重点区域线路走廊进行监控。一旦发现异常情况，后台会自动推送外电线路通道内异常照片，作业区在接到异常信息报警后，应在10min内对异常信息做出处理反应。

(4) 发现外电线路周边环境、地貌和施工变化，通过第一时间增加警示标识、硬隔离、下挖路基、叫停施工、签订安全协议等措施保障电力线路安全运行，经生产科、作业区研判风险，风险未受控前，作业区和运维人员24h值守，风险受控但未解除前需每日巡检。对于重点的高风险区域，外聘专职巡护人员进行每日巡检和驻守工作。

(5) 利用无人机厘米级激光雷达建模技术对分公司所辖外电线路部分高后果区进行约232.34km线路廊道的树障分析，在每年11月完成，形成外电线路通道树障问题清单，利用每年11月至次年2月的时间段对树障问题集中进行治理。

(6) 利用无人机精细化巡检技术，对分公司18条外电线路566.717km线路进行通道巡检和铁塔精细化巡检。通道巡检主要针对线路走廊内悬挂异物进行智能化巡检；铁塔精细化巡检主要针对铁塔是否存在销钉退出、鸟巢、防振锤缺失、绝缘子破损等异常情况进行智能化巡检，每年3月完成，出具线路问题清单，利用春季输电线路检修期间，对问题进行逐个消缺。

（7）加强外电线路安全技术措施的使用，利用项目、零星维修等方式，持续为各作业区外电线路增加安防警示设备。利用外电线路停电检修的窗口时机，在重点高风险区域加装智能驱鸟器(鸟害严重的区域)、线路声光报警器(包含人员活动密集区域、穿跨越道路位置、公园)、限高杆、线路上的光电警示牌(主要设置在弧垂较低的穿跨越道路)以及埋地电缆警示桩等设备，并在输电线路下方栽种风险警示标牌。同时为杆塔加装硬隔离围栏、拉线警示套管以及水泥防撞墩等装置，以保护杆塔安全。各作业区应综合利用以上措施、设备，提高线路运行的安全性。

6.2.3.2 电力线路高后果区管理提升措施

（1）在已排查出的高风险点的基础上，作业区和运维单位利用每月一次的联合巡检，结合护线员提供的异常信息，在线路穿跨越、第三方施工、地区政府项目等区域开展高风险点再识别，更新高风险点台账，高后果区识别方法见表6.2.1，每季度末将新增高后果区内容及防控措施反馈给生产科。

表6.2.1 外电线路高后果区识别

电力线路	识别特征	识别要求
第三方施工	交通便利处、隔壁滩/河道开发处、穿跨越点处(铁路、公路、河流)开展工程或维修	高后果区/异常破坏点
林木超高、林木砍伐	(1)林木在线路正下方、林木倾倒可能碾压电力线路、培育林木近期砍伐售卖；(2)10kV 导线边线向外侧水平延伸 10m，35kV、110kV 导线边线向外侧水平延伸 15m(较电力设施保护条例多出 5m 距离)，林木高度超边导线 2/3 高度	高后果区/异常破坏点
弧垂过低	市政工程(城市道路、桥梁、各种生活管线、电力、广场、绿化等)引起导线弧垂距地面距离减少至安全距离以下	分公司协调市政单位升高杆塔或立项（五年规划）治理隐患，列入高危后果区
特殊地段车辆碾压	戈壁滩、河道、弧垂地点(包含满足弧垂安全距离的情况)发现地面有重型车辆碾压或有碾压的痕迹	高后果区/异常破坏点
鸟害	未增加驱鸟设备、驱鸟设备未发挥作用、驱鸟设备损坏	高后果区
杆塔缺陷	杆塔倾斜、叉梁松动断裂、杆身裂纹、拉线松动或螺栓缺失、绝缘子及金具损坏等	高后果区
穿跨越点	穿越铁路、高铁、高速、省道、国道、乡间道、人行道、河流、建筑物、林带、工业园区等	高后果区

（2）护线员每天至少开展一次所辖输电线路区段的巡检工作，对于存在第三方施工的场所，由作业区安排专人进行重点蹲守。

（3）由各作业区电气人员协同运维单位开展线路全程精细化巡检以及护线员监督检查工作。对所辖线路高风险地区(第三方施工区域、人口密集区、埋地电缆区域、河道区域)增加警示牌、硬质隔离桩、限高架、隔离围栏、带电夜光警示灯、防撞混凝土墙及拉线警示管，对外电线路埋地电缆处以及戈壁滩中离车辆通行道路较近的杆塔周围增设警示桩，对架空线路对地距离近的位置加装限高架，对位于人口密集区的杆塔加装隔离围栏。

通过各级工作职责细分、外电线路精准宣传、防电力线路异常措施、外电线路高后果区识别与治理，有效提升外电线路可靠性，为管道压缩机平稳运行提供基础保障。

6.3 TMEIC 变频器高压输入电缆单相接地检测功能优化

当 TMEIC 变频器至同步电动机间高压输出电缆发生接地故障时，变频器通过本身的输出电缆接地检测保护，使变频器故障停机，防止故障进一步扩大；而当变频器 10kV 高压输入电缆发生单相接地故障后，TMEIC 变频器及压缩机组控制系统均无法检测到此故障，也无法发出单相接地报警信息，若 TMEIC 变频器长时间单相接地运行，将严重损坏变频器，进而造成更大的经济损失，同时给现场安全生产工作带来严重影响。

6.3.1 问题分析

2022 年 3 月 5 日，西二线某压气站 3#、4# 变频器均报"主电源丢失"后自动重启成功，机组未停机。站内二线 10kV Ⅰ 段 A 相测量电压为 0，B 相和 C 相测量电压升高为线电压 10kV，A 相带电显示灯熄灭，Ⅰ 段母线消谐装置出现谐波报警，电气综保后台报 3U0 越限报警。经查证实故障原因为 3# 隔离变压器一次侧 A 相电缆头发生单相接地短路，造成 10kV Ⅰ 段 A 相电压降为 0，B 相和 C 相电压升高为线电压 10kV，10kV Ⅰ 段母线带电显示装置 A 相指示灯熄灭。接地短路瞬间造成 10kV Ⅰ 段母线电压波动，引起消谐装置产生谐波报警，同时 2 台 TMEIC 变频器均触发瞬停再启动功能，自动重启成功，现场机组未停机。TMEIC 变频器允许输入侧高压电缆单相接地时，变频器短时间(1~2h)运行。

6.3.2 处理建议

6.3.2.1 优化思路

新增变频器高压输入电缆单相接地检测功能(图 6.3.1)，即 10kV 母线 PT 测量的 A 相、B 相、C 相单相电压信号进入 PQM Ⅱ(电能质量监测仪)后，利用 PQM Ⅱ 通过 MODBUS 协议将测量电压数据传送至 TMEIC 变频器 PLC，同时在变频器 PLC 中根据单相接地故障的特点增加单相接地报警判断逻辑，并将报警信号上传至站控室 HMI，以便当变频器输入侧高压电缆单相接地时，变频器能及时发出报警信息，值班人员也能及时发现，并申请停机检查。

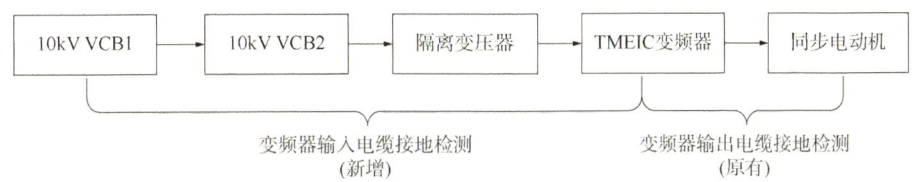

图 6.3.1 改造思路原理框图

6.3.2.2 具体优化内容及步骤

1) 10kV PQM Ⅱ 部分

(1) 使用 USB 转串口(9 针)数据线将 10kV PQM Ⅱ 与调试工程本连接。

(2) 打开 EnerVista PQM Ⅱ Setup 软件，备份 PQM Ⅱ 原始工程配置，如图 6.3.2 所示。

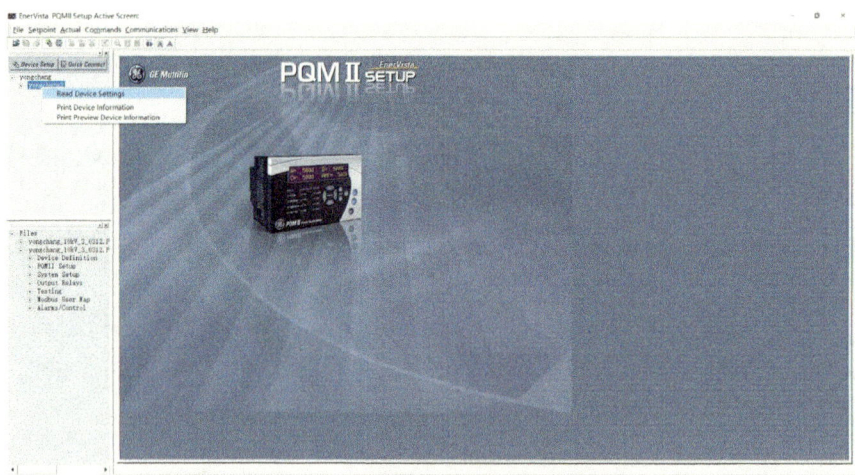

图 6.3.2　备份 PQM Ⅱ 原始工程配置

（3）离线打开一份复制的 PQM Ⅱ 原始工程配置，修改 MODBUS 通信配置，增加 10kV A 相电压、B 相电压、C 相电压及平均相电压通信点，并保存，如图 6.3.3 所示。

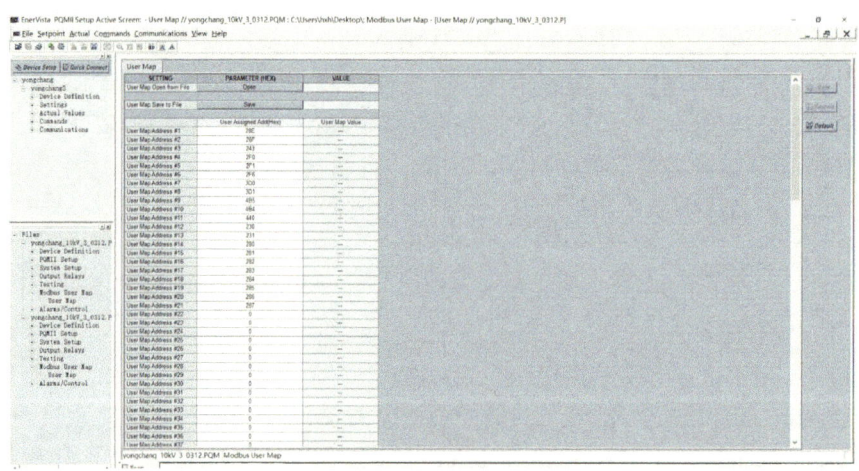

图 6.3.3　PQM Ⅱ 通信配置

（4）将修改后的 PQM Ⅱ 工程配置写入现场装置，如图 6.3.4 所示。

图 6.3.4　写入修改后的 PQM Ⅱ 工程配置

2) 变频器 PLC 部分

(1) 使用 PLC 连接电缆将三菱 PLC CPU 与调试工程本连接。

(2) 打开 GXWorks 2 软件, 备份原始 PLC 程序, 如图 6.3.5 所示。

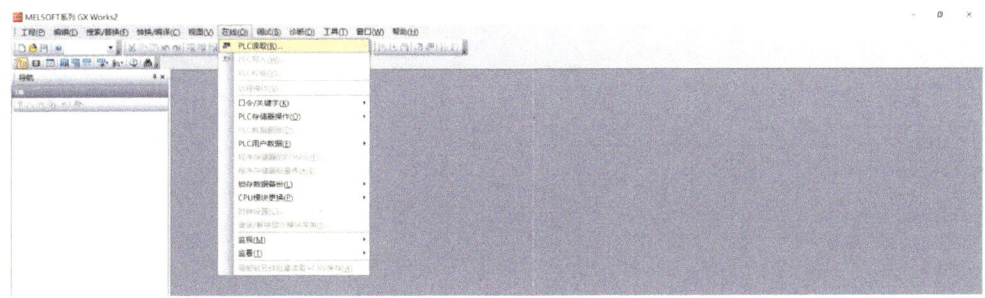

图 6.3.5　PLC 程序备份

(3) 离线打开一份复制的 PLC 程序, 完成数据建点、增加单相接地报警判断逻辑、报警输出及信号远传, 修改完毕后, 编译保存 PLC 程序, 如图 6.3.6~图 6.3.8 所示。

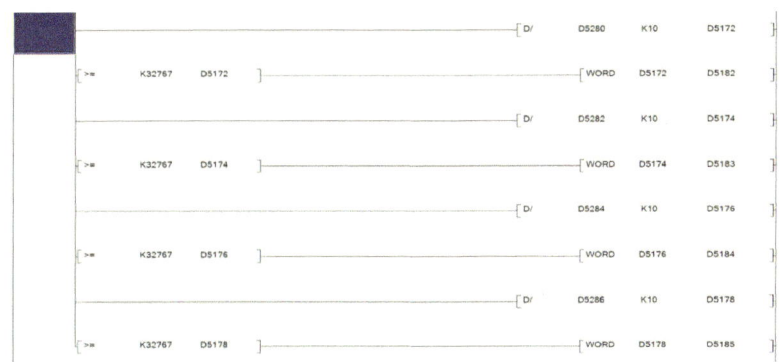

图 6.3.6　数据采集及处理

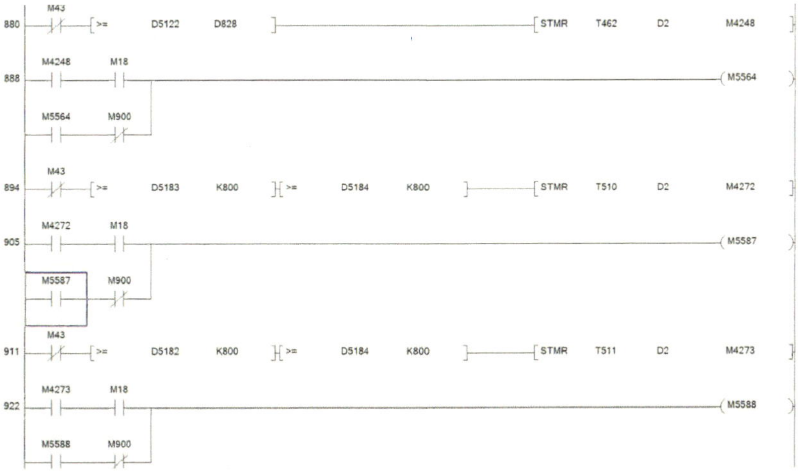

图 6.3.7　单相接地检测

图 6.3.8　报警信号远传

（4）将修改后的 PLC 程序写入 CPU，并对 CPU 断电重启，如图 6.3.9 所示。

图 6.3.9　修改后的程序写入 CPU

3）GOT 面板部分

（1）使用 USB 数据线将 GOT 面板与调试工程本连接。

（2）打开 GT Designer3 软件，备份原始 GOT 程序，如图 6.3.10 所示。

（3）离线打开一份复制的 GOT 面板组态程序，完成组态画面修改、数据点关联、报警信息编辑等，修改完毕后，保存 GOT 面板组态程序，如图 6.3.11 和图 6.3.12 所示。

（4）将修改后的 GOT 面板组态程序写入 GOT 面板，如图 6.3.13 所示。

图 6.3.10　GOT 面板组态备份

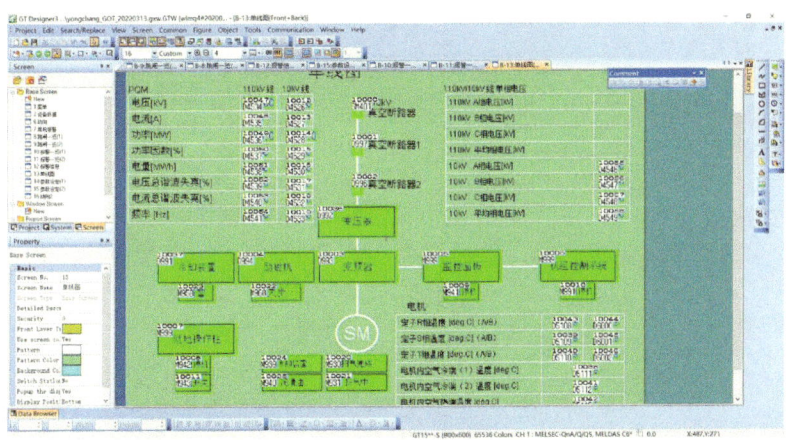

图 6.3.11　GOT 面板组态画面修改及数据点关联

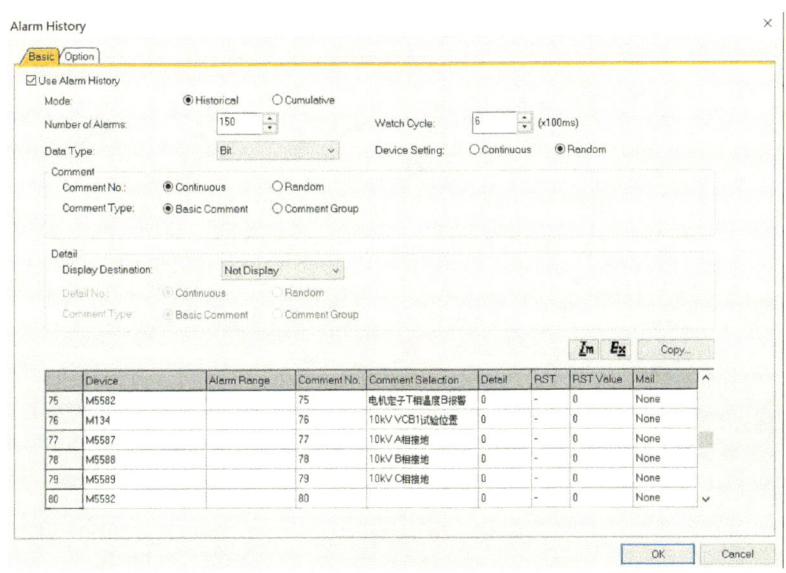

图 6.3.12　GOT 面板报警信息编辑

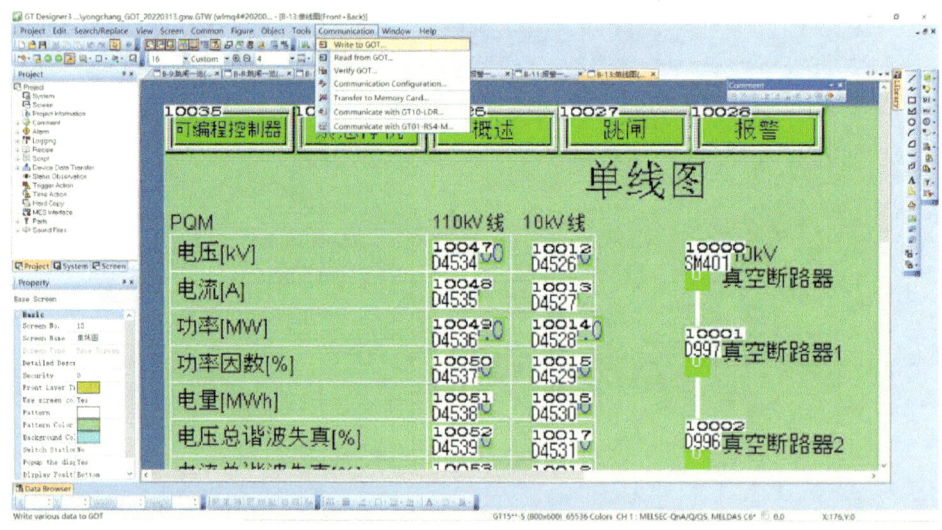

图 6.3.13　GOT 面板组态程序写入

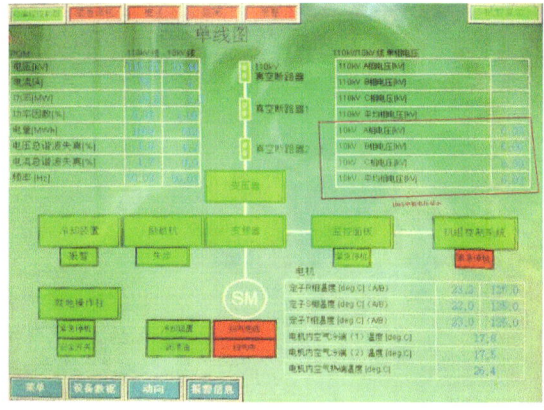

图 6.3.14　单线图中 10kV 单相电压显示

6.3.2.3　效果验证

(1) 在变频器 GOT 面板中的"单线图"界面和站控室机组 HMI 画面，查看 10kV A 相、B 相、C 相单相电压及平均相电压显示是否正常，如图 6.3.14 所示。

(2) 分别模拟 A 相、B 相、C 相单相接地故障(修改电压设定值实现)，查看变频器"报警一览""报警信息"界面和站控室机组 HMI 画面是否有"10kV A 相单相接地"报警信息，如图 6.3.15 和图 6.3.16 所示。

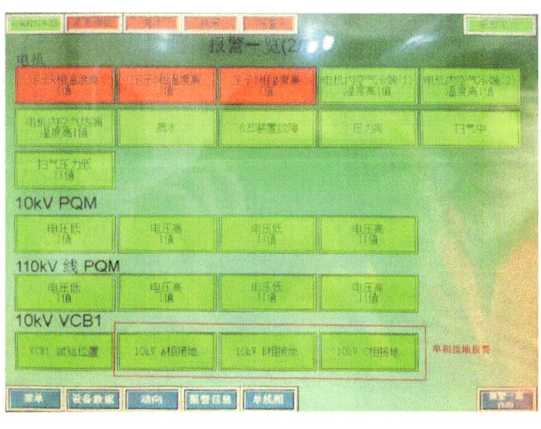

图 6.3.15　"报警一览"界面
10kV 单相接地报警信息

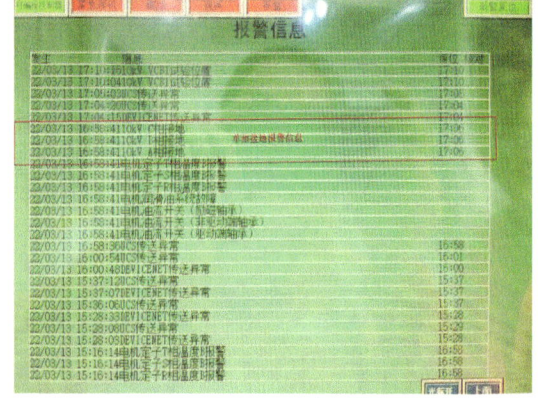

图 6.3.16　"报警信息"界面
10kV 单相接地报警信息

6.4 西二线、西三线增输工程荣信 RHMV2000 型变频器逻辑优化

针对荣信 RHMV2000 型变频器控制电源故障开展一系列优化措施，并做详细说明。

6.4.1 问题分析

2022 年 10 月 22 日 11：38，某站三线 4#压缩机组保压停机，现场查看变频器，出现"辅助系统综合故障"和"控制电源故障"报警信息。经进一步排查，发现故障原因为外电波动(持续 800ms)引起变频器的市电供电电压降低(图 6.4.1)，进而引发市电电压监测继电器 KF051 欠压保护动作，触发变频器(延时 500ms)"控制电源故障"，最终导致"变频器重故障"停机。

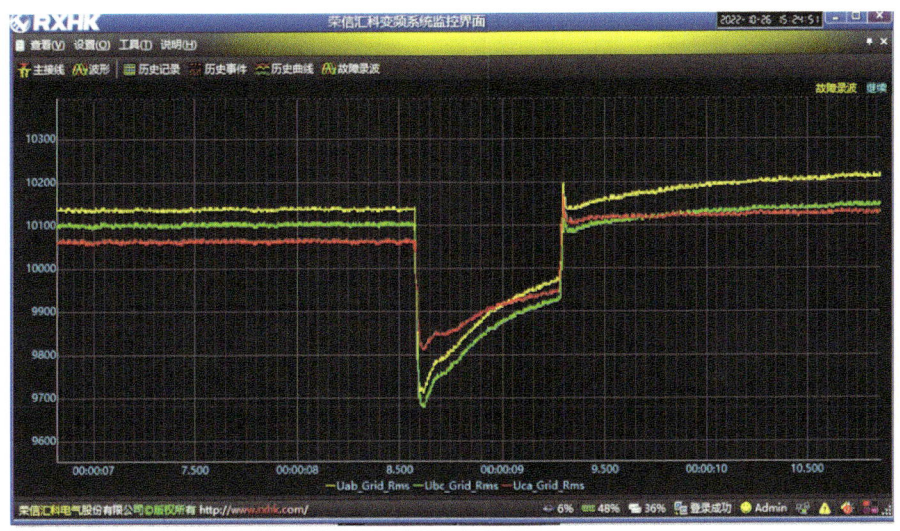

图 6.4.1 外电波动趋势

6.4.2 处理建议

6.4.2.1 优化思路

1）欠压保护参数优化

目前市电和 UPS 电源监测继电器的欠压保护设定值均偏高，可通过降低欠压保护设定值的方式来降低继电器动作灵敏性，增加可靠性。因此，建议将欠压保护设定值从 -10% 降低至 -20%。

2）电源故障检测优化

目前变频器 PLC 程序中对市电及 UPS 电源故障检测延时为 500ms，此延时对于时间稍长(本次波动时间为 800ms)的电网电压波动无法过滤，因此，建议将检测延时由 500ms 拓宽至 3s，进一步提升变频器抵抗电网波动的能力。

3）电源报警及故障信号优化

目前变频器的电源报警及故障信号在 PLC 程序中汇总为控制电源故障进行报警及事件记

录,导致技术人员在故障排查时无法直接确定故障的电源回路。因此,建议在程序中对变频器内的各类控制电源报警及故障信号进行锁存,并在变频器监控面板和站控室 HMI 画面分别进行报警和事件记录,同时增加信号复位功能。控制电源报警及故障信号见表 6.4.1。

表 6.4.1 控制电源报警及故障信号列表

序号	变量描述	变量类型	变量地址
1	控制柜开关电源报警 1	bool	%I5.4
2	控制柜开关电源报警 2	bool	%I5.5
3	主控箱 1# 电源故障	bool	%I14.0
4	主控箱 2# 电源故障	bool	%I14.1
5	转接箱 1# 电源故障	bool	%I14.2
6	转接箱 2# 电源故障	bool	%I14.3
7	馈出柜开关电源报警 1	bool	%I10.2
8	馈出柜开关电源报警 2	bool	%I13.4
9	馈出柜开关电源报警 3	bool	%I13.5
10	馈出柜开关电源报警 4	bool	%I13.6
11	市电电源故障	bool	%I9.3
12	UPS 电源故障	bool	%I9.4

6.4.2.2 具体优化内容及步骤

1) 欠压保护参数优化步骤

将市电电源监测继电器和 UPS 电源监测继电器的欠压设定值由 -10% 修改为 -20%,调整方法为:打开电压检测继电器 KF051 与 KF111 前面板保护罩,用螺丝刀旋转欠压保护阈值调整旋钮,直至旋钮箭头指向 -20% 处,修改前及修改后设定值如图 6.4.2 所示。

(a) 修改前　　　　　　　　　　　　(b) 修改后

图 6.4.2 欠压保护阈值修改前后设定值

2) PLC 程序优化步骤

(1) PLC 程序备份。连接变频器 PLC,对现有 PLC 程序进行上载、备份,如图 6.4.3 所示。

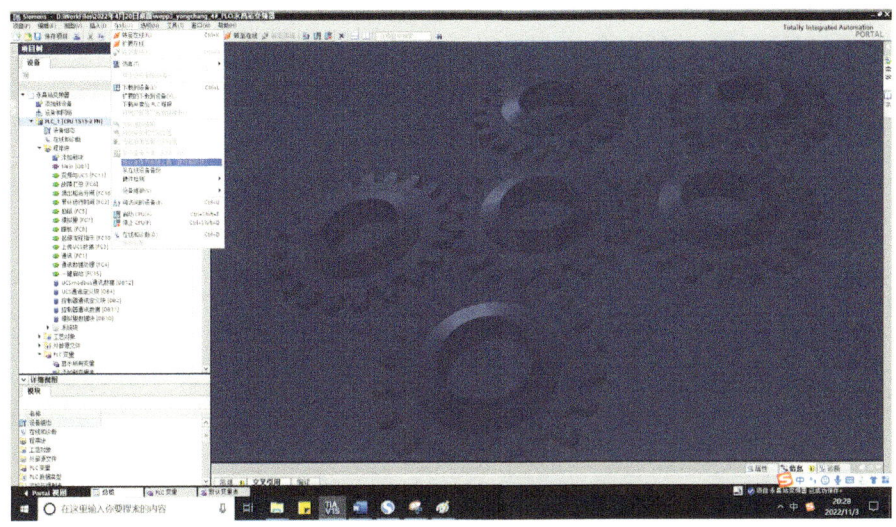

图 6.4.3　西门子 PLC 程序备份

（2）在 PLC 程序的 FC6 功能块中将"市电电源故障信号"和"UPS 电源故障信号"的检测时间由 500ms 延长至 3000ms，优化前及优化后逻辑如图 6.4.4 所示。

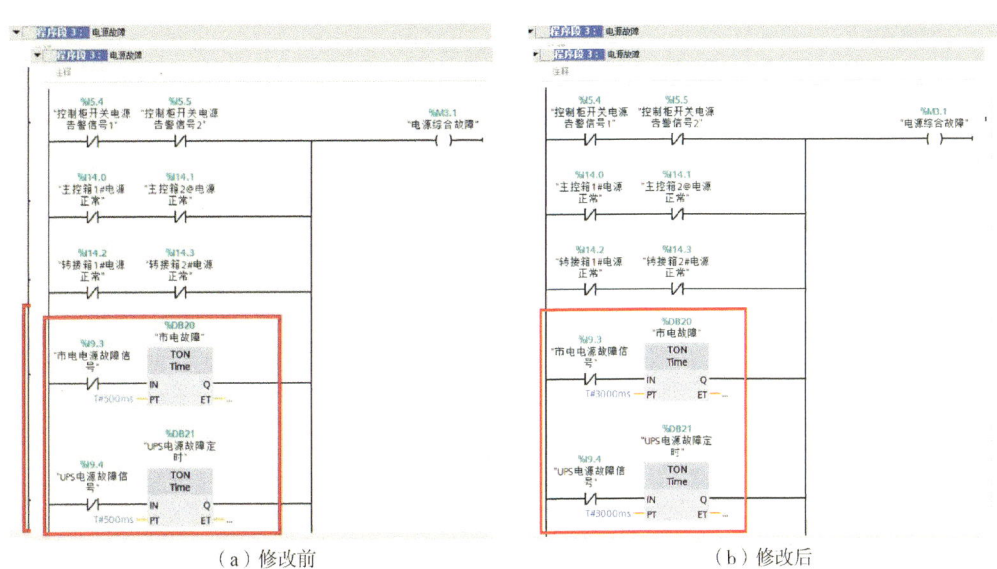

（a）修改前　　　　　　　　　　　　　　（b）修改后

图 6.4.4　修改前后逻辑

（3）新增中间变量。通过中间变量的方式实现电源报警及故障信号锁存功能，由于"市电电源故障"和"UPS 电源故障"的信号变量在原逻辑中已存在，故这 2 个信号无需新建中间变量。对于表 6.4.2 剩余的 10 个电源报警及故障信号，则需要新建中间变量对状态信号进行锁存，需新建的中间变量清单见表 6.4.2。

新建变量步骤如下：

① 在"PLC 变量"中点击"默认变量表"，点击"导出"按钮，在弹出的"导出"对话框中选择变量表导出路径，点击确定，如图 6.4.5 所示。

· 211 ·

表 6.4.2 需新建的中间变量清单

序号	变量描述	变量类型	变量地址
1	控制柜开关电源报警信号1—锁存	bool	%M104.0
2	控制柜开关电源报警信号2—锁存	bool	%M104.1
3	主控箱1#电源信号—锁存	bool	%M104.2
4	主控箱2#电源信号—锁存	bool	%M104.3
5	转接箱1#电源信号—锁存	bool	%M104.4
6	转接箱2#电源信号—锁存	bool	%M104.5
7	馈出柜开关电源状态信号1—锁存	bool	%M104.6
8	馈出柜开关电源状态信号2—锁存	bool	%M104.7
9	馈出柜开关电源状态信号3—锁存	bool	%M105.0
10	馈出柜开关电源状态信号4—锁存	bool	%M105.1

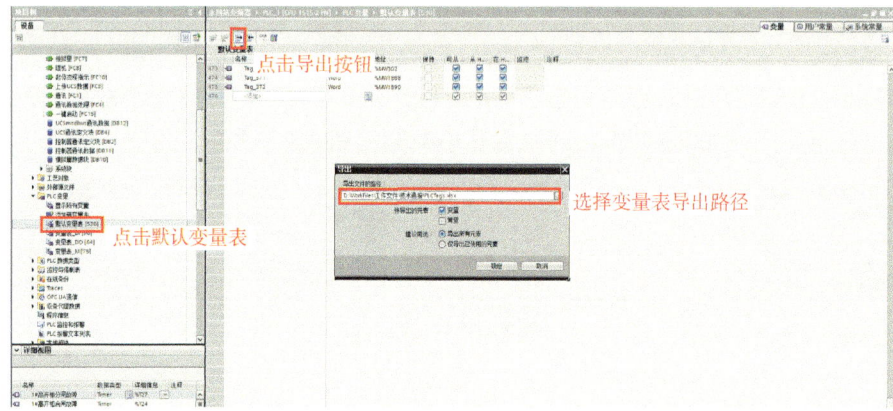

图 6.4.5 导出变量

② 打开导出的变量表文件，在文件中新增表 6.4.2 中的变量，新增完毕后，点击保存，如图 6.4.6 所示。

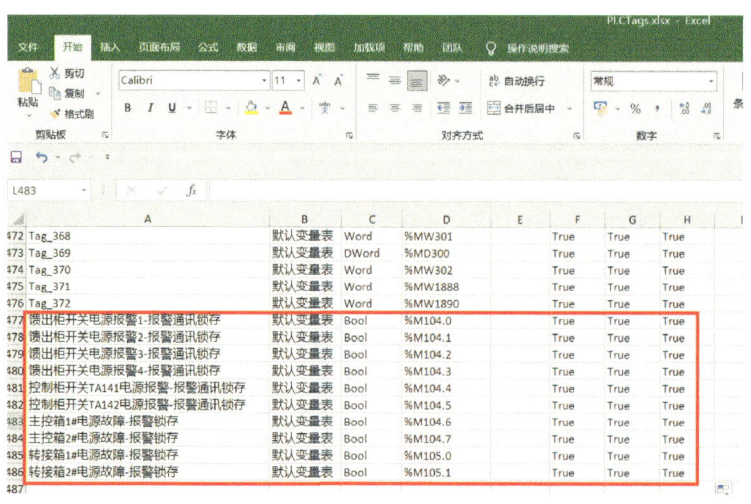

图 6.4.6 新增变量

③ 在"PLC 变量"中点击"默认变量表",点击"导入"按钮,在弹出的"导入"对话框中选择修改后的变量表,点击确定,如图 6.4.7 所示。

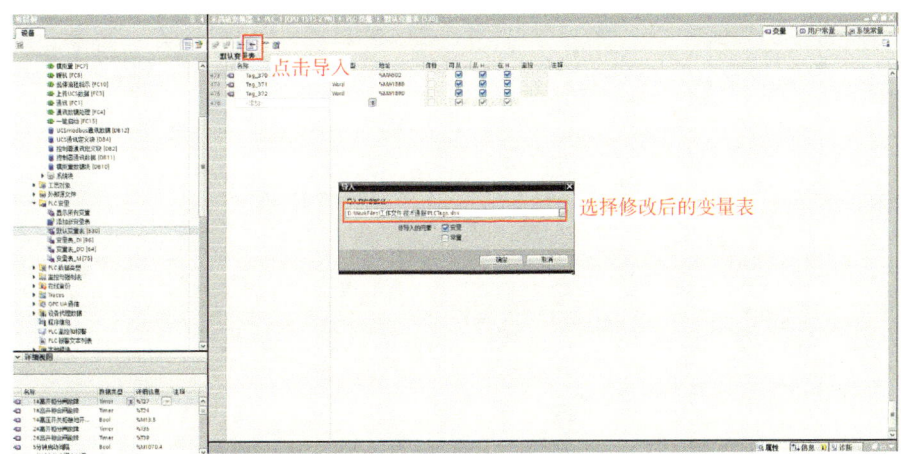

图 6.4.7　导入变量表

④ 待导入完毕后,确认默认变量表中已添加新增变量,如图 6.4.8 所示。

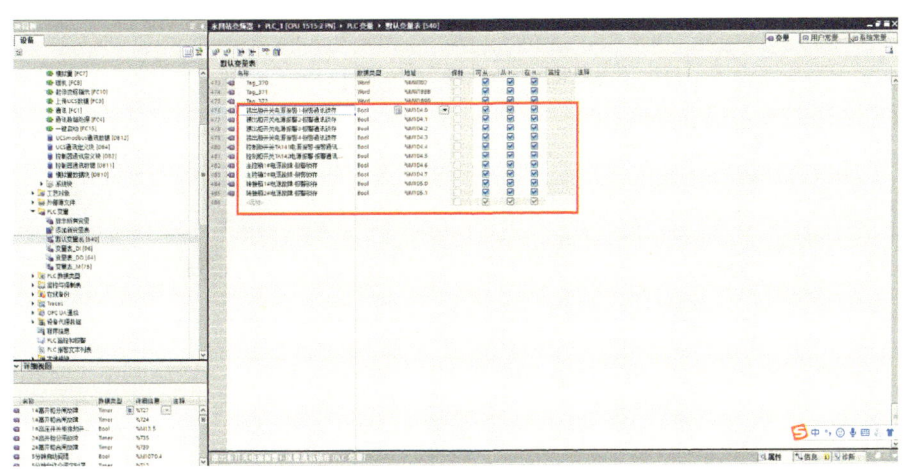

图 6.4.8　新增变量确认

(4) 市电及 UPS 电源故障信号锁存。在 PLC 程序的 FC6 功能块中修改程序段 8 和程序段 9,将"市电电源故障通信传 UCS"与"UPS 电源故障通信传 UCS"使用的普通线圈修改为置位线圈,并将两段逻辑的延时触发计时器 DB20 与 DB21 删除,优化前及优化后逻辑如图 6.4.9 和图 6.4.10 所示。

(5) 10 个电源报警及故障信号锁存。在 PLC 程序的 FC6 功能块中新增程序段 41,将表 6.4.1 中除市电电源故障及 UPS 电源故障外的其余 10 个信号进行锁存,新增锁存程序段如图 6.4.11(a)所示。

(6) 12 个电源报警及故障信号复位。在 PLC 程序的 FC6 功能块中新增程序段 42 来实现复位功能,新增复位程序段如图 6.4.11(b)所示。

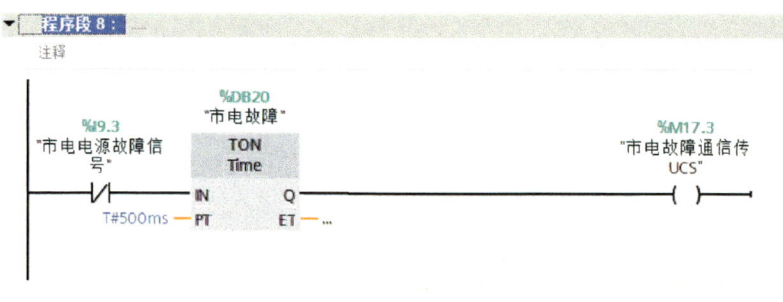

(a)程序段8

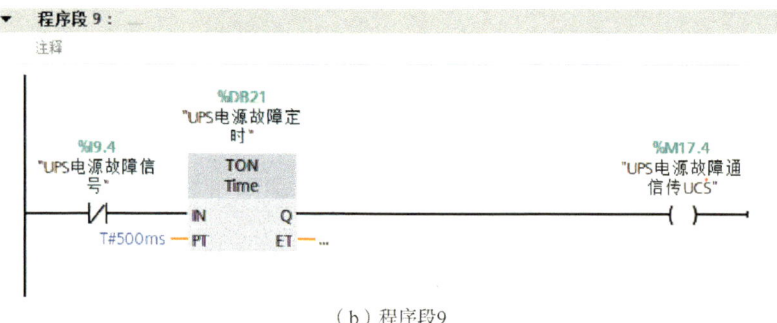

(b)程序段9

图 6.4.9　修改前逻辑

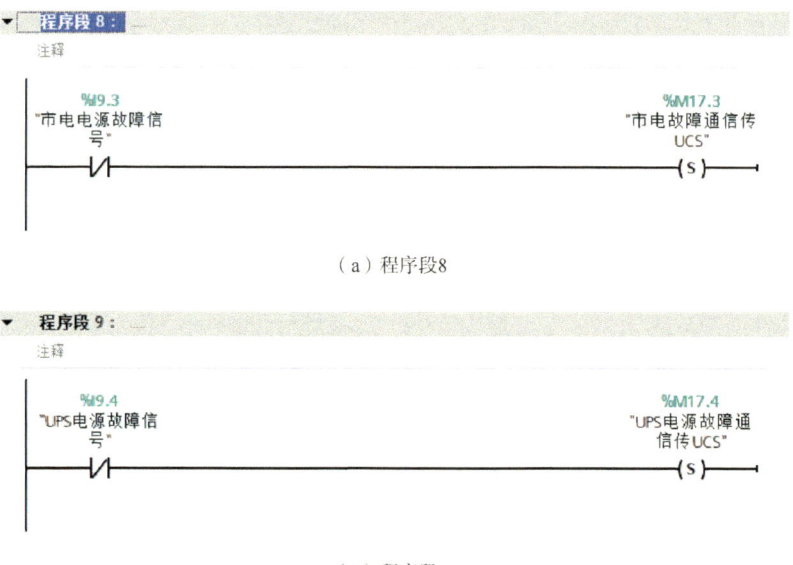

图 6.4.10　修改后逻辑

(7)修改通信点。在 PLC 程序的 FC4 功能块中修改"程序段 6：变频报警字 1-MW240""程序段 10：变频报警字 2-MW248"，将锁存信号上传，如图 6.4.12 和图 6.4.13 所示。

第6章 电气系统典型故障及处理

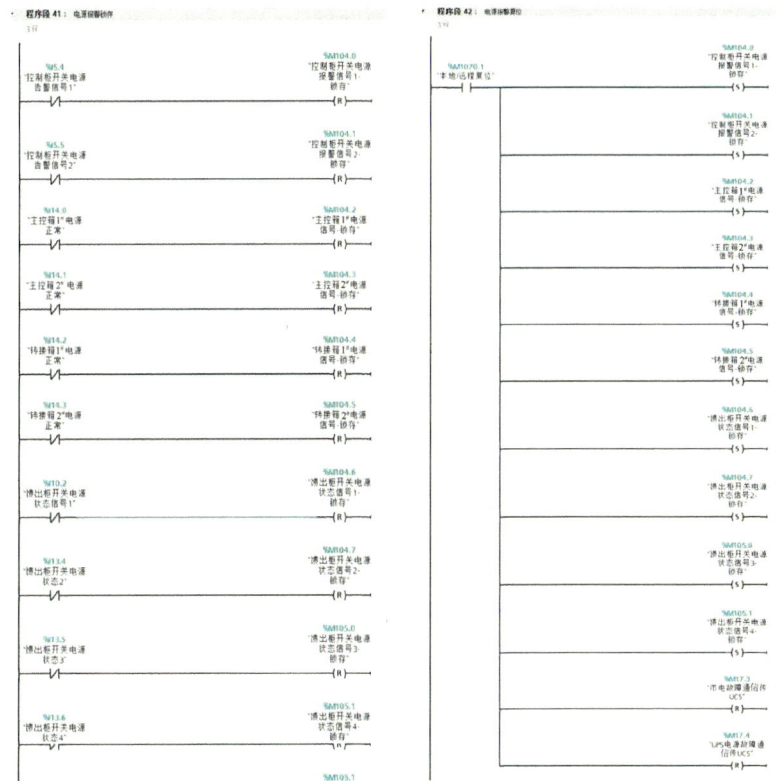

(a) 新增锁存程序段　　　　　　(b) 新增复位程序段

图 6.4.11　新增锁存、复位程序段

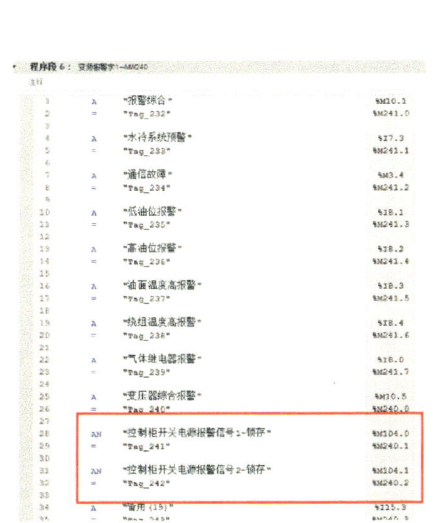

图 6.4.12　程序段 6 修改后

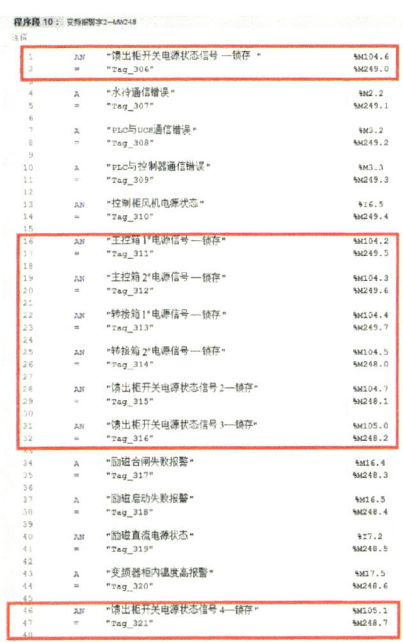

图 6.4.13　程序段 10 修改后

（8）编译、下载安装程序。编译程序，无错误与警告后下载安装程序，如图 6.4.14 和图 6.4.15 所示。

图 6.4.14　程序编译

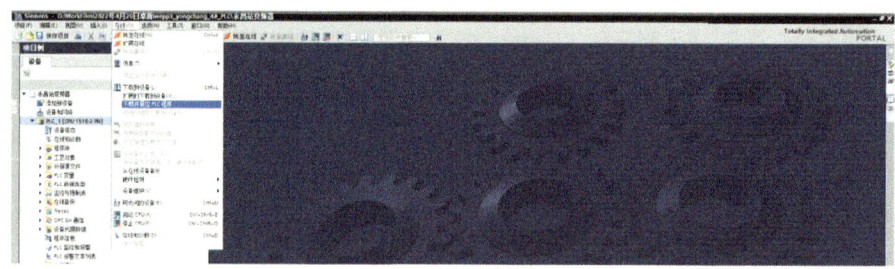

图 6.4.15　程序下载安装

（9）HMI 组态修改。在组态管理程序中的数据库下对变频器 PLC 传至 UCS 的点位进行报警设置，将报警功能启用即可，如图 6.4.16 所示（图中示例为市电电源故障信号）。

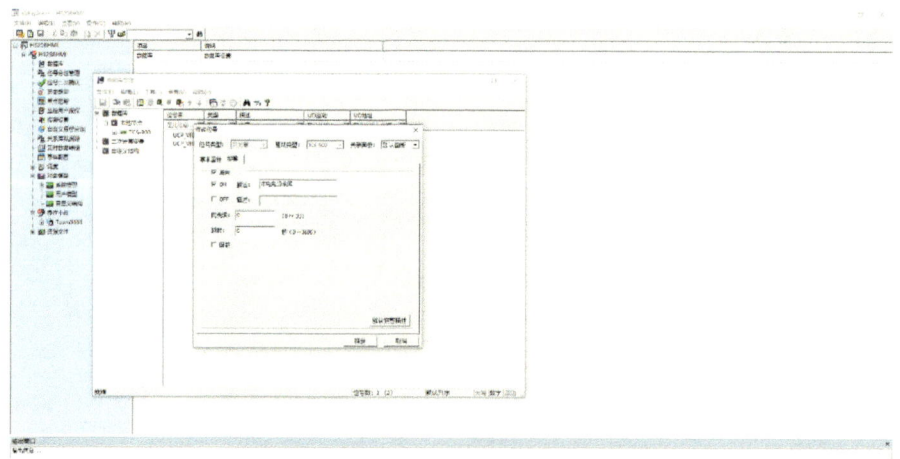

图 6.4.16　机组 HMI 报警记录设置

3）逻辑优化后功能测试

（1）市电电源故障逻辑测试。

① 按下 KF051 继电器上的 TEST 按钮 3s 内恢复，应触发"市电电源故障"报警，且实际信号恢复后报警仍存在，在变频本地状态按下复位按钮或变频远程状态下机组给出联锁复位信号后，报警应消除，期间不应触发"控制电源故障"；

② 按下 KF051 继电器上的 TEST 按钮后不恢复，应触发"市电电源故障"报警，且该报警产生 3s 后应触发"控制电源故障"。

（2）UPS 电源故障逻辑测试。

① 按下 KF111 继电器上的 TEST 按钮 3s 内恢复，应触发"UPS 电源故障"报警，且实际信号恢复后报警仍存在，在变频本地状态按下复位按钮或变频远程状态下机组给出联锁复位信号后，报警应消除，期间不应触发"控制电源故障"；

② 按下 KF111 继电器上的 TEST 按钮后不恢复，应触发"UPS 电源故障"报警，且该报警产生 3s 后应触发"控制电源故障"。

（3）控制柜开关电源报警逻辑测试。

① 断开控制柜 1# 开关电源供电空开 QA081 后恢复，保持控制柜 2# 开关电源供电空开 QA131 正常，此时应触发控制柜开关电源报警 1，且控制柜 1# 开关电源恢复后报警仍然存在，在变频本地状态按下复位按钮或变频远程状态机组给出联锁复位信号后报警应消除，期间不应触发"控制电源故障"；

② 断开控制柜 2# 开关电源供电空开 QA131 后恢复，保持控制柜 1# 开关电源供电空开 QA081 正常，此时应触发控制柜开关电源报警 2，且控制柜 2# 开关电源恢复后报警仍然存在，在变频本地状态按下复位按钮或变频远程状态机组给出联锁复位信号后报警应消除，期间不应触发"控制电源故障"；

③ 断开控制柜 1# 开关电源供电空开 QA081 后，继续关闭控制柜 2# 开关电源供电空开 QA131，此时应触发控制柜开关电源报警 1、控制柜开关电源报警 2 和控制电源故障，机组 HMI 上应收到变频故障 1 与变频故障 2 触发的保压急停信号。

（4）主控箱电源故障逻辑测试。

① 关闭主控箱 1# 电源开关后恢复，保持主控箱 2# 电源供电正常，此时应触发主控箱 1# 电源报警，且主控箱 1# 电源恢复后报警仍然存在，在变频本地状态按下复位按钮或变频远程状态机组给出联锁复位信号后报警应消除，期间不应触发"控制电源故障"；

② 关闭主控箱 2# 电源开关后恢复，保持主控箱 1# 电源供电正常，此时应触发主控箱 2# 电源报警，且主控箱 2# 电源恢复后报警仍然存在，在变频本地状态按下复位按钮或变频远程状态机组给出联锁复位信号后报警应消除，期间不应触发"控制电源故障"；

③ 关闭主控箱 1# 电源开关后，继续关闭主控箱 2# 电源开关，此时应触发主控箱 1# 电源报警、主控箱 2# 电源报警和控制电源故障，机组 HMI 上应收到变频故障 1 与变频故障 2 触发的保压急停信号。

（5）转接箱电源故障逻辑测试。

① 关闭转接箱 1# 电源开关后恢复，保持转接箱 2# 电源供电正常，此时应触发转接箱 1# 电源报警，且转接箱 1# 电源恢复后报警仍然存在，在变频本地状态按下复位按钮或变频远

程状态机组给出联锁复位信号后报警应消除，期间不应触发"控制电源故障"；

② 关闭转接箱 2# 电源开关后恢复，保持转接箱 1# 电源供电正常，此时应触发转接箱 2# 电源报警，且转接箱 2# 电源恢复后报警仍然存在，在变频本地状态按下复位按钮或变频远程状态机组给出联锁复位信号后报警应消除，期间不应触发"控制电源故障"；

③ 关闭转接箱 1# 电源开关后，继续关闭转接箱 2# 电源开关，此时应触发转接箱 1# 电源报警、转接箱 2# 电源报警和控制电源故障，机组 HMI 上应收到变频故障 1 与变频故障 2 触发的保压急停信号。

（6）馈出柜开关电源报警逻辑测试。

① 拔出馈出柜 KA061 继电器后再插入，此时应产生馈出柜开关电源报警 1，且继电器恢复正常后报警仍保持，在变频本地状态按下复位按钮或变频远程状态下机组给出联锁复位信号后，报警应消除，测试期间应不触发控制电源故障；

② 拔出馈出柜 KA063 继电器后再插入，此时应产生馈出柜开关电源报警 3，且继电器恢复正常后报警仍保持，在变频本地状态按下复位按钮或变频远程状态下机组给出联锁复位信号后，报警应消除，测试期间应不触发控制电源故障；

③ 拔出馈出柜 KA061 继电器后，继续拔出馈出柜的 KA063 继电器，此时应产生馈出柜开关电源报警 1、馈出柜开关电源报警 3 和控制电源故障，机组 HMI 上应收到变频故障 1 与变频故障 2 触发的保压急停信号；

④ 拔出馈出柜 KA062 继电器后再插入，此时应产生馈出柜开关电源报警 2，且继电器恢复正常后报警仍保持，在变频本地状态按下复位按钮或变频远程状态下机组给出联锁复位信号后，报警应消除，测试期间应不触发控制电源故障；

⑤ 拔出馈出柜 KA064 继电器后再插入，此时应产生馈出柜开关电源报警 4，且继电器恢复正常后报警仍保持，在变频本地状态按下复位按钮或变频远程状态下机组给出联锁复位信号后，报警应消除，测试期间应不触发控制电源故障；

⑥ 拔出馈出柜 KA062 继电器后，继续拔出馈出柜的 KA064 继电器，此时应产生馈出柜开关电源报警 2、馈出柜开关电源报警 4 和控制电源故障，机组 HMI 上应收到变频故障 1 与变频故障 2 触发的保压急停信号。

注意：每开展一项测试之前，须将变频器恢复至控制柜面板"无变频报警、无变频故障、无紧急停止"的状态。

6.5 TMEIC Drive-XL75 型变频器新增预过负荷保护优化

TMEIC 电驱机组自投产以来，多次出现变频器过负荷停机故障，给安全生产造成很大影响，对此情况，公司开展新增预过负荷保护优化，本节做详细说明。

6.5.1 问题分析

TMEIC 电驱机组在提速升压过程中，变频器负荷持续增大，当变频器发出过负荷报警时，未引起操作人员重视，当操作人员或负荷分配系统继续按计划提高机组转速时，变频器发出 5min 或 20min 过负荷报警，进而导致机组停机。

6.5.2 处理建议

6.5.2.1 PLC 程序备份

将调试工程本连接到变频器 PLC 模块,如图 6.5.1 所示。

打开 GX Works2 软件,在菜单栏中点击 Online,选择 Read from PLC,在弹出的连接对话框中点击确定,如图 6.5.2~图 6.5.4 所示。

图 6.5.1 调试工程本连接 PLC 模块

图 6.5.2 打开 GX Work2 软件

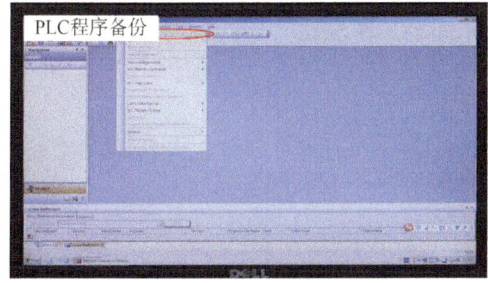
图 6.5.3 选择 Read from PLC

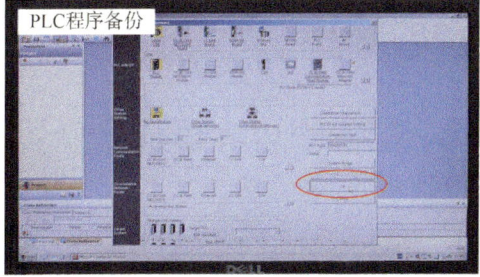
图 6.5.4 在弹出的连接对话框中点击 OK

弹出 online Data Operation 对话框,选择读取 Parameter+Program,点击 Execute 即可开始读取 PLC 程序,如图 6.5.5 所示。

读取完成后,将程序另存即可,如图 6.5.6 所示。

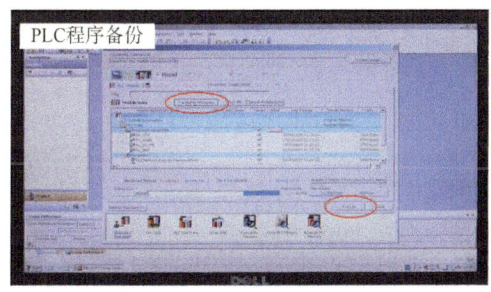
图 6.5.5 读取 PLC 程序

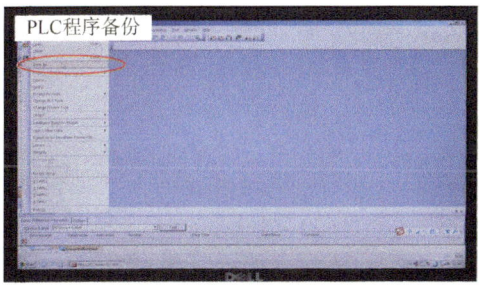
图 6.5.6 保存 PLC 程序

6.5.2.2 安装输入输出模块

对于 PLC 断电,断开 PLC 柜 CONTROL POWER 空开,如图 6.5.7 所示。

拆卸 PLC 模块 Slot 7 插槽的备用模块 QG60,如图 6.5.8 所示。

图 6.5.7　断开 CONTROL POWER 空开

图 6.5.8　拆卸备用模块 QG60

在 Slot 7 插槽安装输入输出模块 Q64AD2DA，如图 6.5.9 所示。

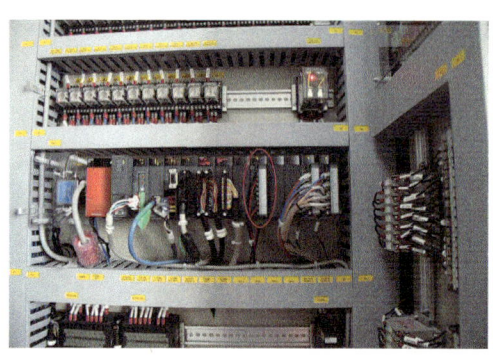
图 6.5.9　安装新模块 Q64AD2DA

6.5.2.3　控制电缆敷设及接线

断开变频器控制柜（REG）、励磁柜（EXC）和 PLC 柜内所有空开。拆卸变频器控制柜 T11 端子排上的 XI-3161+ 和 XI-3161- 端子，将其接至 T11 端子排中的备用端子 186CY 和 186CZ，如图 6.5.10 所示。

从变频器 PLC 柜至变频器控制柜间敷设 4 根 1mm² 的控制电缆，注意做好正负极标记。将新安装的输入输出模块的 CH1 V+ 端子和 CH1 I+ 端子短接。为新安装的输入输出模块连接 24V 电源，如图 6.5.11 所示。

图 6.5.10　XI-3161+ 和 XI-3161- 端子接线

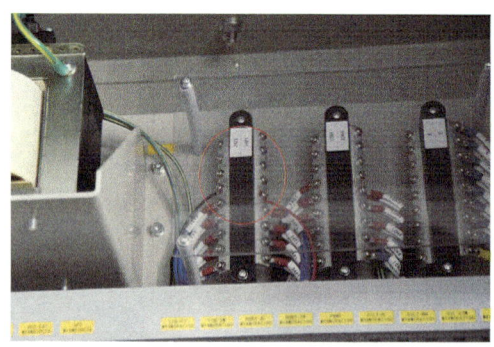
图 6.5.11　24V 电源接线

6.5.2.4 变频器 PLC 程序修改及硬件组态

1) 原逻辑解读

方案实施前变频器转速控制流程如图 6.5.12 所示,方案实施前,机组 UCS 根据现场工艺情况向变频控制器发送转速给定信号(硬线,4~20mA 电流信号),变频控制器接收到转速给定信号后,调整变频器转速至给定值,并向机组 UCS 反馈转速信号(硬线,4~20mA 电流信号)。当现场工艺条件出现大流量或者负载增加过大时,变频器负荷将增加(电流增大),由于变频调速系统为电流开环控制,无电流负反馈,因此变频器电流会持续增加。

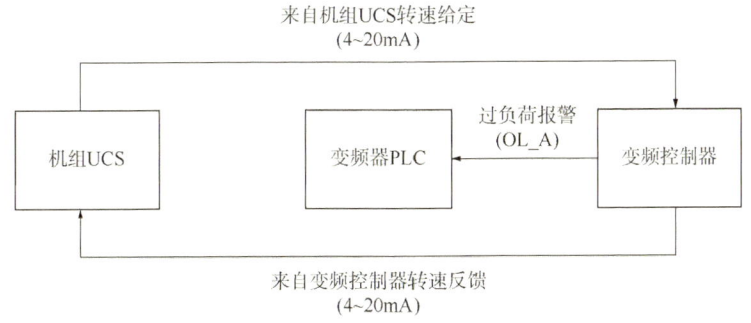

图 6.5.12 方案实施前变频器转速控制流程

(1) 报警信号。

当变频器电流超过 1810A,且满足 CP_RMS_A=100% 或 CP_RMS_A20=100% 时,变频控制器向变频器 PLC 发送过负荷报警信号 OL_A,同时变频器 PLC 启动定时器,延时 1s 或 0.1s(西二线 1s、西三线 0.1s)后,发出变频器过负荷报警,由于过负荷报警非停机条件,因此变频器不停机。其中,CP_RMS_A 为 5min 过负荷报警信号,CP_RMS_A20 为 20min 过负荷报警信号,$CP\_RMS\_A = \sqrt{\dfrac{1.0^2 \times (5 \times 60 - T) + \left(\dfrac{OL}{100}\right)^2 \times T}{5 \times 60}}$,$CP\_RMS\_A20 = \sqrt{\dfrac{1.0^2 \times (20 \times 60 - T) + \left(\dfrac{OL}{100}\right)^2 \times T}{20 \times 60}}$,其中,OL 为过载百分比,$T$ 为持续时间。

(2) 联锁停机信号。

当变频器电流超过 1819A,且满足 CP_RMS_20=100.5% 时,变频控制器向变频器 PLC 发送 20min 过负荷信号报警信号 OL20,同时变频器 PLC 启动定时器,延时 1s 或 2s(西二线 1s、西三线 2s)后,发出 20min 过负荷报警,由于 20min 过负荷报警为停机条件,因此变频器会停机。当变频器电流超过 1848A,且满足 CP_RMS_5=102.1% 时,变频控制器向变频器 PLC 发送 5min 过负荷信号报警信号 OL5,同时变频器 PLC 启动定时器,延时 1s 或 2s(西二线 1s、西三线 2s)后,发出 5min 过负荷报警,由于 5min 过负荷报警为停机条件,因此变频器会停机。其中,$CP\_RMS\_5 = \sqrt{\dfrac{1.0^2 \times (5 \times 60 - T) + \left(\dfrac{OL}{100}\right)^2 \times T}{5 \times 60}}$ 为 5min 过负荷信号,CP_RMS_20=

$$\frac{\sqrt{1.0^2 \times (20 \times 60 - T) + \left(\frac{OL}{100}\right)^2 \times T}}{20 \times 60}$$
为 20min 过负荷信号，OL 为过载百分比，T 为持续时间。

2) 逻辑优化

方案实施后变频器转速控制流程如图 6.5.13 所示，在不改变原有报警及联锁停机逻辑的前提下，使变频器转速给定信号先经过变频器 PLC，然后再送到变频控制器，同时在变频器 PLC 程序中增加预过负荷保护功能，实现当变频器 PLC 接收到过负荷报警信号 OL_A 时，锁存瞬时转速值并钳制输出；当过负荷报警 OL_A 消失后，延时 5s，在最高转速内恢复转速的正常调节，具体控制逻辑如图 6.5.14 所示。

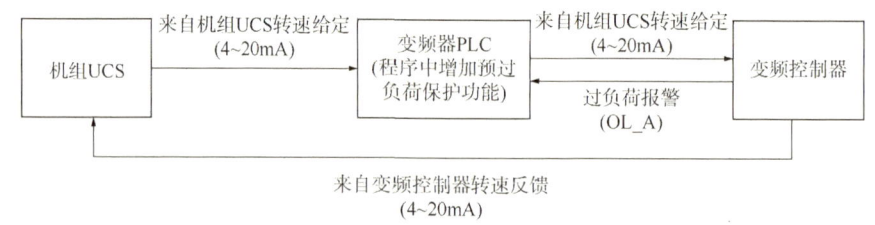

图 6.5.13 方案实施后变频器转速控制流程

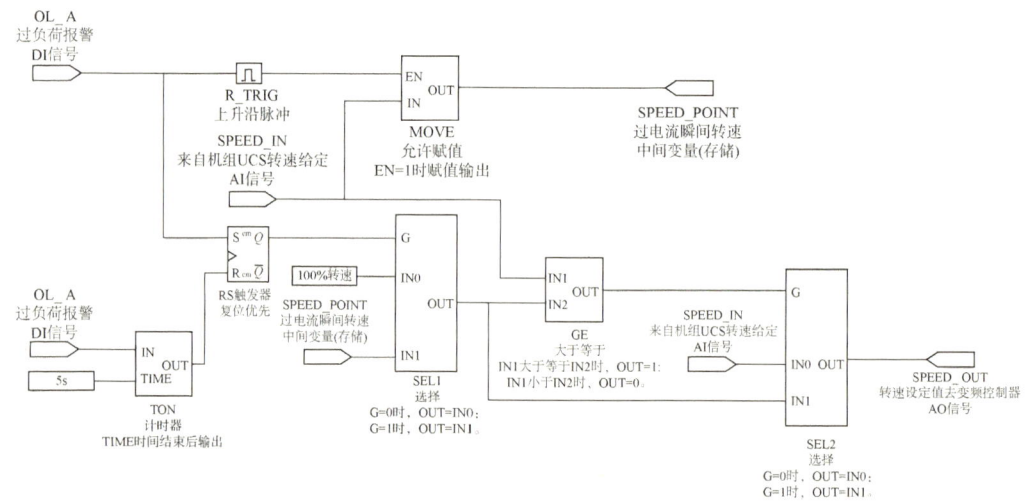

图 6.5.14 变频器 PLC 新增预过负荷保护逻辑

（1）当变频器发出过负荷报警 OL_A 时，锁存瞬时转速值并钳制输出，转速下调时实现无扰输出。

① OL_A 触发为 1，激活 R_TRIG 上升沿单次脉冲，MOVE 块 EN 端闪断置 1，SPEED_IN 瞬时量赋值给 SPEED_POINT 中间变量，并锁存；

② TON 块 IN 端为 0，OUT 端为 0；

③ RS 触发器 S 端触发为 1，R 端为 0，Q 端为 1 并锁存；

④ SEL1 块 G 端为 1，OUT 端输出 IN1 端值（SPEED_POINT）。

a. 此时若 SPEED_IN 大于等于 SPEED_POINT，SEL2 块 G 端为 1，SPEED_OUT =

SPEED_POINT，实现钳制输出；b. 此时若 SPEED_IN 小于 SPEED_POINT，SEL2 块 G 端为 0，SPEED_OUT=SPEED_IN，实现无扰输出。

(2) 当过负荷报警 OL_A 消失后，延时 5s，恢复转速正常调节(最高转速内)。

① OL_A 触发为 0，R_TRIG 块无效；

② TON 块 IN 端置 1，TIME 端激活，倒计时 5s 后 OUT 端为 1；

③ RS 触发器 R 端触发为 1，Q 端锁存信号由 1 变 0；

④ SEL1 块 G 端为 0，OUT 端输出 IN0 端值 100%转速。

a. 此时若 SPEED_IN 大于等于 100%转速，SEL2 块 G 端为 1，SPEED_OUT=100%转速，限制转速为最高转速；b. 此时若 SPEED_IN 小于 100%转速，SEL2 块 G 端为 0，SPEED_OUT=SPEED_IN，恢复正常调节。

(3) 当变频器电流一直在正常值运行时，正常调节(最高转速内)。

① OL_A 为 0，R_TRIG 块无效；

② RS 触发器 S 端为 0，R 端无效，Q 端为 0；

③ SEL1 块 G 端为 0，OUT 端输出 IN0 端值 100%转速。

a. 此时若 SPEED_IN 大于等于 100%转速，SEL2 块 G 端为 1，SPEED_OUT=100%转速，限制转速为最高转速；b. 此时若 SPEED_IN 小于 100%转速，SEL2 块 G 端为 0，SPEED_OUT=SPEED_IN，正常调节。

6.5.2.5 变频器 PLC 程序及硬件组态下装

合上变频器控制柜(REG)、励磁柜(EXC)和 PLC 柜内所有空开。将调试工程本连接到变频器 PLC 模块。打开修改后保存的 PLC 程序，在菜单栏中点击"在线"，选择下拉菜单中的"PLC 写入"，如图 6.5.15 所示。

在弹出的"在线数据操作"对话框中，选择智能功能模块(Intelligent function module)，选择写入内容"Parameter+Program"。点击"Execute"写入 PLC，写入过程中，如有提示，点击"OK"即可，如图 6.5.16 所示。

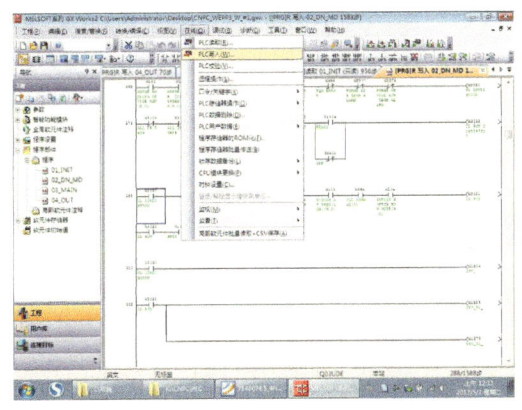

图 6.5.15 选择"PLC 写入"

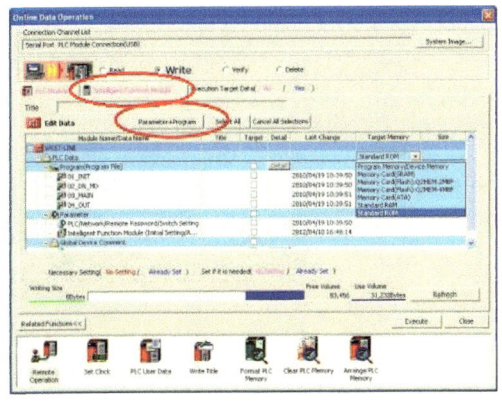

图 6.5.16 选择"Intelligent function module"

在"在线数据操作"对话框中，选择写入内容"Parameter+Program"，如图 6.5.17 所示。

点击"Execute"写入 PLC，写入过程中，如有提示，点击"OK"即可。程序写入完毕后，点击"Close"，如图 6.5.18 所示。

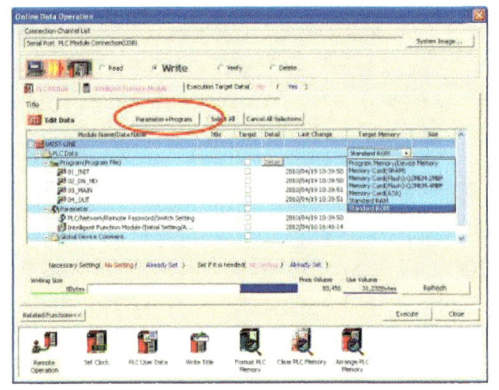
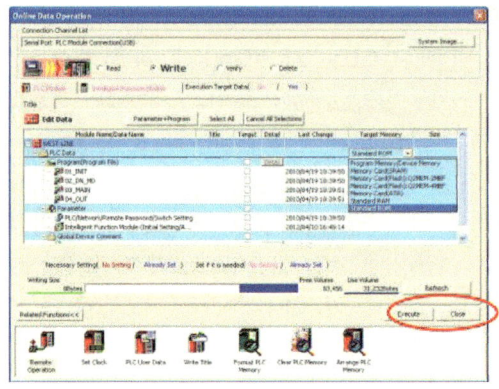

图 6.5.17　选择写入内容"Parameter+Program"　　　图 6.5.18　点击"Execute"（执行）

对 PLC 下电后再重新上电，上电后，再次对 PLC 程序进行备份。

6.5.2.6　变频控制器参数修改

用网线将调试工程本连接至现场变频器，如图 6.5.19 所示。

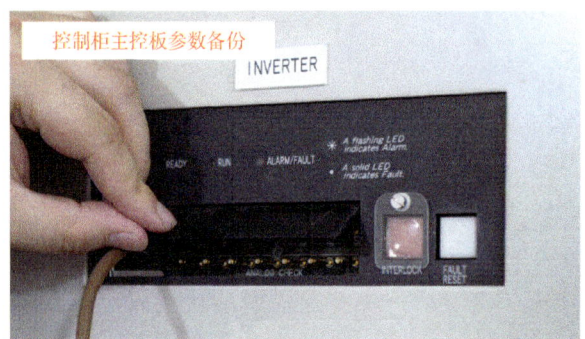

图 6.5.19　连接工程本与现场设备

打开 Drive Navigator，在 Log On 对话框中输入用户名"TOSHIBA"，访问等级选择"Full Access Level 9"，点击 OK。在弹出的 Drive Password 中输入密码"TOSHIBA"，点击 OK，如图 6.5.20、图 6.5.21 所示。

图 6.5.20　打开 Drive Navigator 软件

第6章 电气系统典型故障及处理

图 6.5.21 输入用户名

备份变频控制器参数：点击常用工具栏上的参数按钮，在弹出的对话框中新建 file，点击 EEPROM 至 file 的箭头，即可开始备份，如图 6.5.22~图 6.5.24 所示。

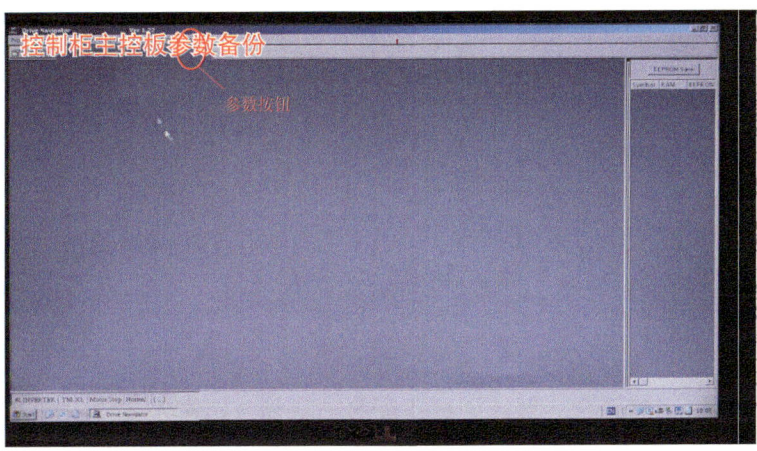

图 6.5.22 点击参数按钮

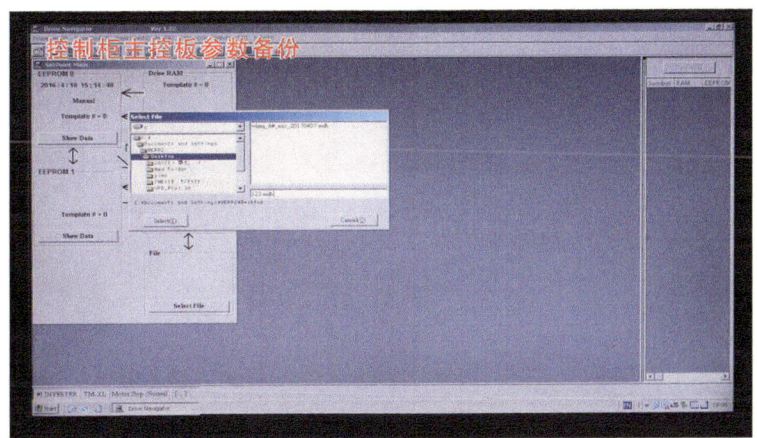

图 6.5.23 新建 file

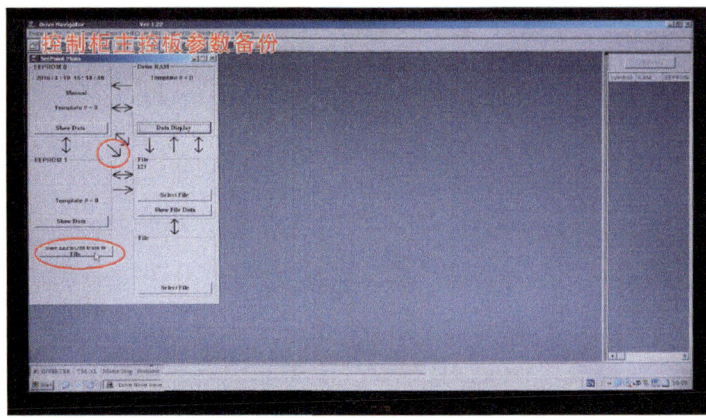

图 6.5.24　点击 EEPROM 至 file 的箭头备份参数

备份完毕后,点击常用工具栏上的 WORD 按钮,弹出 Word Data Control 对话框,如图 6.5.25、图 6.5.26 所示。

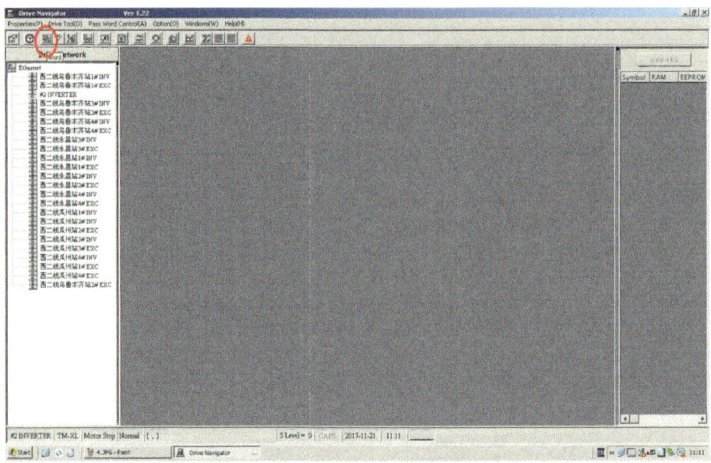

图 6.5.25　点击 WORD 按钮

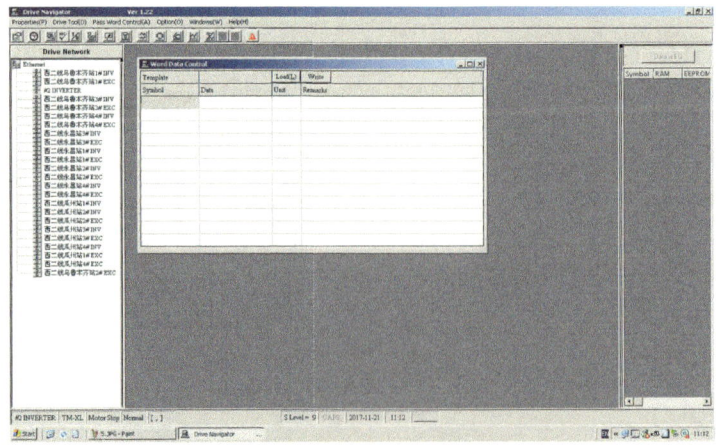

图 6.5.26　弹出 Word Data Control 对话框

双击 Symbol 下面的空白单元格，在弹出的 Symbol Select 对话框中输入 CP_RMS_A，点击 OK，同理，输入 CP_RMS_A20，点击 OK，如图 6.5.27、图 6.5.28 所示。

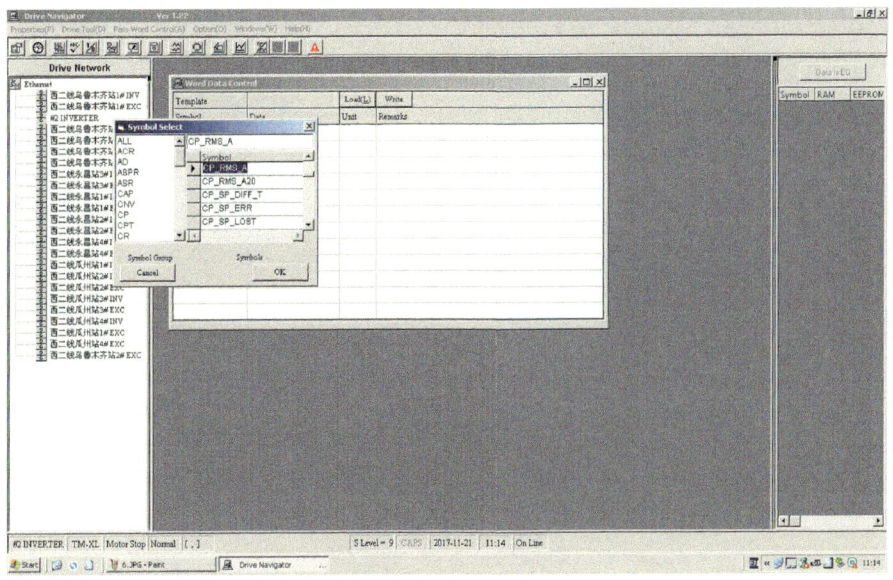

图 6.5.27　输入 CP_RMS_A

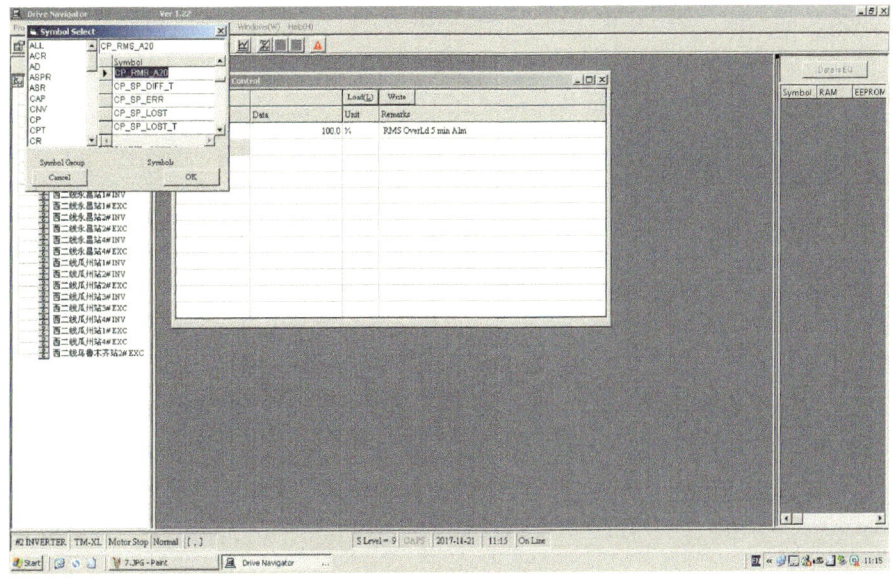

图 6.5.28　输入 CP_RMS_A20

双击将 CP_RMS_A 和 CP_RMS_A20 的值改为 55%，电流大约为 995A，便于测试。测试结束后，将 CP_RMS_A 和 CP_RMS_A20 的值均改为 90%，如图 6.5.29 所示。修改完毕后，将变频器控制柜 CONTROL 空开断开 10s 后，再合上。

6.5.2.7　功能测试

（1）机组转速升至最小转速 3380r/min，在电流保护值范围内，正常调节转速；

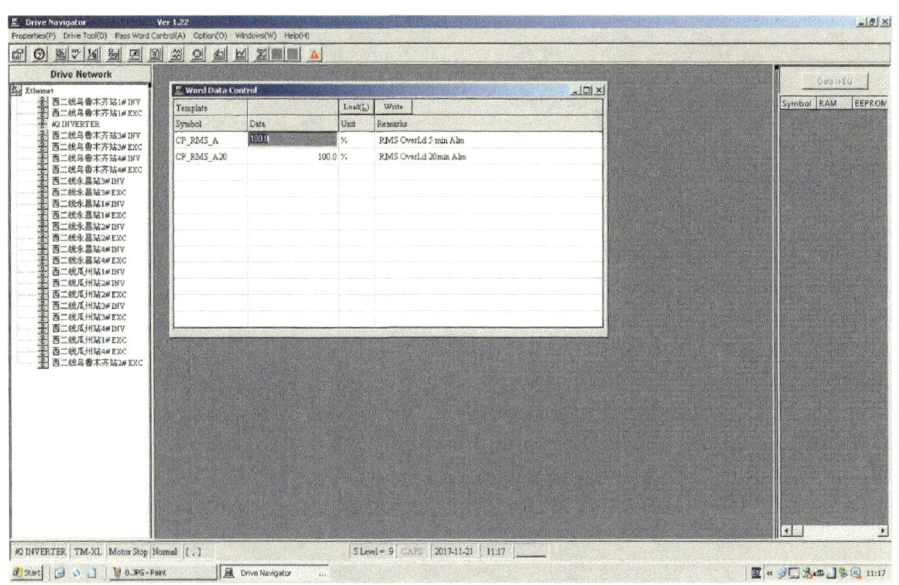

图 6.5.29 CP_RMS_A 和 CP_RMS_A20 参数修改

（2）当电动机实际电流达到电流保护值（电流大约为 995A）时，限制转速输出，此时转速可向下正常调节，若向上调节转速，则输出触发电流报警值瞬间锁定的转速值；

（3）当电流报警信号消失且持续 5s 后，系统自动取消转速限制输出，机组可在允许范围内正常调节转速。

6.6 电源快速切换装置应用

公司电驱机组压气站 110kV、10kV 及 400V 均已配置备自投装置，实践表明，备自投装置的使用效果并不理想，主要原因是现有备自投的动作逻辑简单，从失电到失压进而无压，备自投完成动作的过程持续时间长达 1~2s，甚至更长，此时母线电动机负荷已经切除。传统备自投装置无法保证母线电驱压缩机组负荷的连续运行。

电源快速装置考虑了母线残压的变化特征，克服了备自投装置动作慢的缺点，在合闸（合备用电源）条件上，采用母线电压、频率、相位实时跟踪技术，实现"快速切换"，这样电源快速切换装置能在不大于 1s 时间内将站内 10kV 瞬间电源波动段切换至稳定工作电源端，配合变频器抗晃电功能，从理论上可以解决因电网波动造成的电驱压缩机组停机问题。

6.6.1 问题分析

6.6.1.1 备自投装置缺陷

压气站 110kV、10kV 及 400V 均已配置备自投装置，实践表明，备自投的使用效果并不理想，主要原因是现有备自投的动作逻辑简单，从失电到失压进而无压，备自投完成动作的过程持续时间长达 1~2s，甚至更长（西二线某压气站 10kV 母联保护 CSC-246 定值单中失压判据启动 2.5s 跳进线，0.5s 合母联，断路器开关固有动作时间 0.1s，完成备自投总时长 3.1s），此时母线电动机负荷已经切除；其次，当网电压骤降时备自投装置不能够启动，尽管 TMEIC 公司对变频器参数进行了优化（电源在跌落到 85% 额定电压以下 2s 内，变频器可以自动重新启动，不会停机，如果电网波动持续超过 2s，变频器仍有可能停机），但由于受到电压波动瞬间幅值及时间因素的影响，依旧会造成变频压缩机组停机（从 2014 年 9 月到 2015 年 5 月这 9 个月的时间里，发生了 11 次过电流跳机事件。经过调取现场跳机曲线，发现 11 次跳机均是由电网电压骤降引起过电流发生导致的，电网电压骤降到了 90% 额定电压左右）。由此可以看出，针对此类过电流跳机，传统备自投装置无法保证母线电驱压缩机组负荷的连续运行。备自投装置在启动条件上，仅仅采用失压启动，并没有考虑把有关的保护动作、失电作为启动条件以缩短起动时间。

6.6.1.2 电源快速切换装置的特征

电源快速切换考虑了母线残压的变化特征，克服了备自投装置动作慢的缺点，在合闸（合备用电源）条件上，采用母线电压、频率、相位实时跟踪技术，实现"快速切换"（软件电压、频率、相位实时跟踪判据启动延时 0.12s，断路器开关固有动作时间 0.1s，总时长不大于 1s），这样电源快速切换装置能在不大于 1s 的时间内将站内 10kV 瞬间电源波动段切换至稳定工作电源端，配合变频器抗晃电功能，从理论上可以解决因电网波动造成的电驱压缩机组停机问题，是一种性能更优的切换装置。

电源快速切换装置的逻辑主要包括启动方式判别模块、切换方式判别模块和合闸方式判别模块，其中启动方式和合闸方式逻辑是快切逻辑的核心。

（1）启动方式判别模块主要用于如何快速地检测进线电源是否存在故障。

（2）切换方式判别模块主要用于如何按照预定的顺序跳工作开关及合备用开关。

（3）合闸方式判别模块主要用于如何快速安全地合上备用开关。

电源快速切换装置动作的一般过程为：首先由启动方式判别模块识别出进线故障，然后装置按照切换方式判别模块预定的顺序，跳工作开关及合备用开关。在合备用开关的时候，需满足合闸方式判别模块的条件。

6.6.1.3 电源快速切换装置的技术特点

电源快速切换装置可提供手动启动、保护启动、逆功率启动、误跳启动和无流启动等启动方式。

（1）保护启动：将线路/主变等电源侧设备的快速主保护接点引入快切装置中，系统正常运行时，一旦检测到电源侧主保护动作，电源快速切换装置立即启动切换，断开故障线路，投入备用电源。

（2）逆功率起动：当进线以外电网（如对侧母线、对侧相邻线路）发生故障，或者进线故障但无快速保护接点启动装置切换时，用此启动判据可实现故障情况下的快速切换。

（3）无流启动：当装置检测到进线电流从有流（大于无流启动整定值）到无流（小于无流启动整定值），且母线频率小于无流启动频率定值时，装置经整定延时切换功能。无流启动方式主要应用于进线对侧或更上级开关误操作跳开，造成工作母线失电的情形。

（4）误跳启动：当系统正常运行时，若本处于合位的开关跳开且进线无流，则装置启动切换，合上另一侧电源以保证母线供电。

（5）手动启动：作为切换后工作方式的恢复或正常倒闸。

以上启动方式是逻辑或的关系，只要满足任何一种启动方式，装置即可启动切换。

6.6.2 处理建议

通过在长输管道压气站配置电源快速切换装置，当任一系统电源进线、主变故障或上级电网晃电时，电源快速切换装置采用串联切换方式，在确认进线跳开后，再根据合闸条件发出合母联开关命令，保证母线负荷设备连续运行。

6.6.2.1 快速合闸

假设有图 6.6.1 所示的供电系统，正常运行时 1DL 和 2DL 合，3DL 分。1#进线和 2#进线互为备用。当 1#进线发生故障后，必须先跳开 1DL，然后合 3DL，反之亦然。

以 1#进线到 2#进线切换为例，跳开 1DL 后，1#母线失电，电动机将惰行。由于负荷多为异步电动机，对单台电动机而言，电源切断后，电动机定子电流变为零，转子电流逐渐衰减，由于机械惯性，转子转速将从额定值逐渐减小，转子电流磁场将在定子绕组中反向感应电势，形成反馈电压。多台异步电动机联结于同一母线时，由于各电动机容量、负载等情况不同，在惰行过程中，部分异步电动机将呈异步发电机特征，而另一部分呈异步电动机特征。母线电压即为众多电动机的合成反馈电压，俗称残压，残压的频率和幅值将逐渐衰减。通常，电动机总容量越大，残压频率和幅值衰减的速度越慢。

以极坐标形式绘出的失电母线残压相量变化轨迹如图 6.6.2 所示。图 6.6.2 中 V_D 为 1#母线残压，V_S 为备用电源电压(即 2#母线电压)，ΔU 为两个母线间的差压。

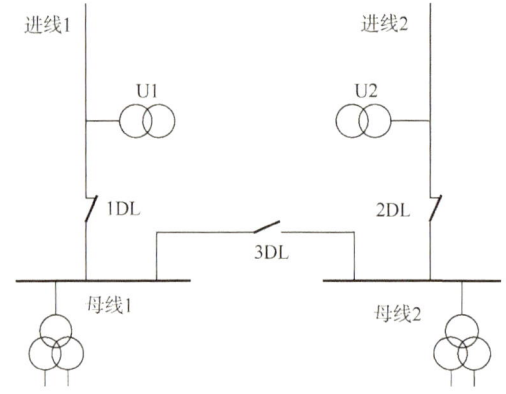

图 6.6.1 一次系统简图

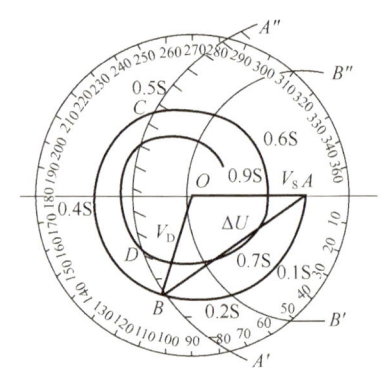

图 6.6.2 母线残压相量轨迹

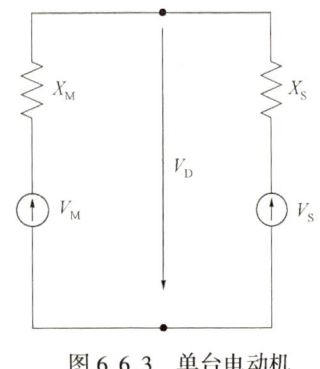

图 6.6.3 单台电动机切换分析模型

为了分析的方便，取一个电源系统与单台电动机为例，将备用电源系统和电动机等值电路按暂态分析模型做充分简化，忽略绕组电阻、励磁阻抗等，以等值电势 V_S 和等值电抗 X_S 代表备用电源系统，以等值电势 V_M 和等值电抗 X_M 来表示电动机，如图 6.6.3 所示。

由于单台电动机在断电后定子电路开路，因此其电势 V_M 就等于机端电压，在备用电压合上前，$V_M = V_D$。备用电源合上后，电动机绕组承受的电压 U_M 为

$$U_M = X_M / (X_S + X_M) \times (V_S - V_M) \tag{6.6.1}$$

因 $V_M = V_D$，则 $(V_S - V_M) = (V_S - V_D) = \Delta U$，所以有

$$U_M = X_M/(X_S + X_M) \times \Delta U \tag{6.6.2}$$

令 $K = X_M/(X_S + X_M)$，则

$$U_M = K\Delta U \tag{6.6.3}$$

为保证电动机安全，U_M 应小于电动机的允许起动电压，设为1.1倍额定电压 U_e，则有

$$K\Delta U < 1.1 U_e \tag{6.6.4}$$

$$\Delta U(\%) < 1.1/K \tag{6.6.5}$$

设 $X_S : X_M = 1:2$，$K = 0.67$，则 $\Delta U(\%) < 1.64$。图6.6.2中，以 A 为圆心，以1.64为半径绘出弧线 $A'—A''$，则 $A'—A''$ 的右侧为备用电源允许合闸的安全区域，左侧则为不安全区域。若取 $K = 0.95$，则 $\Delta U(\%) < 1.15$，图6.6.2中 $B'—B''$ 的左侧均为不安全区域，理论上 $K = 0 \sim 1$，可见 K 值越大，安全区越小。

假定正常运行时 $1^\#$ 进线电源与 $2^\#$ 进线电源同相，其电压相量端点为 A，则 $1^\#$ 母线失电后，残压相量端点将沿残压曲线由 A 向 B 方向移动，如能在 $A—B$ 段内合上备用电源，则既能保证电动机安全，又不使电动机转速下降太多，这就是所谓的"快速合闸"。

在实现快速合闸时，母线的电压降落、电动机转速下降的幅度都很小，电动机的自启动电流也不大。切换过程中相关的电压、电流录波曲线如图6.6.4所示。

在实际工程应用中，是否能实现快速合闸主要取决于工作电源与备用电源间的固有初始相位差 $\Delta\Phi_0$、快切装置启动的方式（保护起动等）、备用开关的固有合闸时间以及母线段当时的负载情况（相位差变化速度 $\Delta\Phi/\Delta t$ 或频差 Δf）等。例如，假定目标相位差不大于 $60°$，初始相位差为 $10°$（备用电源电压超前），在合闸固有时间内平均频差为 $1Hz$，固有合闸时间为 $100ms$，则合闸时的相差约 $46°$，只要启动时相位差小于 $24°$，则合上时相差小于 $60°$；在相同条件下，若初始相差大于 $24°$，或合闸时间大于 $140ms$，则无法保证合闸瞬间相位差小于 $60°$。

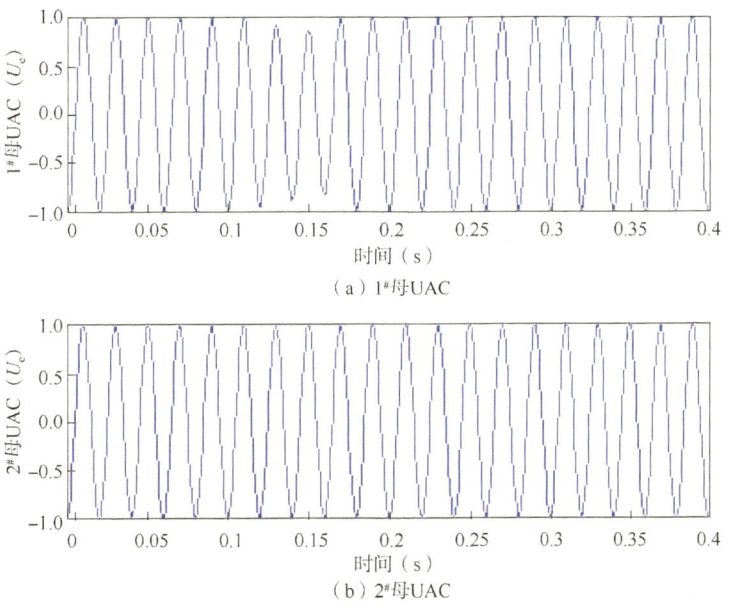

图6.6.4 快速合闸时的电流电压波形

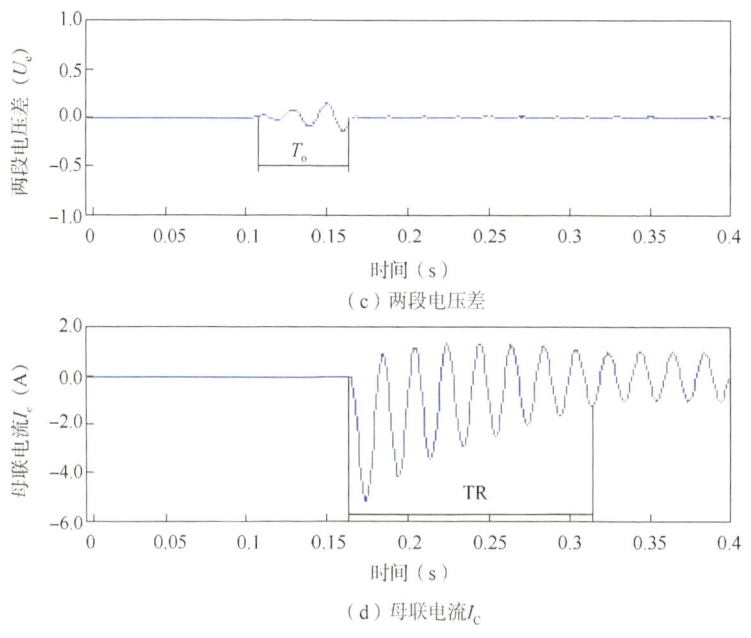

（c）两段电压差

（d）母联电流 I_c

图 6.6.4 快速合闸时的电流电压波形（续）

6.6.2.2 同期捕捉合闸

在图 6.6.2 中，过 B 点后的 B—C 段为不安全区域，不允许切换。在 C 点后至 C—D 段实现的切换，以前通常称为"延时切换"或"短延时切换"。利用电源快切装置的功能，实时跟踪残压的频差和角差变化，实现 C—D 段的切换，特别是在捕捉反馈电压与备用电源电压第一次相位重合点实现合闸，这就是"同期捕捉合闸"。

在实际工程应用时，可以做到在过零点附近很小的范围内合闸，如±5°。一般同期捕捉合闸时，母线电压为 65%~75% 额定电压，电动机转速不至下降很大，通常仍能顺利自启动。另外，由于两电压同相，备用电源合上时冲击电流较小，不会对设备及系统造成危害。在同期捕捉合闸过程中，相关的电压电流录波曲线如图 6.6.5 所示。

6.6.2.3 残压及长延时合闸（传统备自投合闸方式）

快切装置除了具备快速合闸方式、同期捕捉合闸方式，还具备了传统备自投装置的残压合闸及长延时合闸方式。

1）残压合闸方式

母线电压衰减到 20%~40% 时实现的切换称为残压合闸。残压合闸虽能保证电动机安全，但由于停电时间过长，电动机自启动成功与否、自起动时间等会受到较大限制。残压合闸的实现条件为：母线电压小于"残压合闸电压幅值"。

2）长延时合闸方式

当备用侧容量不足以承担全部负载，甚至不足以承担通过残压合闸过去的负载的自启动，只能考虑长延时合闸。长延时合闸的实现条件为：装置启动后延时时间大于"长延时整定值"。

6.6.2.4 启动条件

当 1→3 切换启动投入，Ⅱ母有压大于等于"有压定值"，且满足下列任一条件。

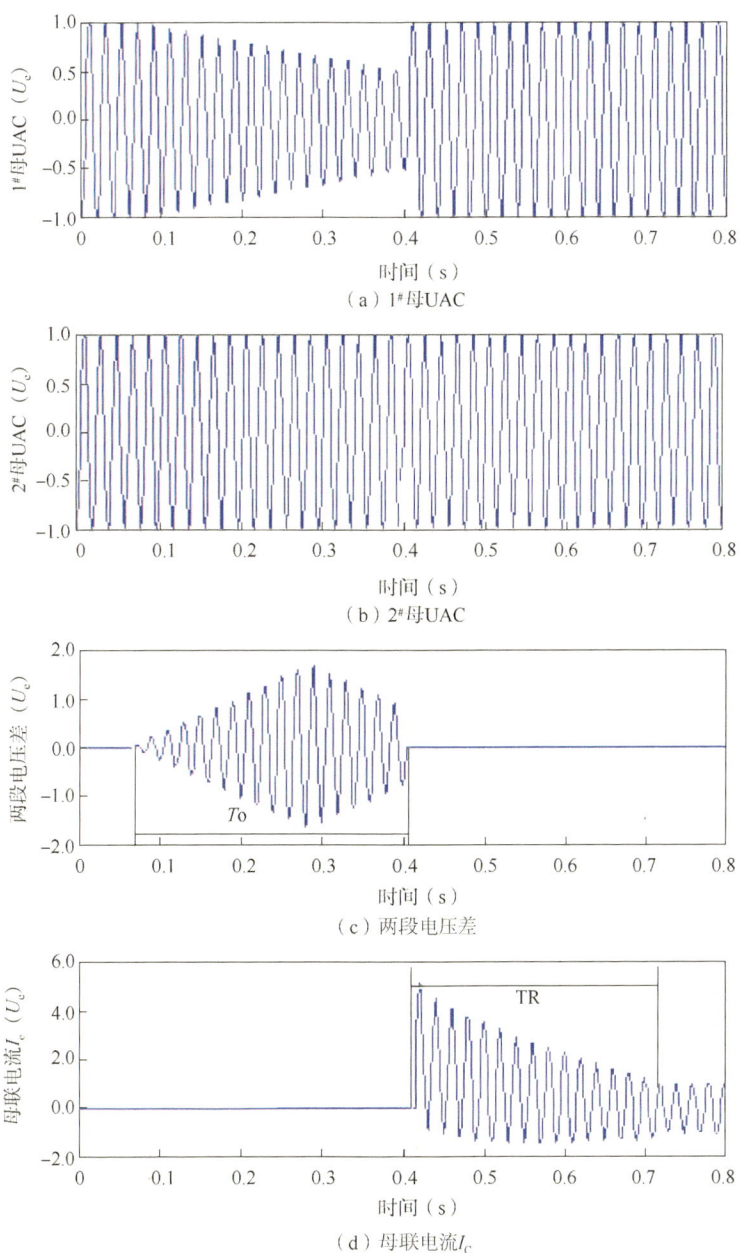

图 6.6.5 同期捕捉合闸时的电流电压波形

(1) Ⅰ、Ⅱ母未断线，且开入"保护起动 1"闭合；
(2) Ⅰ、Ⅱ母未断线，且 1DL 变位启动；
(3) Ⅰ、Ⅱ母未断线，且 1#线路无流启动；
(4) Ⅰ母线失压启动；
(5) Ⅰ母线频压异常启动；
(6) Ⅰ、Ⅱ母未断线，且 1#线路逆功率启动。

若启动方式为(1)~(6)，则按定值"故障切换串联"的设定进行切换。

6.6.2.5 外形及安装尺寸

装置外形尺寸如图 6.6.6 所示，装置开孔安装尺寸图如图 6.6.7 所示。

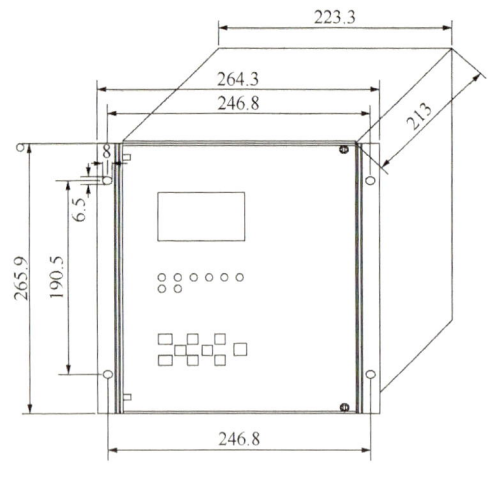
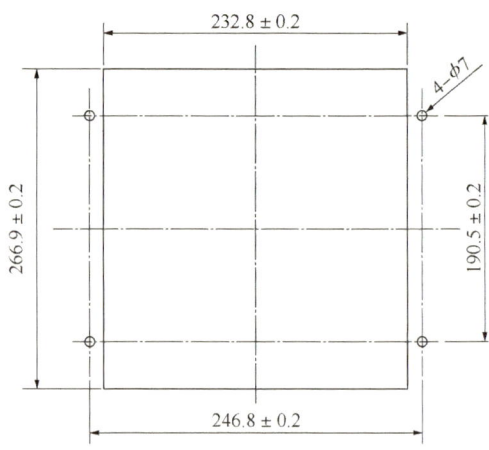

图 6.6.6 装置外形尺寸(mm)　　　　图 6.6.7 装置开孔安装尺寸图(mm)

6.6.2.6 电源快速切换装置定值

1) 整定定值

电源快速切换装置整定定值见表 6.6.1。

表 6.6.1 整定定值

名称	范围	整定值	备注
并联切换压差/%	0~20	15.00	
并联切换频差/Hz	0.02~0.50	0.10	
并联切换相差/(°)	0.5~20.0	15.0	
并联跳闸延时/s	0.06~5.00	0.50	
同时切换合延时/ms	0~500	50	未使用，缺省值
快速切换频差/Hz	0.1~3.0	1.5	
快速切换相差/(°)	0.5~60.0	30.0	
开关1合闸时间/ms	5~150	实测	根据实测开关合闸时间+8ms
开关2合闸时间/ms	5~150	实测	根据实测开关合闸时间+8ms
开关3合闸时间/ms	5~150	实测	根据实测开关合闸时间+8ms
残压合闸定值/%	20~60	25	参考现场原有备自投装置
长延时整定值/s	0.5~10.0	9.0	参考现场原有备自投装置
失压启动电压幅值/%	20~90	70	参考现场原有备自投装置
失压启动延时/s	0.10~5.00	0.2	参考现场原有备自投装置
无流启动频率/Hz	49.4~49.9	49.5	
无流检定定值/A	0.02~5.00	0.3	$0.06I_n$
无流启动延时/s	0.02~5.00	0.03	

续表

名称	范围	整定值	备注
逆功率启动延时/s	0.02~5.0	0.1	
逆功率电压门槛/%	80~100	90	
有压定值/%	70~100	80	
初始相角差1/(°)	-120~120		现场整定，与实际接线有关
初始相角差2/(°)	-120~120		现场整定，与实际接线有关
方向过流闭锁值/A	0.1~100	6	参考现场保护装置定值
频压启动频差/Hz	0.05~5	0.5	
频压启动延时/s	0~10	0.1	
过流一段定值/A	0.2~100	15	未使用，缺省值
过流一段时间/s	0~10	0.1	未使用，缺省值
低电压闭锁值/%	10~90	70	未使用，缺省值
过流二段定值/A	0.2~100	6	未使用，缺省值
过流二段时间/s	0.1~100	1	未使用，缺省值
后加速定值/A	0.2~100	15	未使用，缺省值
后加速时间/s	0~4	0.1	未使用，缺省值

2）整定控制字

整定控制字见表6.6.2。

表6.6.2 整定控制字

功能	选项	选择值	备注
手动切换并联	0/1	1	0表示串联，1表示并联
故障切换串联	0/1	1	0表示同时，1表示串联
1→2切换启动	0/1	0	
2→1切换启动	0/1	0	
1→3切换启动	0/1	1	
2→3切换启动	0/1	1	根据现场需求自行投退
3→1切换启动	0/1	1	
3→2切换启动	0/1	1	
快速切换	0/1	1	
同捕切换	0/1	1	
残压切换	0/1	1	
长延时切换	0/1	0	
失压启动	0/1	1	
无流启动	0/1	1	
逆功率启动	0/1	1	
频压启动	0/1	0	

续表

功能	选项	选择值	备注
手跳不闭锁	0/1	1	若现场 509-511 端子 KKJ 未接入，则设定为 1；若接入，则整定为 0
检后备电压	0/1	1	
方向过流切换闭锁	0/1	0	现场调试最终再确认：若后备保护等节点未接入快切闭锁节点，则设置为 1，若接入，则可设置为 0
过流一段保护	0/1	0	
过流二段保护	0/1	0	
后加速保护	0/1	0	
过流保护低压闭锁	0/1	0	
失压启动检进线 U	0/1	0	

6.7 低电压穿越功能应用

由于环境和电网的波动，往往会造成变频器异常停机，为了克服现有电网电源不稳定造成变频器异常停机的缺陷，公司开展电驱机组低电压穿越功能优化。

6.7.1 系统介绍

6.7.1.1 低电压穿越功能

从硬件和软件两方面，可承受如下的电网电压波动：

（1）10kV 侧：在±10%额定电压波动范围内能满载输出，在 60%~90%额定电压范围内降额继续运行；

（2）10kV 侧：高压侧晃电时，变频器具有低电压穿越功能，能够保证正常，不执行跳闸命令；

（3）低压侧：采用控制电源 UPS 供电，冷却水泵、励磁柜电源采用稳定电源供电。

电网高压侧晃电，会引起变压器副边交流电压瞬时大幅度跌落，进而引起变频器直流母线电压变低。对于常规通用型变频器，功率单元会报欠压故障和控制回路开关电源故障，最终造成变频器停机。为了避免此隐患，能传电气变频器通过硬件和软件配合，结合低电压穿越转矩控制技术和矢量控制技术，通过实时控制变频器输出电流，在母线电压降低到某一设定值后，使电动机工作在发电状态，利用机组旋转的动能发电，维持直流母线电压正常，当电网电压恢复正常时，系统无扰切换到正常运行状态。在此过程中，变频器继续运行不停机，只输出报警信号。

如果断电时间较长，电动机动能耗尽，超出了晃电应急程序的能力范围，则变频器报欠压故障停机。此后，若故障消除，母线电压值恢复到正常水平后，变频器自动复位，通过转速跟踪再启动功能（也称作"飞车启动功能"，通过菜单可以设置使能或不使能）使变频器重新再启动，回到停机前的目标工作状态。

图 6.7.1 为工厂试验过程抓取的动能缓冲波形及逻辑功能图。

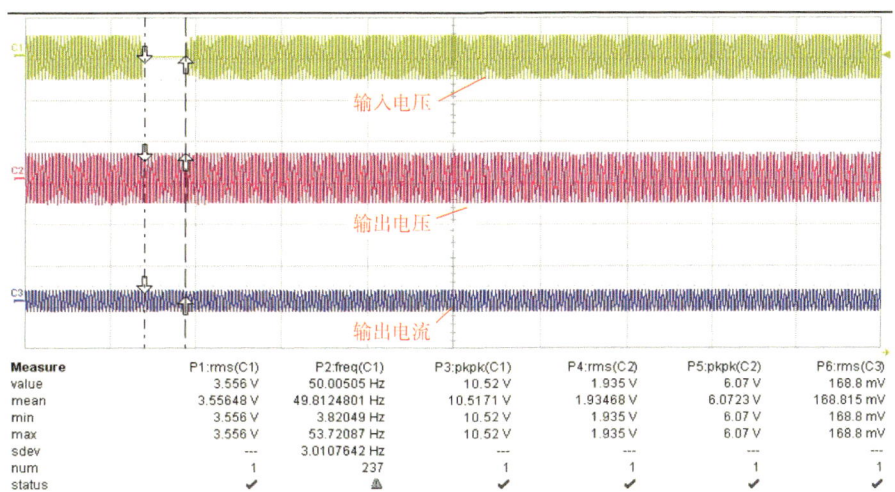

图 6.7.1 动能缓冲波形及逻辑功能图

低电压穿越功能的实现步骤如下：

(1) 每个功率单元的母线电压通过光纤上传至主控系统；

(2) 功率单元电压低于某一限值时，LVRT 功能激活，限值转矩输出值；

(3) 通过转矩输出限值，使得转速环饱和，进入动能缓冲模式，维持功率单元母线电压；

(4) 电网恢复，母线电压恢复至设置值后，LVRT 功能退出，转速环退饱和，正常调速，实现了低电压穿越功能。

低电压穿越技术功能示意图如图 6.7.2 所示。

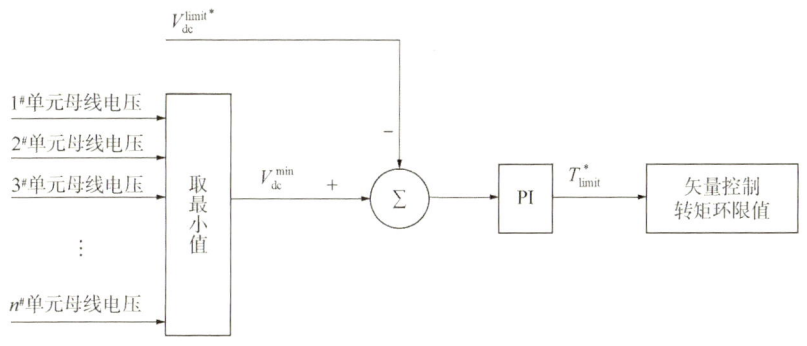

图 6.7.2 低电压穿越技术功能示意图

(1) 原理：在低电压穿越过程中，控制系统和功率单元工作正常，不要求有功功率输出，装置运行不间断，电网恢复时快速平滑切入正常工作状态。

(2) 控制系统电源保证：UPS。

(3) 功率单元电源保证：高压 DC/DC。

(4) 控制算法保证：LVRT 动能缓冲、转速跟踪再启动（失电后再来电）。

(5) 同步电动机励磁保证。

6.7.1.2 动能缓冲

在出现电网短时失电故障时，为保持生产的连续性，希望电压型逆变器不停止工作，通过降低电动机转速,把部分动能回馈至它的直流储能电容,维持一个较低电压,使控制电路继续工作(逆变器控制电源来自储能电容电压),待电网电压恢复后,电动机重新加速到原转速,这功能被称为越过暂时失电(ride-through),又称动能缓冲。

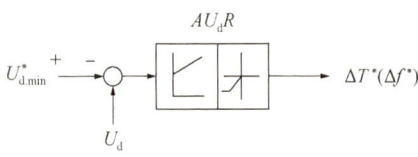

图 6.7.3 $U_{d.min}$ 控制框图

越过暂时失电(动能缓冲)功能用 $U_{d.min}$ 控制实现,框图如图6.7.3所示,$U_{d.min}$ 控制波形如图6.7.4所示。$U_{d.min}$ 控制的核心是 $U_{d.min}$ 调节器 AU_dR,它的输入是逆变器直流母线电压 U_d 与其最小值设定 $U_{d.min}^*$ 之差,输出是高性能调速系统转矩环 ATL 的附加转矩输入 T^*。正常工作时 $U_d > U_{d.min}^*$,AU_dR 本应输出正值,但由于调节器正限幅为0,所以 $T^* = 0$,对调速系统工作无影响,电动机工作在电动状态,转矩 $T > 0$。在 $t = t_1$ 时,电网开始失电,U_d 开始下降。在 $t \geqslant t_2$ 后,U_d 略小于 $U_{d.min}^*$,AU_dR 退出正限幅,$T^* < 0$,$U_{d.min}$ 控制开始工作,把转矩 T 从正值拉到负值,电动机从电动状态转入再生状态,电动机和被拖动机械的部分动能回馈至直流储能电容,维持 $U_d \approx U_{d.min}^*$ 不变,使逆变器控制系统能继续工作。在 $t = t_3$ 时电网恢复,来自电网中的能量使 U_d 升高,$U_d > U_{d.min}^*$,AU_dR 又正限幅,$T^* = 0$,$U_{d.min}$ 控制退出工作,逆变器恢复正常,转速回升至给定值。图6.7.4中 T_{RT} 是失电跨越时间。如果调速系统是恒压频比控制系统,则 AU_dR 的输出是恒压频比曲线发生器的附加频率输入 f^*,在 AU_dR 工作期间,减小逆变器输出的电压和频率,使电动机工作于再生状态,维持 $U_d \approx U_{d.min}^*$。

如果没有 $U_{d.min}$ 控制环节,在电网失电后,U_d 将下降至 $U_{d.off}$,逆变器停止工作,电动机自由停车,如图6.7.4中 U_d 波形之虚线所示。

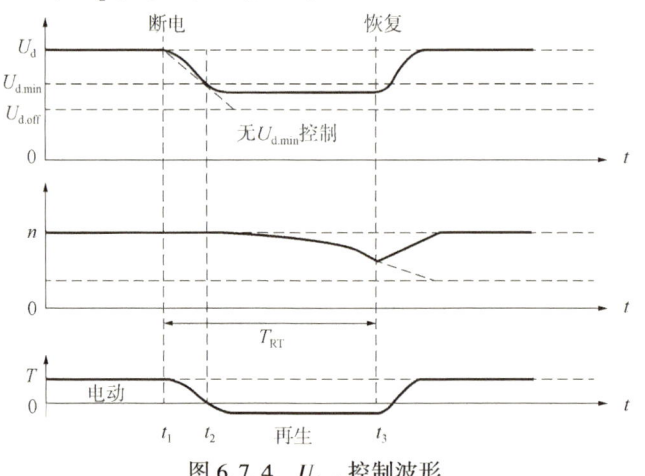

图 6.7.4 $U_{d.min}$ 控制波形

6.7.1.3 转速跟踪启动

转速跟踪启动功能用于启动正在旋转中的电动机。泵和风机传动有时会遇到在变频器投入工作前电动机已在旋转的情况,例如,启动前在风道或管道中存在压力,推动电动机旋转;大型风机的机械惯量大,自由停车时间很长,在电动机尚未停止前又需要恢复工作;"旁路变频器"后,变频器故障排除,希望恢复调速工作模式等。电动机在这种情况下接至变频器,如果变频器的输出频率与电动机转速不匹配,转差率大,将导致电流冲击。要解决这问题，需根据转速来设置变频器的初始频率，而泵和风机传动通常都无转速传感器，因此希望变频器能自动检测电动机的实际转速，据以设置初始频率，这就是转速跟踪启动。

自动检测转速任务通过频率搜索实现，其原理是：在逆变器输出频率与转速相匹配时（$f_s = np/60$，p 为电动机极对数），电动机功率最小。频率搜索框图如图 6.7.5 所示，图 6.7.5 中 SFS 是搜索频率给定，输出一个从 1.0（对应于 50Hz）逐渐降至 0 的频率给定信号 $f^*(t)$，经恒压频比曲线发生器得到定子频率给定 f^* 和电压给定 U^*，为防止搜索过程中电流太大，令 $(5\%\sim20\%)U^*$ 作为 PWM 发生器的电压输入。在搜索过程中，检测逆变器直流输入电流，或者用电动机电压、电流瞬时值计算功率，当它们小于某门槛值时便停止搜索，并把这频率值设置为逆变器初始频率。从最高工作频率开始搜索的原因是：在频率高于转速对应值时，转差率为正，电动机工作于电动状态，不必担心再生功率使直流母线电压升高的问题。如果正方向搜索没找到所需频率，则需从反方向的最高频率开始反向搜索。

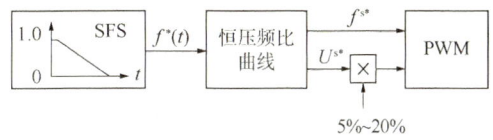

图 6.7.5　频率搜索框图

6.7.2　优化实施

6.7.2.1　环境要求

为了高压变频调速装置能长期稳定可靠地运行，对高压变频调速装置的安装环境做如下要求：

（1）最低环境温度为 -10℃，最高环境温度为 40℃，安装环境的温度变化应不大于 5℃/h。

（2）环境湿度要求小于 90%（20℃），相对湿度的变化率每小时不超过 5%，避免凝露。

（3）不要将高压变频调速装置安装在有较大灰尘、腐蚀或爆炸性气体、导电粉尘等空气污染的环境里。

6.7.2.2　柜体控制小屏、主控板更换安装及接线

控制柜门钣金安装打孔，配套新能科控制小屏。控制小屏安装如图 6.7.6 所示。

（1）先利用原门板后面的 4 个熔钉（图 6.7.6 中红色圆圈表示处），固定打孔板。打孔位置如图 6.7.7 所示。

（2）用铆钉枪固定 5 个孔（图 6.7.7 中红色圆圈表示处）和老小屏挡板。

（3）安装能科配套新小屏，按照电气图纸接线。

（4）上控制电，点"参数设定""上传参数"。

（5）上传完后，点"参数设定""其他参数"里的"参数保存"。

（6）再看"系统属性"里的"版本信息"是否正确。

6.7.2.3　更换新主控板

更换主控板如图 6.7.8 所示。

（1）先把屏蔽罩取下；

（2）卸主控板前，应穿戴防静电手套；

（3）拔除主控板的接线插件，拔除右边光纤板上的光纤（图 6.7.9）；

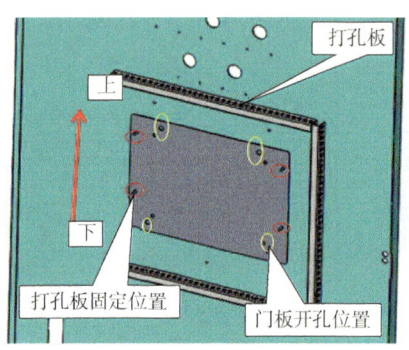
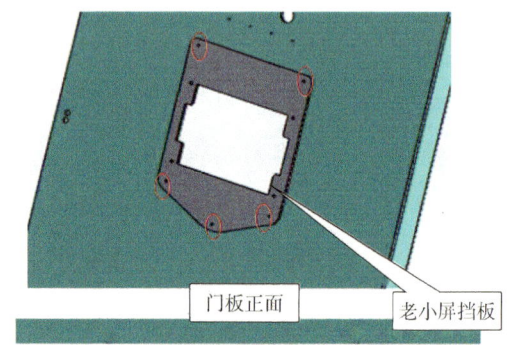

图 6.7.6　控制小屏安装　　　　　　　图 6.7.7　打孔位置

图 6.7.8　更换主控板　　　　　　　图 6.7.9　拆除光纤

(4) 接着依次卸下 9 颗紧固螺丝；
(5) 取下主控板，换上能科新主控板；
(6) 先上对角两颗螺丝，再上满其他的紧固螺丝；
(7) 插件的上下层对应地与主控板接上；
(8) 光纤从下至上按照 A1、B1、C1、A2、B2、C2……的顺序依次向上对接；
(9) 完成后上控制电；
(10) 主控板更换完毕。

图 6.7.10　插件的上下层对应地与主板接上　　　图 6.7.11　恢复光纤及控制线插头

第 7 章
健康体检

自成立以来，西部管道公司持续推进压缩机健康体检工作，效果显著，结合各管线压缩机组本体、控制系统、辅助系统、电气系统的运行现状及运维管理要求，全面地整理所辖每台机组的设备履历，汇总和分析每台机组近三年的所有非计划停机报告，从停机报告中总结系统运行不稳定的因素，检查每台机组 2K、4K、8K、25K、50K 及各项专项维护保养总结报告，查找维护保养过程中的不足，检查每台机组近一年后台报警信息，通过报警信息摸清机组运行健康状况。针对机组系统历史运行履历、报警信息、故障库、技术通报、故障停机分析报告、疑难问题处理报告等技术文档，按照专业分系统对每一零部件进行系统的体检工作。

7.1 数据收集与分析

7.1.1 基础数据收集

（1）全面梳理机组自投产以来发生的各类停机故障、机组检修历史和检修报告等内容，确定此次健康体检的重点关注方向；

（2）调取上一次保养至本次保养期间，压缩机月度运行分析总结报告中关于机组各系统的异常历史参数，在健康体检中重点检查；

（3）排查压缩机现存物资，整理消缺备件；

（4）对历史数据、软件和程序进行备份；

（5）根据三查四定、低老坏遗留未解决问题清单，对机组未处理、现仍旧存在的报警信息、设备缺陷、故障隐患进行彻底消除。

7.1.2 联锁单因素检查

联锁单因素检查内容见表 7.1.1。

表 7.1.1 单因素检查

序号	系统	工作内容	检查情况
1	单因素检查	干气密封排气阀调节阀板卡供电及防松动检查、诊断信息排查	
2		TSVC 主板板卡供电及防松动检查、诊断信息排查	
3		矿物油油雾分离器电动机(88QV-1)振动温度测试	
4		NGG、NPT、离合器转速输入输出板卡供电及防松动检查、诊断信息排查	
5		TDBT 板卡(PDIO-1D3A)数字量输入输出板卡供电及防松动检查、诊断信息排查	
6		PDIO-1D5A 数字量输入输出板卡供电及防松动检查、诊断信息排查	
7		YDIA-1C1A 数字量输入输出板卡(SIS)供电及防松动检查、诊断信息排查	
8		PDIO-1D5A 数字量输入输出板卡供电及防松动检查、诊断信息排查	
9		PDIO-1E1A 数字量输入输出板卡供电及防松动检查、诊断信息排查	
10		PDIO-1E3A 数字量输入输出板卡供电及防松动检查、诊断信息排查	
11		PDIO-1F2A 数字量输入输出板卡供电及防松动检查、诊断信息排查	

续表

序号	系统	工作内容	检查情况
12	单因素检查	XY3103 回路检查、电阻测试、密封检查	
13		XY3140 回路检查、电阻测试、密封检查	
14		XY3104 回路检查、电阻测试、密封检查	
15		XY3133 回路检查、电阻测试、密封检查	
16		XY3135 回路检查、电阻测试、密封检查	
17		燃料气调节阀校验检查	

7.1.3 逻辑优化改造情况检查

逻辑优化改造情况检查内容见表 7.1.2。

表 7.1.2 逻辑优化改造情况检查

序号	系统	工作内容	改造情况说明
1	程序检查	(1) 在通风电机故障停止且备用风机未及时启动满足触发风机停运停机联锁逻辑 (L4BTES) 前，判断箱体温度是否达到跳机条件 (L26BT)，如是，则触发跳机 (实际为温度条件先行触发)，如否，则不触发停机值。 (2) 在 HIMA 中将箱体压差 2 个变送器故障跳机信号屏蔽	
2		(1) 在 PT 轴承温度信号添加跳变判断逻辑和报警标签。 (2) 在压缩机出口及箱体温度信号添加跳变判断逻辑和报警标签	
3		在 HMI 增加 VSV 线圈阻值显示	
4		消除 GE 燃驱机组压缩机机组停机时，控制板卡 PPRO-1B1A 上三个模块会同时出现 Stale Speed Protection Actieated 报警，此报警为上位机显示转速与逻辑中测量转速不一致造成的报警信息	
5		(1) 对燃料气放空阀关位置信号 ZSL222 增加判断条件。 (2) 增加延时来防止由电缆晃动、相邻机组紧急放空时造成的管线振动和信号干扰造成的 XV3784 阀位反馈丢失	
6		确认西三线 GE 燃驱机组 IO 包通信失败的情况下，背压阀执行全开动作逻辑已完成修改	
7		对西三线 GE 燃驱机组润滑油系统停机逻辑进行优化，防止由信号跳变及传感器故障引起机组故障停机，降低机组故障率	
8		在外电发生波动时，会引起箱体风机变频器故障停机，该故障变频器不能自动复位，只能在 MCC 柜上进行手动复位。为提升箱体通风变频器的运行可靠性，增加程序复位功能，当变频器发生故障需要现场手动复位时，增加机组控制程序对故障变频器进行自动复位一次	
9		GE 燃驱机组箱体通风控制程序单纯依靠燃机箱体差压作为风机切换、连锁保护停机的依据，在外电波动、风机故障切换运行时，容易引发机组误停机。为确保现场机组安全平稳运行，减少误停机次数，通过分析箱体通风系统控制机理，对箱体通风控制逻辑进行优化	

续表

序号	系统	工作内容	改造情况说明
10	程序检查	在压缩机组运行过程中,仪表故障、回路干扰、控制器板卡性能下降均会造成信号跳变,为加强机组运行监控,并对板卡运行状态进行监控,对会造成机组故障停机的关键模拟量增加变化率报警,开展逻辑优化	
11		在压缩机组运行过程中,仪表故障、回路干扰、控制器板卡性能下降均会造成信号跳变,为加强机组运行监控,并对板卡运行状态进行监控,对会造成机组故障停机的关键模拟量增加变化率报警,开展逻辑优化	
12		CDH 网络健康状态赋值 1 存在机组停机的风险,应对 SFT_SLOW_CDH 赋值引用变量 SFT_SLOW 进行修改,取自真实 CDH 网络诊断值	
13		目前 PT 驱动端、非驱动端,以及压缩机驱动端、非驱动端轴承振动均设置了 x、y 方向的两个探头,结合厂家指导意见以及公司压缩机组运行情况,对同一测点设置的两个振动探头的振动保护逻辑进行优化	
14		对西二线 GE 燃驱机组原机组控制系统报警逻辑中不足之处进行完善	
15		对于排气压力 PS3 单探头故障恢复过程中触发偏差过大 TRIP 停机问题,按照 GE 工程部建议,对信号增加 1.5s 延时	
16		对于因控制器所产生的瞬态电流,为减少其对供电的影响,可行的解决办法为在供电线路上连接至少为 100V、1000μF 的电解电容	
17		(1)燃机箱体温度高报警值 100℃,高高报警值 110℃(105℃、115℃不变)。 (2)燃机箱体温度两个温度探头偏差超过 35℃,立即进行风机切换,当温度偏差持续超过 35℃超过 1min,选择高值作为输出值参与逻辑连锁。 　(3)当箱体温度高高超过 1min,机组减速至最小负荷 3965r/min。如果在减速到最小负载后高温持续超过 30s,机组降至怠速 6800r/min,继续持续超温 30s 后正常停机	
18		对人机界面上 triplog 跳机日志丢失的配置进行恢复	
19		通过观察压缩机的惰走时间,可间接地判断单向阀是否都存在内漏,做到问题早发现、早处理	
20		在非核心程序中新增 PS3A、PS3B 探头偏差预报警判断逻辑,并在 HMI 报警界面上进行报警提示	
21		取消机组防冰系统高偏差值停机报警和燃料气旋风分离器液位低低停机报警	

7.1.4 常规检查

常规检查内容见表 7.1.3。

表 7.1.3 常 规 检 查

序号	系统	工 作 内 容	是否涉及
1	GG 本体	GG 压气机入口滤网检查	√
2		燃料气喷嘴拆卸检查(4个)	√
3		GG 外观检查	√
4		VSV 第 0~6 级作动环与壳体间隙检查调整	√
5		高压(HP)补偿压力孔板尺寸核对	√
6		GG 离线水洗	√
7		GG 全面孔探检查(包括 4B 轴承)	√
8		VSV 系统密封性、制动器及联动机构检查	√
9		VSV 泵过滤器检查、更换滤芯	√
10		VSV 系统行程	√
11		VSV 系统制动臂角度测量	√
12		VSV 关节轴承径向、轴向间隙检查,VSV 行程校验	√
13		校验 VSV 系统调节机构	√
14		拆卸检查点火器	√
15		燃机冷却歧管、冷却气汇管检查	√
16		燃机本体气体管路固定管卡检查	√
17		扭矩轴作动筒、各气体管线、高压补偿孔板螺栓等锁丝检查	√
18		轴承润滑油气回收管线密封性检查	√
19		箱体内部保护缠带清除	√
20		确认所有管线线缆不与燃机壳体接触	√
21	PT 本体	检查 PT 与 GG 连接处及螺栓	√
22		检查 PT 冷却气歧管、汇管及螺栓	√
23		检查 PT 支架固定	√
24		检查 PT 排气道软连接	√
25		检查联轴器护罩,视情拆检	√
26		密封空气系统静态检查	√
27		PT 孔探检查	√
28	联轴器	联轴器外罩、连接螺栓检查	√
29		弹性元件检查	√
30		视情检查联轴器碟片	
31	压缩机	拆开非驱动端轴承箱观察窗,检查齿轮传动机构	√
32		视情决定是否检查压缩机轴承	√
33		检查并记录压缩机缸体、干气密封低点排污量	√
34		对各温度、振动探头接线盒进行检查、清理积油	√
35		检查并记录轴向平衡空腔压力	√

续表

序号	系统	工作内容	是否涉及
36	进气过滤及通风系统	进气通道内外部检查	√
37		进气过滤器滤筒检查	√
38		进气通流部分防冰管线、喷嘴检查	√
39		进气道内消音部分检查	√
40		检查、清理进气道内部	√
41		进气室内清洁情况	√
42		进气室内排污通道	√
43		进气室内 GG 进气滤网检查	√
44		开启空气过滤器反吹 1 次，检测反吹系统工作情况	√
45		接入仪表风，检查通风道挡板工作情况	√
46		进、排气系统和通风系统的膨胀节检查	√
47		清洁进气道内部，检查密封、水洗排污导淋	√
48		检查箱体风机	√
49		箱体通风电动机轴承进行注脂润滑	√
50	合成油系统	拆卸检查碎屑检测器	√
51		检查系统密封性	√
52		检查供油和回油过滤器，更换滤芯	√
53		检查并清理油雾分离器，更换滤芯	√
54		检查合成油泵无振动及异响	√
55		检查合成油油箱液位	√
56		检查合成油换热器	√
57	燃料气系统	检查系统密封性	√
58		检查燃料气前置过滤器，更换滤芯	√
59		孔探检查旋流器位置	√
60		检查系统过滤器、更换滤芯	√
61		分解、检查、清洗"Y"形过滤器滤芯	√
62		检查燃料气喷嘴管线卡套、软管	√
63		燃调阀离线检查、清洗	√
64	液压启动系统	检查过滤器、更换滤芯	√
65		检查系统密封性	√
66		拆卸检查液压马达，并测试串动量	√
67		检查清洁转速探头，确认安装间隙	√
68		离合器拆卸检查，并测试串动量	√
69	矿物油系统	检查矿物油箱液位	√
70		检查系统过滤器，更换滤芯	√

续表

序号	系统	工作内容	是否涉及
71	矿物油系统	检查系统密封性	√
72		检查冷却器风扇叶片	√
73		检查冷却器传动皮带	√
74		检查冷却器百叶窗	√
75		对供油管路蓄压器进行压力检测，确定压力在0.2~0.22MPa	√
76		检查油雾分离器、更换滤芯	√
77		检查矿物油冷却器电动机轴承振动、温度	√
78		检查矿物油泵积油槽的积油情况，视情更换机封	√
79		对油雾分离器放空管线室外低点进行排污并记录	√
80		检查矿物油泵、油冷油风机、油雾分离器风机及其联轴器	√
81		拆卸检查滑油泵出口单向阀	
82		检查主滑油泵入口滤网	
83		检查辅助滑油泵入口滤网	
84		检查压力调节阀	
85	干气密封系统	检查系统密封性	√
86		检查系统过滤器，更换滤芯	√
87		前置过滤器检查、更换滤芯	√
88		前置过滤器脱液管检查、排污	√
89		检查干气密封增压橇过滤器、更换滤芯	√
90		检查干气密封增压橇高压回路及系统密封性	√
91		检查干气密封增压橇低压回路及系统密封性	√
93		检查干气密封流量调节阀	√
94		检查并清洗所有供气、旁路、一级泄漏孔板	√
95	二氧化碳系统	检查各个附件连接紧固	√
96		对二氧化碳气瓶进行外观检查，无气体泄漏、挂霜	√
97		检查消防和气体检测系统完好	√
98		检查二氧化碳气瓶重锤位置情况	√
99	其他	检查地脚螺栓和设备固定螺栓	√
100		检查安全阀工作状态、铅封完好	√
101		箱体所有排污口排污，清洗箱体内污垢	√
102		检查处理机组跑冒滴漏	√
103		检查进出口管线管卡、环氧树脂等	√
104		检查压缩机进出口法兰及接头	√
105		对于实施无应力安装的机组，检查相关附件及弹簧刻度	√
106		检查防喘阀灵活性，对防喘阀反馈进行校验	√
107		检查加载阀、放空阀内漏情况	√

续表

序号	系统	工作内容	是否涉及
108	控制系统	上位机检查	√
109		控制柜、接线箱清灰除尘	√
110		检查控制柜内照明、风扇、加热器等	√
111		测试风扇与温度连锁功能	√
112		检查接线端子	√
113		检查浪涌保护器、安全栅等	√
114		控制系统各模块检查	√
115		检查控制系统以太网通信是否正常	√
116		检查 Mark Vie 控制系统及 HIMA 安全保护系统硬件	√
117		控制系统接地检查	√
118		通风系统限位开关及挡板检查	√
119		火灾消防系统检查	√
120		点火系统的功能检查	√
121		调节阀校验检查	√
122		Bently 3500 系统状态检查	√
123		速度探头及超速保护测试	√
124		电磁阀检查	√
125		热电偶及通道的工作状况检查	√
126		热电阻及通道的工作状况检查	√
127		压力测量通道工作状况检查	√
128		温度变送器检查	√
129		VSV 校验检查	√
130		检查并校验矿物油温控阀	√
131		控制系统硬件检查	√
132	重点强调	记录分析合成油消耗量	√
133		更换合成油	√
134		检查动力涡轮附近隔热层	√
135		燃驱排烟道检查	√
136		单向阀内漏测试	√
137		进出口阀门内漏测试	√
138		暖机阀 3140、截断阀 3103、自动放空阀 3784 等反馈触电检查	√
139		油冷器清洗	√
140		拆卸检查滑油泵出口单向阀	√
141		拆卸检查矿物油温控阀,视情更换执行器膜片及阀体阀座	√
142		航插检查	√

续表

序号	系统	工作内容	是否涉及
143	重点强调	燃料气调节阀检查、清洗、校验	√
144		合成油系统功能性测试	√
145		矿物油系统冗余测试	√
146		箱体通风系统冗余测试	√
147		控制系统维护	√
148		控制系统冗余测试	√

7.1.5 机组历史问题及遗留问题处理

根据机组历史遗留问题、日常运行管理问题，结合健康体检作业开展集中消缺处理，以表7.1.4为例。

表7.1.4 遗留问题检查确认

序号	遗留问题	控制及处理措施	是否处理完成
1	动力涡轮排气温度T8B信号丢失报警	更换T8温度探头，恢复正常	是
2	燃机更换后VSV自毁报警	对板卡内部LVDT电流进行修改并校验盘车后恢复正常，报警消失	是
3	合成油B油池回油碎屑检测器数值波动	停机后拆检清除顶部少量碎屑	是
4	T3A2探头故障报警	对航插母头加注导电膏并重新紧固后恢复正常	是
5	18VGG振动探头B数值偏高至47，A探头数值为17	对回路进行检查，紧固虚接点后恢复正常	是
6	压缩机驱动端干气密封一级泄放压力数值偏差大报警	对仪表进行标定后恢复正常	是
7	压缩机非驱动止推轴承温度探头故障报警	25K更换探头后恢复正常，并对回路进行检查正常	是
8	HMI界面显示ESD FAILURE报警，控制器自动切换主备	控制器瞬间通信失败后自动切换	是
9	机组急速状态点停机时，燃机两个火焰探头同时丢失报警，机组执行ESD	监控火焰强度信号，计划更换火焰探头	否
10	液压启动滤芯压差FSA数值高报警	更换滤芯后压差恢复正常	是
11	压缩机轴承3363B温度偏高	现场对回路进行排查，无异常，持续关注数值	是
12	PAIC板卡IO包通信丢失报警	IO包及板卡进行更换后恢复正常，报警消失	是
13	箱体内西侧火焰探头故障	按照手册提示进行镜头清洁，重新上电，故障消除	是
14	燃机健相转速信号故障，数值有，到处板卡日志存在故障报警	更换两块25K件以及背卡，重新点火，诊断报警消除，故障处理完成	是
15	该机组点火测试中发现，燃料气3103阀气缸漏气严重，阀门执行机构无法全开	气缸密封圈已更换，对阀门进行开关测试，动作灵活，无气体泄漏	是
16	点火过程发现18VPT高高报警	已更换18VPT振动探头，重新点火状态正常，故障处理完成	是

7.2 健康体检保养操作内容

7.2.1 GG检查

(1) 检查GG压气机入口滤网是否存在破损、变形，螺栓是否缺失、松动，确认入口环氧树脂垫块无脱落，进气室地板排污口清洁。

(2) 以顺时针方向(ALF)，圆周均匀轮换拆除4~8个燃料气喷嘴，对其标记并进行拆检。

(3) 燃气轮机外观检查。

(4) 用塞尺检查VSV第0~6级作动环与壳体间隙并记录，视情况予以调整。

(5) 根据计算结果核对高压(HP)补偿压力孔板尺寸。

(6) 对GG内部进行孔探检查，通过压气机后机匣7号轴承回油孔或10号轴承封严排放孔，进行4B轴承封严环的孔探检查。

(7) 检查VSV系统密封性，制动器及联动机构，可变导叶连杆的磨损、变形情况。

(8) VSV泵滤芯检查更换。

(9) VSV系统制动臂角度测量。

(10) 检查VSV关节轴承径向、轴向间隙。

(11) 检查和检测燃机冷却歧管焊缝及连接法兰部位有无裂纹，螺栓有无松动，冷却气汇管有无应力集中现象。

(12) 检查燃气发生器本体上气体管路固定管卡安装情况，如压气机第13级冷却气管线、防冰管线卡箍等。

(13) VSV扭矩轴作动筒连接位置螺栓锁丝，防冰管线、13级取气管线、高压补偿孔板螺栓锁丝检查确认完好。

(14) 检查轴承润滑油气回收管线密封情况是否良好。

(15) 确认机组箱体内部所有不符合保护缠带全部清除，确认所有管线线缆均不与GG壳体接触。

7.2.2 PT检查

(1) 检查PT与GG连接处螺栓的缺失、烧蚀、变形等情况；

(2) 检查PT冷却气管线固定螺栓的紧固程度、缺失等情况；

(3) 检查PT支架固定螺栓有无松动，垫片是否规整，顶丝是否已取下；

(4) 检查PT排气道软连接螺栓有无缺失、松动、变形等情况；

(5) 检查PT冷却气歧管有无焊缝开裂，螺栓有无松动，冷却气汇管有无应力集中现象，对PT冷却气歧管进行目视检查。

7.2.3 进气过滤及通风系统检查

(1) 检查进气过滤器滤筒内壁洁净、密封、焊缝情况，外壁无破损、异物吸附、脱落、错边安装等现象；

(2) 检查进气通道内外部表面安装、裂纹、缺失或焊缝开裂等情况，使用手电检查无透光；

(3) 检查进气通流部分防冰管线、喷嘴，确认焊点有无裂纹、缺失，管线支撑和法兰紧固螺栓有无松动、悬空等情况存在；

(4) 检查进气道内消音部分外观；

(5) 检查进气道内部钢板有无腐蚀，固定螺栓有无松动、脱落，保温层有无腐蚀等情况，并清理进气道内部；

(6) 清洁进气室内部，对进气通道接缝处使用面团进行清洁，确认进气室内部密封是否完好、有无固体杂质，进气室地面及 GG 导流罩(喇叭口)无油污聚集，水洗排污导淋是否畅通，有无杂质残留；

(7) 开启空气过滤器循环反吹 1 次，检测反吹系统工作情况；

(8) 接入仪表风检查通风系统挡板工作情况，并给挡板两端支撑加注润滑脂；

(9) 检查进、排气系统和通风系统的膨胀节有无损坏情况，视情况处理；

(10) 打开箱体通风电动机入口，检查箱体风机及应急风机导流罩完好情况；

(11) 箱体通风电动机轴承进行注脂润滑。

7.2.4　合成油系统检查

(1) 拆卸检查合成油碎屑检测器；

(2) 检查合成油系统密封性和油箱油位指示等；

(3) 检查合成油供油和回油过滤器，更换过滤器滤芯；

(4) 检查并清理合成油油雾分离器，更换过滤器滤芯。

7.2.5　燃料气系统检查

(1) 检查燃料气系统过滤器，清理过滤器后更换滤芯；

(2) 拆卸燃料气橇加热器底部盲法兰进行排污；

(3) 分解、检查、更换"Y"形过滤器滤芯；

(4) 检查 GG 本体燃料气喷嘴管线卡套连接处有无松动，金属软管有无破损。

7.2.6　液压启动系统检查

(1) 检查液压启动系统过滤器滤芯、系统泄漏情况，更换过滤器滤芯；

(2) 检查系统管线和连接软管安装状况、接头静密封情况；

(3) 对液压马达进行拆卸检查，确认手动盘动灵活无异响，使用百分表对转动跳动量进行测试，利用手对轴向窜动量进行检测；

(4) 对 SE-370A/B 探头进行检测清洁，确认齿轮清洁无毛刺，对探头安装间隙进行确认。

7.2.7　联轴器检查

(1) 检查联轴器所有连接螺栓的紧固程度、结合处密封情况，视情拆卸联轴器护罩，及时对漏点进行处理；

（2）检查联轴器外部是否存在裂纹、凹痕、变形、热斑、破损和腐蚀等情况；

（3）检查弹性元件，查看垫片固定点局部是否存在疲劳裂纹迹象，以及是否存在摩擦腐蚀的常规迹象；

（4）检查联轴器碟片，确认其无扭曲变形、开口、断裂等现象，确认靠背轮碟片紧固螺栓无松动，如有异常，视情况更换联轴器，并进行对中复查与调整。

7.2.8 压缩机检查

（1）检查压缩机仪表风总管过滤器完好无损坏，更换过滤器，过滤器在框架上固定安装到位，并进行排污；

（2）检查压缩机进出口管线支撑管卡紧固螺栓是否崩脱、断裂，底部环氧树脂支撑块有无碎裂现象，发现异常需及时处理；

（3）检查压缩机进出口法兰及接头的紧固性，查看其是否存在油气泄漏，检查进出口管线支撑、卡箍的紧固性；

（4）对于已实施无应力安装项目的机组，检查弹簧刻度与初始值的偏移量，与管道接触部位是否磨损，螺栓有无松动、变形；

（5）拆开压缩机非驱动端轴承箱观察窗，检查齿轮传动机构状况；

（6）对压缩机本体上各温度、振动探头接线盒进行拆开检查，清理积油；

（7）根据停机前压缩机的轴承振动、轴位移情况，视情确定是否检查压缩机驱动端和非驱动端止推轴承、推力盘和径向轴承，并对损坏部件予以更换。

7.2.9 矿物油系统检查

（1）检查矿物油油箱液位，确认正常。检查滑油过滤器，更换滤芯；

（2）检查滑油管路各压力、温度测点，确认指示正常；

（3）检查确认主滑油冷却器冷却翅片、百叶窗应无裂纹，无扭曲、变形，且动作良好；

（4）矿物油系统在停用状态下，对供油管路蓄压器进行压力检测，确认压力为 0.2～0.22MPa，并视情况用氮气气瓶冲压；

（5）检查矿物油系统的管路、接头、矿物油泵和油冷器等所有部位，应无漏油现象，并对泄漏点进行消漏处理；

（6）拆卸油雾分离器检修人孔盖板，检查分离器内部清洁状况，更换滤芯，检查油雾分离器风门定位卡簧状态，确认卡簧位置正常，无脱落、断裂现象；

（7）更换润滑油系统过滤器滤芯及其他密封元件，检查双联油滤器切换阀动作的灵活性；

（8）对矿物油油冷器电动机轴承振动、轴承温度和运转声音进行检查，确认无异常；

（9）确认风扇叶片表面无积垢、与筒体无刮擦、叶片本体无裂纹、紧固螺栓无松动，清理矿物油冷却风扇叶片内部的积尘；

（10）停机前对矿物油油雾分离器风扇电动机电流、轴承振动、轴承温度、运转声音及联轴器状态进行检查，确认无异常；

（11）对矿物油油气分离器出口放空管线室外低点进行排污，并记录排污量，确认无异常，否则视情况检查三级隔离气通风量及阻火器是否堵塞；

（12）检查油泵与电动机联轴器有无磨损、脱落；

（13）油冷却器百叶窗保养：

① 百叶窗叶片应转动灵活，叶片转动时应同步（或同位），不得有松动或滞动等现象；

② 手动柄动作灵活；

③ 叶片间隙符合规定，叶片与框架间隙符合规定。管箱端不超过6mm，侧隙不超过3mm，否则应重新调整；

④ 百叶窗相邻两片应互有滞后，不得因互相干扰而无法关闭；

⑤ 检查气动执行机构，确认没有漏气现象，保证叶片可做0°~90°全行程转动。

7.2.10 干气密封系统检查

（1）检查压缩机隔离密封气供气过滤器，更换滤芯；

（2）检查干气密封前置过滤器滤芯，更换在用过滤器滤芯；

（3）检查前置过滤器加热器导热油有无泄漏，并对导热油液位进行检查，视情况补油（西三线）；

（4）检查干气密封增压橇过滤器滤芯有无破损，视情况更换过滤器滤芯（强制更换周期为2年）；

（5）检查干气密封增压橇系统的各个设备运行状态是否正常；

（6）检查干气密封增压橇系统增压器低压气动回路的气动管路是否存在密封泄漏，主要检查增压器气缸、气动输送分配器、空气过滤减速器、减压器、管件和配件。检查过滤器压差，超过报警值对其进行更换；

（7）当干气密封增压橇系统运行约4000h，应对增压器高压回路中的磁性活塞组件、衬垫、止回阀进行检查；

（8）检查干气密封系统密封性，更换压缩机干气密封滤芯；

（9）检查干气密封流量调节阀的灵活性；

（10）检查并清洗干气密封系统所有供气、旁路和一级泄漏孔板；

（11）对单台机组仪表风总管过滤器滤芯进行拆检，并更换过滤器滤芯。

7.2.11 机组控制系统检查

（1）检查所有接线箱及穿线管无进水及腐蚀。

（2）检查控制柜门锁、风扇、加热器、照明等是否完好，对风扇通过温度控制器调节进行启停测试。

（3）检查机柜内各浪涌保护器、安全栅，确保其接线紧固规范，对机柜用吸尘器清灰除尘。

（4）开展接线端子排查，具体要求如下：

① 对机组控制柜、接线端子、信号线和供电线进行全面排查。

② 检查绝缘层是否有破损、有金属屏蔽层的接线线芯是否与屏蔽层搭接。

③ 抽查线芯接入端子排长度是否在 5mm 以上，且已被压实。

④ 检查端子排除外部裸露线芯长度是否在 1mm 以下。

⑤ 检查采用非螺栓压接的软多股线芯是否使用接线鼻子过渡，并压接牢靠，压接的接线应当增加线鼻子。

⑥ 检查无接线鼻线芯是否为顺时针煨圈（与压紧螺栓紧固方向一致）。

⑦ 用万用表检查屏蔽线是否引至接地铜排，屏蔽线与箱体外接地电阻不得大于 1Ω。

(5) 检查控制系统机柜内各模块状态。

(6) 检查控制系统以太网通信。

(7) 检查控制柜/接线箱保护接地、工作接地、防雷接地状态。

(8) 检查通风系统限位开关及挡板。

(9) 检查 GG 箱体两侧二氧化碳手动紧急释放按钮完好，系统指示灯完好。检查 GG 通风道可燃气体探头、箱体内火焰探测器、温升探头等变送器，确认接线箱内接线无松动，检查探头工作情况，记录故障探头，视情况处理。

(10) 确保燃料气系统相关阀门电源处于断开状态。根据接线图关闭点火系统的电源，轻吹燃烧室，GG 停止转动后，向点火系统供电，火花塞处于通电状态，可以听到放电声，说明火花塞功能正常。确认测试作业完成，复位所有拆卸部件。

(11) 检查测试调节阀命令响应速度及位置反馈准确性；强制校验防喘阀，开关行程命令和反馈偏差应小于 2%；进行防喘阀、热旁通阀开关行程测试，确认阀门全开时间在 3s 以内，全关时间在 5s 以内，否则对阀门执行机构进行检查，必要时进行阀门解体检查；确认测试作业完成，复位所有拆卸部件。对防喘阀动力气气源管线及执行器管线进行排污吹扫，拆卸排气增速阀进行检查，根据检查和使用情况对排气增速阀膜片进行更换（强制更换周期为 5 年或机组使用 25000h），对执行器过滤器进行拆卸检查。

(12) 检查 3500 现场接线箱内振动传感器接线情况。用万用表记录各模块通道上间隙电压，检查间隙电压在线性范围的中心电压（通常为 $-11.5 \sim -7.5\mathrm{VDC}$）。

(13) 检查速度探头接线情况；测量速度探头接线间电阻值，检查电阻是否在 $170 \sim 250\Omega$ 范围内；检查速度探头绝缘电阻；分别对液压启动离合器、燃气发生器、动力涡轮转速探头模拟输出超速对应频率信号，测试是否触发超速连锁报警。

(14) 检查电磁阀接线情况；从电插头处检查阀线圈内阻，短路或开路均有故障，绝缘电阻应大于 $2\mathrm{M}\Omega$；按标牌电压要求，通电检查，加 +24VDC 应动作正常，反之，若有动作迟缓、异常声音，或者不完全开关时，应检查出来，视情况更换。

(15) 检查温度热电偶接线情况；测试热电偶测量回路准确度；检查温度热电偶绝缘。

(16) 检查热电阻传感器接线情况；检查热电阻传感器电阻值；检查热电阻传感器绝缘，绝缘电阻应大于 $2\mathrm{M}\Omega$；测试热电阻测量回路准确度。

(17) 检查压差压力变送器接线情况；检查现场变送器、就地显示压力仪表；进行压力测量回路准确度测试；对显示异常的压力变送器进行校验或更换。

(18) 检查温度变送器接线情况；检查现场变送器；进行温度测量回路准确度测试；对显示异常的温度变送器进行校验或更换。

(19) 检查 GG 滑油系统，确认机组已具备校验盘车启动条件。选择校验盘车模式启机，现场检查有无滑油泄漏。对 VSV 进行机械行程校验，进行全开全关运行测试，确认无卡涩，行程到位，使用块规确认作动筒限位正常，确认行程中无异常摩擦，限位螺钉与壳体无摩擦；0~6 级支撑拉杆作动过程灵活；测试过程无异响，在扭矩轴运行过程中，轴承无透光情况；西三线校验盘车无法保存，暂不修改程序，参照疑难故障集中处理报告处理。

（20）对燃料气计量阀进行离线检查，并进行清洗，运行 10 年以上机组强制更换。

（21）系统冗余功能测试：

① 进行矿物油系统冗余测试，模拟矿物油泵故障失效导致冗余切换，模拟矿物油供应管线压力低导致辅助滑油泵启动，矿物油冷却风机故障逻辑触发冗余切换，矿物油温控阀出口温度高导致辅助风机启动。

矿物油泵冗余逻辑触发条件：

a. 在主泵故障后切换为辅助泵启动逻辑。

b. 在主泵启动的情况下，供油压力低触发辅助泵启动逻辑。

矿物油冷风机冗余逻辑触发条件：

a. 在主风机故障后切换为备用风机启动逻辑。

b. 在主风机故障的情况下，油温高触发备用风机启动逻辑。

c. 在主风机启动的情况下，油温继续升高触发备用风机启动逻辑。

② 进行箱体通风系统冗余测试，模拟箱体通风风机故障逻辑触发冗余切换；箱体通风风机压差连锁逻辑触发冗余切换。

箱体通风风机冗余逻辑触发条件：

a. 在主风机故障后切换为备用风机启动逻辑。

b. 箱体通风压差低转速模式切换，测试正常。

c. 在主风机全速运行后，箱体压差低于 8mm 水柱，备用风机启动逻辑。

③ 对控制系统冗余电源进行冗余测试，关闭备用电源，查看主备电源是否正常冗余。

7.2.12　其他系统检查

（1）检查机组橇体地脚螺栓和设备固定螺栓（特别关注进排气道软连接螺栓）有无松动、脱落、缺失和弯曲变形等现象；

（2）检查机组辅助系统安全阀工作状态，检查铅封是否完好；

（3）机组所有排污口进行排污，清洗机组污垢（水洗后进行）；

（4）检查机组机箱内部照明系统，并进行处理；

（5）对机组旋风制冷器过滤器进行拆检清理，确认滤芯是否完好；

（6）检查动力涡轮扩压器和排烟道、燃机高压涡轮烟气泄漏和隔热层完好；

（7）检查排烟道连接钢板及螺栓是否脱落，如有缺失，检查清理排气口、烟道底部，检查动力涡轮排气蜗壳及叶片。

7.2.13　机组控制系统维护

（1）Mark Vie 控制系统及 HIMA 安全保护系统硬件诊断 LED 状态说明见《Mark Vie 控制系统及 HIMA 安全保护系统硬件诊断 LED 状态说明》；

（2）Mark Vie 控制器维护方法见《Mark VIe 控制器维护方法》；
（3）HIMA 程序备份、存储及诊断方法见《HMIA 控制器维护方法》；
（4）3500 监测模块故障及故障排除方法见《3500 监测模块故障及故障排除方法》；
（5）上位机系统 Cimplicity 维护方法见《上位机系统 Cimplicity 维护方法》；
（6）Fanuc 配置 IP 地址，首次下载组态信息，采用串口设置 IP，方法见西三线《FANUC 配置 IP 地址方法》；
（7）Fanuc 控制器在线/离线方法见西三线《FANUC 控制器在线方法》；
（8）上载/下载控制器程序方法见西三线《FANUC 控制器上载下载操作》；
（9）GE 机组控制系统上下电操作及要求见《GE 机组控制系统上下电风险及正确程序》。

7.2.14 机组电气系统维护

7.2.14.1 MCC 定期维护

（1）清扫检查外壳、框架、油漆层无脱落，紧固零件无松动、损坏；
（2）检查侧板及后板外观表面光滑，无变形，无损坏；
（3）检查开关表面无受潮、腐蚀、变形；
（4）检查分合闸机构传动杆应无明显变形；
（5）检查开关动、静触头无拉弧损伤，表面光滑无毛刺；
（6）检查开关辅助接点接触良好，通断良好；
（7）检查核对断路器保护定值，按照定值进行断路器特性试验；
（8）检查活门动作应灵活、可靠，开关导轨机构操作灵活、可靠，机械闭锁良好，触头接触良好，无锈蚀、氧化痕迹，弹簧无断裂变形；
（9）检查控制线插头无损伤变形，插拔灵活，接触良好，机械闭锁良好；
（10）检查端子排外观良好，无过热及损伤，接线正确牢固，排列整齐；
（11）外观检查 PT、CT 无损伤，二次回路接线紧固、正确；
（12）检查盘面指示灯指示正确，无损坏，保护装置无异常，无损坏，按钮无损坏、无卡涩；
（13）检查盘内各种电气元器件外观良好，无损伤；
（14）检查配电柜内变频器整流元件、逆变元件等功率器件外观是否完好，无发热变色现象，接线处有无变色现象，绝缘器件有无损伤；
（15）检查并核对变频器参数；
（16）检查二次回路接线应正确，无松动、掉线现象，用 500V 兆欧表测量回路绝缘电阻应大于 $1M\Omega$；
（17）测量开关相间及相对地绝缘电阻良好（用 500V 兆欧表测量，相应电阻应大于 $0.5M\Omega$）；
（18）每 8000h 进行一次电三表（电压表、电流表、功率表）校验。

7.2.14.2 电缆定期维护

（1）检查电缆头无放电、发热、灼蚀痕迹；
（2）检查电缆绝缘层、屏蔽层无划伤损坏；

(3) 测量电缆绝缘电阻(用500V兆欧表测量，相应电阻应大于0.5MΩ)。

7.2.14.3 电动机定期维护

(1) 检查电动机外观，清扫电动机外壳，必要时除锈、涂防锈漆；
(2) 检查所有机械连接，检查引出线连接及绝缘情况；
(3) 检查电动机电缆进线口密封状况应良好；
(4) 检查电动机外壳接地可靠、牢固；
(5) 清扫电动机冷却风扇；
(6) 检查轴承情况，若为全密封轴承，无须注脂，若非全密封轴承，加注轴承润滑脂(不超过轴空腔的2/3)；
(7) 检查电动机电气连接应无松动，符合站场工艺要求；
(8) 检查核对电动机过流保护定值；
(9) 在机组50000h保养时更换电动机轴承；
(10) 测试电动机定子线圈直阻及绝缘电阻。直流电阻与以前测得值比较，相差不大于2%，绝缘电阻不低于0.5MΩ(500V兆欧表)。

7.2.14.4 加热器定期维护

(1) 清扫检查加热器控制盘，检查各指示灯指示应正确，无故障报警信号；
(2) 检查加热器所有机械连接，检查引出线连接及绝缘情况；
(3) 检查加热器电缆进线口密封状况应良好；
(4) 检查加热器外壳接地应可靠、牢固；
(5) 检查电伴热接线应无松动，跨接线牢固；
(6) 检查电伴热对地绝缘电阻，使用1000V兆欧表测量，绝缘电阻值不应小于10MΩ；
(7) 检查燃料气和干气密封加热器的温度设定值、过热保护功能应正常；
(8) 对于无导热油的滑油加热器，检查热电阻表面应无结焦情况并清理，对于带导热油的加热器，应检查导热油的液位，8000h保养时进行油品质化验；
(9) 测试加热器直流电阻及绝缘电阻。直流电阻与以前测得值比较，相差不大于2%，绝缘电阻不低于0.5MΩ(500V兆欧表)。

7.2.14.5 DCP定期维护

(1) 检查CEG面板，电流表、电压表显示应正常，无故障报警信息；
(2) DCP各柜体及整流模块清扫；
(3) 一次、二次接线端子紧固；
(4) 检查DCP柜内控制板卡应无发热、老化、灼蚀及变色现象，若有损坏，立即更换；
(5) 检查柜内冷却风扇应无异常声响，若有损坏，立即更换；
(6) 测试逆变器同步功能应正常；
(7) 测试静态开关切换功能应正常；
(8) 蓄电池室温度应在5~35℃之间，并保持良好的通风和照明；
(9) 8000h保养时应进行蓄电池内阻测试，若内阻较高，应检查蓄电池运行方式、电压、温度、运行年限，必要时应更换电池组；

（10）8000h 保养时应进行蓄电池充放电试验。

机组电气系统相关检查内容在电气春秋检中已包括，无需重复进行，但需要提供相应检修维护记录。如所有电动机的绝缘电阻测量、润滑脂加注；蓄电池组及 UPS 状况；MCC 系统电气检查；电加热器绕组及绝缘检查等。

根据《压气站健康体检保养内容签证表》，由维护保养人员确认保养项目已完成《计划维保项目验收表》。

7.3 健康体检主要保养项目检查操作步骤

7.3.1 PGT25+外观检查

7.3.1.1 风险识别

（1）人员进入 GG 箱体内作业时，可能因为人为或控制系统故障造成 CO_2 消防系统误动作而喷射，从而造成作业人员 CO_2 窒息、冻伤等人身伤害事故；

（2）GG 及 PT 运行中表面温度较高，停机后若未充分冷却，容易造成人员烫伤；

（3）作业中人为踩踏机组外围检测系统仪表电缆及引压管等，容易损坏电缆及管线。

7.3.1.2 安全措施

（1）作业前严格按要求进行机组状态确认，用警戒绳将保养机组与运行机组隔离；

（2）机组充分冷却后，确认 GG 表面温度低于 60℃方可进行检修作业，作业中必须佩戴防护手套；

（3）严禁踩踏管线外径小于 50mm 的机组附属管线，以及所有仪表电缆及引压管；

（4）进入 GG 箱体作业前必须办理有限空间作业票。

7.3.1.3 燃气发生器外观检查

燃气发生器外观如图 7.3.1 所示。

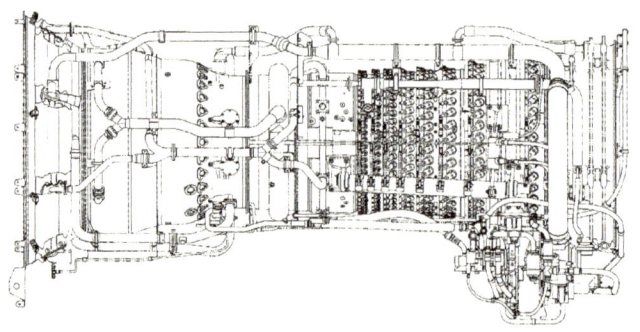

图 7.3.1 燃气发生器外观图

（1）检查软管、导管和管件。检查范围：附件变速箱空气与润滑油导管和导线；发动机外部滑油导管；发动机外部空气导管。

（2）检查电缆和电接头。检查范围：T2 可变定子叶片导线；T3 传感器；点火电嘴引线；加速度计等。

(3) 检查进气道和中心体。进气道和中心体如图7.3.2所示。

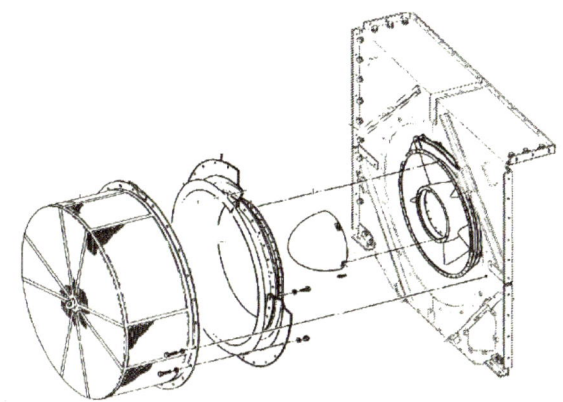

图7.3.2 进气道和中心体

(4) 参照图7.3.3检查压气机前机匣。
(5) 参照图7.3.3检查附件变速箱和油气分离器。
(6) 参照图7.3.3检查高压压气机静子壳体。

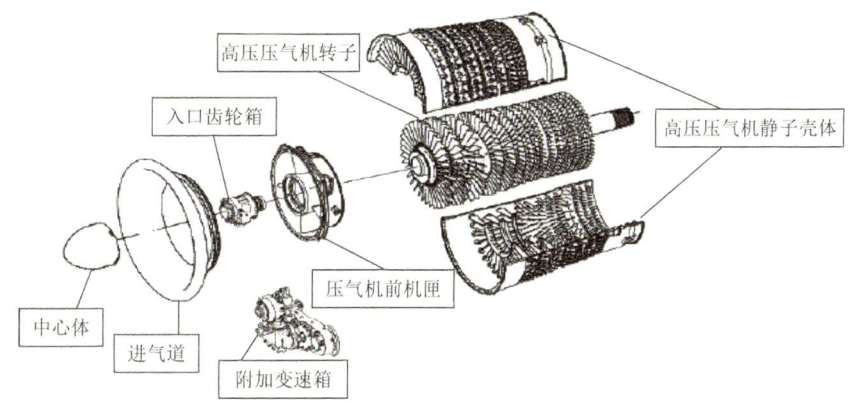

图7.3.3 压气机分解图

(7) 参照图7.3.4检查可变定子叶片系统部件。
(8) 参照图7.3.4检查压气机后机匣。
(9) 参照图7.3.4检查涡轮中机匣。

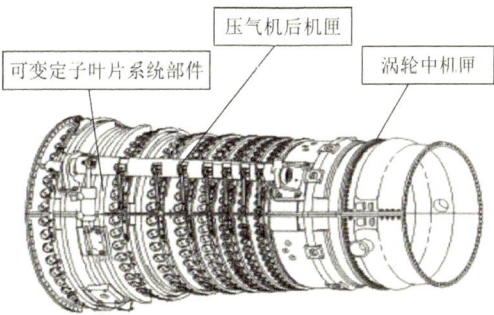

图7.3.4 GG本体检查

7.3.1.4 动力涡轮的外部检查

(1) 检查软管、导管和管件；
(2) 检查电缆和电接头；
(3) 参照图 7.3.5 检查动力涡轮静子组件；
(4) 参照图 7.3.5 检查涡轮后机匣。

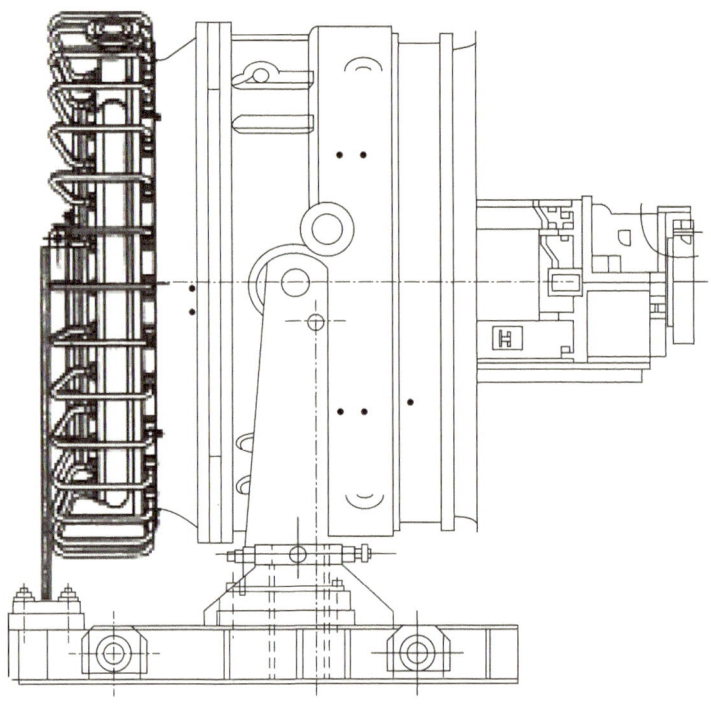

图 7.3.5　动力涡轮检查

7.3.1.5 维护后工作

(1) 在机组开始运行之前，确认箱体内所有杂物、工器具已经清理干净。
(2) 关闭并锁上密封门。
具体见《PGT25+SAC 燃气轮机外观检查内容及标准》。

7.3.2　孔探检查

7.3.2.1 风险识别

(1) 人员进入 GG 箱体内作业时，可能因为人为或控制系统故障造成 CO_2 消防系统误动作而喷射，从而造成作业人员 CO_2 窒息、冻伤等人身伤害事故；
(2) GG 及 PT 运行中表面温度较高，停机后若未充分冷却，容易造成人员烫伤；
(3) 作业中人为踩踏机组外围检测系统仪表电缆及引压管等，容易损坏电缆及管线；
(4) 作业中对孔探口保护不到位，造成异物掉落进入设备内部，在机组再次启机时损坏设备；
(5) 作业中孔探仪操作不当，造成检测设备元件损坏；
(6) 为孔探仪临时接电及孔探仪使用作业中时，操作防护不当，导致人员触电伤害。

7.3.2.2 安全措施

(1) 作业前严格按要求进行机组状态确认,用警戒绳将保养机组与运行机组隔离;
(2) 机组充分冷却后,确认GG表面温度低于60℃方可进行检修作业,作业中必须佩戴防护手套;
(3) 严禁踩踏管线外径小于50mm的机组附属管线,以及所有仪表电缆及引压管;
(4) 孔探口应逐个拆卸检查,检查完毕立即紧固孔探口密封塞;
(5) 严格按照孔探仪使用手册及作业指导书进行规范作业,作业中做好手动盘车与孔探检视的相互配合;
(6) 进入GG箱体作业时必须办理有限空间作业票;
(7) 临时用电办理相应作业票证,由专业电气人员进行作业和检查。

7.3.2.3 作业内容

具体作业内容见《PGT25+SAC燃气轮机孔探检查作业》。

7.3.2.4 恢复工作

(1) 安装已拆卸的发动机组件;
(2) 重新安装已拆卸的管线或者电缆;
(3) 安装拆卸下来的进气管道和进气网筛;
(4) 按照以下步骤拆下可变定子叶片的手动液压工具:
① 自压力源断开塞子杆端和首端软管,将残余油液排入安全废物容器内。
② 将可变定子叶片塞子杆端和首端软管连接到可变定子叶片伺服阀上。
③ 断开另一侧可变定子叶片伺服阀处的塞子杆端和首端软管(三通),将残余油液排入安全废物容器内。
④ 将液压执行机构(SMO81874)连接到可变定子叶片传动装置塞子杆端软管上。
⑤ 往复按压液压执行机构手柄,缓慢向VSV制动器提供压力,最大使用压力值为200lbf/in^2(表压)(或者1378kPa),使可变定子叶片处于完全关闭状态。
⑥ 自压力源断开塞子杆端和首端软管,将残余油液排入安全废物容器内。
⑦ 将可变定子叶片塞子杆端和首端软管连接到可变定子叶片伺服阀上。
(5) 取下GG轴转动适配器(SMO78398)的操作步骤如下:
① 取下固定在附件变速箱后维护传动垫上连接盘的螺栓和垫圈,从而取下GG轴转动适配器(SMO78398)。
② 复装固定维修传动衬垫后盖,用垫圈和螺母加以固定,拧紧螺母,其扭矩为100~130lbf·in(11.3~14.6N·m)。
(6) 检查所有孔探,检视孔塞子均已经回装完毕,清理现场。

7.3.3 磁性检测器检查

7.3.3.1 风险识别

(1) 人员进入GG箱体内作业时,可能因为人为或控制系统故障造成CO_2消防系统误动作而喷射,从而造成作业人员CO_2窒息、冻伤等人身伤害事故;
(2) GG及PT运行中表面温度较高,停机后若未充分冷却,容易造成人员烫伤;

(3）作业中人为踩踏机组外围检测系统仪表电缆及引压管等，容易损坏电缆及管线；

(4）作业中人员滑跌摔伤以及作业中工具使用不当造成机械伤害；

(5）作业中野蛮作业，造成设备元件损坏。

7.3.3.2 安全措施

(1）作业前严格按要求进行机组状态确认，用警戒绳将保养机组与运行机组隔离；

(2）机组充分冷却后，确认 GG 表面温度低于 60℃方可进行检修作业，作业中必须佩戴防护手套；

(3）严禁踩踏管线外径小于 50mm 的机组附属管线，以及所有仪表电缆及引压管；

(4）穿戴好劳保防护用品，规范使用工器具；

(5）严格按照检修规范作业，进入 GG 箱体前必须办理有限空间作业票。

7.3.3.3 作业内容

具体见《PGT25+SAC 燃气轮机润滑油系统碎屑检测器检查作业》。

7.3.4 燃料气橇检查

7.3.4.1 风险识别

(1）操作设备工作介质为易燃易爆的天然气，作业中若有天然气泄漏，遇明火易发生着火爆炸事故，造成人员伤害及设备损坏。

(2）作业中人为踩踏机组外围检测系统仪表电缆及引压管等，容易损坏电缆及管线。

(3）作业中人员滑跌摔伤以及作业中工具使用不当造成机械伤害。

7.3.4.2 安全措施

(1）作业前必须将系统隔离，过滤器切除后放空并用氮气进行置换，作业中使用防爆工器具，用警戒绳将保养机组与运行机组隔离。

(2）严禁踩踏管线外径小于 50mm 的机组附属管线，以及所有仪表电缆及引压管。穿戴好劳保防护用品，规范使用工器具。

7.3.4.3 旋风分离器的检查维护

(1）确认带压排污管线流程畅通后，开启旋风分离器底部手动排污阀进行手动泄放排污。

(2）在运行期间，过滤器压差 PDT-204 连续超过 40kPa 后，需要对滤芯进行清理，清理工作必须在停机状态下进行。

(3）确认燃料气进口阀 XV158、159 关闭，关闭 XV-158 后手动切断阀。

(4）打开旋风分离器上部放空手阀，将内部残留气体排放干净。

(5）打开上部盖板将滤芯去除进行吹扫，清理完毕后将滤芯装回旋风过滤器，装好顶部盖板，关闭上部手动放空阀，打开 XV-158 后手动切断阀。

7.3.4.4 加热器的检查维护

根据旋风分离器底部的排污情况，确定是否拆卸加热器底部排污盲法兰进行排污。

7.3.4.5 "Y"形气滤的检查维护

具体见《PGT25+SAC 燃气轮机燃料气系统"Y"形过滤器拆解检查作业》。

7.3.5 消防系统检查

7.3.5.1 风险识别

(1) 人员进入 GG 箱体内作业时，可能因为人为或控制系统故障造成 CO_2 消防系统误动作而喷射，从而造成作业人员 CO_2 窒息、冻伤等人身伤害事故。

(2) 作业中人为踩踏机组外围检测系统仪表电缆及引压管等，容易损坏电缆及管线。

(3) 作业中人员滑跌摔伤以及作业中工具使用不当造成机械伤害。

7.3.5.2 安全措施

(1) 作业前严格按要求进行机组状态确认，用警戒绳将保养机组与运行机组隔离；

(2) 严禁踩踏管线外径小于 50mm 的机组附属管线，以及所有仪表电缆及引压管；

(3) 穿戴好劳保防护用品，规范使用工器具。

7.3.5.3 检查内容

(1) 检查输送管和称重装置固定牢靠；

(2) 检查金属软管没有发生变形、裂纹或老化；

(3) 检查喷嘴口没有堵塞；

(4) 检查 CO_2 气瓶重量均显示正常无报警；

(5) 检查 GG 箱体内 3 个紫外线火焰探测器 45UV-1/2/3、6 个温升探头 45FT1～6 仪表的接线无松动，指示正常；

(6) 检查 GG 箱体两侧 CO_2 手动紧急释放按钮玻璃护罩完好，敲击小锤齐全；

(7) 检查 CO_2 橇手动释放拉手连接完好，处于备用状态。

7.3.6 燃料喷嘴检查

7.3.6.1 风险识别

(1) 人员进入 GG 箱体内作业时，可能因为人为或控制系统故障造成 CO_2 消防系统误动作而喷射，从而造成作业人员 CO_2 窒息、冻伤等人身伤害事故。

(2) GG 及 PT 运行中表面温度较高，停机后若未充分冷却，容易造成人员烫伤；

(3) 作业中人为踩踏机组外围检测系统仪表电缆及引压管等，容易损坏电缆及管线；

(4) 作业中工具使用不当造成机械伤害；

(5) 已拆卸燃料气喷嘴接口处防护不到位造成异物进入燃烧室，进而在机组再次启机时损坏设备。

7.3.6.2 安全措施

(1) 作业前严格按要求进行机组状态确认，用警戒绳将保养机组与运行机组隔离；

(2) 机组充分冷却后，确认 GG 表面温度低于 60℃方可进行检修作业，作业中必须佩戴防护手套；

(3) 严禁踩踏管线外径小于 50mm 的机组附属管线，以及所有仪表电缆及引压管；

(4) 穿戴好劳保防护用品，规范使用工器具。

(5) 作业时一次只拆卸一个喷嘴，并用胶布做好接口的密封。

7.3.6.3 作业内容

具体见《PGT25+SA 燃气轮机燃料喷嘴拆装检查作业》。

7.3.7 T48（T5.4）热电偶检查

7.3.7.1 风险识别

(1) 人员进入 GG 箱体内作业时，可能因为人为或控制系统故障造成 CO_2 消防系统误动作而喷射，从而造成作业人员 CO_2 窒息、冻伤等人身伤害事故。

(2) GG 及 PT 运行中表面温度较高，停机后若未充分冷却，容易造成人员烫伤。

(3) 作业中人为踩踏机组外围检测系统仪表电缆及引压管等，容易损坏电缆及管线。

(4) 作业中工具使用不当造成机械伤害。

7.3.7.2 安全措施

(1) 作业前严格按要求进行机组状态确认，用警戒绳将保养机组与运行机组隔离；

(2) 机组充分冷却后，确认 GG 表面温度低于 60℃方可进行检修作业，作业中必须佩戴防护手套；

(3) 严禁踩踏管线外径小于 50mm 的机组附属管线，以及所有仪表电缆及引压管；

(4) 穿戴好劳保防护用品，规范使用工器具。

对 T48 接线进行紧固检查，检查机组运行期间，该参数的显示情况，若参数显示不稳定或异常，则按以下程序实施。

7.3.7.3 作业内容

热电偶探头分布情况如图 7.3.6 所示。

1) 热电偶探头的拆卸

热电偶探头的拆卸参考图 7.3.6 进行操作。

(1) 松开用于将右侧或左侧热电偶导线(3 或 4)固定到热电偶探头(5)上的锁紧螺母(1 和 2，图 7.3.6)，将热电偶导线从热电偶探头上断开。

(2) 拆下用于将热电偶探头(5)固定到涡轮中机匣上的保险拉线，并松开锁紧螺母(6)，拆下热电偶探头。

(3) 重复步骤(1)和(2)，拆下所有适用的热电偶探头。

2) 热电偶导线的拆卸

(1) 将随机电源线与导线接头(7，图 7.3.6)断开。

(2) 将热电偶导线(3 或 4)与热电偶探头(5)断开。

(3) 拆下锁紧螺母，并将导线接头(7)与支架(8)断开。

(4) 拆下用于将卡圈(10、12 或 14)固定到支架(11 或 13)上的螺栓(9)。

(5) 重复进行步骤(4)，拆下其他的支架(11 或 13)和卡圈(10、12 或 14)。

(6) 从发动机上拆下热电偶导线(3 或 4)。

(7) 如果要更换热电偶导线(3 或 4)，则从热电偶导线上拆下卡圈(10)。如果螺栓(9)和卡圈(10、12 或 14)可用，则将其保留。

(8) 必要时，重复进行步骤(1)至(7)，拆下其他的热电偶导线(3 或 4)。

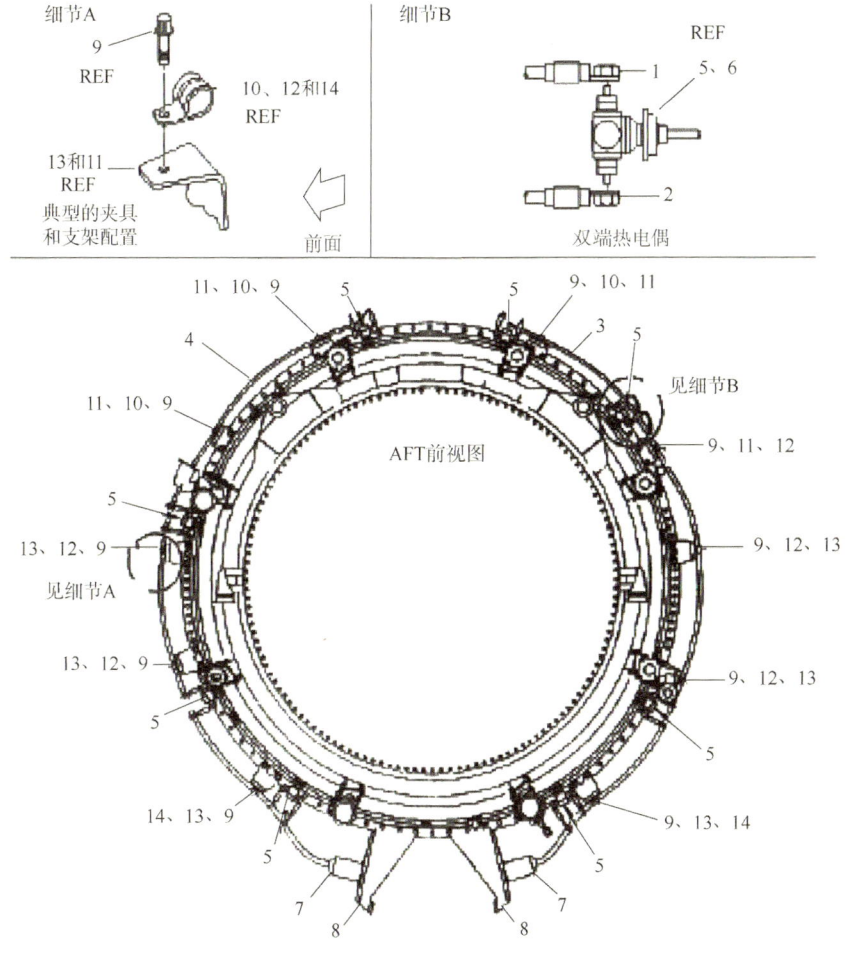

图 7.3.6 热电偶探头分布情况

1、2—锁紧螺母；3—右侧热电偶导线；4—左侧热电偶导线；5—热电偶探头；6—连接螺母；7—导线接头；8—支撑架；9—螺栓；10、12、14—卡圈；11、13—支架

3) 热电偶探头(T5.4)检查

(1) 从涡轮中机匣(TMF)上取下热电偶探头。

(2) 使用万用表测量穿过接头的电阻，在温度为70°F(21.1℃)的情况下，自A点至B点的电阻(图7.3.7)应当为0.44~0.83Ω，更换不符合特定读数的热电偶探头。

(3) 使用万用表来测量接头和机匣之间的电阻，其电阻不应当大于10MΩ。

4) 热电偶探头的安装

(1) 在涡轮中机匣上装有8个独立的热电偶探头。所有热电偶探头的安装步骤相同。

(2) 将螺纹润滑剂少量地涂在涡轮中机匣上探头突出的螺纹上。

应当小心地安装热电偶探头，以防损坏探头。确保在热电偶探头安装时，探头法兰上的3个凸起插入装配凸缘上的3个槽内。不正确的安装可能会损坏探头，并且会产生错误的温度读数。

(3) 将热电偶探头(5,图7.3.6)安装到涡轮中机匣上，将热电偶法兰的3个凸起与装配凸缘上的3个槽对正。

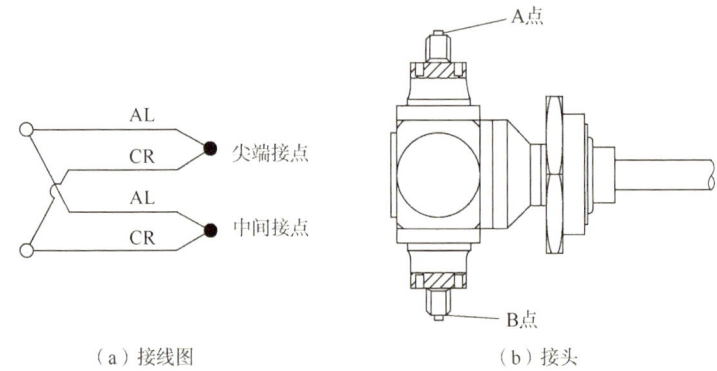

（a）接线图　　　　　　　　　（b）接头

图7.3.7　热电偶探头

5）热电偶导线的安装

（1）将热电偶导线绕着发动机定位(3 或 4，图7.3.6)。

（2）将卡圈(10、12 或 14)安装到热电偶导线(3 或 4)上。

（3）将热电偶导线(3 或 4)上的卡圈(10、12 或 14)与涡轮中机匣后法兰上的支架(11 或 13)对正。

（4）用螺栓(9)将卡圈(10、12 或 14)固定到支架(11 或 13)上，并拧紧螺栓。

（5）如果装有导线接头(7)锁紧螺母，则将其拆下，穿过支架(8)安装导线接头。

（6）用 25~30lbf·in(2.9~3.3N·m)的力矩拧紧导线接头(7)的锁紧螺母。

（7）消除热电偶电缆(3 或 4)上的扭结、松弛和/或张力过紧等情况，用 55~70lbf·in(6.3~7.9N·m)的力矩拧紧螺栓(9)。

（8）将热电偶导线(3 或 4)连接到热电偶探头(5)上。

注意不要将热电偶导线的锁紧螺母拧得过紧，否则会造成零件损坏。用 46~50lbf·in(5.2~5.6N·m)的力矩拧紧较大的锁紧螺母(2)，用 18~22lbf·in(2.1~2.4N·m)的力矩拧紧较小的锁紧螺母(1)。

（9）重复进行步骤(1)至(7)，装上其他的热电偶导线(3 或 4)。

（10）将随机电缆连接到导线接头(7)上。

6）安装完成后应检查工作

（1）确认所有辅助系统(电气、空气、燃料、润滑油、火灾控制)都已经检查，并且具备启动运行条件。

（2）GG 盘车，检查 T5.4 安装状况。

（3）正常启动 GG 进入怠速。

（4）保持怠速状态至少 5min，观察 T48 指示，确认显示正常。

7.3.8　点火系统功能检查

7.3.8.1　风险识别

（1）人员进入 GG 箱体内作业时，可能因为人为或控制系统故障造成 CO_2 消防系统误动作而喷射，从而造成作业人员 CO_2 窒息、冻伤等人身伤害事故。

(2) GG 点火系统供电电压为 110V，作业中处理防护不当易导致人员触电伤害。
(3) 作业中人为踩踏机组外围检测系统仪表电缆及引压管等，容易损坏电缆及管线。
(4) 作业中工具使用不当造成机械伤害。

7.3.8.2　安全措施

(1) 作业前严格按要求进行机组状态确认，用警戒绳将保养机组与运行机组隔离。
(2) 切断点火器供电电源后方可进行作业。
(3) 严禁踩踏管线外径小于 50mm 的机组附属管线，以及所有仪表电缆及引压管。
(4) 穿戴好劳保防护用品，规范使用工器具。

7.3.8.3　作业内容

具体见《PGT25+SAC 燃气轮机点火器检查作业》。

7.3.9　高压补偿孔板选择

7.3.9.1　风险识别

(1) 人员进入 GG 箱体内作业时，可能因为人为或控制系统故障造成 CO_2 消防系统误动作而喷射，从而造成作业人员 CO_2 窒息、冻伤等人身伤害事故。
(2) GG 及 PT 运行中表面温度较高，停机后若未充分冷却，容易造成人员烫伤。
(3) 作业中人为踩踏机组外围检测系统仪表电缆及引压管等，容易损坏电缆及管线。
(4) 作业中工具使用不当造成机械伤害。

7.3.9.2　安全措施

(1) 作业前严格按要求进行机组状态确认，用警戒绳将保养机组与运行机组隔离；
(2) 机组充分冷却后，确认 GG 表面温度低于 60℃方可进行检修作业，作业中必须佩戴防护手套；
(3) 严禁踩踏管线外径小于 50mm 的机组附属管线，以及所有仪表电缆及引压管；
(4) 穿戴好劳保防护用品，规范使用工器具。

注意：要求发动机高压补偿空腔压力维持在限定的范围之内，确保第 4B 轴承的使用寿命。在发动机开始测试期间，通过使用适当尺寸的孔板将高压补偿空腔压力调整到可以接受的限定范围之内。在必要的情况下定期监测，要求将孔板调整到使用状态，从而将高压补偿空腔压力维持在限定范围之内。

7.3.9.3　作业内容

1) 检查和记录左右孔板的零件编号

左高压补偿孔板配置如图 7.3.8 所示，右高压补偿孔板配置如图 7.3.9 所示。从表 7.3.1 中确定相应的垫片尺寸，左右孔板应当具有相同的零件编号。若有疑问，则取下孔板，并且确定孔板直径的实际尺寸。

表 7.3.1　孔板的零件编号

零件编号	孔板直径
L34518P03	0.298～0.302in（7.57～7.67mm）
L34518P04	0.398～0.402in（10.11～10.21mm）

续表

零件编号	孔板直径
L34518P05	0.498~0.502in(12.65~12.75mm)
L34518P06	0.598~0.602in(15.19~15.30mm)
L34518P07	0.698~0.702in(17.73~17.83mm)
L34518P08	0.798~0.802in(20.27~20.37mm)
L34518P09	0.898~0.902in(22.81~22.91mm)
L34518P10	0.998~1.002in(25.35~25.45mm)

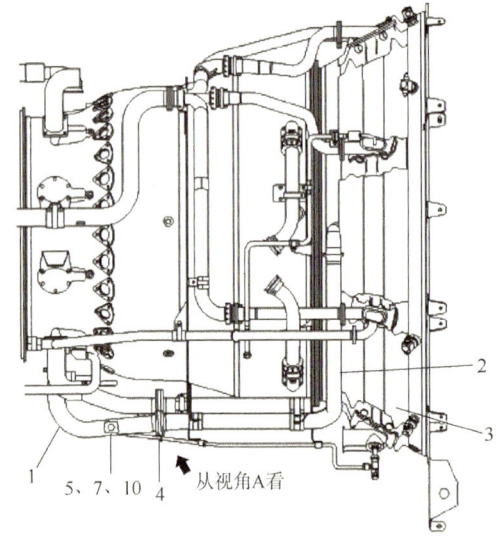

(a)燃气轮机的左侧视图　　　　　(b)视角A视图

图7.3.8　左高压补偿孔板配置

1—固定歧管；2—气管；3—涡轮机中间框架；4—孔板；5—压力补偿测压口；
6—垫片；7—轮毂密封；8—螺母；9—螺栓；10—机械插头

2）高压补偿孔板的调整程序

(1)在机组运行期间，保持燃气发生器的速度在9000r/min至9400r/min，在p_{48}压力40lbf/in²(绝对压力)(275.8kPa)以上，记录发动机在稳定运行状态下的以下参数：

① p_{48}(动力涡轮机进气压力)；

② p_{s3}(压气机排气压力)；

③ NGG(燃气发生器速度)；

④ p_2(进气压力)；

⑤ T_2(进气温度)；

⑥ PI-453(HP RECOUP 高压补偿压力)。

(2)将记录的所有压力测量值全部转换成绝对压力值(lbf/in²)，并且将所有的温度测量值全部转化为华氏温度。

(3)使用工作表(图7.3.10)或者电子数据表(图7.3.11)来计算是否要求孔板更改。

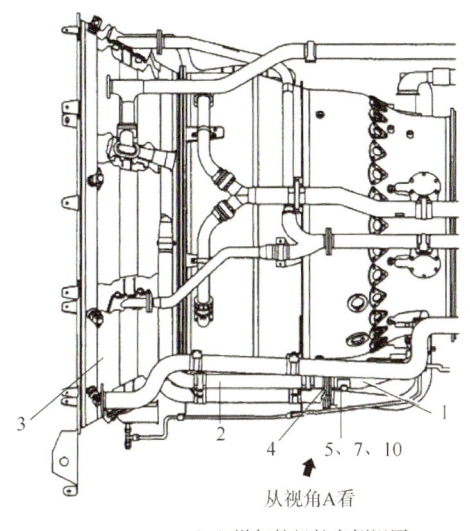

(a) 燃气轮机的右侧视图　　　　　(b) 视角A视图

图 7.3.9　右高压补偿孔板配置

1—固定歧管；2—气管；3—涡轮机中间框架；4—孔板；5—压力补偿测压口；
6—垫片；7—轮毂密封；8—螺母；9—螺栓；10—机械插头

注意：检查的可变定子叶片（VSV）与燃气发生器速度效应一起，可能会使得高压补偿孔板尺寸计算值无效。确保可变定子叶片角度处于运行限定范围之内。

（4）如果要求更改孔板，则必须在左右侧的位置上安装同样尺寸的孔板。从外面来安装孔板，保证可以看到其零件编号。这些孔板保持对称，因此没有方向性。

（5）在没有向制造商进行咨询之前，不得要求或者使用尺寸低于0.30in（7.6mm）的高压补偿孔板。

（6）将固定歧管（1）和气管（2）的四个螺栓（9，图7.3.8和图7.3.9）以及螺母（8）一起取下。

（7）根据计算结果，取下并更换孔板（4）。

（8）在四个螺栓上轻轻地涂润滑脂，并且用螺纹润滑剂涂抹螺栓（9）和螺母（8）。

（9）使用四个螺栓（9）和螺母（8）来固定歧管（1）和气管（2）。用55～70lbf·in（6.3～7.9N·m）扭矩拧紧螺母。

（10）用新安装的孔板在同样功率设置下重新检查孔板计算值，确定是否符合更高要求。

（11）如果计算数据或者实际高压补偿压力对孔板尺寸改变造成的预期效果不明显，那么应按照以下步骤进行操作：

① 检查数据取值是否有效。

② 检查系统是否出现泄漏。

③ 检查量表校准情况。

④ 如果孔板选择无法满足工作表（表7.3.2）或者电子数据表的要求，那么就采用较大的孔板来满足要求。

表 7.3.2 PGT25+SAC 燃气轮机高压补偿孔板检查表

燃机编号：　　　　　　　　燃机型号：　　　　　　　　日期：

采 集 参 数	
当前孔板直径：　　　in	【A】
入口温度：$T_2 =$　　　°F	【1】
入口压力：$p_2 =$　　　psi(a)❶	【2】
高压补偿压力：HPRCP =　　　psi(a)	【3】
压气机出口压力：$p_{S3} =$　　　psi(a)	【4】
燃气发生器转速：NGG =　　　r/min	【5】
动力涡轮入口压力：$p_{48} =$　　　psi(a)	【6】
修 正 计 算	
修正的高压补偿压力：【3】/【2】×14.696 =	【7】
修正的压气机出口压力：【4】/【2】×14.696 =	【8】
温度比：sqrt(【1】+459.67)/518.67 =	【9】
修正的燃气发生器转速：【5】/【9】=	【10】
高压涡轮压比：【4】/【6】=	【11】
高压补偿孔板尺寸计算	
常数：21.38	【12】
【7】× 1.134 =	【13】
【8】×(−0.3638) =	【14】
【10】× 0.01638 =	【15】
【11】×(−41.60) =	【16】
【12】+【13】+【14】+【15】+【16】=	【17】
当【17】>31.64 时，【17】−31.64 =	【18】
当【17】<15.86 时，【17】−15.86 =	【19】
当 15.86<【17】<31.64 时，高压补偿压力孔板直径不调整。	
预计当前孔板调整直径(单位，in)，【18】或【19】/78 =	【20】
【20】<±0.5in，高压补偿压力孔板直径不调整。	
新的孔板直径(单位，in)：【A】±【20】=	【B】

7.4 工具、辅助材料及消耗件

7.4.1 保养所需工具、材料及备件

7.4.1.1 通用工具

通用工具清单见表 7.4.1。

---

❶　1psi＝6.895kPa。

表 7.4.1 通用工具清单

序号	名　　称	单位	数量	备注
1	梅开扳手	套	2	公制英制各一套
2	套筒	套	2	公制英制各一套
3	内窥镜	套	1	带各型号探头
4	注脂枪	个	2	
5	螺丝刀	套	1	
6	内六角	套	2	公制英制各一套
7	力矩扳手(35~325lbf·in)	套	1	包括各型号套筒头
8	力矩扳手(50~100lbf·ft)	套	1	包括各型号套筒头
9	人字梯	个	1	
10	万用表	个	1	
11	fluke热电偶校验仪	个	1	
12	钳形电流表	个	1	
13	兆欧表500V	个	1	
14	手操泵(气、油)	个	1	
15	压力模块(30psi、500psi、1500psi)	个	各1	
16	卡套管接头(校验用)	套	1	
17	电笔	个	1	
18	注油枪	个	1	
19	红外线温度检测仪	台	1	
20	旋转GG转子专用工具	个	1	
21	调整VSV液压工具	套	1	
22	尖嘴钳	个	1	
23	安全线钳	个	1	
24	标准钳	个	1	
25	百分表	块	3	
26	内径千分尺(0~3000mm)	套	1	
27	手拉葫芦1t	副	1	
28	手拉葫芦0.5t	副	1	
29	吊带	副	4	

7.4.1.2 专用工具

专用工具清单见表7.4.2。

表7.4.2 专用工具清单

序号	名称	代码	单位	数量	用途
1	VSV液压执行机构	SMO81874	台	1	孔探
2	GG轴转动适配器	SMO78398	台	1	孔探
3	软式内窥镜	Everest XLG3 VideoProbe	套	1	孔探
4	火花塞检查专用游标卡尺	SMO 81872	把	1	保养
5	VSV可变叶片检查专用工具	SMO 81879	盒	1	保养
6	GG维护专用工具	SMO 81878	箱	1	保养

7.4.1.3 保养备件

保养备件清单见表7.4.3。

表7.4.3 保养备件清单

序号	名称	代码	单位	数量	用途
1	干气密封滤芯	IRF2133601	个	2	
2	干气密封增压橇滤芯	ISK258377601	个	1	
3	燃料气过滤器滤芯	FG-1	个	1	
4	GG滑油滤芯	RCO369481321	个	1	
5	液压VIGV滤芯	AC-B244F-2440	个	1	
6	矿物油过滤器滤芯	$RCO_2 60394301$	个	1	
7	矿物油油雾分离器滤芯	$RCO_2 6073$	个	6	
8	液压启动器滤芯	IRLO111502	个	1	
9	液压启动器滤芯	IRLO111503	个	1	
10	磁性碎屑检测器"O"形圈	M83248/1-905	个	5	
11	磁性碎屑检测器滤网"O"形圈	M83248/1-912	个	5	
12	燃料喷嘴金属密封环	4058T39P01	个	10	
13	盘车孔端盖"O"形圈	J221P134	个	1	
14	火花塞	L43450P01	个	1	
15	间隙调整垫片	L44778P02	个	3	
16	VSV液压油过滤器密封圈	M83248/1-243	个	1	
17	保险拉丝0.2mm	R297P04	卷	1	
18	保险拉丝0.5mm	R287P04	卷	1	
19	燃料喷嘴	L31810G04	个	2	
20	FG过滤器封头垫片	Φ	片	1	
21	"Y"形过滤器盲盖垫片		片	1	

7.4.1.4 辅助材料

辅助材料清单见表7.4.4。

表7.4.4 辅助材料清单

序号	名　称	单位	数量	备注
1	废布	kg	30	
2	棉布	m	5	
3	大白布	m	5	
4	胶皮	m²	10	
5	螺纹防黏结剂	筒	1	
6	螺栓松动剂	管	2	
7	耐油橡胶石棉板	m²	2	
8	电工绝缘胶布	卷	5	
9	油盆	个	2	
10	油壶	个	2	
11	加力套管	根	2	
12	压缩空气胶管	m	30	
13	标记笔	支	5	
14	塑料袋	袋	10	
15	线手套、帆布、半皮手套	双	各50	
16	警示带	盘	1	
17	耳塞	副	10	
18	酒精	瓶	1	
19	螺纹润滑剂 GE Spec A50TF201 或 MIL-T-5544	管	2	
20	防爆手电	个	2	
21	异丙醇	瓶	4	
22	无水乙醇	瓶	2	
23	润滑脂(MIL-G23827)	kg	5	
24	润滑油(KIL-L-23699)	L	6	
25	遮蔽胶带	卷	3	
26	保险拉线与拉索(0.032in)	kg	1	
27	安全带	副	4	

7.4.2 工具及材料管理

（1）专用工具及通用工具均有管理员领取，并做好出库记录；
（2）现场工具摆放整齐，拆下的零件用塑料布包裹好；
（3）由管理员按规定领取备品备件；
（4）做好耗材、零配件更换的记录。

第 8 章
标准化检修

天然气管道离心压缩机组运维管理实践

为保证公司压缩机组检维修作业的安全开展，提升维检修质量，培养职业化的检修队伍，特推行压缩机组检修标准化工作，本章节以 GE 机组标准化检修为例，详细阐述压缩机 5 个标准化检修的内容。

8.1 检修流程标准化

检修单位组织开展压缩机组 25K、50K 作业时，参照《设备设施检维修管理程序》，作业区提前上报月、周作业计划，开展作业工单编制、方案编制及审批等工作。作业开始前，应开展安全教育培训、方案学习、技术交底、作业前工作安全分析（JSA）、票据办理（作业许可首次办理是一个班次，作业未完成需办理延期，一次最长十个工作日，最多延期两次，如作业仍未完成，重新办理作业许可）、机组隔离（运行人员与检修人员共同确认）、应急演练等工作，作业过程中严格执行规范、规程及作业卡相关规定。作业完成后，开展票据关闭、机组隔离恢复、启机测试（72h）、机组检修后的交接验收及检修报告编制工作，如存在遗留问题，应在检修报告中标明，后续继续整改。专项作业许可办理提示见表 8.1.1。

表 8.1.1 专项作业许可提示表

序号	作业类型	票 据	有效期说明
1	车辆进站	车辆进站许可证	一个工作日
2	拍照、摄像	进站拍照、摄像许可证	一个工作日
3	射线作业	射线作业许可证	一个工作日
4	移动吊装作业	吊装作业安全监护记录表	一个班次，不得延期，10t 以下为一级，10~40t 为二级，40t 以上为三级
4	移动吊装作业	吊装作业许可证	一个班次，不得延期，10t 以下为一级，10~40t 为二级，40t 以上为三级
4	移动吊装作业	钢丝绳和吊钩检查记录表	一个班次，不得延期，10t 以下为一级，10~40t 为二级，40t 以上为三级
4	移动吊装作业	液压式移动起重机外观检查表	一个班次，不得延期，10t 以下为一级，10~40t 为二级，40t 以上为三级
4	移动吊装作业	移动式起重机吊装作业计划	一个班次，不得延期，10t 以下为一级，10~40t 为二级，40t 以上为三级
5	动火作业	动火作业前现场检查表	一个班次，延期后不超过 24h
5	动火作业	动火作业许可证	一个班次，延期后不超过 24h
5	动火作业	气体检测记录	一个班次，延期后不超过 24h
6	高处作业	高处作业许可证	一个班次，不得延期
6	高处作业	全身式安全带检查清单	一个班次，不得延期
7	管线打开	管线打开作业工作交接确认表	一个班次，延期后不超过 24h
7	管线打开	管线打开作业许可	一个班次，延期后不超过 24h
7	管线打开	气体检测记录	一个班次，延期后不超过 24h
8	临时用电	临时用电许可证	不超过 15d
9	进入受限空间	进入受限空间作业检测记录表	一个班次，不得延期
9	进入受限空间	进入受限空间作业许可证	一个班次，不得延期

8.2 检修现场标准化

8.2.1 目视形象标准化

8.2.1.1 人员着装及佩戴

（1）统一穿着公司下发的检修作业服、防静电鞋、安全帽、防噪声耳罩或耳塞等劳保用品；

（2）统一佩戴员工工作证，进入现场后夹、挂在作业看板上，安全监护人佩戴安全员袖标，样式如图8.2.1所示。

（a）工作证

（b）袖标

图8.2.1　工作证和袖标样式

8.2.1.2 作业看板标准化

作业看板按照图8.2.2中的内容编辑、制作，现场实物如图8.2.3所示。

图8.2.2　看板内容及格式

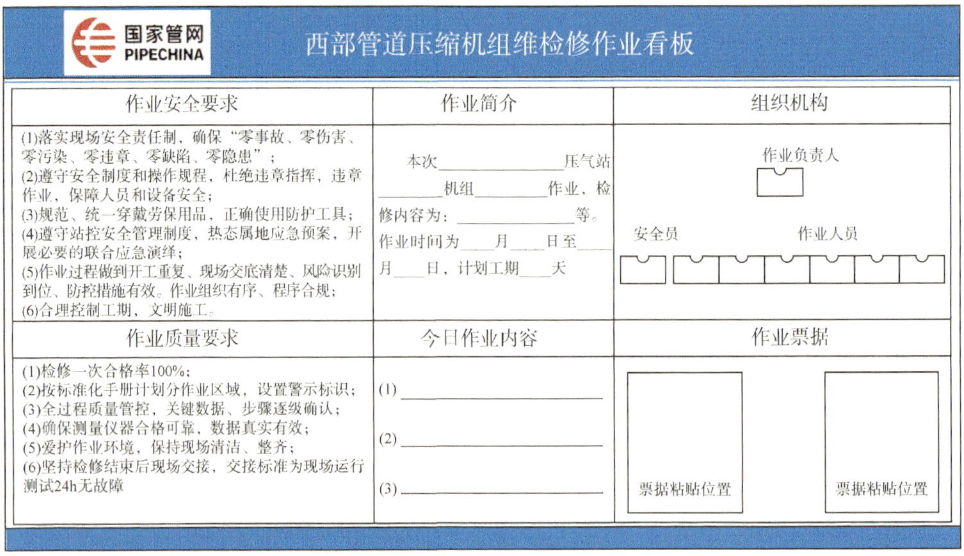

国家管网
PIPECHINA
西部管道压缩机组维检修作业看板
作业安全要求
(1)落实现场安全责任制，确保“零事故、零伤害、零污染、零违章、零缺陷、零隐患”；
(2)遵守安全制度和操作规程，杜绝违章指挥，违章作业，保障人员和设备安全；
(3)规范、统一穿戴劳保用品，正确使用防护工具；
(4)遵守站控安全管理制度，热态属地应急预案，开展必要的联合应急演练；
(5)作业过程做到开工重复、现场交底清楚、风险识别到位、防控措施有效。作业组织有序、程序合规；
(6)合理控制工期，文明施工。
作业简介
本次______压气站______机组______作业，检修内容为：______等。
作业时间为___月___日至___月___日，计划工期___天
组织机构
作业负责人
安全员
作业人员
作业质量要求
(1)检修一次合格率100%；
(2)按标准化手册计划分作业区域，设置警示标识；
(3)全过程质量管控，关键数据、步骤逐级确认；
(4)确保测量仪器合格可靠，数据真实有效；
(5)爱护作业环境，保持现场清洁、整齐；
(6)坚持检修结束后现场交接，交接标准为现场运行测试24h无故障
今日作业内容
(1)
(2)
(3)
作业票据
票据粘贴位置
票据粘贴位置

图 8.2.3　现场作业看板

8.2.2　区域划分标准化

检修现场目视化管理划分如下区域：资料摆放区、检修作业区、工器具摆放区、零部件摆放区、作业看板摆放区、安防器具摆放区和废弃物存放区，检修机组与运行机组在中间处用警戒桩隔离开(西一线机组中心间距为 18m，西二线、西三线机组中心间距为 20m)，并留出消防、应急疏散通道，由于受限于厂房大小和单台机组检修范围限制，机芯分解可以视情在厂房两侧空置区域开展，应急消防区域应根据现场消防器具摆放位置进行合理设置，同时对现场检修机组控制柜应张贴检修标识。

8.2.2.1　GE 燃驱机组

GE 燃驱机组间检修区域划分情况如图 8.2.4 所示，工器具和拆卸的零部件摆放参照图 8.2.5标识区域摆放。由于公司压缩机厂房内部附属设施布置不尽相同，对于图 8.2.4、图 8.2.5 划分不满足现场要求的区域可以适当调整，方便现场作业的开展。

4449
1000
1#机组
2#机组
3#机组

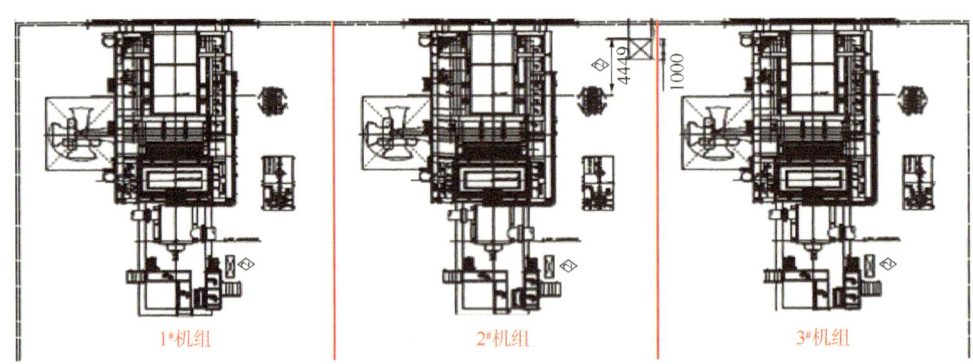

图 8.2.4　GE 燃驱机组间检修区域划分(mm)

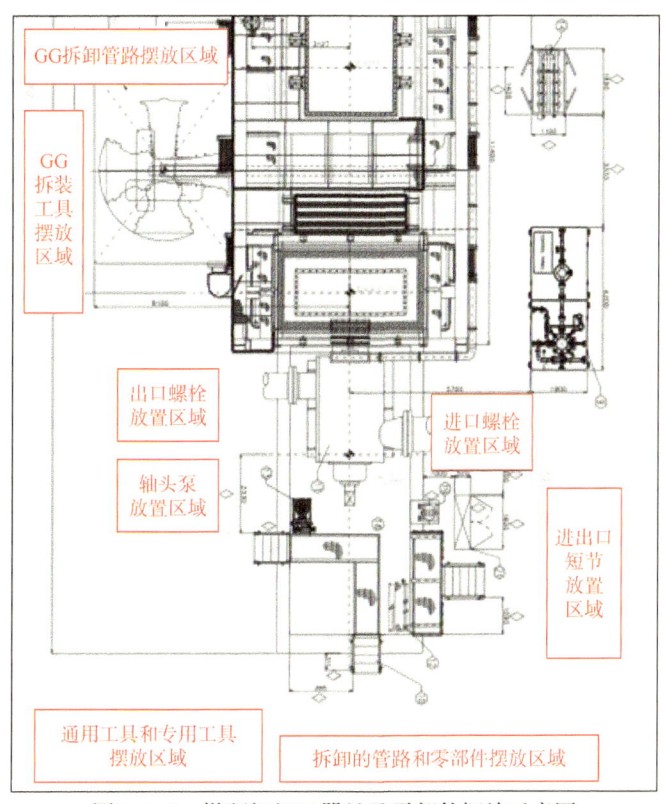

图 8.2.5 燃驱机组工器具及零部件摆放示意图

8.2.2.2 GE 电驱机组

压缩机厂房内机组间检修区域划分如图 8.2.6 所示，工具摆放和零部件放置区域参照图 8.2.7 标识对工具和拆卸的零部件进行摆放。

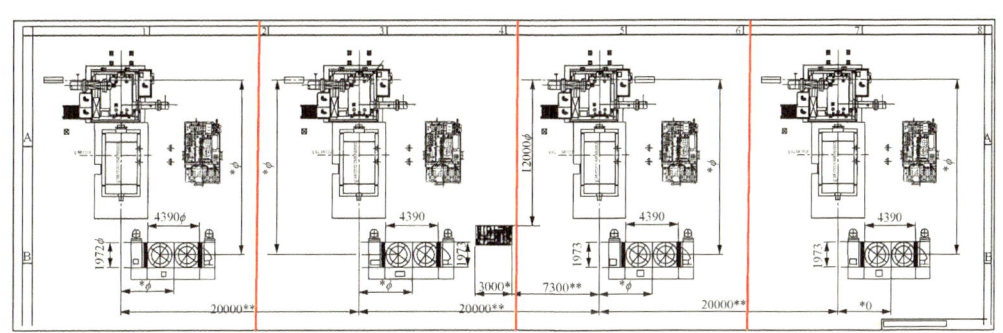

图 8.2.6 西三线 GE 电驱机组厂房内分布

8.2.3 检修平台标准化

对于西一线、西二线压缩机非驱动端轴头齿轮泵拆卸完毕后，方便现场拆卸作业，需要在非驱动端放置作业平台（2m×1.8m×0.5m），作业平台安装时应避开底部润滑油管路，在驱动端开展作业时，在压缩机和 PT 箱体之间安装两个作业平台（0.5m×0.2m×1.2m），在动力涡轮箱体内部作业时，在两侧分别安装作业平台（0.5m×0.3m×0.8m）。

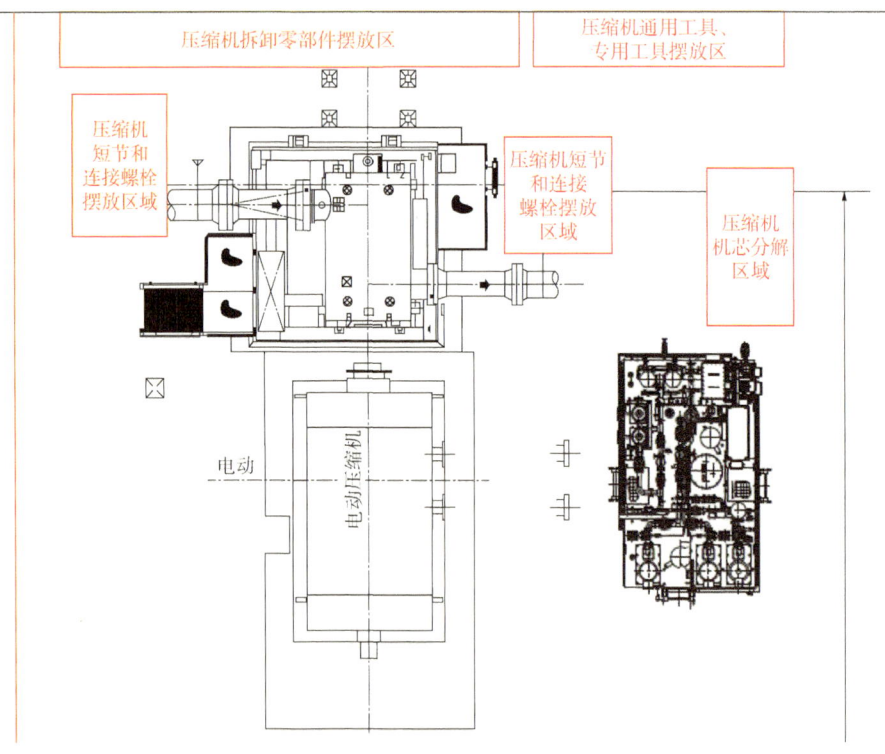

图 8.2.7　西三线 GE 电驱机组工具和零部件摆放区域

8.2.4　检修工具及备件摆放标准化

通用工具按表 8.2.1 规定位置摆放至货架(2 个，1.5m×0.5m×2m)上，实物如图 8.2.8 所示，集成化的专用工装摆放至托盘(4 个，1m×0.5m×1.3m)上。

表 8.2.1　货架工具摆放

层　数	第一货架	第二货架
第一层(下)	千斤顶、手拉葫芦、吊扣	铜棒、铜锤、重型套筒、液压泵
第二层	扳手、组合套筒	内六方、仪表工具套装、丝锥板牙等
第三层	百分表、表架、游标卡尺、万用表等	力矩扳手、米尺、水平尺、锉刀等
第四层(上)	吊带、耗材、备件等	药箱、劳保用品等

图 8.2.8　现场货架摆放图

8.3 检修安全标准化

8.3.1 作业前安全分析

作业开始前要按照主要作业步骤开展 JSA 安全分析。

8.3.2 能量隔离

8.3.2.1 工艺隔离

按照表 8.3.1~表 8.3.4 的隔离表单对工艺阀门进行关断或打开操作，并挂牌上锁，如图 8.3.1 所示，并建立锁具台账，台账应包括锁定时间、人、原因和设备编号等信息。

表 8.3.1 GE 机组隔离表(西一线燃驱)

序号	内 容	运行单位	检修单位
1	确认机组停机并放空，压缩机控制柜上开关 HS5060 切换至"OFF"模式并挂签		
2	确认矿物油应急泵电动机开关 88QE-1 处于断电，状态并挂签		
3	确认进气系统风扇电动机开关 88BE 处于断电，并挂签		
4	确认矿物油油雾分离器风扇 88QV-1 已断电，并上锁挂签		
5	确认合成油油雾分离器风扇 88QV-2 已断电，并上锁挂签		
6	确认合成油油雾分离器风扇 88QV-3 已断电，并上锁挂签		
7	确认矿物油辅助油泵电动机 88QA 处于断电，并上锁挂签		
8	确认燃料气加热器开关 23FG-1 处于断电，并上锁挂签		
9	确认油冷器电动机 88FC-1 处于断电，并上锁挂签		
10	确认油冷器电动机 88FC-2 处于断电，并上锁挂签		
11	确认合成油加热器开关 23QT-1 处于断电，并上锁挂签		
12	确认矿物油加热器开关 23QT-2 处于断电，并上锁挂签		
13	确认箱体通风风机开关 88BA-1 处于断电，并上锁挂签		
14	确认箱体通风风机开关 88BA-2 处于断电，并上锁挂签		
15	确认液压启动系统电动机 88CR-1A 处于断电，并上锁挂签		
16	确认液压启动系统电动机 88CR-1B 处于断电，并上锁挂签		
17	确认液压启动系统风扇电动机 88CRF-1A 已断电，并上锁挂签		
19	确认液压启动系统风扇电动机 88CRF-1B 已断电，并上锁挂签		
20	确认液压启动防滑外壳加热器 23HA 已断电，并上锁挂签		
21	确认液压油箱加热器 23SQ-1 处于断电，并上锁挂签		
22	确认 1#—8# 空冷器电机开关处于断电，并上锁挂签		
23	确认点火器开关 95TR 处于断电，并挂签		
24	关闭加载阀前后手阀 4×09#、4×11#，并上锁挂签		

续表

序号	内　容	运行单位	检修单位
25	关闭放空阀 4X14#，并上锁挂签		
26	关闭干气密封供气手阀，并上锁挂签		
27	关闭干气密封自动供气阀 XV769 前后截止阀，并上锁挂签		
28	关闭干气密封前置过滤器进、出口手动球阀，并上锁挂签		
29	关闭液压启动系统供油阀，并上锁挂签		
30	关闭二氧化碳手阀，并上锁挂签		
31	关闭矿物油供油手阀，并上锁挂签		
32	关闭合成油手阀，并上锁挂签		
33	关闭干气密封空气隔离手阀，并上锁挂签		
34	关闭机组燃料气切断阀 XV-158 后手阀，并上锁挂签，对燃料气橇进行就地放空，放空完毕后进行全开位锁定挂牌		
35	对燃料气调节阀 FCV331 出口法兰加装盲板，并挂签		
36	确认进口阀 XV-4X01 全关到位，将模式置于"STOP"位，并上锁挂牌		
37	确认出口阀 XV-4X03 全关到位，将模式置于"STOP"位，并上锁挂牌		
38	确认切断阀 XV-4X05 全关到位，将模式置于"STOP"位，并上锁挂牌		
39	确认压缩机进口短节加装全尺寸承压盲板		
40	确认压缩机出口短节加装全尺寸承压盲板		

表 8.3.2　GE 机组隔离表（西二线燃驱）

序号	内　容	运行单位	检修单位
1	确认 4# 机组停机并放空，HMI 上机组切换至"OFF"模式		
2	确认 88MQA-1 处于断电状态		
3	确认 88MQE-1 处于断电状态		
4	确认 88FC-1 处于断电状态		
5	确认 88FC-2 处于断电状态		
6	确认 88QV-1 处于断电状态		
7	确认 88CR-1 处于断电状态		
8	确认 88BA-1 处于断电状态		
9	确认 88BA-2 处于断电状态		
10	确认 23MQT-1 处于断电状态		
11	确认 23MQT-2 处于断电状态		
12	确认 23QT-2 处于断电状态		
13	确认 23FG-1 处于断电状态		
14	确认 23SG-1 处于断电状态		
15	确认 23HA-2 处于断电状态		
16	确认 23FC-1 处于断电状态		

续表

序号	内容	运行单位	检修单位
17	确认 23FC-2 处于断电状态		
18	确认 23CR-1 处于断电状态		
19	确认 23MQE 处于断电状态		
20	确认 95TR-1 处于断电状态		
21	确认 95TR-1 处于断电状态		
22	确认机组燃料气切断阀 XV-3158 后手阀关闭,并上锁挂牌,全开燃料气高点放空手阀,并上锁挂牌		
23	断开机组燃料气与 GG 连接管线,并加装盲板		
24	确认干气密封供气阀 XV-3769 前、后手阀关闭,并上锁挂牌		
25	确认机组腔体排污阀关闭		
26	确认机组干气密封排污阀关闭		
27	确认机组二氧化碳快排及慢排释放手动阀 FV-700、701 均关闭,并上锁挂牌		
28	确认机组合成油供油泵入口手阀关闭,并挂牌		
29	确认机组隔离气供气手阀关闭,并上锁挂牌		
30	确认机组矿物油供油手阀关闭,并上锁挂牌		
31	确认机组液压启动泵出口阀关闭,并上牌		
32	确认压缩机进口阀 XV-34401 全关到位,将选择模式置于"STOP"位,并上锁挂牌		
33	确认压缩机出口阀 XV-34403 全关到位,将选择模式置于"STOP"位,并上锁挂牌		
34	确认压缩机 XV-4404 全关到位,将选择模式置于"STOP"位,并上锁挂牌		
35	确认压缩机 XV-3775 及其前、后阀全关,并上锁挂牌		
36	确认压缩机 XV-3784 后手阀及手动放空管线阀门全关,并上锁挂牌		
37	确认压缩机进口短节加装全尺寸承压盲板		
38	确认压缩机出口短节加装全尺寸承压盲板		

表 8.3.3　GE 机组隔离表(西三线 GE 燃驱)

序号	内容	运行单位	检修单位
1	确认 4# 机组停机并放空,HMI 上机组切换至"OFF"模式		
2	确认 88MQA-1 处于断电状态		
3	确认 88MQA-2 处于断电状态		
4	确认 88MQE-1 处于断电状态		
5	确认 88FC-1 处于断电状态		
6	确认 88FC-2 处于断电状态		
7	确认 88QV-1 处于断电状态		
8	确认 88CR-1 处于断电状态		
9	确认 88BA-1 处于断电状态		
10	确认 88BA-2 处于断电状态		

续表

序号	内 容	运行单位	检修单位
11	确认 23MQT-1 处于断电状态		
12	确认 23MQT-2 处于断电状态		
13	确认 23QT-2 处于断电状态		
14	确认 23FG-1 处于断电状态		
15	确认 23SG-1 处于断电状态		
16	确认 23HA-2 处于断电状态		
17	确认 23FC-1 处于断电状态		
18	确认 23FC-2 处于断电状态		
19	确认 23CR-1 处于断电状态		
20	确认 23MQE 处于断电状态		
21	确认 95TR-1 处于断电状态		
22	确认机组燃料气进口手阀关闭，并上锁挂牌，全开燃料气高点放空手阀，并上锁挂牌		
23	断开机组燃料气与 GG 连接管线，并加装盲板		
24	确认干气密封供气阀 XV-3769 前、后手阀关闭，并上锁挂牌		
25	确认干气密封供气阀 XV-3770 气动阀关闭，断开仪表风手阀，并上锁挂牌		
26	确认机组腔体排污阀关闭		
27	确认机组干气密封排污阀关闭		
28	确认机组二氧化碳快排及慢排释放手动阀 FV-700、701 均关闭，并上锁挂牌		
29	确认机组合成油供油泵入口手阀关闭，并挂牌		
30	确认机组隔离气供气手阀关闭，并上锁挂牌		
31	确认机组矿物油供油手阀关闭，并上锁挂牌		
32	确认机组液压启动泵出口阀关闭，并上牌		
33	确认压缩机进口阀 XV-34401 全关到位，将选择模式置于"STOP"位，并上锁挂牌		
34	确认压缩机出口阀 XV-34403 全关到位，将选择模式置于"STOP"位，并上锁挂牌		
35	确认压缩机 XV-4404 全关到位，将选择模式置于"STOP"位，并上锁挂牌		
36	确认压缩机 XV-34412 及其前、后阀全关，并上锁挂牌		
37	确认压缩机 XV-34406 后手阀及手动放空管线阀门全关，并上锁挂牌		
38	确认压缩机进口短节加装全尺寸承压盲板		
39	确认压缩机出口短节加装全尺寸承压盲板		

表 8.3.4　GE 机组隔离表（西三线电驱）

序号	内 容	运行单位	检修单位
1	确认 $x^\#$ 机组停机并放空，HMI 上机组切换至"OFF"模式		
2	确认 88QA-1 处于断电状态		
3	确认 88QA-2 处于断电状态		

续表

序号	内　　容	运行单位	检修单位
4	确认 88MQE-1 处于断电状态		
5	确认 88FC-1 处于断电状态		
6	确认 88FC-2 处于断电状态		
7	确认 88QV-1 处于断电状态		
8	确认 23MQT-1 处于断电状态		
9	确认 23MQT-2 处于断电状态		
10	确认 23SG-1 处于断电状态		
11	确认干气密封 3769 阀门及前后手阀、干气密封 3770 阀门、干气密封仪表风供气手阀、压缩机出口到干气密封管线手阀全关		
12	确认机组腔体排污阀关闭		
13	确认机组干气密封排污阀关闭		
14	确认机组隔离气供气手阀关闭，并上锁挂牌		
15	确认矿物油主泵、矿物油辅助泵、应急油泵出口手阀全关		
16	确认压缩机进口阀 XV-34X01 全关到位，将选择模式置于"STOP"位，并上锁挂牌		
17	确认压缩机出口阀 XV-34X03 全关到位，将选择模式置于"STOP"位，并上锁挂牌		
18	确认压缩机 XV-34X04 全关到位，将选择模式置于"STOP"位，并上锁挂牌		
19	确认压缩机加载阀仪表风供气手阀及前后手阀 34111、34113 全关		
20	确认压缩机自动放空阀 34X06 仪表风供气手阀及放空管线阀门 34X08、34X09、34X10 全关		
21	确认压缩机进口短节加装全尺寸承压盲板		
22	确认压缩机出口短节加装全尺寸承压盲板		

8.3.2.2　电气隔离

在机柜间将检修机组用隔离桩进行隔离，标识检修机组控制柜，按照表 8.3.1～表 8.3.4 中的内容，对 MCC 配电室相关设备进行断电，并挂牌上锁，如图 8.3.2 所示，建立锁具台账。

图 8.3.1　阀门隔离挂牌上锁

图 8.3.2　对设备断电隔离

8.3.2.3 盲板封堵

为保证压缩机25K和50K检修期间的现场作业安全,彻底将能量隔离,需要对干气密封供气、燃料气供气管线、压缩机进出口短节加装承压盲板,盲板的规格尺寸参照表8.3.5。

表8.3.5 盲板尺寸规格

项目	公司GE压缩机进、出口法兰和盲板尺寸		
	GE进口/mm		GE出口/mm
公称尺寸	750	750	600
法兰外径 D	1130	1230	1040
螺栓孔中心圆直径 K	1022	1085.9	901.7
螺栓孔直径 L	55	80	68
螺栓螺纹规格	M52	M76	M64×3
螺栓孔数量 n	28	20	20
法兰 C	114.3	149.3	139.7
法兰盖 C	139.7	182.6	—
法兰内径 B	与内径一致	与内径一致	与内径一致
法兰颈 N	862	889	749
法兰密封面外径	857	857	692
法兰高度 H	248	311	292
法兰型号	30in600# RF	30in-900#-RF-R9	24in-900# RF R9
法兰制造标准	HG20623 A系列	HG20623 A系列	HG20615
垫片型号	HG/T 20631—2017 缠绕垫 D 750-A-600 2222	HG/T 20631—2017 缠绕垫 D 750-A-900 2222	HG/T 20631—2017 缠绕垫 D 600-900 2222
盲板数量	1	1	1
干气密封管线盲板			
GE机组	1in,Class1500,4孔标准法兰		
燃料气供气管线盲板			
GE机组	2in,Class300,外径:160,8孔,螺栓孔径:24,螺栓孔间距:132		

8.3.3 管路封堵

为避免拆卸的管路和零部件内部误入杂质,对拆卸的管路进行封堵,将拆卸的压缩机内部零部件装入木箱,根据表8.3.6列出的数据准备封堵板和堵塞,安装封堵时建议利用原有螺栓对封堵板进行固定,避免螺栓丢失。

8.3.4 个人防护

检修人员应佩戴防噪声耳塞或耳罩、护目镜、手套、医用橡胶手套(隔油)、安全帽、防静电服装、劳保鞋等。单人配置清单见表8.3.7。

表 8.3.6 GE 机组零部件和管路数据

压缩机							
管路 名称 || 管径/ in	压力 等级	法兰 数量	法兰外径/ mm	螺栓孔距/ mm	孔径/ mm	孔数	数量

	管路名称	管径/in	压力等级	法兰数量	法兰外径/mm	螺栓孔距/mm	孔径/mm	孔数	数量
低压油气管线	小齿轮供油	0.75	Class 150	2	100	69.9	16	4	4
	轴承供油	0.75	Class 150	2	100	69.9	16	4	4
	回油孔板	1	Class 150	1	110	79.4	16	4	4
	轴承供油	1.5	Class 150	2	125	98.4	16	4	4
	轴头泵旁通	2	Class 150	1	150	120.7	16	4	6
	二级放空	2	Class 150	2	150	120.7	16	4	6
	油气放空	2	Class 150	4	150	120.7	16	4	8
	轴承供油	2	Class 150	2	150	120.7	16	4	6
	二级放空	3	Class 150	6	190	152.4	18	4	12
	回油安全阀	3	Class 150	1	190	152.4	18	4	4
	轴头泵回油（下）	4	Class 150	1	230	190.5	18	8	4
	油雾分离器放空管	4	Class 150	2	230	190.5	18	8	4
	油气分离回油上	4	Class 150	1	230	190.5	16	8	4
	油气分离回油下	6	Class 150	1	280	241.5	22	8	4
	轴头泵供油（下）	8	Class 150	1	345	298.5	22	8	4
	轴头泵供油（上）	8	Class 150	1	345	298.5	24	12	4
	轴头泵回油（上）	8	Class 150	1	345	298.5	24	12	4
	大齿轮回油	8	Class 150	1	345	298.5	22	8	4
高压	干气密封引气	1	Class 1500	3	150	101.6	26	4	6
	干气密封供气	2	Class 1500	3	215	165.1	26	8	6
	干气密封一级放空	1.5	Class 1500	1	180	123.8	30	4	4

燃气发生器（铝板）				
GG 与 PT 连接法兰	外径 φ1310mm，孔距 φ1286mm，8 孔，螺栓孔径 φ11mm，厚度 5mm，数量 1 个			
9 级引气	长 75mm，孔距 45mm，孔径 8mm，厚度 5mm，数量 20			
燃机管路塑料封堵	封堵位置	内径/mm	长度/mm	数量
	液压马达进、出口	33	32	10
	航插接头（小）	17	17	20
	航插接头（大）	27	12	10
	航插接头（中）	21	15	10
	5 单元泵供回油管线	47	28	10
	5 单元泵供回油管线	32	23	10
	5 单元泵供回油管线	41	25	10
	5 单元泵供回油管线	33	22	10
	燃机排气端软连接	60.5	40	30
	其余接头	外径：0.25in、0.375in、0.5in、0.75in、1in、1.25in、1.5in、2in，长度：20mm，数量各 10 个		

表 8.3.7　个人防护配置清单

名　　称	数量	型　　号	备注
耳塞(耳罩)	1	3M	
防尘口罩(50K)	1	3M 或 MSA	
护目镜(50K)	1	MSA	
手套	若干	普通线手套或 3M 耐磨手套	
防油手套	若干	TouchNTuff 92-600(Ansell)	
安全帽	1	以各分公司劳保发放为准	
防静电服装	1		
劳保鞋	1		
防毒面罩	1		50K 检修时

8.4　检修工装标准化

8.4.1　专用工具

（1）抽芯工具由于数量多、体积大，建议参考图 8.4.1、图 8.4.2 进行集装，并建立专用工具集装化台账。

图 8.4.1　压缩机抽芯工具 1　　　　图 8.4.2　压缩机抽芯工具 2

（2）GG 起吊工装和运输小车参考图 8.4.3 集装。

图 8.4.3　GG 起吊工装和运输小车集装

(3) GE 机组干气密封更换专用工具按表 8.4.1 进行集装。

表 8.4.1 GE 机组干气密封更换集装化专用工具

箱号	工具明细	铭 牌
1		
2		
3		
4		
5		

续表

箱号	工具明细	铭牌
6	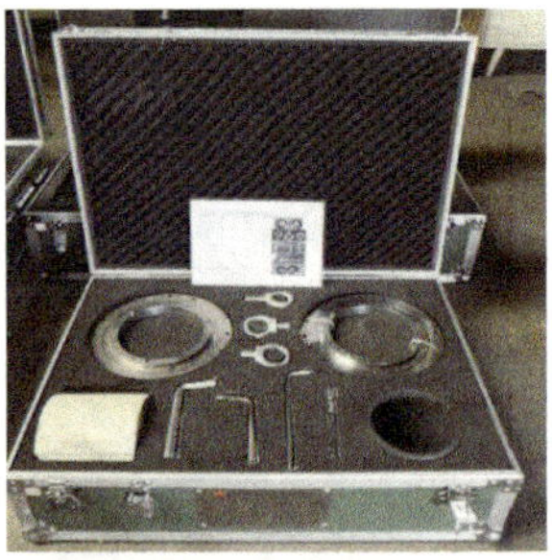	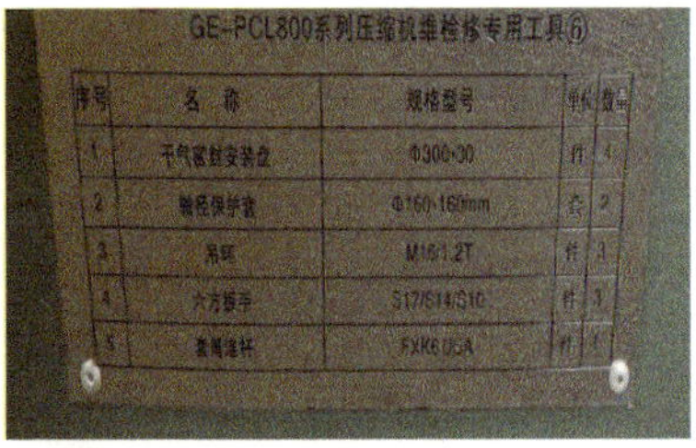
7		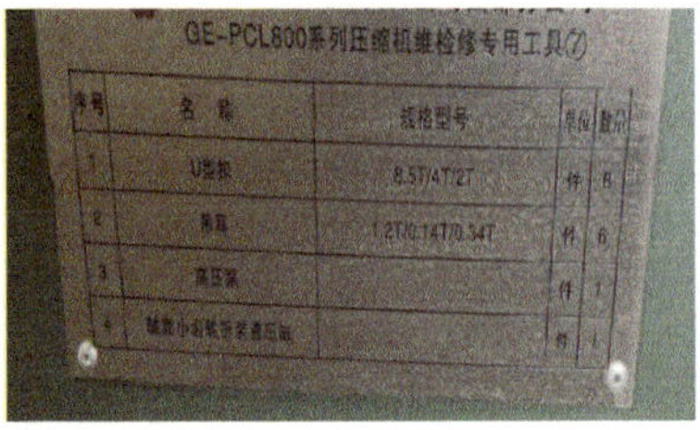
维检修专用工具箱总图		

8.4.2 通用工具标准化

机组检修时，25K 和 50K 通用工具按表 8.4.2 准备。

表 8.4.2 通用工具

序号	工具名称	规格型号	数量	单位
1	梅花套筒头	公制	2	套
2	活动扳手	4in	2	个
3	活动扳手	8in	2	个
4	活动扳手	12in	2	个
5	活动扳手	18in	2	个
6	活动扳手	24in	2	个
7	仪表工工具	64件套	1	套
8	万用表	福禄克	1	个

续表

序号	工具名称	规格型号	数量	单位
9	百分表	0~10mm	4	个
10	百分表架	—	4	个
11	深度游标卡尺	500mm	1	套
12	深度游标卡尺	150mm	1	套
13	内径千分尺	2m	1	套
14	游标卡尺	150mm	1	个
15	游标卡尺	300mm	1	个
16	水平尺	500mm	2	个
17	螺丝刀	一字、十字	1	套
18	力矩扳手	0~300N·m	1	个
19	套筒扳手	公制	2	套
20	重型套筒	公制	1	套
21	千斤顶	1t	2	个
22	千斤顶	5t	2	个
23	千斤顶	10t	2	个
24	吊带	0.5t	2	个
25	吊带	1t	2	个
26	吊带	2t	2	个
27	吊带	5t	4	个
28	手拉葫芦	0.5t	1	个
29	手拉葫芦	1t	2	个
30	手拉葫芦	2t	2	个
31	手拉葫芦	5t	2	个
32	内六方扳手	公制	2	套
33	内六方扳手	12mm、14mm、17mm、19mm、22mm	1	套
34	直内六方扳手	12mm、14mm、17mm、19mm、22mm	1	套
35	棘轮扳手	公制	2	套
36	呆扳手	公制	2	套
37	双头呆扳手	公制	2	套
38	橡皮锤	—	1	个
39	铜锤	5lb	1	个
40	铜棒	—	1	个
41	铝棒	—	1	个
42	撬棍	1m	1	个
43	加力杆	30cm、50cm	2	个

续表

序号	工具名称	规格型号	数量	单位
44	吊耳	8mm	2	个
45	吊耳	10mm	2	个
46	吊耳	12mm	2	个
47	吊耳	16mm	2	个
48	吊耳	20mm	2	个
49	吊耳	24mm	2	个
50	吊耳	30mm	2	个
51	吊耳	36mm	2	个
52	斜口钳	—	1	个
53	尖嘴钳	—	1	个
54	虎口钳	—	1	个
55	锁丝钳	—	1	个
56	"U"形卸扣	0.5t	2	个
57	"U"形卸扣	1t	2	个
58	"U"形卸扣	2t	2	个
59	"U"形卸扣	5t	2	个
60	仪表风橡胶软管	—	20	m
61	胶皮	1m宽	20	m
62	不锈钢盆	—	3	个
63	锉刀	5件套	1	套
64	胶枪	—	2	个
65	卷尺	10m	1	个
66	热风枪	2kW	2	个
67	防爆手电筒	—	2	个
68	塞尺	公制	1	套
69	螺纹规	公制	1	个
70	电动扳手	博世 GDS 18V-EC300ABR	套	2

8.4.3 备件准备

机组检修时,备件参照表8.4.3、表8.4.4准备。

表8.4.3 GE机组中大修备件清单

序号	名称	零件号	单位	数量	检修内容	备注
1	西一线离合器	RJ006012	个	1	GG更换	25K
2	柱销	LOSNR59882	个	1	GG更换	视情

续表

序号	名称	零件号	单位	数量	检修内容	备注
3	柱销	L0SNR59886	个	2	GG 更换	视情
4	关节轴承	GEH50ES-2RS	个	1	GG 更换	视情
5	关节轴承	GEH35ES-2RS	个	2	GG 更换	视情
6	液压启动马达	RM042624	个	1	GG 更换	25K
7	西二线离合器	RJ006017	个	1	GG 更换	25K
8	西一线、西二线燃调阀	RJ006017、RV0067332000	个	各1	GG 更换	25K
9	燃气发生器与PT连接螺栓	J336P28B	个	20	GG 更换	视情
10	燃气发生器与PT连接螺帽	9610M50P04	个	20	GG 更换	视情
11	燃气发生器与PT连接垫片	L24065P02	个	20	GG 更换	视情
12	"O"形环	J221P219	个	2	GG 更换	视情
13	"O"形环	J221P912	个	2	GG 更换	视情
14	AGB 凸缘油封	9601M73P07	个	1	GG 更换	视情
15	AGB 凸缘法兰油封	9009M39P01	个	1	GG 更换	视情
16	燃料气进气管线带孔垫片	L35579P01	个	1	GG 更换	视情
17	VSV 增压泵	L44569P31	个	1	GG 更换	视情
18	燃气发生器 T_3 传感器	L47444P05	个	1	GG 更换	视情
19	燃机点火变压器	L21454P04	个	1	GG 更换	视情
20	T_{48} 探头	L44830P03	个	1	GG 更换	视情
21	燃机火焰探测器	RR056082	个	1	GG 更换	视情
22	GE 联轴器调整垫片		件	2	压缩机25K	视情
23	压缩机轴承 RTD 探头	RT0776150000	个	2	压缩机25K	视情
24	压缩机轴承 RTD 探头	RT0776160000	个	2	压缩机25K	视情
25	止推轴承(1A—13A)	SS01655995	套	1	压缩机25K	视情
26	止推轴承上水平板(3A)	RC035700	个	2	压缩机25K	视情
27	止推轴承下水平板(4A)	RC035711	个	2	压缩机25K	视情
28	止推轴承水平板(5A)	RCP35793	个	1	压缩机25K	视情
29	止推轴承瓦块(6A)	RCQ3609902	个	2	压缩机25K	视情
30	止推轴承瓦块(7A)	RCQ3741963	个	2	压缩机25K	视情
31	止推轴承上水平板(10A)	RC035700	个	2	压缩机25K	视情
32	止推轴承下水平板(11A)	RC035711	个	2	压缩机25K	视情
33	止推轴承瓦块(12A)	RCQ3609902	个	2	压缩机25K	视情
34	止推轴承瓦块(13A)	RCQ3741964	个	2	压缩机25K	视情
35	非驱动侧径向轴承"O"形环	KHE354906901	个	1	压缩机25K	更换,集装化

续表

序号	名　称	零　件　号	单位	数量	检修内容	备注
36	非驱动侧径向轴承瓦块	SSP64886	个	2	压缩机25K	视情
37	非驱动侧径向轴承瓦块	SWP28681	个	2	压缩机25K	视情
38	驱动侧径向轴承"O"形环	KHE342206901	个	1	压缩机25K	集装化
39	驱动侧径向轴承瓦块	SSP64886	个	2	压缩机25K	视情
40	驱动侧径向轴承瓦块	SWP28702	个	2	压缩机25K	视情
41	驱动端干气密封	RTO7685277	套	1	压缩机25K	更换
42	非驱动端干气密封	RTO7685276	套	1	压缩机25K	更换
43	干气密封密封圈套装	RTO7685278	套	1	压缩机25K	视情
44	干气密封锁止螺母螺钉	RGQ13045	个	6	压缩机25K	视情
45	隔离密封"O"形圈	KHF292002601	个	2	压缩机25K	更换,集装化
46	隔离密封"O"形圈	IQQ040030036	个	2	压缩机25K	更换,集装化
47	隔离密封"O"形圈	KHE304303501	个	2	压缩机25K	更换,集装化
48	非驱动端端盖密封圈	RAO15075	个	3	压缩机50K	更换,集装化
49	机芯密封	RAO15705	个	1	压缩机50K	更换,集装化
50	冷却管密封圈	RAO16356	个	1	PT 50K	集装化
51	方形垫圈	KFZ336890904	个	1	PT 50K	更换,集装化
52	润滑油管线法兰"O"形圈	KHA056505301	个	1	PT 50K	更换,集装化
53	润滑油管线法兰"O"形圈	KHA037405301	个	1	PT 50K	更换,集装化
54	润滑油管线法兰"O"形圈	KHC380305301	个	1	PT 50K	更换,集装化
55	轴承温度探头	RTO69814	个	2	PT 50K	视情
56	振动探头	RJO04247	个	2	PT 50K	视情
57	振动探头	RJO04249	个	2	PT 50K	视情
58	速度探头	RRO52933	个	1	PT 50K	视情
59	加速度探头	RAO00027	个	1	PT 50K	视情

表8.4.4　通用垫片规格

序号	尺寸		Class 600			Class 900
	DN/mm	NPS/in	管道外径/mm	密封面外径/mm	缠绕垫外径/mm	缠绕垫外径/mm
1	15	0.5	21.3	34.9	31.8	31.8
2	20	0.75	26.9	42.9	39.6	39.6
3	25	1	33.7	50.8	47.8	47.8
4	32	1.25	42.4	63.5	60.5	60.5
5	40	1.5	48.3	73	69.9	69.9
6	50	2	60.3	92.1	85.9	85.9

续表

序号	尺寸		Class 600			Class 900
	DN/mm	NPS/in	管道外径/mm	密封面外径/mm	缠绕垫外径/mm	缠绕垫外径/mm
7	65	2.5	76.1	104.8	98.6	98.6
8	80	3	88.9	127	120.7	120.7
9	100	4	114.3	156.2	149.4	149.4
10	125	5	139.7	185.7	177.8	177.8
11	150	6	168.3	215.9	209.6	209.6
12	200	8	219.1	269.9	263.7	256.3
13	250	10	273	323.8	317.5	311.2
14	300	12	323.9	381	374.7	368.3
15	350	14	355.6	412.8	406.4	400.1
16	400	16	406.4	469.9	463.6	456.2
17	450	18	457	533.4	526.1	520.7
18	500	20	508	584.2	577.9	571.5
19	600	24	610	692.2	685.8	679.5

8.5 检修工序标准化

8.5.1 25K检修

参照表8.5.1中的规程和作业卡开展25K检修作业，开展压缩机进、出口短节回装作业时，需对进气滤网进行检查，发现存在裂纹或破损时，严禁再次使用，同时根据SY/T 4111—2018《天然气压缩机组安装工程施工技术规范》，检查进出口管道与压缩机法兰间的径向偏移、开口间隙值，如超出允许偏差值，对地上和管沟内支撑松脱调整。偏差要求见表8.5.2。

表8.5.1 GE压缩机25K检修参考规程和作业卡

序 号	附件名称
1	《PCL600/800型压缩机维护检修规程(机械部分)》
2	《PGT25+SAC燃气轮机维护检修规程》
3	《PCL-800压缩机联轴器拆装作业卡》
4	《PCL-800压缩机轴承拆装作业卡》
5	《PCL-800压缩机干气密封更换作业卡》
6	《PGT25+燃气轮机和压缩机橇的对中作业卡》
7	《PGT25+SAC燃气发生器拆装检查作业卡》
8	《PGT25+SAC燃气轮机孔探作业卡》

表8.5.2　管道与机组法兰间的径向偏移及开口间隙允许偏差

压缩机组		径向偏移允许值	开口间隙允许值
离心压缩机	转速<3000r/min	全部螺栓能顺利穿入	≤法兰直径/1000
	转速3000~6000r/min	≤0.5mm	≤0.2mm/m
	转速>6000r/min	≤0.2mm	≤0.15mm/m

8.5.2　50K检修

在25K检修的基础上，参照《PCL600/800型压缩机维护检修规程（机械部分）》和《PGT25+SAC燃气轮机维护检修规程》中50K相关内容，以及《PCL-800压缩机机芯拆装作业卡》开展现场检修。

8.5.3　数据记录及工序确认

在GE机组检修过程中，需对零部件的拆装数据进行记录，保障检修质量。

8.5.4　检修文件目录

检修文件目录见表8.5.3。

表8.5.3　检修文件目录

序号	附件名称
1	技术服务流程
2	嘉峪关压气站2#机组25K检修JSA分析
3	GE机组干气密封更换工具清单
4	PCL600/800型压缩机维护检修规程（机械部分）
5	PGT25+SAC燃气轮机维护检修规程
6	PCL-800压缩机联轴器拆装作业卡
7	PCL-800压缩机轴承拆检作业卡
8	PCL-800压缩机干气密封更换作业卡
9	PGT25+燃气轮机和压缩机橇的对中作业卡
10	PGT25+SAC燃气发生器拆装检查作业卡
11	PGT25+SAC燃气轮机孔探作业卡
12	PCL-800压缩机机芯拆装作业卡
13	GE机组零部件拆装数据记录表

第 9 章
高质量运维管理措施

西部管道公司管辖大型压缩机组占全国管道企业近半数，践行"三个服务"宗旨，推动自主创新向纵深迈进，坚持立足资源通道型企业的定位，构建高效自主运维体系，打造红色能源动脉品牌，专题研究部署关键设备高质量自主运维，破解"卡脖子"技术难题，以压缩机组健康体检标准化、维检修标准化、系统专项提升标准化为抓手，按照预防性维检修工作策略，集中力量攻克各种疑难杂症，全面开展 QC 提升活动，率先完成燃电驱机组、大功率变频器、控制系统等核心设备的国产化研发试验和推广应用，攻克了电气检修自主运维技术瓶颈，取得国家能源局许可的电力设施承修许可证资质，压缩机无故障运行时间首次突破 13800h 历史新高，构建了管控到位、运行高效的自主运维管理体系。

公司坚持业务和技术双轮驱动、供给侧与需求侧双向发力，瞄准关键设备自主可控等"心头大患"开展攻关冲锋，探索出一条机电仪核心业务高质量自主运维、油气装备国产化自主创新、长效机制打造铁军队伍建设的实践路径，通过掌握输气管道核心设备技术，降低了机组的非计划停机次数，降低了故障停机对机组寿命的影响。固根基、扬优势、补短板、强弱项，提高了机组平均无故障停机运行时间，提高了故障处理及时性和机组可靠性，提高了运行操作和维检修深度，提高了运维人员解决问题的能力和专业素质，全力保障冬季保供任务的顺利完成，着力提升了能源产业链、供应链的韧性和安全水平，补齐了影响油气资源安全平稳输送的压缩机组、输油泵等关键装备国产化短板，对提升国家油气资源供应保障能力具有重要战略意义。

9.1 管理架构

公司聚焦油气保供主责主业，面对进口设备技术封锁，为保障输油气生产长期稳定运行，坚持高质量完成机、电、仪等关键设备的自主运维，做集团公司装备国产化的开路先锋，结合生产业务需求及国内油气行业现状，采用"1+1+7+N"的模式，公司领导总体部署，由专业部室总体策划，由技术服务中心负责全面的技术支撑，各分公司做好落实和抓好质量，N 个厂家要形成有力支持，做好保障工作。

9.1.1 统一部署

特成立由公司领导统一指挥，由党群、生产、规划计划、财务、人事、法规、质量安全环保、物资等各相关单位负责人为主的领导小组，研究、决策和协调攻坚战方案实施过程中的重大事项。领导小组具体负责审批攻坚战实施方案、劳动竞赛方案、各环节作业方案；负责攻坚战人员组织和定岗管理、各类作业的物资供应和保障、投资报批和项目实施、资金预算、绩效评比等工作；负责压缩机组劳动竞赛评比和表彰，压缩机组攻坚战工作的宣传报道；负责各厂家问题协调和监督，服务质量考核；负责推进压缩机组攻坚战各项工作措施，以及绩效考核和奖励工作。

9.1.2 分片区实施

下设七个片区小组，负责各分公司系统提升攻坚战的工作策划和具体实施。片区小组具体由组长、专职副组长、副组长、联络人、责任组员构成，片区小组组长由各分公司执行代表、专业部室和生产技术服务中心负责人担任，副组长由分公司领导班组所有成员担任，其中专职副组长由分公司主管领导担任，责任组成员由生产运行部、生产技术服务中心、分公司三梯度业务组人员担任，并选派一名专业技术人员担当联络员。

片区小组负责方案实施过程中的重大事项；负责编制和审核实施方案具体措施和工作计划，落实一类一策、一站一案的工作要求；负责压缩机组本体及附属系统基础零部件信息收集及定标工作，按照已定标的零部件内容完成维修和更换工作，持续完善零部件的运维标准；负责各压缩机组健康体检方案编制、审批、实施、技术支持工作；按要求完成本体、辅助系统、仪控系统健康体检工作；建立体检问题清单和工作计划，协调、推进、解决问题；作业结束后按时完成总结报告的编制、审核和备案，进一步巩固压缩机组健康体检标准化工作；负责各压缩机组现场疑难故障缺陷的集中排查和处理工作，落实人员、备件、工器具、作业计划等相关必备条件，编审疑难故障缺陷报告和总结报告，组织专业运维人员开展学习、培训和交流工作，将机组疑难故障缺陷处理工作逐步转变为以预防诊断为主；负责压缩机组维检修标准化工作，从体系文件执行、风险措施加强、方案内容齐全、作业过程管控、作业总结翔实等方面，按要求完成试点和总结推广工作，持续深化技术方案、作业方案的工作内容，加快落实燃机返厂质量控制措施和技术手册，严格落实现场维检修作业基本要求，高质量推动压缩机组现场维检修工作；负责压缩机组系统专项提升标准化工作，结合已开展的系统优化改进、隐患治理、升级改造标准工作，按照QC质量管理，制定专项攻坚战课题，做好顶层设计工作，确保执行标准统一，做好执行过程风险管控，及时推广应用执行标准，保障各项措施见到实效，标准落地；负责压缩机组经验分享、问题整改、安全评价、效果评价、技术支持、新技术应用，以及安全生产工作；根据承担的压缩机组工作任务和压力，第二业务组和第三业务组人员审批变更到第一业务组，按实际贡献做到精准奖励。

9.1.3 落实机组承包责任制

机组承包制以作业区(压气站)为单元体，作业区班子成员不论职务分工，每位成员负责1台机组；分公司专业科室成员不论岗位，每人负责1台机组；各分公司制定绩效考核措施，机组发生非计划停机和故障损伤事件考核承包责任人，机组无故障运行时间达标对责任人兑现专项奖励。

承包人员原则上不得重复管理机组，对于机组台数较多的作业区，由作业区主任、书记负责兼管2台或以上机组，作业区副主任不得兼管2台或以上机组，机关科室员工不得兼管2台或以上机组，各分公司将机组承包人员清单和绩效考核方案备案专业部室。

9.2 人才队伍建设

公司立足集团核心业务安全可控，打造铁军队伍，推进产学研深度融合，坚持"六个抓落实"，深化应用"学思践悟验"党建工作五步法，促进党建工作与生产运维本质安全工作深度融合，团结奋斗，争做立企强企排头兵。

9.2.1 导师带徒

加快优秀年轻技术骨干培养,发挥专家"传技术、帮业务、带作风、保安全"的导师职责,采用"导师带徒""以干代练"的方式,因材施教抓好参训员工理论知识培训及现场实践锻炼,坚持在干中学、在学中干,引导调训学员岗位成才,提升参训员工专业素质,培养一批电气、自动化、压缩机运维等核心专业人员。

9.2.2 需求调查

充分了解调训学员对专业方向、理论学习、现场实操的个人提升需求,确定学员调训专业方向,加强跨专业学习,打造复合型技术技能人才队伍。加强上岗引导,把调训学员的思想和行动统一到公司的决策部署上。开展两级安全教育,对现场作业安全监督职责进行详细讲解,确保调训学员熟知掌握。

9.2.3 基础培训

开展专业基础培训,由中心各专业专家(带头人)进行集中授课,主要包括压缩机组机械、电气技术、自动化控制三大专业,结合基础原理、标准规程、现场检修、作业流程等内容,详细讲解、答疑解惑。开展专业知识学习,组织调训学员根据个人需求及专业岗位,学习长输管道压缩机组维修技术,促进调训学员快速提升,缩短"入门期",让学员在现场实操前掌握基本规定。孔探取证培训如图 9.2.1 所示。

9.2.4 实践锻炼

结合学员岗位专业、培养方向及相关需求,确定至少一名技术骨干专家担任学员导师,签订导师带徒合同,制定年度教学、指导计划,明确时间、目标、要求,建立导师带徒档案。导师根据制定的计划,组织学员参与现场检修、故障处理、升级改造等,指导学员学习掌握现场实操要点,将前期理论学习与实践相结合,分步骤、有重点地对学员进行"传帮带"。疫情期间自主开展 50K 检修如图 9.2.2 所示。

图 9.2.1 孔探取证培训

图 9.2.2 疫情期间自主开展 50K 检修

9.2.5 实训成效

通过对青年员工重点培养,以老带新实现师徒绩效绑定,促人才队伍强技提质,实行

"远程指导+自主运维"开展机组大中修，疫情期间高质量完成连木沁 GE3# 机组 50K 大修、吐鲁番联络站 3# 电驱机组 25K 中修等自主维检修作业。年度中大修机组分别由青年员工负责实施，将 GE、RR、沈鼓各机型问题横向对比，整改工作纳入绩效考核，机组"承包到人"，健康体检质量落实到人，评比优秀典型做法，高质量落实了三梯队人才建设工作。

9.3 激励绩效

公司团结带领全体干部员工坚定践行集团公司"五个坚持"总体方略，在加快打造服务卓越、品牌卓著、创新领先、治理现代、与众不同的中国特色世界一流能源基础设施运营商的征程中唯旗是夺、逢先必争，持续营造"扛红旗、争先进"的浓厚氛围，开展高标准高质量运行等主题劳动竞赛，制定符合实际的激励绩效措施，持续提升公司压缩机组运维水平，提高专业技术人员能力素质，实现压缩机组高标准高质量运行目标，打好打赢"安全生产攻坚战"。

9.3.1 劳动竞赛

公司围绕压缩机组高标准高质量运行目标和任务，全面落实压缩机组精细化运维管理工作，率先启动了"国产压缩机组无故障运行 4000h、进口压缩机组无故障运行 8000h""压缩机组无故障运行 8000h 攻坚战""压缩机组高标准高质量运行 10000h、12000h、12800h"等劳动竞赛，系统开展了 154 台大型管道离心压缩机组基础零部件数据收集、压缩机组系统健康体检、作业标准、备品备件定额管理、故障和缺陷治理、检维修、优化改进等方面的相关工作，与各厂家分享了压缩机组在系统提升工作方面取得的成功经验和做法，探讨压缩机组本体和附属系统同寿命管理工作标准和具体做法。

公司全面推进压缩机组设计安装、运行维护、停产老化等全生命周期的管理提升工作，有效落实了压缩机组精细化运维，人员能力素质显著提升，引领管输行业压缩机组等核心装备自主运维的发展，机组可靠性和无故障运行水平屡创新高。通过压缩机组高标准高质量运行每天推动 $2.3 \times 10^8 m^3$ 天然气温暖东行，保供高峰时段开机近百台，有力保障了新春佳节和北京冬奥会等保供重要时段管网的平稳运行，镇守祖国西部能源大通道的铁军将士们再次以忠诚可靠书写了"服务国家战略、服务人民需要、服务行业发展"的责任与担当。

9.3.2 绩效考核

公司围绕压缩机组年度目标和任务，全面落实压缩机组精细化运维管理工作，根据参与绩效评比单位职责功能，采取领导分片包干，细化年度指标细则，明确分公司、生产技术服务中心、作业区(站队)参赛主体单位，制定绩效考核内容方和方式，具体每月评选"攻坚战"前三名优胜作业区(压气站)、达标机组，年底评选年度"明星个人""明星机组""优胜单位"进行表彰和奖励。

9.3.2.1 "明星个人"评比

"明星个人"需在日常工作中主动带头开展压缩机组系统提升基层工作，带动基层专业人员素质和能力的提升,紧密围绕压缩机组运行操作、维护检修、备品备件保障、故障缺陷治理、优化升级改造、机组运维等方面开展系统提升工作,保障压缩机组安全平稳运行。按照压缩机组高标准高质量运行相关工作要求,评选出在机组系统健康体检标准化、故障缺陷处理和隐患排查、维护检修、基础设备零部件信息数据收集、系统优化改进、体系文件编审等重点工作开展过程中表现突出的个人。经专业部室从专业能力、工作责任心、系统提升具体工作落实、所辖压缩机组年度运维结果等内容进行审核认定"明星个人"。

9.3.2.2 "达标机组"与"明星机组"评比

每月机组连续运行,无切机、停机,利用率为100%的机组为"达标机组",对每月"达标机组"进行公示与表扬。每年年底生产运行部结合机组平均无故障时间对"明星机组"进行评比并公示。"明星机组"评比指标=单机运行时间/(故障停机系数+外电因素停机系数+故障手动停机系数+相同故障原因停机系数),具体计算见式(9.3.1):

$$MTBF_{单机} = SH_{单机运行时间} / (N_{故障停机} \times 1 + N_{外电停机} \times 0.1 + N_{故障手动停机} \times 0.2 + \sum N_{计划性切机} \times 0.1 + N_{相同原因停机} \times 1.2)$$

(9.3.1)

若评比周期内机组发生设备重大故障造成机组返厂、中修、大修,取消对应机组年底"明星机组"评比资格。

9.3.2.3 "优胜作业区"评比

每月对"优胜作业区"进行评比,"优胜作业区"评比指标=各机组运行总时间/(故障停机系数+外电因素停机系数+故障手动停机系数+相同故障原因停机系数),具体计算见式(9.3.2):

$$MTBF_{作业区} = \sum 运行时间 / (\sum N_{故障停机} \times 1 + \sum N_{外电停机} \times 0.1 + \sum N_{故障手动停机} \times 0.2 + \sum N_{计划性切机} \times 0.1 + \sum N_{相同原因停机} \times 1.2)$$

(9.3.2)

若评比周期内机组发生设备重大故障造成设备返厂、中修、大修,取消机组所在作业区季度(全年)评比资格。

评选规则以统计周期为准,无非计划停机事件。如数量不足三个作业区(压气站),评比条件由无非计划停机事件变更为无故障停机事件。12月全年优胜作业区评选不受限制。对于机组无故障运行时间前三名作业区(压气站),当月获得优胜作业区,下个月暂停评选资格,第三个月自动恢复评选资格。6月的半年优胜评选不受限制。对于机组无故障运行时间前三名作业区(压气站),当月一家分公司有两名作业区(压气站)排列前三名,名次靠后的作业区(压气站)当月不参加评选,下月无非计划停机直接晋级前三名。年度首月和全年优胜作业区评选不受限制。在评选期间,对于发生的非计划停机不得瞒报、误报,如发生该类性质恶劣事件,取消全年评优资格,并通报批评。

每月公司生产例会为前三名作业区(压气站)颁发"月度优胜作业区"流动红旗。当月统计周期内发生非计划停机次数最多,在相同停机次数下,对机组无故障运行时间最少的作业区(压气站)进行通报。

9.3.2.4 "优胜单位"评比

每年年底,公司对各分公司所辖机组总体平均无故障时间进行统计和评比,在达到绩效指标的单位前三名中确定压缩机管理"优胜单位"。"优胜单位"评比指标=所辖各机组运行总时间/(故障停机系数+外电因素停机系数+故障手动停机系数+相同故障原因停机系数),具体计算见式(9.3.3):

$$MTBF_{分公司} = \sum 各作业区运行时间/(\sum N_{故障停机} \times 1 + \sum N_{外电停机} \times 0.1 +$$
$$\sum N_{故障手动停机} \times 0.2 + \sum N_{计划性切机} \times 0.1 + \sum N_{相同原因停机} \times 1.2)$$

(9.3.3)

若评比周期内,机组发生重大故障造成返厂中修、大修,取消机组所属单位年度"优胜单位"评比资格。

9.3.2.5 "优质服务奖"考核

每年年底对技术服务单位年度服务质量进行考评,结合考核结果进行奖励。考核内容涉及技术中心在优化改进、隐患治理、升级改造等专项提升标准工作,以及利用远程管理平台技术支持等由技术中心具体实施的内容,服务总分在90分以上为优秀,80~90分为良好。考核总分的具体计算见式(9.3.4)

考核总分=压缩机远程监测诊断平台×50%
$$+\{[(技术服务\times70\%+技术服务满意度\times30\%-基本目标值)/(挑战目标值-基本目标值)]$$
$$\times(130-100)+100\}\times50\%$$

(9.3.4)

9.3.2.6 停机分类与说明

在故障停机非计划范围内,机组运行过程中执行自动停机命令发生的停机事件。外电因素停机经上级变电所确定是由外电电压波动、失电造成的停机。故障手动停机:在非计划范围内,机组运行期间参数异常,需要停机检查,在机组停机过程中到停机后30min内无系统触发联锁停机信号,通过申请,并通过技术部门确定的停机事件。计划性切机为上报计划性作业的切机。非计划范围内相同故障原因停机,即机组运行过程中出现故障停机的原因与本作业区前期原因相同的停机事件。

9.4 上下联动

9.4.1 建设高质量运维队伍

公司以高质量为目标,争当高质量自主运维先锋队。公司坚持构建优质高效的油气保供服务体系,科学策划"十四五"保障规划,制定了符合企业发展和基层需要的十大类核心业务专项规划方案,以问题为导向,突破一点、解决一片、消灭一类,常态化开展

"导师带徒",搭平台,厚植人才成长沃土,注重青年技术人才培养,守正创新,打造关键设备运检维标准化长效机制,电气自主运维在霍尔果斯、古浪等站场"首战"告捷,打造了在集团推广应用的燃电驱机组维检修标准化、基层站队标准化、天然气放空回收等典型示范工程。

9.4.2 构建高质量运维体系

公司以"做优维、做强抢、做大维抢"提升核心业务竞争力,构建"上下联动"的高效运维体系,科学谋划提升路径,常态化解决基层疑难问题,"以点带面"引进专业人才,通过社招补充电气检修技能人才,推进全员化电气取证工作,采用二维码等数字化手段实现数据动态管理,以流程落地和基层站队标准化为抓手,创新开展标准化维护,按照"检修流程、工装备件、现场安全、工序工时"落实核心设备标准化大修作业,创新"一机一案一体检"工作,全面提升运检维的深度和广度,设备本体故障发生的概率大幅下降,每年节约维修费、备件采购费超千万元。

9.4.3 践行"零缺陷"理念

实施压缩机组高标准高质量运行工作以来,公司压缩机组运维水平再上新台阶,截至目前,无故障运行时间首次突破13800h。以往机组故障频发的生产态势,因为公司全员的攻坚,设备设施完好性实现了历史性突破。随着公司压缩机系统健康体检、维检修、专项提升等本质安全工作持续引向深入,单月故障停机32次的局面一去不返。

面对国内天然气供需矛盾明显加剧的态势,天然气输量迅速增长,公司压缩机开机台时由每年26×10^4h快速增长至55×10^4h以上,机组集中进入大中修周期,故障缺陷问题集中暴露,在用气量急速攀升的11月,公司启动了压缩机组系统提升"三年"工作计划,公司党委全面部署了压缩机组系统提升工作任务,制定了机组无故障运行奋斗目标,拉开了保障核心装备平稳运行的帷幕。

公司首次尝试机组零部件定标和"健康体检"标准化工作,周密推进预防性运维工作,压缩机组无故障运行时间首次达到5172h,压缩机组运行台时跃升至55.9×10^4h,顺利完成了当年的天然气冬季保供任务。结合6条长输天然气管线压缩机组的运行规律,持续巩固健康体检工作,开展了现场维检修标准化试点工作,提升检修作业质量,落实风险管控,研究疑难杂症治理办法,压缩机组无故障运行时间达到6576h。公司将打赢"压缩机组无故障运行8000h攻坚战"列入2020年年度工作任务,随着压缩机组精细化运维工作的推进,公司的压缩机组无故障运行时间首次突破8657h,用行动贯彻落实"两大一新"战略目标的有力实践。瞄准压缩机组高标准高质量运行的目标,先后解决了机组诊断报警等320项疑难杂症,制定了机组控制系统等10项标准化升级改造,推广了航插加固等40项优化改进措施,提高了燃机振动、轴承封严等10项核心设备运维质量措施,已基本进入预防性运维管理阶段,打造了核心装备"平稳运行"的标杆。

9.5 装备国产化

9.5.1 国产化路径

公司筑牢国产装备试验前沿阵地，开拓进取铸大国重器。按照国产化维修、替代、制造三条路径，通过新建工程、升级改造、科研项目研发等"组合拳"，分阶段、按步骤开展关键设备国产化研究与推广应用工作，在保障国家能源装备安全上敢于攻坚啃硬、勇扛红旗、争做主力军，全力当好西部能源管输现代产业链链长。

9.5.2 国产化成果

公司坚决在创新驱动高质量发展中彰显使命担当，保能源安全、强自主创新，构建高端装备国产化增长引擎，做好精益管理，运营的 23 台套国产电驱机组运行已超过 60×10^4 h、3 台套国产燃驱机组运行突破 8×10^4 h 大关，打响进口燃驱机组控制系统国产化改造"第一枪"，在西一线玉门压气站平稳运行超过 16000h，加速开展 30MW 航改燃机国产化攻关，在西一线孔雀河压气站已安装运行 1604h，率先夺得国内轻型燃机研制与应用"高地"，同步实现了电动机、变频器、干气密封、燃调阀、输油泵、阀门、执行机构和站控系统等核心装备国产化，打破技术垄断，掌握了能源装备自主知识产权，将能源的饭碗牢牢端在自己手里。

9.5.3 国产化远景

公司争做关键装备国产化主力军，坚决落实"五个坚持"总体方略，不达目的不罢休、不见实效不收兵，充分发挥中央企业协同合作优势，联合中电科深度开展燃驱机组控制系统国产化研发与应用工作，加速推进燃机、控制系统、变频器等国产化新装备研发，加快攻克进口设备零部件国产化维修，力争维检修费用硬下降，持续推进大罐检修、动力涡轮国产化维修和研制等新技术应用，团结协作，不断攻克"娄山关""腊子口"的新理念、新思路、新办法，加速突破欧美等进口设备制造商技术垄断，切实发挥管网"主力军""顶梁柱"作用。

参 考 文 献

［1］ GB 50131—2013．自动化仪表工程施工质量验收规范［S］．北京：中国计划出版社，2013．
［2］ GB/T 50892—2013．油气田及管道工程仪表控制系统设计规范［S］．北京：中国计划出版社，2013．
［3］ 葛建刚，古自强，李星星．西部管道压缩机组干气密封失效故障分析［J］．科技创新导报，2015，12(18)：13-18．
［4］ 沈登海，邓丹辉，田永文．PGT25+燃气轮机用GS16燃调阀的运行及维护技术［J］．燃气轮机技术，2021，34(1)：48-54．
［5］ 罗易洲．航改型燃机燃调阀故障原因分析及改进措施［J］．压缩机技术，2023(6)：57-60．
［6］ 沈登海，刘小明，王泽平，等．管道天然气离心压缩机干气密封国产化研制［J］．石油化工设备技术，2020，41(2)：39-46．
［7］ 沈登海．LM2500+燃气发生器可变静叶伺服系统运行维护技术［J］．燃气轮机技术，2020，33(4)：44-50．
［8］ 蒲斌，陈眉生，程遥遥，等．大功率压缩机变频器低电压穿越功能故障分析及措施［J］．电气传动，2020，50(11)：112-116．
［9］ 邓李．ControlLogix系统实用手册［M］．北京：机械工业出版社，2008．
［10］ 徐忠．离心式压缩机原理［M］．北京：机械工业出版社，1990．
［11］ 博伊斯．燃气轮机工程手册［M］．马丽敏，等译．北京：石油工业出版社，2012．